Das Buch

Captain Giles Browning steht mit dem Rücken zur Tür, als Lieutenant Commander Marshall eintritt. Er ist sich bewußt, daß er den Mann, der soeben mit seinem U-Boot *Tristram* von einem vierzehn Monate dauernden Einsatz zurückgekehrt ist, in ein höllisches Unternehmen jagen wird. Ein deutsches U-Boot mit einer völlig unerfahrenen Mannschaft ist das Risiko eingegangen, einen Maschinenschaden in einem Fjord an der Ostküste Islands reparieren zu wollen. »Und jetzt haben wir das U-Boot ... und den richtigen Kommandanten dafür.« Mit diesen Worten beginnt eine der ungewöhnlichsten Operationen der britischen Marine während des Zweiten Weltkriegs im Mittelmeer.

Der Autor

Alexander Kent kämpfte im Zweiten Weltkrieg als Marineoffizier im Atlantik und im Mittelmeer und erwarb sich danach einen weltweiten Ruf als Verfasser spannender Seekriegsromane. Seine marinehistorische Romanserie um Richard Bolitho und die Blackwood-Saga machten ihn zum meistgelesenen Autor dieses Genres neben C. S. Forester. Seit 1958 sein erstes Buch erschien *(Schnellbootpatrouille)*, hat er über 50 Titel veröffentlicht, von denen die meisten bei Ullstein vorliegen. Sie erreichten eine Gesamtauflage von mehr als 25 Millionen und wurden in 14 Sprachen übersetzt. – Alexander Kent , dessen wirklicher Name Douglas Reeman lautet, lebt in Surrey, ist Mitglied der Royal Navy Sailing Association und Governor der Fregatte *Foudroyant* in Portsmouth, des ältesten noch schwimmenden britischen Kriegsschiffs.

Die deutschsprachigen Taschenbuchausgaben der Werke Alexander Kents sind exklusiv bei Ullstein versammelt.

Alexander Kent

Ernstfall in der Tiefe

Roman

Aus dem Englischen von
Dieter Bromund

Ullstein

Ullstein Taschenbuchverlag
Der Ullstein Taschenbuchverlag ist ein Unternehmen der
Econ Ullstein List Verlag GmbH & Co. KG, München
Deutsche Erstausgabe
2. Auflage 2001
© 2001 für die deutsche Ausgabe by
Econ Ullstein List Verlag GmbH & Co. KG, München
© 1973 by Douglas Reeman
Titel der englischen Originalausgabe:
Go In And Sink! (Arrow Books Ltd., London)
Übersetzung: Dieter Bromund
Umschlaggestaltung: Hansbernd Lindemann
Titelabbildung: George Collgoe
Gesetzt aus der Sabon, Linotype
Satz: Buch-Werkstatt GmbH, Bad Aibling
Druck und Bindearbeiten: Ebner Ulm
Printed in Germany
ISBN 3-548-25215-X

Für meine Mutter, in Liebe

Inhalt

Vorbemerkung des Verfassers	9
Ein guter Fang	11
Begegnung	39
Die neue Aufgabe	64
Erster Angriff	88
Seeleute an Land	112
Aus anderer Perspektive	136
Zweite Runde	162
Drei Fremde	189
Keine Überlebenden	212
Dringender Auftrag	231
Die Geheimwaffe	258
An Land	284
Wo keine Vögel singen	305
Hoffnung	326
Der Funke	350
Morgen	371
Mit aller Kraft	394
Die Sieger	416

Vorbemerkung des Verfassers

Die Invasion Siziliens durch die Alliierten 1943 sollte sich als Wendepunkt des Zweiten Weltkriegs erweisen. Viele Rückschläge und Rückzüge hatten England und seinen Verbündeten fast jede Hoffnung genommen, und so mußte die Invasion, die größte je geplante amphibische Operation, ein Erfolg werden – und zwar dringender als jede frühere Landoperation.

Im Laufe der Jahre ist der erste gemeinsame Stich in den Unterleib Europas durch andere Ereignisse und bedeutendere Invasionen überschattet worden – doch keine Invasion war damals entscheidender.

Mein Roman ist Fiktion, aber er basiert zum größten Teil auf Tatsachen. Ein deutsches U-Boot, *U-570*, wurde von den Briten aufgebracht und gegen seine früheren Besitzer eingesetzt. An Bord war die damals geheime Waffe, eine ferngesteuerte Bombe. Sie konnte durch jedes Flugzeug abgeworfen und an ihr Ziel gelenkt werden. Im Zeitalter von Nuklearwaffen mag das nicht besonders sensationell erscheinen, aber 1943 stellte diese Bombe eine Bedrohung dar, die die Waage fast zu Ungunsten der Briten ausschlagen ließ.

Wenn die Deutschen die Absicht der Engländer erkannt hätten, Sizilien zu nehmen, und nicht über Griechenland und den Balkan vorzustoßen, ist mit ziemlicher Sicherheit anzunehmen, daß diese tödliche Bombe den alliierten Seestreitkräften das Rückgrat gebrochen hätte – ehe die Landung Erfolg haben konnte.

In der Tat gab es viele Täuschungsmanöver, die theaterhaft schienen. So wurde beispielsweise eine Leiche in der Uniform eines Marineoffiziers an einem spanischen Strand gefunden und mit ihr die scheinbar geheimen Details einer Invasion Griechenlands. Als die Invasion tatsächlich anlief, hatte der Gegner seine Truppen an einen Ort verlegt, der für eine Gegenwehr völlig ungeeignet war.

Zwei Monate später griffen die Alliierten das italienische Festland an und landeten am Strand von Salerno. Da erst wurde vielen klar, wie schlimm das Unternehmen in Sizilien hätte ausgehen können.

Die Deutschen waren auf der Hut, gut vorbereitet und setzten ihre ferngesteuerten Bomben sofort ein. Die britischen Verluste waren hoch, und viele gute Schiffe wurden kampfuntauglich. Auch Veteranen aus den vorangegangenen Kämpfen im Mittelmeer, unter anderen das Schlachtschiff *Warspite,* der Kreuzer *Uganda* und die amerikanischen Kriegsschiffe *Philadelphia* und *Savannah.*

Ein guter Fang

Es war exakt neun Uhr an diesem Februarmorgen, als Seiner Majestät Unterseeboot *Tristram* sich langsam an die schmierigen Pieranlagen von Fort Blockhouse in Portsmouth schob und seine Festmacher von den wartenden Männern an Land aufgefangen wurden.

Im Turm beobachtete Lieutenant Commander Steven Marshall, wie die Festmacher zu den Pollern auf der Pier gezogen wurden, und er spürte, wie die stählernen Platten unter seinen Füßen vibrierten. Es schien, als könne das Boot wie sein Kommandant nicht begreifen, daß sie sicher zurückgekehrt waren.

Tristram hatte außerhalb des Hafens gewartet, bis die Tide richtig lief, um in den Haslar Creek durch die U-Boot-Basis einzulaufen. Seit dem frühen Morgen hatte Marshall die Küste beobachtet, die aus dem Dunkel auftauchte, und auf das erleichternde Gefühl gehofft, es geschafft zu haben. Als er jetzt die neugierigen Gesichter der Männer auf der Mauer und unten auf der Pier sah, spürte er aber alles andere als einen Triumph. Auch seine Kameraden verströmten nicht die Aura des Erfolgs. Aber das war gut verständlich. Vierzehn Monate hatten sie alle auf engstem Raum zusammengepfercht in diesem Rumpf gelebt. Das Mittelmeer hatte sie von Anfang bis Ende der Fahrt jeden Tag vor neue Aufgaben gestellt, und ihr Leben war ununterbrochen bedroht gewesen.

Während dieser Monate hatte es nur ein paar neue Gesichter gegeben, Männer, die Gefallene oder Verwundete ersetzten. Im großen und ganzen aber war die

Mannschaft unverändert geblieben, seit sie vorn und achtern auf dem Deck der *Tristram* angetreten war, während *Tristram* von Portsmouth aus in den Krieg auslief, um den Feind zu jagen.

»Alle Leinen fest achtern, Sir!«

Marshall drehte sich um und sah seinen Ersten Offizier an, Robert Gerrard, groß und dünn und leicht gebeugt, als Folge der Einsätze auf diesem und anderen Booten. Auch er sah in seinem kurzen Mantel und seiner besten Mütze seltsam fremd aus. Monatelang hatten die Männer sich ständig in allen möglichen Klamotten gesehen, in alten Flanellhosen und ausgedienten Kricket-Hemden, nur niemals in den vorgeschriebenen Uniformen. Bei gutem Wetter bevorzugten sie kurze Hosen und Sandalen, wenn das Mittelmeer sein zweites Gesicht zeigte, das nie auf einem Plakat eines Reisebüros zu sehen war, trugen sie vor Nässe glänzendes Ölzeug und schwere Stiefel.

»Danke, Bob. Hauptmaschinen aus!«

Er wandte sich wieder der eifrigen Festmachergruppe auf der Pier zu. Zwei Wrens[1] suchten auf ihrem Weg in ihr Büro Schutz unter der Mauer. Sie hielten Akten und Papiere in den Armen. Eine nickte in Richtung der *Tristram*, und dann schoben sich beide wieder in den Wind und verschwanden. Auf dem Wall oben waren frische Rekruten angetreten. Ein Bootsmann erklärte ihnen gerade, worauf es ankam, wenn ein U-Boot zurückkehrte. Aber nur wenige schenkten seinen Ausführungen Beachtung, und Marshall konnte sich ihre Gefühle der Marine gegenüber in diesem Augenblick sehr gut vorstellen.

An der Leine am Periskop über seinem Kopf wehte die Totenkopfflagge aus, um die sich der Coxswain während

---

[1] Wren: Angehörige des weiblichen Hilfscorps der Marine. (Anm. d. Ü.)

der langen Tage und Nächte auf See stolz gekümmert hatte. Über und um den grinsenden Totenschädel herum waren die Zeichen der Seesiege des Bootes aufgenäht. Balken zeigten versenkte Schiffe an, gekreuzte Kanonenrohre vernichtende Angriffe auf Schiffe und Landbefestigungen, und Stilette standen für die »Mantel- und Degen-Aufträge« wie das Anlandsetzen von Agenten an feindlichen Küsten oder die Aufnahme von Männern mit wertvollen Geheiminformationen. Manchmal hatte *Tristram* vergeblich auf diese tapferen, auf sich allein gestellten Männer gewartet, und Marshall hatte gebetet, daß ihr Tod schnell und gnädig gewesen sein möge.

Die noch unerfahrenen Seeleute auf der U-Boot-Basis würden aber nur die Flagge und die Erfolge, nicht jedoch die Männer auf dem ramponierten Deck sehen.

Das Deck zitterte noch einmal und kam dann zur Ruhe. *Tristram* war jetzt offiziell angekommen.

Achtern hustete sich ein Generator in Aktion, und ein Schleier aus Abgasen waberte über den Rumpf. Marshall schob die Hände tief in die Taschen und stand irgendwie verloren da. In diesem Augenblick blieb ihm nichts mehr zu tun. Das Boot würde bald in die Werft überführt werden. Man würde alles Wichtige ausbauen und es vom Bug bis zum Heck neu ausrüsten. Er seufzte. Weiß Gott, das Boot brauchte dringend eine Überholung. Die schweigsamen Rekruten würden das U-Boot dann so sehen, wie es wirklich war, heruntergewirtschaftet vom ununterbrochenen Dienst unter schwierigsten Bedingungen. Es gab kaum einen Meter, der nicht eine Delle oder irgendeine Verletzung trug – von Splittern explodierender Granaten. Aufgebeulte Platten unter dem Turm zeigten die Spuren von Wasserbombenangriffen, die ziemlich nah gelegen hatten, als sie vor der tunesischen Küste Versorgungsschiffe für Rommels Afrikakorps verfolgten. Eine tiefe Furche quer über die Brücke stammte vom Geschützfeuer eines italienischen Jägers vor Taranto. Die Ausgucks waren umgekommen, als das Boot im letzten Moment tauchte. Grausame Gerechtigkeit, wenn man wollte – denn die Ausgucks hätten viel früher die Gefahr erkennen müssen und hatten so auch alle anderen gefährdet, die sich auf ihre ständige Wachsamkeit verlassen mußten. Die Männer waren auch gestorben, weil zwischen Leben und Tod immer nur eine Haaresbreite lag, was kein U-Boot-Fahrer je vergessen durfte.

Eine hölzerne Gangway wurde jetzt auf der Pier bewegt. Marshall entdeckte den Kommandanten der Basis und um ihn herum ein paar andere Offiziere mit goldenem Eichenlaub auf den Mützenschirmen. Sie wollten den Förmlichkeiten der Begrüßung Genüge tun. Viele Gesichter kannte er nicht, und das überraschte ihn nicht. In vierzehn Monaten war viel geschehen, nicht nur im Mittelmeer.

»Lassen Sie die Männer wegtreten, Bob. Ich ...«, er zögerte, war plötzlich unsicher, »... ich möchte gerne zu ihnen sprechen, ehe sie in Urlaub an Land verschwinden.«

Seine Männer, eine Mannschaft von fünfzig Offizieren und Matrosen, würden sich bis in den letzten Winkel der britischen Inseln verstreuen, um den Urlaub mit Eltern und Ehefrauen, Freundinnen oder Kindern zu verbringen. Ein paar Wochen lang würden alle in diese andere private Welt eintauchen, mit Lebensmittelzuteilungen und Mangelwaren, aber auch konfrontiert mit Bombenangriffen.

Nach dem Urlaub würden sie auf andere Boote kommandiert werden. Um auf der nächsten Fahrt den erfahreneren Kern unter Männern wie den unerfahrenen Rekruten da oben auf dem Wall zu bilden. Oder auch nur neue Boote zu bemannen, die diejenigen ersetzen mußten, die auf dem jeweiligen Grund von einem Dutzend verschiedener Meere lagen.

Marshall erschauerte und spürte den kalten Wind in seinem Gesicht. Das Jahr 1943 war erst einen Monat alt. Was würde es ihm bringen, wenn der Urlaub vorbei war?

Er beugte sich über das Brückenschanzkleid und sah, wie seine Männer dankbar im Niedergang verschwanden. Mit ihren weißen Mützen und sonnengebräunten Händen und Gesichtern sahen sie in dieser Umgebung seltsam aus. Sie schienen verletzbar vor den grauen Steinen, den grauen Wogenkämmen des Solent und vor dem Regenschauer vor Portsdown Hill. Er seufzte wieder und kletterte über das Brückenschanzkleid nach unten an Deck.

Der Kommandant der Basis begrüßte ihn herzlich mit festem Händedruck. Ein paar unbekannte Gesichter umringten Marshall, man klopfte ihm auf die Schulter, drückte ihm die Hand.

Der Kommandant sagte: »Schön, Sie wiederzusehen, Marshall! Lieber Gott, es ist hervorragend, was Sie da draußen geschafft haben. Genau das, was der Arzt verschrieben hat!«

Ein Offizier bemerkte eilig: »Wenn wir jetzt bitte in Ihr Büro gehen könnten, Sir?«

Marshall war müde. Trotz eines frischen Hemds und seiner besten Uniform fühlte er sich schmutzig und ungepflegt. Ein U-Boot ließ man nicht einfach zurück, wenn an Land ging. Das ging allen so. Die Gerüche schienen tief in jeden Mann eingedrungen zu sein, Gerüche nach Diesel und nassem Metall, nach Kohlwasser und Schweiß. Und das war noch nicht alles. Aber Marshall war zu erschöpft, um die schnellen Blicke zu bemerken. Eile schien geboten.

»Recht haben Sie.« Der Kommandant nahm Marshall am Arm. »Sicherlich haben Sie gesehen, wie sehr sich hier alles verändert hat, seit Sie ausgelaufen sind.« Er trat an die Gangway und erwiderte den Gruß des Postens. »Schwere Bombentreffer überall. Schrecklich.« Er zwang sich zu einem Lächeln. »Keppel's Head steht aber noch, also ist noch nicht alles verloren.«

Marshall schwieg, während er die vertrauten Tore passierte, und ließ die Unterhaltungen um sich herum fast unbeachtet. Auch ohne Wind drang ihm die Kälte bis ins Mark, und er fragte sich, wie lange es dauern würde, bis dieses Treffen zu Ende sein würde. Er sah junge Offiziere, die auf dem Weg zu ihren Instruktionsstunden waren, und andere, die in einem Klassenzimmer saßen wie einst er selber. Geschützkunde und Torpedokunde, Lehrgänge für Erste Offiziere, und Lehrgänge für Kommandanten, fanden im *Perisher*[1] statt, wie das Gebäude gemeinhin hieß, weil hier so viele Hoffnungen zerstört wurden. Fort Blockhouse schien sich wenig verändert zu haben. Doch Marshall kam sich vor wie ein Eindringling.

Sie betraten ein großes Büro, in dem einladend ein offenes Feuer im Kamin unterhalb eines Bildes brannte, das ein Unterseeboot aus Vorkriegszeiten im Grand Harbour von Malta zeigte. Er sah es genau an und erinnerte sich an den Ort, wie er ihn zum letzten Mal gesehen hatte: gezeichnet von Trümmern und Staub, von pausenlosen Bombenangriffen und Menschen, die ihr Leben in Kellern und Unterständen zubrachten.

Ein Steward beschäftigte sich am anderen Ende des Raumes mit den Gläsern, und der Kommandant meinte

---

[1] Wortspiel: to perish (engl.): umkommen, sterben (Anm. d. Ü.)

fröhlich: »Ein bißchen früh am Morgen, ich weiß. Aber dies ist ein besonderer Anlaß!«

Marshall lächelte. An diesen Raum erinnerte er sich sehr gut. Der Kommandeur der Basis hatte ihn hier, auf diesem Teppich stehend, fürchterlich zur Schnecke gemacht wegen irgendeines Versehens. Kurz darauf hatte er ihn angerufen, um ihn am Telefon zu informieren, daß sein Vater auf See geblieben war. Typisch für die Welt der U-Boot-Männer, dachte Marshall.

Mit erhobenen Gläsern drehten sich jetzt alle zu ihm, und der Kommandant sagte: »Willkommen zu Hause. Sie und Ihre Männer haben gute Arbeit geleistet.« Seine Augen glitten über die Brust von Marshalls Uniformjacke. »Ein D.S.C.[1] mit Ordensspange – und weiß Gott, wohl verdient.«

Alle leerten ihre Gläser auf den Träger dieser hohen Auszeichnung für Einsätze auf See, und dann entdeckte Marshall plötzlich sein Spiegelbild an der Wand hinter ihnen. Kein Wunder, daß er sich fremd fühlte! Er war hier fremd, jedenfalls im Kreis dieser Offiziere. Sein Haar, das selbst in seinen besten Zeiten schwierig zu bändigen war, war viel zu lang. Während des letzten Stopps in Gibraltar hatte die Zeit für einen Haarschnitt nicht gereicht. Der Steuerbordmotor hatte gemuckt – wieder einmal. An diesem Morgen waren Marshall beim Rasieren erste graue Strähnen im Haar aufgefallen. Wenige, aber deutlich erkennbar. Dabei war er erst achtundzwanzig Jahre alt. Er lächelte seinem Spiegelbild kurz zu, sah die Schatten unter seinen Augen einen Moment lang verschwinden. Seine Mundwinkel hoben sich, und einen Atemzug lang war er wieder ganz jung.

---

[1] D.S.C.: Distinguished Service Cross – ein britischer Orden (Anm. d. Ü.)

Der Stabsoffizier, der es eilig gehabt hatte, sie hierher zu bringen, sagte: »Der Kommandant der Werft wartet darauf, die *Tristram* zu verholen, Sir. Wenn die Mannschaft ausbezahlt ist und ihre Zuteilungskarten und Urlaubspapiere in Empfang genommen hat, kann sie aufbrechen.« Sein Blick flackerte zu Marshall hinüber. »Es sei denn ...«

Marshall hob zum erstenmal das Glas an den Mund. Whisky pur. Er spürte, wie er ihm in der Kehle brannte und sich in ihm breit machte wie neu gewonnenes Vertrauen.

Leise sagte er: »Ich würde gern noch eine kleine Ansprache halten, wenn es geht.«

Der Kommandant nickte. »Natürlich. Es wird den Männern nach all den Monaten sehr nahegehen, denke ich.«

»Ja.« Marshall leerte sein Glas und reichte es dem wartenden Steward. »Das war genug für mich.«

Er benahm sich nicht nach den Regeln, aber er konnte es nicht ändern. Sie meinten es ja gut. Sie taten ihr Bestes, um ihn willkommen zu heißen, obwohl sie sicher hundert dringende Aufgaben zu erledigen hatten.

Ja, sehr nahegehen.

Der zuständige Stabsoffizier hier an Land hatte das Boot wahrscheinlich schon längst abgeschrieben. Es war für ihn nur noch Stahl und Maschinen, Kriegsmaterial. Marshall fragte sich, ob wohl noch jemand aus der Mannschaft der *Tristram* sich so isoliert und einsam fühlte wie er in diesem Augenblick. Würden sie irgendwann über das reden können, was sie gemeinsam ausgehalten und durchlitten hatten? Die eiskalte Spannung eines Wasserbombenangriffs ... die Nervenspannung bei der Jagd auf ein Ziel ... der Feuerbefehl ... die Sekunden, die dahin tickten, bis eine Explosion verriet, daß der Torpedo das Ziel gefunden hatte?

Tristrams Rückkehr war etwas Besonderes, hatte der Kommandant gesagt. Auf seine Weise hatte er recht. Fünf Boote derselben Klasse waren aus Portsmouth ins Mittelmeer ausgelaufen. Wie so viele andere lagen sie jetzt auf dem Grund des Meeres.

Der Kommandant sagte gerade: »Das mit dem jungen Wade tut mir leid.«

»Ja, Sir.« Der Whisky war wie Feuer. »Er hätte seinen Urlaub antreten sollen, eine Woche nachdem es passiert ist.« Marshall merkte nicht, daß die anderen verstummt waren, und fuhr mit unbewegter Stimme fort: »Wir waren beim Lehrgang für Kommandanten im *Perisher* noch zusammen, und als ich die *Tristram* übernahm, übernahm er die *Tryphon*. Wir sind uns ständig begegnet.«

»Wie ist es passiert?« wollte eine neue Stimme wissen.

Der Kommandant sah den Fragenden zornig an, aber Marshall antwortete: »Wir sollten Lebensmittel und Munition nach Malta bringen.« Er machte eine vage Geste. »Es kamen nur noch U-Boote durch. Trotzdem mußten wir tagsüber im Hafen auf Grund liegen, damit die Bomber uns nicht erwischten. An dem Tag lief die *Tryphon* vor Sonnenaufgang aus. Wir haben nie wieder von ihr gehört.« Er nickte zögernd. »Ich vermute, es war eine Mine. Lieber Gott, es gab ja genug in der Gegend.«

Während er das sagte, erinnerte er sich genau an das letzte Treffen: Bill Wade mit schwarzem Bart und diesem gewaltigen Grinsen. Sie tranken. Ein alter Mann aus Malta spielte im Nebenzimmer Klavier. Bills letzte Worte waren: »Ich hätte nicht geglaubt, daß wir's schaffen, mein Freund. Ich glaube, wir sollten gerade noch mal durchkommen.«

Der arme Bill. Er hatte sich geirrt.

Der Kommandant sah auf die Uhr. »Wir fangen jetzt besser an.« Er nickte den anderen zu. »Ich werde Lieutenant Commander Marshall selbst ins Bild setzen.«

Die Offiziere verließen den Raum, jeder verhielt kurz und murmelte einen Glückwunsch oder ein Willkommen. Dann schloß der Steward geräuschlos die Tür.

»Setzen Sie sich.« Der Kommandant trat an seinen Schreibtisch und hockte sich auf die Kante. »Hatten Sie Urlaubspläne?«

Marshall legte die Arme auf die Lehnen des Sessels. Der Whisky und die Wärme im Zimmer machten ihn schläfrig. Fast ein bißchen entrückt antwortete er: »Eigentlich nicht, Sir!«

Es fiel ihm nicht leicht, das so lässig klingen zu lassen. Keine Pläne. Seine Mutter war vor dem Krieg gestorben, als ein Pferd sie abwarf. Sie war eine schöne Reiterin, eine ausgewiesene Pferdekennerin. Und doch hatte sie diesen Unfall.

Seinen Vater hatte man kurz nach dem Weltkrieg aus der Marine entlassen und ihn sofort wieder eingezogen, als die Deutschen in Polen einfielen. Nach dem Tod seiner Frau hatte der Vater sich ganz ins Privatleben zurückgezogen, und Vater und Sohn hatten sich von einander entfernt. Etwas von seinem alten Geist war erst wieder lebendig geworden, obwohl er nur auf Handelsschiffe kommandiert war, als die Marine den Mann zurückholte. Als Commodore, als Führer eines Konvois, der nach Westen in den Atlantik auslief, war er von den deutschen Wolfsrudeln[1] angegriffen worden. Sein Schiff und ein

---

1 Bezeichnung für deutsche U-Boote, die nach einer bestimmten Taktik, in sogenannten Wolfsrudeln, vorgingen. (Anm. d. Ü.)

paar andere wurden versenkt. Eine Geschichte, wie sie jeden Tag passierte.

»Ich dachte es mir.«

Der Basis-Kommandant zögerte. Er versuchte, Zeit zu gewinnen. »Also, wir haben eine Aufgabe für Sie, wenn Sie akzeptieren. Ich würde nicht so direkt darauf zusteuern, wenn ich mehr Zeit hätte. Aber die habe ich nicht. Der Einsatz ist gefährlich, aber das ist für Sie ja nichts Neues, und er könnte unter Umständen ganz und gar vergeblich sein. Er verlangt jedoch alle Erfahrung und alles Können von Ihnen.«

Er machte eine Pause.

»Wir können nur den besten Mann gebrauchen. Und das sind Sie!«

Marshall sah ihn ernst an. »Muß ich mich sofort entscheiden?«

Der Kommandant antwortete nicht gleich. »Haben Sie je von Captain Giles Browning gehört? Buster Browning nannten sie ihn im letzten Krieg. Er bekam das Victoria Cross[1], weil er unter anderem sein U-Boot während des Fiaskos von Gallipoli durch die Dardanellen brachte. Ein wirklicher Teufelskerl.«

Marshall nickte. »Ich habe etwas darüber gelesen.« Da paßte etwas nicht zusammen. »Was hat er damit zu tun?«

»Kurz nach dem Krieg verließ er die Marine. Entlassen, wie Ihr Vater. Er kehrte zurück, übernahm verschiedene Aufgaben, Ausbildung und ähnliches. Jetzt hat er eine spezielle Aufgabe bei *Combined Operations,* wo immer mehrere Teilstreitkräfte betroffen sind.« Er lächelte. »Das ist alles reichlich vage, aber so muß es sein.«

Vor den dicken Mauern tutete traurig ein Schlepper,

---

[1] hoher britischer Orden (Anm. d. Ü.)

und Marshall dachte an die *Tristram* an der Pier. Sie würde bald leer sein. Ein paar feuchte und zerschlissene Pinups würden zurückbleiben und die Kritzeleien des Steuermanns auf dem Kartentisch, mit denen er bei jedem Angriff seine Nerven beruhigt hatte, während er seine Eintragungen erledigte.

Warum eigentlich nicht? Wollte er seinen gesamten Urlaub etwa damit verbringen, von Hotel zu Hotel zu reisen und Freunde zu besuchen? Oder ... Er fragte plötzlich: »Aber Sie wollen mir noch nicht sagen, worum es sich handelt, Sir?«

»Es ist ein neues Kommando.« Der Kommandant blickte ihn direkt an. Er schien irgend etwas im Gesicht Marshalls zu suchen. »Wenn Sie akzeptieren, sind Sie morgen früh auf dem Weg nach Schottland. Da werden Sie Captain Browning treffen.« Er grinste. »Buster.«

Marshall erhob sich. Er fühlte sich seltsam erleichtert. »Ich werde es versuchen, Sir.« Er nickte. »Es kann ja nicht mehr als schiefgehen.«

»Danke. Ich weiß, was Sie durchgemacht haben. Das wissen alle anderen auch. Aber wir brauchen Sie oder jedenfalls jemanden wie Sie.« Er zuckte mit den Schultern. »Falls sich etwas ändert, machen Sie Urlaub, und dann wartet wieder ein Kommando auf Sie. Sie können vielleicht sogar die *Tristram* wieder übernehmen, wenn die Überholung glattgeht.«

Der Stabsoffizier schaute durch die Tür. »Sir?«

»Lieutenant Commander Marshall hat akzeptiert«, sagte der Kommandant ruhig. »Lassen Sie Lieutenant Gerrard kommen und briefen Sie ihn.«

Die Tür fiel wieder zu.

Marshall drehte sich schnell um. »Was hat mein Erster damit zu tun?«

Der Basis-Kommandant sah ihn ruhig an. »Wir werden ihn fragen, ob er sich freiwillig Ihrem Kommando anschließt.« Er hob die Hand. »Sie haben eine ziemlich gemischte Mannschaft. Ein paar Neue, ein paar erfahrene Leute. Aber ganz oben brauchen wir die perfekte Führung.«

Marshall blickte weg. »Aber er ist verheiratet, Sir. Und nach seinem Urlaub sollte er eigentlich auf einen Kommandantenlehrgang. Und meinetwegen schicken Sie ihn nun ein zweites Mal für vierzehn Monate ins Mittelmeer.«

»Ich weiß. Darum habe ich ihn zunächst auch nicht erwähnt.« Er sah ihn traurig an. »Er wird ein paar Tage zu Hause bleiben und Ihnen dann nach Norden folgen.« Das Lächeln verschwand. »Es geht nicht anders. Es ist von größter Bedeutung.«

»Ich verstehe.«

Marshall dachte an Gerrard, der beim ersten Tageslicht dieses Morgens im Solent gestrahlt hatte wie ein Kind, das zum erstenmal einen Weihnachtsbaum sieht. Es war ihm fast unanständig vorgekommen, den Mann dabei zu beobachten.

Aber wie der Kommandant sagte, gab es hier keine Wahl. Vermutlich war schon vor Tagen, wenn nicht sogar vor Wochen, das alles hier entschieden worden. Ein neues, wichtiges Kommando. Vielleicht ein Versuchsboot mit einer ganz neuen, unerprobten Ausrüstung, die den Krieg verkürzen oder sie alle in die Luft jagen könnte?

Marshall nahm seine Mütze. »Ich möchte mich jetzt verabschieden und meine Leute von Bord gehen lassen, Sir.« Er zögerte. »Eine gute Mannschaft. Die beste.«

»Natürlich.« Der Kommandant runzelte die Stirn, als das Telefon klingelte. »Wir haben hier gerade einen Lehrgang für junge Lieutenants. Hätten Sie Lust, mit den

Herren heute abend zu essen? Der Anblick eines veritablen Veteranen kann ihnen nur guttun.«

Marshall schüttelte den Kopf. »Danke nein, Sir. Ich muß ein paar Leute treffen und einige Briefe schreiben.«

»Sehr gut. Gehen Sie an Land und erholen Sie sich ein bißchen. Ich sehe Sie nochmal, ehe Sie morgen früh aufbrechen.«

Er ließ ihn gehen und nahm dann das Telefon ab. Als Marshall für diese Aufgabe vorgeschlagen worden war, hatte er nicht den geringsten Zweifel gehabt. Marshalls Papiere, die Liste seiner Versenkungen und einige Einsätze sprachen Bände. Daß der Mann alles überlebt hatte, war Beweis genug. Aber jetzt, da er Marshall persönlich kennengelernt hatte, war er sich nicht mehr ganz so sicher. Doch er konnte nicht sagen, weshalb. Marshall war in Ordnung. Nach den Unterlagen der beste. Trotzdem fehlte irgend etwas. Er holte tief Luft. *Seine Jugend.* Die hatte Marshall verloren. Sie war im Kielwasser der *Tristram* untergegangen, der Krieg hatte sie aus ihm heraus geprügelt.

Kurz bellte der Kommandant in den Hörer: »Ja?«

Eine Stimme beklagte sich über Nachschub und Ersatzteile. Der Kommandant versuchte, nicht an Marshalls Augen zu denken. Vereinsamt? Verzweifelt? Er schob alle Gedanken zur Seite und konzentrierte sich ganz auf die Stimme im Hörer.

Wie auch immer – es war nicht länger seine Verantwortung.

*

Falls Marshall noch Zweifel an der Dringlichkeit seines Geheimauftrags hatte, wurde er bald eines Besseren belehrt. Das erste Licht des Tages war nicht mehr als ein grauer Schimmer über dem Hafen von Portsmouth, als der Kommandant der U-Boot-Basis ihn in seinem Stabswagen zu einem Stützpunkt von Marinefliegern ein paar Meilen landeinwärts brachte.

Als Marshall in den Sitz eines lauten und offensichtlich ungeheizten Transportflugzeugs geschnallt saß, klappte er den Kragen seines Uniformmantels hoch und dachte über den letzten Tag nach. Er war ziemlich enttäuscht, vieles schien herzlos. Die Mannschaft der *Tristram* ... Obwohl sie so lange so eng zusammengelebt hatte, fehlte ihr jedes Gefühl für Abschied und Trennung. Das war in der Marine nicht ungewöhnlich. Die Männer scheuten sich wahrscheinlich, ihre wahren Gefühle zu zeigen. Sie hatten es außerdem eilig wegzukommen, um zu sehen, was zu Hause los war.

Marshall wußte immer noch nicht, was Gerrard vom plötzlichen Wechsel der Pläne hielt. Er machte sich vor allem Sorgen über das, was die Frau seines Ersten davon halten würde. Von dem geplanten Kommandantenlehrgang war keine Rede gewesen, und das hatte Marshall überrascht. Gerrard war ein guter U-Boot-Offizier. Der Kommandant der Basis hatte völlig recht mit seiner Bemerkung: Zusammen waren sie ein gutes Team.

Nachdem der letzte Mann an Land geeilt war und die Werftarbeiter auf das verlassene Oberdeck geklettert waren, hatte Marshall zum letzten Mal Umschau gehalten. Es war dumm, Booten eine Seele zuzusprechen. Vernünftiger war da bestimmt die Einschätzung der Stabsoffiziere: Stahl und Maschinen, Ersatzteile und Treibstoff. Männer brachten ein Unterseeboot zum Leben. Es handelte sich um eine Waffe, keinen Lebensstil.

Und doch tat Marshall sich schwer mit diesem Abschied. Er stand in der winzigen Messe und schaute auf die fleckigen Vorhänge vor jeder Koje, hinter denen das bißchen private Abgeschiedenheit geherrscht hatte. Die Schritte auf dem Deck klangen gedämpft, entfernt, als lausche das Boot selber. Auf die vertrauten Stimmen. Die verschiedenen Akzente und Dialekte der Mannschaft. Die Witzmacher und die Sturköpfe. Die, die sich mit Hingabe einsetzten, und die, die Arbeit für eine Last hielten. Wenn die Männer separat auftreten würden, zum Beispiel in einer geschäftigen Straße im Frieden, würde kaum mehr als eine Handvoll von ihnen überhaupt auffallen. Aber durch den harten Stahl der *Tristram* zusammengehalten, waren sie zu einer Einheit zusammengewachsen, zu einer Kraft, mit der der Feind rechnen mußte.

Dann ging er an Land. Eines der raren Taxis brachte ihn zum Haus am Stadtrand von Southampton, und er fragte sich auf jeder Meile der Fahrt, was er bloß Bills Witwe sagen sollte. Sein bester Freund hatte das Mädchen gerade zwei Monate vor ihrem Aufbruch ins Mittelmeer geheiratet. Marshall erinnerte sich gut an die junge Frau. Klein und dunkelhaarig hatte sie das Temperament und die Vitalität eines jungen Fohlens.

Was konnte er ihr sagen? Daß er Bill vor dem Auslaufen aus Malta noch gesprochen hatte? Daß sie am Abend vorher in einer Bar in Malta noch zusammen etwas getrunken hatten? Er war fast versucht gewesen, den Fahrer zurück nach Portsmouth zu beordern und zu kneifen. Doch dann kam alles ganz anders. Das Haus, in dem sie damals so viele Stunden verbracht hatten, bewohnten jetzt gänzlich Fremde. Die junge Frau war weggezogen, niemand wußte wohin. Die neuen Bewohner klangen so, als sei es ihnen auch egal. Vielleicht war sie zu ihren Eltern zurückgekehrt. Vielleicht war sie in kriegswichtige

Arbeiten eingetaucht, um ihren Schmerz nicht vertrauten Gesichtern zeigen zu müssen und Stimmen aus der Vergangenheit zu hören?

Wie auch immer, müde und deprimiert war Marshall nach Fort Blockhouse zurückgekehrt. Als er an der Pier vorbeifuhr, hatte er ungläubig festgestellt, daß *Tristram* schon verschwunden war und jetzt ein anderes Boot dort lag. Zum erstenmal seit vielen Monaten fühlte er sich verloren. Das war alles so irreal, so beunruhigend. Am Morgen würde man ihn nach Schottland fliegen, aber niemand gab ihm Auskunft, wohin genau. Sein Schiff war verschwunden wie seine Mannschaft, und er war ganz und gar allein.

Er ging auf sein Zimmer, vermied es, Bekannte an der Bar in der Messe zu treffen oder den Blicken der jungen Lieutenants zu begegnen – wie ein Mann mit entsetzlichen Entstellungen oder einem großen Schuldkomplex. Das alles war lächerlich, ja destruktiv, und er sagte sich das wieder und wieder.

Der Marineveteran, der sich um ihn kümmerte, verlangte keine Erklärung. Er hatte zu viele wie Marshall kommen und gehen sehen. Er brachte eine Flasche Gin, ließ sich den Empfangsschein abzeichnen und verließ wortlos das Zimmer. Er sprach nicht einmal über das Wetter, überraschend für einen Engländer.

Der Flug in den Norden nach Schottland war unruhig. Der Februarhimmel hing voller Wolken, und das Flugzeug hörte sich an, als habe es schon bessere Tage gesehen. Die ganze Reise schien wie eine Folge von Traumbildern. Selbst die Handvoll Passagiere waren irgendwie ungewöhnlich. Ein bleichgesichtiger Seemann war mit Handschellen an einen Begleiter gekettet. Er wurde zurück an Bord eskortiert, um wegen Desertion angeklagt zu werden. Eine junge Frau, Offizier der Wrens, schlief sofort nach dem Start ein und wachte erst wieder auf, als die Maschine vor Rosyth landete. Ein Lieutenant mit einem fürchterlichen Zucken vermittelte den Eindruck, daß er gleich zusammenbrechen würde. Ein Unteroffizier der Marineinfanterie massierte immer wieder sein Fußgelenk, als hätte er starke Schmerzen. Dabei versuchte er nur, immer wieder seinen Blick am Bein der schlafenden Wren weit nach oben wandern zu lassen.

Die Flasche Gin hatte Marshall nicht geholfen, mit dem ungemütlichen Flug fertig zu werden. Er hatte einen schlechten Geschmack im Mund. Dankbar nahm er den Kaffee und ein Sandwich, das ihm jemand von der Crew anbot.

Auf dem Flugfeld führte ihn ein drängelnder Lieutenant der freiwilligen Marinereserve zu einem anderen Flugzeug. Es war ein kleines, einmotoriges Ding mit einem Piloten, der so aussah, als ob er noch immer die Schule besuchte. Dann ging es immer weiter nach Norden. Per Intercom lief eine starke Kommunikation. Marshall erhielt eine Ahnung von ihrem Ziel.

Der Pilot schrie: »Eben südlich von Cape Wrath, Sir.«

Das war weit genug weg. Noch etwas weiter und sie würden in den Atlantik stürzen.

Trotz der Verschwiegenheit des Basis-Kommandanten hatte Marshall eigentlich erwartet, nach Holy Loch zu kommen. U-Boote bereiteten sich dort auf den Einsatz vor und starteten von dort aus Patrouillen. Cape Wrath war der nordwestliche Zipfel der britischen Inseln. Marshall konnte sich nicht vorstellen, was es dort für ihn zu tun geben sollte.

Durch Löcher in den Wolken sah er gelegentlich auf

runde Berge und regennasse Straßen. Das Mittelmeer entfernte sich mit jeder Umdrehung der Propeller immer weiter – und das nicht nur in bezug auf die Kilometer.

Schließlich schrie der Pilot: »Wir gehen gleich runter zur Landung, Sir!«

Das Flugfeld entpuppte sich als ein Streifen Asphalt, von Modder umgeben, ein paar Nissenhütten duckten sich elend und verlassen, der Windanzeiger flappte. Marshall zweifelte, ob die Maschine mit den Insassen auch nach Einbruch der Dunkelheit heil davon gekommen wäre.

Ein paar Gestalten in Ölzeug lösten sich zögernd aus einer Hütte und liefen auf das Flugzeug zu. Sie arbeiteten sich schräg gegen einen dichten Nieselregen vor, der offensichtlich nicht aufhören wollte. Während sie Marshalls Gepäck einsammelten, marschierte ein stämmiger Unteroffizier der Marineinfanterie herbei und grüßte steif. Trotz seiner wasserdichten Mütze, auf der Regentropfen hingen, und trotz durchweichter Gamaschen und Stiefel gelang es ihm, Marshall zerknickt und unsauber aussehen zu lassen.

»Lieutenant Commander Marshall, Sir?« Seine Blicke liefen schnell von Kopf bis Fuß. »Ihre Papiere bitte, Sir.« Er nahm sie und hielt sie unter seine Mütze. »In Ordnung, Sir. Jetzt beeilen wir uns besser.« Er deutete auf einen triefnassen Humber. »Es ist nicht weit. Und es wartet was Gutes zu essen, Sir!« Er drehte sich auf den Hacken um und bellte seine Männer an, sich verdammt noch mal mit dem Gepäck zu beeilen.

Marshall drehte sich um, als das Flugzeug wendete und über den glänzenden Asphaltstreifen zu rollen begann. Der jugendliche Pilot hatte ihn schon vergessen. Ein Stück Fracht war sicher abgeliefert worden. Jetzt eilte er zum Heimatflughafen zurück und sicherlich auch zu einem Mädchen.

Marshall lächelte in den Regen hinein. Viel Glück.

Der Sergeant rief: »Also, Sir, wir wollen doch nicht zu spät kommen, oder?«

Marshall stieg in den Wagen und packte einen Haltegurt, als der Wagen geräuschvoll über die unebene Erde fuhr.

Der Sergeant starrte durch die Windschutzscheibe und sagte: »Loch Cairnbawn, Sir. Dahin fahren wir.« Er fluchte, als Schafe über die schmale Straße trotteten. »Falls wir überleben.«

Marshall entspannte sich etwas. Also teilte man ihm nun endlich ein paar Informationen zu, nachdem er sicher im Auto saß und das Flugzeug verschwunden war. Er fragte sich, was der Feldwebel wohl tun würde, wenn er ihm befahl, ihn zum Flugfeld zurückzubringen. Vermutlich würde der Mann vorgeben, nichts hören zu können.

Es war fast dunkel, als sie den See erreichten. Nach dem ständigen wüsten Geschaukel und dem ununterbrochenen, leisen Fluchen des Feldwebels war Marshall fast alles egal. Gesichter und Taschenlampen erschienen an den Seitenfenstern, Stacheldraht und bewaffnete Posten blieben in der Dunkelheit zurück, als sie jetzt sehr viel sanfter eine Reihe von Baracken passierten.

»Hier lang, bitte, Sir!« Der Marinesoldat öffnete die Tür und schnippte mit den Fingern nach unsichtbaren Gestalten, die das Gepäck zu versorgen hatten. »Da draußen wartet ein Boot, um Sie auf das Troßschiff zu bringen. Man erwartet Sie bereits.«

»Das will ich verdammt noch mal auch hoffen nach so einer langen Reise.« Marshall war selber erstaunt über seinen Ärger. »Vielen Dank für Ihre Mühe, Feldwebel.«

Der Marinesoldat sah ihm nach, wie er auf ein kleines Blaulicht zuging am Ende des Piers, und grinste leicht.

Wieder Stacheldraht, wieder wurden Marshalls Papiere sorgfältig geprüft, eine Taschenlampe leuchtete ihm ins Gesicht.

Ein Lieutenant trat aus der Dunkelheit und sagte: »Entschuldigen Sie, Sir. Die Sicherheitsvorschriften sind hier sehr streng.«

Marshall nickte, von der Lampe halb blind. Von einem Troßschiff konnte er nichts entdecken.

Der Lieutenant winkte mit seiner Lampe ein kleines Motorboot heran, das ein paar Meter von der Pier entfernt im unruhigen Wasser gewartet hatte.

»Die alte *Guernsey* liegt draußen im Loch[1], Sir. Die Ankerbojen hat man nur ihretwegen ausgebracht.«

Marshall beobachtete das Boot, während es längsseits kam. Die *Guernsey* war ihm nicht unbekannt, wie keinem U-Boot-Fahrer, der bei ihr an Bord gewesen war. Sie war ein sehr altes Troßschiff, wurde noch mit Kohle angetrieben, auf ihr war es ungemütlich, und selbst in diesen Tagen wurde sie nur noch selten als schwimmendes Quartier eingesetzt.

Der Bootssteurer stand im Heck, als Marshall in die kleine Plicht kletterte. Marshall sah ihn sich genauer an, während er darauf wartete, bis das Gepäck verstaut worden war. Er fühlte sich wieder ein bißchen dazugehörig. Das vertraute Zeichen *Unterseeboote* an der Mütze des Mannes bewies ihm, daß es hier oben an diesem gottverlassenen kalten Loch eine Welt gab, die er kannte.

---

[1] Loch: schottisches Wort für eine bestimmte Art von See, vgl. Loch Ness. (Anm. d. Ü.)

Lange dauerte es nicht, bis sie das vor Anker liegende Schiff erreicht hatten. Während das Boot um das altmodische Heck herumtanzte und sich hob und senkte, entdeckte Marshall zwei U-Boote, die längsseits festgemacht hatten. Das Boot zog jetzt auf die andere Seite, die Schraube schnurrte noch einmal, und dann machten sie schon fest.

Der wachhabende Offizier stand gut beleuchtet an der Relingspforte, grüßte zackig und sagte: »Schön, daß Sie an Bord sind, Sir!«

Marshall nahm die Mütze ab und schüttelte sie auf das Deck aus. Etwas Neues hatte begonnen. Er hörte schnelle Pistolenschüsse und das Donnern von Pferden.

Der Wachhabende grinste. »Da läuft ein Wild-West-Film in der Messe, Sir. Die haben den alle schon mal gesehen, aber andere Abwechslung gibt's hier sonst nicht.«

»Ich habe die Boote längsseits gesehen.«

Der Lieutenant sah an ihm vorbei. »Ach ja, Sir?« Er erklärte nichts. Statt dessen fuhr er fort: »Captain Browning hat befohlen, daß ich Sie zuerst in Ihre Kabine geleite, daß sie etwas Gutes zu essen bekommen und was immer Sie sonst brauchen – und zwar sofort.« Er sah bedeutungsvoll auf die Uhr am Schott. »Er will Sie um 21 Uhr sprechen.«

Marshall spürte unsinnigerweise Ärger in sich aufsteigen. Er war doch kein grüner Rekrut mehr!

»Darf man erfahren, was es zu essen gibt?« fuhr er den anderen an.

Der Lieutenant wurde rot. »Eine Bauern-Pastete, Sir.« Er schaute auf den Boden. »Ich befolge hier nur Befehle.«

Ein Steward führte Marshall über zwei Niedergänge nach unten in eine Kabine, die mit Holz ausgeschlagen war. Wahrscheinlich eine Erste-Klasse-Kabine aus der Zeit, als die *Guernsey* ihr langes Leben als Kreuzfahrtschiff begonnen hatte.

Ein pfeifend heißes Bad, Kleiderwechsel und die Bauern-Pastete, die sich als sehr gut herausstellte, halfen ihm, einige seiner Vorbehalte abzubauen. Das Essen wartete an der Spitze eines langen Tisches, und wenigstens drei Stewards bedienten ihn. Kein einziger Offizier war zu sehen, und er nahm an, daß sie sich irgendwo amüsierten oder sich sogar den Western ansahen.

Er lehnte sich seufzend im Stuhl zurück. Der arme Gerrard würde einen Schock bekommen, wenn er hier eintraf. Das sah hier mehr nach einem Kloster aus als nach einem Troßschiff für U-Boote.

»Ich hätte gern ein Glas Portwein.«

Der Steward sah auf die Uhr. »Verzeihen Sie, Sir, aber ich glaube, dafür ist keine Zeit mehr.«

Marshall drehte sich in seinem Stuhl um. »Ein Glas Portwein.« Er sah, wie die Stewards sich bedrückt anschauten. »Und vielleicht will ich noch ein zweites.«

Vor den geschlossenen Bullaugen nahm der Wind zu, und Regen klatschte gegen die hohen Schiffswände. Er glaubte ein Motorboot zu hören und fragte sich, ob es sich wohl hier um ein Wachboot handelte oder ob die Geräusche zu einer Nachtübung gehörten.

Während er seinen Port schlürfte, dachte er wieder an Gerrard und fragte sich, was der wohl gerade tat. Lag er in den Armen seiner Frau? Oder mühte er sich mit einer Erklärung ab, warum er so schnell wieder auf See geschickt wurde?

Marshall schaute auf seine Uhr. Er würde fünf Minuten zu spät zum Treffen mit Kommandant Browning kommen. Er lächelte trotz seiner Wut von eben. *Buster*.

Er hörte fast, wie die Stewards erleichtert aufatmeten, als er sich erhob und den Tisch verließ.

Das Büro des Kommandeurs lag unterhalb der Brücke. In einem kleineren Raum traf Marshall auf einen bebrillten Lieutenant, der an einem Tisch saß. Seine goldenen Ärmelstreifen waren weiß unterlegt, er war also ein Mann aus der Verwaltungslaufbahn.

Er stellte sich knapp vor: »Morris, Verwaltungsoffizier des Kommandeurs.« Er wollte wohl irgend etwas zur Verspätung sagen, doch dann wurde es nur ein: »Er wartet schon.«

Der Raum war sehr groß und genauso breit wie oben die Brücke. Wie viele Räume im Schiff war er mit Holz getäfelt und sah etwas angeschräddert aus.

Captain Giles Browning stand mit dem Rücken vor einer Dampfheizung und sah auf die Tür, als Marshall eintrat. Seine Hände hingen wie große Schaufeln an ihm herab. Er war nicht groß, aber sehr breit und rund. Es schien, als lehne er sich zurück, um sein Gewicht in Balance zu halten. Er wartete, bis Marshall den Raum durchquert hatte, und streckte ihm dann eine Hand entgegen. »Bin froh, daß Sie hier sind, Marshall.« Seine Stimme war volltönend, sein Griff fest. Er deutete auf einen Sessel und ging dann schwerfällig durch den Raum, um einen Dekanter und Gläser zu holen.

Marshall sah ihn müde an. Browning war kahl, hatte nur noch ein paar Büschel grauer Haare, die sich, über den Ohren beginnend, hinten knapp über seinem Kragen trafen. Seine Glatze war sehr braun und zeigte Altersflecken. Marshall entschied, daß die Haare nicht zu dem Mann paßten. Auch das Gesicht war interessant. Es war zerknittert und uneben. Marshall nahm an, daß Browning in seiner Jugend Rugby gespielt oder geboxt hatte.

Der Captain bot ein Glas an: »Schöner Tropfen Port.« Seine Augen hielten Marshall fest. Sie waren eisblau und sehr klar. »Ich nehme an, Sie mögen ihn«, meinte er trocken.

Marshall nippte langsam. Eine Entschuldigung war sinnlos. Und ein Mann, der sich Mühe gegeben hatte, herauszufinden, was er nach dem Abendessen getrunken hatte, würde ohnehin jede Ausflucht sofort durchschauen. Statt dessen fragte er: »Ich soll das Kommando übernehmen von ...«

Browning unterbrach ihn sofort: »Alles zu seiner Zeit. Trinken Sie und entspannen Sie sich. Ich weiß viel über Sie. Jetzt möchte ich, daß Sie einiges über mich erfahren.« Er nahm mit einiger Umständlichkeit in seinem Sessel Platz. »Ich bewundere Profis. Und Ihre Leistungen waren verdammt gut. Ich war selber mal gut, aber heute könnte ich kein U-Boot mehr in den Kampf führen, genau wie ich kein Jiddisch mehr lernen könnte. Im übrigen heißt das noch lange nicht, daß Sie für das taugen, was ich vorhabe.«

Marshall richtete sich in seinem Sessel auf.

Aber Browning hielt eine seiner Pranken hoch. »Ruhe, nur Ruhe. Ich sage nur, was ich denke. Und da ich sehr viel älter bin als Sie, darf ich wohl als erster reden. Oder haben Sie Einwände?«

Ein Grinsen kroch langsam über sein zerfurchtes Gesicht – wie Sonnenlicht über Ruinen, dachte Marshall und lächelte zu seiner eigenen Überraschung: »Selbstverständlich nicht, Sir!«

»Gut. Dieser Job hier ist *top secret*. Muß er sein. Darum ich, darum Sie.« Er griff nach dem Dekanter. »Sie sind lange im Mittelmeer gewesen. Sie kennen die Lage dort. Es war ein harter Kampf, aber jetzt laufen die Deutschen in Nordafrika davon. Unsere 8. Armee drückt von Osten, und die Amerikaner drücken von Westen. Rommel wird im Frühjahr aus Afrika verschwunden sein.«

Marshall lehnte sich wieder in seinen Sessel zurück. Browning sprach so ruhig und sicher, daß er ihm fasziniert zuhörte.

»Das nächste wird die alliierte Invasion Europas sein.« Die blauen Augen verschwanden hinter vielen tiefen Hautfalten. »Das ist auch ein Geheimnis. Aber eines ist sicher: Wir brauchen viel mehr Truppen, als wir im Augenblick haben. Sie kommen aus Amerika und Kanada und ums Kap herum aus Australien und Neuseeland für diese gewaltige Operation.«

Marshall sah das Band des Victoria Cross an Brownings Uniformjacke. Es fiel ihm nicht schwer, sich den Mann auf einem eigenen Boot vorzustellen.

»Wissen Sie, was eine Milchkuh ist?« wollte Browning plötzlich wissen.

»Ja, Sir«, begann Marshall. »Die Deutschen haben ein paar. Milchkühe tanken U-Boote auf. Jede hat über zweitausend Tonnen, habe ich gehört.«

»Guter Mann. Sie wissen also wahrscheinlich genausogut wie ich, wozu die da sind. Das durchschnittliche U-Boot kann im Einsatz etwa siebentausend Meilen zurücklegen. Selbst wenn die Deutschen ihre Basen an der französischen Küste nutzen, brauchen sie allein viertausend Meilen, um in die Mitte des Atlantiks und zurück zu kommen. Damit bleiben ihnen ganze dreitausend Meilen, um Schaden anzurichten, stimmt's?«

Marshall nickte. Er fand keinen Zusammenhang zwischen den Ereignissen in Nordafrika und den U-Boot-Einsätzen im Atlantik.

»Also treffen diese sogenannten Milchkühe ihre U-

Boote an vorher vereinbarten Treffpunkten. Sie bringen ihnen Treibstoff, Verpflegung, Torpedos, Post von zu Hause – also fast alles, was sie brauchen. Damit verdreifachen sie den Einsatzradius jedes Bootes, das unsere Konvois angreifen soll. Bisher brauchten die Deutschen, sagen wir mal, dreißig Boote, um zehn vor der amerikanischen Küste operieren lassen zu können. Die Milchkühe haben ihre Probleme gewaltig verringert. Bisher ist es uns nicht gelungen, auch nur eine einzige aufzubringen. Wenn unsere Jagd-U-Boote ihnen auch nur nahekommen, brauchen sie bloß wegzutauchen und zum nächsten vereinbarten Treffpunkt zu tuckern. Das ist so einfach wie vom Baum zu fallen.« Er holte tief Luft. »In den nächsten Monaten werden wir große Truppenkonvois aus Amerika haben, um unsere Erfolge in Nordafrika fortzusetzen. Wenn wir ein paar von den deutschen Milchkühen ausschalten können, würde das viel bedeuten. Sogar wenn es nur eine einzige wäre. Die Deutschen würden Monate brauchen, bis sie wüßten, was ihnen da passiert ist. Das sind wertvolle Wochen, während denen die Hälfte ihrer U-Boote nach Hause kriecht oder ohne Munition und Treibstoff ist, ehe der Nachschub kommt.«

Marshall packte sein Glas fester. Sein neuer Auftrag lautete also, Milchkühe zu finden und sie aufzubringen. Leise äußerte er: »Ich weiß immer noch nicht, wie wir hoffen können, auch nur eine einzige Milchkuh zu finden, Sir.«

Browning lächelte. Das hier machte ihm Vergnügen. »Wenn einer das schafft, dann Sie.« Das Lächeln verschwand. »Im Ernst: Ich denke, wir müssen es verdammt nochmal wenigstens versuchen.« Er hievte sich aus seinem Sessel und ging an seinen Schreibtisch. »Im letzten

Monat hatte ein U-Boot, das aus Kiel in den Atlantik auslief, Maschinenprobleme. Das Boot war nicht neu, wohl aber die Mannschaft. Noch völlig unerfahren. Das Wetter war damals heftig. Es blies mit zehn, und die Nacht war pechschwarz. Der Kommandant des U-Boots beschloß, Schutz zu suchen und die Maschinen zu reparieren. Er entschied sich für einen Fjord an der Ostküste Islands. Er ging natürlich ein Risiko dabei ein, aber er hielt es wohl für eine gute Idee. Ich vermute, vor ihm haben das andere auch schon getan. Die Isländer mögen uns weiß Gott nicht und die Amerikaner auch nicht, seit wir ihr Land besetzt haben.« Er sah Marshall ein paar Augenblicke an. »Glücklicherweise hatte ein Trawler mit seinem Horchgerät den gleichen Gedanken. Sie trafen aufeinander, sozusagen Auge in Auge.«

Marshall erhob sich, ohne sich dessen bewußt zu sein. »Und so ist es Ihnen gelungen, sich die Codes für die Milchkühe zu verschaffen?«

Browning trat zu ihm, packte Marshalls Arm und seine Augen blitzten. »Viel mehr als das, mein Junge. Wir haben das ganze U-Boot.« Er deutete quer durch die Kajüte. »Da draußen liegt es!«

Marshall starrte ihn an.

»Allmächtiger Gott!«

»Wirklich.« Browning lächelte wieder sanft. »Und jetzt haben wir den richtigen Kommandanten dafür!«

Marshall ließ sich zurück in den Sessel fallen. Er zwang sich zu einem Lächeln. »Das haben Sie, Sir!«

Browning strahlte. »Ich habe mir gedacht, die Idee gefällt Ihnen. Das ist genau Ihre Kragenweite.« Er griff nach dem Dekanter. »Also noch einen Schluck, Herr *Kapitän!*«

Begegnung

Während der Nacht zog der Regen ins Binnenland, der Wind war schwächer geworden, doch er wehte immer noch eiskalt.

Nach einem eiligen Frühstück in seiner Kabine eilte Marshall an Deck und fand dort Captain Browning mit zwei Offizieren des Troßschiffes an der Reling in ein tiefes Gespräch versunken.

Allein in seiner Kabine zu frühstücken war auch so ein Vorschlag Brownings. Es schien, als wollte er Marshall von allen Ablenkungen fernhalten bis zum Augenblick der entscheidenden Konfrontation. Am Abend zuvor war Marshall bis spät in die Nacht bei ihm geblieben. Er hatte wenig gesprochen, war zufrieden gewesen, Browning zuzuhören, der Pläne entwickelte, die er so lange gehegt hatte und die nun endlich Wirklichkeit werden sollten.

Das U-Boot aufzubringen war die Folge einer Reihe glücklicher Umstände, soweit es die Briten anbetraf. Als er auf den mit Asdic ausgerüsteten Fischdampfer auf Bewacher-Station traf, wollte der deutsche Kommandant sein eigenes Boot versenken und mußte aber leider entdecken, daß der schwere Sturm ihn tiefer als geplant in den Fjord getrieben hatte. Mit gefluteten Tanks sank das U-Boot nur bis auf eine harte Felsenschulter, die Sehrohrführung blieb noch über Wasser.

Der Scheinwerfer des Bewachers hielt das U-Boot fest, ein paar Warnschüsse heulten gefährlich dicht über die Köpfe der Leute im Turm. Die Mannschaft beschloß also, sich zu ergeben. Der Kommandant und sein Erster

Offizier waren zwar erfahrene U-Boot-Fahrer, doch der größte Teil der Mannschaft war, nach Brownings Einschätzung, gänzlich unerfahren. Anders konnte man sich wohl kaum erklären, daß sich alle ohne das kleinste Zeichen von Widerstand ergeben hatten.

Die Nachricht erreichte auf dem schnellsten Weg die Admiralität in London. Innerhalb von Stunden war eine erfahrene Bergungsmannschaft per Flugzeug unterwegs nach Reykjavik, mit dem Auftrag, zu retten, was zu retten sei. Anhaltende Dunkelheit, dicker Schnee und ein wütender Sturm begrüßten die Männer, als sie endlich den Fjord erreicht hatten. Zwei Taucher ertranken, und ein paar erlitten ernsthafte Erfrierungen. Doch trotz all dem bargen sie mehr als ein paar nützliche Überbleibsel. Sie hoben das U-Boot und schleppten es nach Schottland, sobald das Wetter es erlaubte.

Brownings Männer arbeiteten rund um die Uhr, um die Schäden am Boot zu reparieren und alles zu ersetzen, was machbar war. Andere hielten Funkwache rund um die Uhr. Sie wollten wissen, ob das U-Boot vor der Aufbringung seine Situation per Funk nach Hause gemeldet hatte oder ob ein Agent an Land die eifersüchtig bewachte Prise entdeckt hatte. Zur Überraschung der meisten wurde nichts dergleichen gemeldet.

Browning mußte zugeben, daß es noch immer eine geringe Chance gab. Informationen könnten irgendwo durchdringen. Oder der Marinestab in Kiel hatte sogar irgend etwas für eine derartige Situation vorbereitet.

Doch während die Tage verstrichen, gewann man die Überzeugung, daß alles in Ordnung war. Der Kommandant eines U-Boots war ein selbstbewußter Mann. Und der selbstbewußteste von allen war jemand, der in der weiten Wasserwüste des Atlantiks jagte.

Ein Hornsignal ertönte, und achtern stieg die weiße Kriegsflagge am Stock empor, entfaltete sich, wehte aus und zeigte damit den Beginn eines neuen Tages an. Gegen den bleifarbenen Himmel und vor dem dunklen, nebelverhangenen Land sah sie unnatürlich hell aus.

Browning drehte sich um, als *Weitermachen* geblasen wurde. Er sah Marshall in der Tür und grinste.

»Morgen!« Er strahlte vor Jugendlichkeit. Man konnte sich kaum vorstellen, daß er erst vor ein paar Stunden den ganzen Dekanter mit Portwein geleert hatte.

Marshall grüßte. »Ich bin bereit, Sir.« Er bibberte im Wind. Lieber Gott, es war wirklich kalt.

Browning stellte seine beiden Begleiter vor. Beide waren Commander, und beide waren verantwortlich, die unerwartete Verstärkung der Flotte einsatzfähig zu machen.

Der eine, ein bärtiger Mann namens Marker, meinte vergnügt: »Wir mußten verdammt viel Übersetzungsarbeit leisten. Meter in Fuß und so weiter, damit das die einfachen Gemüter an Bord auch kapieren. Aber der größte Teil der technischen Ausrüstung ist unverändert geblieben. Vergessen Sie das bloß nicht, wenn Sie alarmtauchen müssen.« Sie traten nach draußen in den Wind. »Natürlich haben wir für deutsche U-Boote keine Ersatzteile auf Lager. Sie müssen also mit dem klarkommen, was Sie vorfinden. In der Zwischenzeit lasse ich meine Leute gezielt in den Lagern suchen. Man weiß ja nie, wir könnten brauchbare Teile immer noch verwenden.«

Auch Browning hatte während ihres Gesprächs so etwas schon angedeutet. Falls Marshall Erfolg hatte, wollte man das U-Boot für eine weitere unorthodoxe Operation verwenden. Das erklärte Brownings Verbindung mit den *Combined Operations,* was Marshall seit dem Augenblick irritiert hatte, als der Kommandant in Fort Blockhouse es zum erstenmal erwähnt hatte.

Falls Marshall aber keinen Erfolg haben würde, bräuchte man sich natürlich keine weitere Mühe mehr zu geben. Das hieß dann nämlich, Marshall und seine Mannschaft waren für immer und ewig auf Grund gegangen.

Er lehnte sich über das Brückenschanzkleid und schaute nach unten auf die Boote. Das innen liegende Boot war ein Boot der H-Klasse, ein Überbleibsel aus Brownings Krieg.

Der Captain murmelte: »Wir setzen es zum Üben ein und als Versuchskaninchen. Neugierigen Augen an Land scheint es dann so, als würden wir hier ganz normale Ausbildungslehrgänge veranstalten.«

Marshall hörte nicht hin. Ganz langsam glitten seine Blicke über das außen liegende Boot. Er fühlte ein seltsames Prickeln in der Magengegend, eine Mischung aus Spannung und Unsicherheit. Obwohl der Turm mit Hilfe von bemalter Leinwand grob getarnt und vor neugierigen Augen geschützt blieb, ließen Umriß und Bauart keinerlei Zweifel zu. Das U-Boot war ungefähr zweihundertfünfzig Fuß lang – vom scharf geschnittenen Bug bis zum teilweise unter Wasser liegenden Heck, und es sah genau so aus, wie er erwartet hatte. Ein paar Matrosen in Overalls arbeiteten bei der offenen Vorderluke. Andere hantierten am gewaltig aussehenden Deckgeschütz. Sie hoben und senkten die Geschützläufe und schmierten Fett an alle Stellen, die ihnen wesentlich erschienen.

Browning meinte: »Das Biest sieht bösartig aus, nicht war? Der Kommandant war Korvettenkapitän Opetz. Nach seinem letzten Einsatz hat er das Ritterkreuz bekommen.« Bitter fügte er dann hinzu: »Hat zweiundzwanzig Schiffe versenkt. Einhundertundfünfundzwanzigtausend Tonnen. Dieser verdammte Hund.«

Marshall riß sich vom Boot los und sah ihn überrascht an. An Land hatte er oft ähnliche Äußerungen gehört. Er fand sie unlogisch und verwirrend. Als U-Boot-Fahrer beurteilte er den Krieg unter Wasser ganz anders. Einerseits haßte er es, von all den dringend benötigten Schiffen zu hören, die auf den Grund des Meeres geschickt wurden, er haßte das Leiden und den Tod, den jeder Angriff mit sich brachte. Andererseits reagierte er allergisch auf Bemerkungen, wie Browning sie eben gemacht hatte. Es war Krieg! Und zwischen einem deutschen Torpedo und einem britischen gab es keinen Unterschied, wenn sie ihre Ziele fanden. Jedenfalls nicht für die, die getroffen wurden. Und Browning sollte als U-Boot-Mann eigentlich als erster dem Können des Feindes Respekt zollen, wenn auch nur, um ihn mit seinem besseren Wissen zu vernichten.

Browning sagte: »Die müßten jetzt auf Sie warten.« Er schritt über die schmale Laufplanke voraus, ohne ein weiteres Wort. Vielleicht hatte er Marshalls Reaktion auf seine Worte gespürt. So leicht konnte man ihm vermutlich nichts vormachen.

Erst ging's über das Deck des H-Bootes, dann stoppten sie einen Augenblick, damit Browning die Signalkladde eines Offiziers abzeichnen konnte.

Marshall stand ganz ruhig, nur seine Füße bewegten sich in der sanften Bewegung des kleinen Bootes. Er blickte auf den Turm des U-Boots, wo ein Matrose gerade auf einem frisch gemalten Maskottchen die letzten Striche anbrachte.

Ein Offizier mit Namen Marker erklärte leise: »Wir hielten es für am besten, ein neues Maskottchen für das

Boot zu erfinden. Für den Fall, daß die Deutschen gemerkt haben, daß ihnen dieses Boot abhanden gekommen ist.«

Das Maskottchen war ein anstürmender schwarzer Bulle, aus dessen geblähten Nüstern Dampf strömte. Aus grünen Augen starrte er nach vorn, als suche er einen möglichen Gegner. Browning fuhr fort: »Unser Maler hat die Idee aus einem Walt Disney Film.« Er mußte grinsen. »Was paßt auch besser zu der Aufgabe, eine verdammte Milch-Kuh zu fangen?« Browning wandte sich um. »Ihre neue Mannschaft hat zwei Wochen auf dem Boot trainiert. Das war alles, was wir an Zeit zugestehen konnten. Aber Sie können die Ecken und Kanten ja noch abschleifen auf Ihrer Fahrt. Ich erwarte nicht, daß Sie sich mit irgend etwas anderem befassen. Sie haben nur eine Aufgabe.« Seine blauen Augen wurden hart. »Keine Heldentaten, nur diese Aufgabe.«

Marshall nickte. Wenn er nur seinen Körper unter Kontrolle hätte! Selbst seine Zähne klapperten so, daß er glaubte, alle anderen müßten es hören. War es die Kälte? Waren es die Nerven oder nur das Vorgefühl, ohne Pause zurück in den Dampfkochtopf zu müssen? Alles war möglich.

Sie stiegen über einen schwankenden Bug, und dann griff Marshall nach dem Schanzkleid am Turm des U-Bootes. Wenn auch nur ein paar Sekunden lang, schien ihm doch, daß selbst dieses sich anders anfühlte.

Ein Posten salutierte, als sie die steile Leiter zur Brücke hochkletterten. Marshall fragte sich, ob die Männer über seine Ankunft informiert worden waren, und was sie sonst noch wußten. In wenigen Tagen würde er den Posten an seinem Gesicht erkennen und wissen, mit wem er es zu tun hatte. Er würde alle so gut kennen wie die Männer, von denen er sich in Portsmouth verabschiedet hatte. Er schwang sein Bein über das Brückenschanzkleid und zögerte. Der Abschied war gerade zwei Tage her.

Wieder entstand eine Pause, während der er sich umsah. Die Brücke war anders als die der *Tristram*. Schmaler und länger. Direkt hinter der Brücke sah er einen gefährlich aussehenden Vierling auf einem Anbau. Vier Läufe, zwanzig Millimeter mit gewaltiger Schußfolge. So viel wußte er immerhin schon.

Dann kletterten sie nach unten. Gerüche und Lärm begrüßten sie, bis sie alle in der gut beleuchteten Zentrale versammelt waren. Browning trat zur Seite, um Marshalls Reaktionen zu beobachten.

Marshall wußte natürlich, daß alle ihn taxierten, aber er ignorierte sie. Jetzt kam es nur noch auf seine Fähigkeiten an. Wenn sie erst draußen auf See waren, gab es keinen Werftarbeiter und keinen Mechaniker vom Troßschiff, der ihnen helfen konnte.

Das Boot war gut geschnitten und geräumiger, als er erwartet hatte. Ihm fiel auf, daß es, anders als auf britischen Booten, eine Ecke in der Zentrale gab, die dem LI vorbehalten war. Dort würde der Mann mit dem Kommandanten allein sein. Es war großartig, mit jemanden, der so entscheidend für den Einsatz und die Sicherheit des Bootes war, so engen Kontakt zu haben. Andererseits würde der ihn ständig beäugen, bei jedem Angriff oder bei jeder Flucht, würde ihre Chancen einschätzen, das Können oder das Versagen des Kommandanten beurteilen.

Browning sagte: »Ich habe nur die notwendige Besatzung an Bord gelassen. Ich dachte mir, Sie wollten ungehindert ausprobieren, wie das Boot sich anläßt.«

»Danke, Sir!«

Er entdeckte, daß gedruckte Anweisungen über die deutschen Bezeichnungen auf Skalen und Manometerzeiger geklebt waren. Auf dem Schott vorn sah er ein Messingschild. Es war unverändert, ein Mahnzeichen: »U-192. Krupp-Germania. Kiel – 1941«.

Trotz seiner Erregung spürte er auf dem Rücken eine Gänsehaut. Leise sagte er: »Sehrohr ausfahren!«

Ein Dieselheizer legte den Schalter um und beugte sich an die Griffe vor, während das große Sehrohr aus seiner Führung aufstieg. Marshall mußte plötzlich an die Männer denken, die vor ihm hier gestanden hatten.

Er drehte das Periskop langsam in einem Bogen, sah den dünnen Schornstein des Troßschiffes und einige Möwen, die auf der Suche nach Nahrung durch die Luft trieben und sich nach unten stürzten. Dann weiter. Über dem kabbeligen Wasser des Lochs entdeckte er das nahe Land, eine Gruppe kleiner Häuser, die sich unter ein paar Bäumen drängelten. Er drehte den rechten Griff in seine Richtung und sah die Häuser erstaunlich klar, als er die Linse auf volle Schärfe gezogen hatte. Er entdeckte in einer Haustür eine alte Frau, die sich in der Kälte krümmte. Sie wartete darauf, daß eine Katze sich endlich entschloß, entweder drinnen zu bleiben oder nach draußen zu verschwinden. Er lächelte.

Mit dem linken Griff drehte er die oberste Linse in Richtung grauen Himmel. Wo das Flugzeug warten würde, ruhig kreisend und geduldig darauf hoffend, daß das U-Boot auftauchte. Das war der Augenblick, in dem es am leichtesten zu packen war.

Browning schien Marshalls leises Lächeln registriert zu haben, während er die kleine Szene an Land beobachtete, denn er sagte: »Sie scheinen zufrieden zu sein. Haben Sie schon ein Gefühl?«

Marshall sah ihn ernst an. Browning zeigte sich für einen Augenblick völlig ohne Maske. In seinem verwitterten Gesicht war alles zu erkennen – Vergnügen, Stolz. Doch vor allem Neid.

Neid. Armer alter *buster*[1], dachte Marshall. »So was ähnliches, Sir. Ich möchte mir jetzt das Boot von vorn bis hinten ansehen und dann meine Notizen mit Ihren Informationen vergleichen.«

Marker sagte: »Wie Sie wissen, hat *U-192* sechs Rohre vorn und zwei achtern, zwölf Ersatztorpedos binnen und neun auf dem Achterdeck in druckfesten Behältern.«

Browning meinte schnell: »Also insgesamt neunundzwanzig Aale[2], nicht wahr!«

Sie sahen ihn alle an. Marshall stellte überrascht fest, daß Browning schon nicht mehr dazugehörte. Seine Absicht, sein unmöglicher Plan, war Realität geworden, und hier standen nun die Fachleute zusammen, um ihn auszuführen.

Leise meinte er: »Kein Vergleich mit Ihrem letzten Kommando, oder, Sir?«

Browning strahlte. »Nur zu wahr. Selbst das kleine H-Boot hier nebenan wäre mir damals wie ein Ozeandampfer erschienen.«

Marker fuhr fort: »Die Diesel sind in bestem Zustand. Sie schaffen bei Überwasserfahrt achtzehn Knoten. Die Elektromaschinen bringen unter Wasser acht Knoten.«

Sofort fragte Marshall ihn: »Darüber sind Sie nicht sonderlich glücklich?«

»Meine Männer haben sie auseinandergenommen. Sie scheinen ganz in Ordnung. Aber das hieß es sicher-

---

[1] buster (engl.): Kumpel, Meister (Anm. d. Ü.)
[2] Aale: Torpedos (Anm. d. Ü.)

lich auch, als das Boot Kiel verließ. Behalten Sie sie gut im Auge.«

Sie gingen nach vorn durch die Druckschotten an der Hauptschalttafel vorbei, an der drei Bordelektriker an Drähten und Meßskalen herumhantierten. Strom summte leise. Man spürte die Energie, die den Rumpf zum Leben erweckte.

Marshall sah eine Tür, auf der »Kommandant« stand, und zögerte. Auf der *Tristram* hatte er die Messe mit seinen Offizieren geteilt und konnte deshalb Zuversicht und Zweifel kaum vor ihnen verbergen – weder auf Wache noch auf Freiwache. Hier hatte er einen Raum, um mit seinen Gedanken – wie kurz auch immer – allein zu sein. Hier könnte er seine Maske der Zuversicht fallen lassen, bräuchte seine Ängste nicht zu verbergen.

Er schaute schnell hinein. In den Regalen standen schon jede Menge britischer Handbücher neben den deutschen.

Browning rief: »Sie werden einen Offizier zur Verfügung haben, der fließend Deutsch spricht. Zwei Funker sind handverlesen für die Entschlüsselung feindlicher Codes und Funksprüche.«

»Das war sehr weitblickend, Sir!«

Er verbarg ein Stirnrunzeln. Was war los mit Browning? Zweifelte er an Marshalls Fähigkeit, das Kommando zu übernehmen, oder an seiner eigenen, das Boot wieder in Dienst zu stellen? Ausgebildete Funker zu haben und einen Offizier, der ebensogut Deutsch sprach wie die beiden, war doch selbstverständlich. Oder hätte es jedenfalls sein müssen.

Gelegentlich drückten Männer sich an ihnen vorbei, während die Inspektion fortgesetzt wurde. Marshall sah ihre Blicke. Bald würde es jedermann an Bord wissen:

Der neue Kommandant ist da. Was für einer ist er? Abwarten. Bei Offizieren weiß man nie. Und so weiter.

Dann stand er in der Messe, wo er seine Offiziere treffen würde. Und sie einschätzen müßte wie sie ihn.

Die Messe der Unteroffiziere. Und dann vorbei an dem Kühlraum, in dem ein Versorgungsoffizier seine Listen mit denen verglich, die an der Tür klebten. Jeder Zentimeter mußte ausgenutzt werden. Jedes Teil abgehakt. Um dann nochmal geprüft zu werden ...

Im Bug, wo die Torpedos untergebracht waren, lagerten die langen glänzenden Aale in ihren Gestellen. Hier würden auch die meisten Matrosen hausen, so gut es eben ging, und würden ihre Mahlzeiten und ihre Freiwache mit den Torpedos teilen.

Ein Blick nach oben durch die vordere Rettungsluke. Ein schneller Blick nach unten in den Horchraum und durch das Schott. Sechs glänzende Röhren und dicht daneben eine Palette mit kondensierter Milch.

Dann und wann notierte Marshall schnell etwas, während sich in seinem Kopf Umriß und Grundriß des Bootes wie auf einem Bauplan formten. Seine Kehle war ausgetrocknet. Wahrscheinlich als Folge des Dieseldunstes oder wegen der neuen Farbe. Es roch auch nach der ehemaligen Besatzung. Denn die neuen Gerüche und selbst das kurze Tauchen hatten den angestammten Geruch nicht ganz vertrieben.

Er konnte sich das Heulen des Horns vorstellen, das Glitzern im Auge des Kommandanten, wenn das Sehrohr aus dem Wasser stieg. Die ganze Welt mit Angriffen und Zielen wurde durch die kleine Linse in die Pupille und in den Kopf eines Mannes gesogen, um dann in Handlung umgesetzt zu werden – und in Tod.

Wieder durchlief ihn ein Zittern. Lieber Gott, in den

vergangenen Monaten hatte er solche Bilder oft genug gesehen. Eine Ansammlung von Schiffen, die durch sein Sehfeld glitt – die richtige Taktik mußte für den Angriff erarbeitet werden, während sich der Pulk unausweichlich weiter bewegte, bis die Schiffe im Kreuzpunkt seiner Peilungen gefangen waren. Um ihn herum und unter ihm war das Boot lebendig vom leisen Gemurmel, vom Klicken der Skalen und Instrumente. Wieder ein schneller Blick. Wo waren die Begleitschiffe? War das U-Boot entdeckt worden? Kalt lief es ihm den Rücken hinunter. Die Entscheidung. Ruhig, nur ruhig. Hör nicht auf das dumpfe Schlagen von Schrauben, das einen Begleitzerstörer auf gefährlichem Kurs quer durch den Konvoi treibt. Jetzt. Feuer Rohr eins.

»Fühlen Sie sich wohl, Marshall?« Brownings Gesicht tauchte wieder vor ihm auf.

»Tut mir leid. Ich war in Gedanken versunken.«

Browning räusperte sich: »Kann ich mir denken.«

Marshall sah ihn nicht an. Was war mit ihm los? War er überanstrengt? Ausgebrannt wie so viele andere? Manchmal reichte es nicht, wenn man überlebte. Anderes war noch wichtiger.

Er hörte sich sagen: »Ich glaub', das war's.« Er schaute auf die Uhr. Sie waren jetzt zwei Stunden an Bord, aber ihm schien es wie Minuten. Er schaute auf seine Begleiter und fragte sich, was sie wohl dachten – auch über ihn.

Marker bemerkte: »Wenn wir auf die *Guernsey* zurückkehren, kann ich Sie auf den laufenden bringen.«

Und Browning fügte hinzu: »Dort können Sie die ärztliche Untersuchung absolvieren und Ihre Leute kennenlernen.«

»Ärztliche Untersuchung?« Marshall sah ihn fragend an.

Browning zuckte mit den Schultern. »Sie kennen die Vorschriften. Nach ihrem letzten Einsatz ist sie wieder fällig. Der Oberstabsarzt will nur sichergehen, daß all Ihre Knochen und Glieder an der richtigen Stelle sind. Der Oberkommandierende würde mir den Kopf abreißen, wenn ich Sie ohne Untersuchung durchgehen ließe.«

Niemand lachte.

Marshall nickte. »Gut.« Genau das kann ich jetzt brauchen, nicht in Ordnung befunden zu werden, irgendeinen Posten an Land zu kriegen und wie Browning zu enden, anderen hinterher zu sehen, die in den Kampf ziehen, dachte er.

Schweigend kletterten sie die glänzende Leiter nach oben. Wie glatt die Sprossen sich anfühlten. Wie viele Männer wohl blind ins Tageslicht gestürzt waren, um das Feuer zu eröffnen oder um nach einer langen Reise als erste die heimatliche Küste zu grüßen?

Auf der Brücke wehte der kalte Wind einige von Marshalls Vorahnungen einfach weg, und er konnte das Deck des U-Boots jetzt betrachten, ohne mit der Wimper zu zucken. Ein neuer Anfang. Nicht nur eine weitere Patrouillenfahrt wie so viele andere. Das mußte er sich sagen. Armer Bill, dachte er, ich glaube, wir schaffen's nie. Die *Tristram* hatte alle ihre Schwesterboote überlebt. Aber hier ging es jetzt um eine neue Herausforderung von Überleben oder Sterben.

Sie hatten das feuchtwarme Innere des Troßschiffes erreicht, als Browning fragte: »Kennen Sie einen Roger Simeon?«

Marshall runzelte die Stirn. »Flüchtig. Er war Erster Offizier auf einem Schnellboot, als ich ihn das letzte Mal traf!«

Er erinnerte sich an ein eckiges, kühnes Gesicht. Kurzes blondes Haar. Ein Mann, der die Aufmerksamkeit jeder Frau finden würde.

»Den meine ich. Der ist natürlich längst Commander geworden.«

Marshall wartete ab. Natürlich? Worauf lief das hinaus?

»Guter Mann. War ziemlich involviert in den *Combined Operations*. Erstklassiger Kopf, ein richtiger Draufgänger. Sie werden ihn bald treffen.«

Marshall sah ihn schnell an. Offensichtlich mochte Browning Simeon nicht. Laut sagte er: »Ich habe ihn mehr zufällig in Fort Blockhouse getroffen.«

»Ja, natürlich.« Browning wartete, bis die anderen Offiziere außer Hörweite waren. »Lieutenant Commander Wade war ein guter Freund von Ihnen, hörte ich. Sein Boot kam letztes Jahr nicht zurück. Verdammtes Pech.«

Marshall sah ihn betroffen an. »Wir standen uns sehr nahe!«

Browning wurde noch deutlicher. »Also dann sage ich es Ihnen am besten gleich, dann haben wir es hinter uns: Wades Witwe hat letzten Monat Commander Simeon geheiratet.« Er schaute unglücklich drein. »Das mußte ich loswerden. Diese Aufgabe hier ist schwierig genug, da muß man nicht so was ...« Er beendete den Satz nicht.

Marshall drehte sich weg und starrte durch ein Bullauge nach draußen. Ihn fror. Er versuchte sich genau an das zu erinnern, was Bill während der letzten Tage gesagt hatte. War er noch derselbe gewesen? Oder hatte er etwas über seine Frau herausgefunden? Allmächtiger Gott, es war schon schlimm genug, ein U-Boot durch die Minenfelder vor Malta zu bringen. Jeder Kommandant war nach den Kämpfen und endlosen Wachen vollständig erschöpft. Wenn Bill an seine Frau gedacht hatte, wenn er im falschen Moment darüber nachgedacht hatte, was er ihr nach seiner Rückkehr nach England sagen und antun würde, dann war das mehr als ausreichend. Sekunden genügten, ein paar Augenblicke nur, und die fehlende Wachsamkeit führte zum Untergang.

Mit Mühe fand Marshall seine Beherrschung wieder. Als er sprach, klang er hart. »Ich kümmere mich jetzt mal um meinen Arzttermin, Sir. Dann wissen wir endlich Bescheid.« Er sah, wie enttäuscht Browning war. Im Widerschein des Lichts sah Browning plötzlich alt und müde aus. Und dann fügte er leise hinzu: »Dennoch vielen Dank, Sir. Gut, daß Sie mich informiert haben.«

Browning setzte die Mütze ab und strich mit der Hand über den kahlen Schädel. »Blödsinnige Angelegenheiten. Der verdammte Krieg macht verdammt viel kaputt bei Männern wie ...« Als er sich umdrehte, merkte er, daß Marshall schon nicht mehr da war. Er seufzte und berührte unbewußt das Band des Victoria Cross auf seiner Brust. Er verstand das ja alles. Im Krieg kam man manchem sehr nahe. Selbst nach all den Jahren konnte er sich sehr genau an vielerlei erinnern. Er setzte die Mütze auf und bellte: »Lassen Sie die neue Mannschaft um elf Uhr in der Cafeteria antreten!«

Der Quartermaster, der ihn mit nachsichtiger Neugier gemustert hatte, grüßte und sah ihm nach, als er den Vorraum verließ. Armer alter Mann, dachte er, und griff zum Mikrofon. Mit dem ist es vorbei. Er knipste das Mikrofon an und setzte die silberne Pfeife an die Lippen.

Die Pfeife schrillte aus einem Dutzend Lautsprechern überall im Schiff. Das Schrillen drang noch nach draußen bis zu dem U-Boot mit dem wütenden Bullen, der auf den Bug stierte.

Eine heftige Bö schickte Katzenpfoten über das Wasser neben den dicken Außenbunkern des Bootes. Die Festmacher knirschten und ruckten ungeduldig.

Mochten Männer empfinden, was sie wollten, *U-192* wartete nur darauf abzulegen. Zurück in die Kampfgründe, in die einzige Welt, die das Boot kannte.

*

In den nächsten drei Tagen fand Marshall wenig Zeit, an anderes als die anliegende Aufgabe zu denken. Er machte nur kurze Pausen, um zu essen oder um unerwartete Schwierigkeiten auszubügeln. Im übrigen übte er sich darin, mit dem Boot alle möglichen Situationen zu simulieren, die überhaupt vorstellbar waren. Nachdem er seine ärztliche Untersuchung hinter sich gebracht hatte und zum ersten Mal seiner Mannschaft gegenüberstand, war ihm klar, daß er hier vor einer Aufgabe stand, die noch schwieriger war, als er angenommen hatte.

Mannschaften von Unterseebooten hatte man immer viel Zeit für Übungen eingeräumt, damit sie ein Gefühl für ihr Boot und die Kameraden entwickeln konnten, ehe sie zur ersten Patrouillenfahrt ausliefen. Obwohl kein Datum genannt worden war, war klar, daß diesmal die Zeit nur für die nötigsten Tests blieb.

Irgendwie war das fast ein Vorteil, fand Marshall. Zuviel Zeit zum Grübeln würde ihre Erfolgsaussichten nur verringern. Vor allem aber war Geheimhaltung wichtig, und so bedeutete jede Stunde neben der *Guernsey* zusätzliche Gefahr, entdeckt zu werden. Loch Cairbawn war ein guter Ort für die Umrüstung des Bootes. Hier waren schon früher viele Tests durchgeführt worden, unter anderem mit den Kleinstunterseebooten, die ihre haarsträubenden Angriffe auf das deutsche Schlachtschiff *Tirpitz* vorgetragen hatten. Das Gelände an sich war also kein Problem. Marshall kam es aber so vor, als würden sich zu viele Leute um das Boot kümmern. Ständig tauchten neue Gesichter auf, die wissen wollten, wie die Arbeit vorankam, oder die durch das Schiff geführt werden wollten wie Besucher auf einer Besichtigungstour in Friedenszeiten: zwei Parlamentsmitglieder, mehrere Admiräle und ein ganzer Schwung nicht ganz so Hochrangiger. Es kostete wertvolle Zeit und erhöhte außerdem das Risiko für die Geheimhaltung.

Erstaunlicherweise war die ärztliche Untersuchung die bisher leichteste Übung. Der Oberstabsarzt war mehr an Marshalls Erfahrungen im Mittelmeer interessiert als daran, ihn im Hinblick auf die neue Aufgabe zu untersuchen. Der Mann schien irgendwie nicht gesund zu sein. Er erinnerte Marshall an jemanden, der tagaus, tagein in Old Bailey[1] Gerichtsverhandlungen beiwohnt, nur um die schrecklichen Einzelheiten eines Mordes zu hören oder um zu beobachten, wie Zeugen zusammenbrechen oder die Schuldigen ihr Urteil annehmen.

Am vierten Morgen saß er in seiner Kajüte in *U-192* und las noch einmal seine Aufzeichnungen. Sie waren seit seinen ersten Zeilen fast zu einem Buch angewachsen. Gerrard sollte diesen Nachmittag ankommen, und er wollte jedes Detail abrufen können, um den Ersten Offizier nicht zu verunsichern, wenn der seine erste Tour durch das Boot unternahm.

Die Stimmung an Bord hatte sich deutlich verändert. Es ging nun nicht mehr zu wie in einem schwimmenden Klassenzimmer. *U-192* war voll mit Vorräten, Muniti-

---

[1] Berühmter englischer Gerichtshof (Anm. d. Ü.)

on, Treibstoff und vor allem voller Männer. An seinem Tisch neben dem Schott sitzend, hörte er, wie um ihn herum ständig etwas los war. Vom Deck hörte er Schritte, die Festmacherleinen knarrten, und Metall klapperte beim Geschützexerzieren. Immer wieder gingen Leute an seiner im Schott geschlossenen Tür vorbei, und von der nahen Messe hörte er den Steward mit Geschirr und Bestecken hantieren, da dieser zum Mittagessen deckte.

Er dachte an seine Offiziere. Außer ihm und Gerrard gab es vier, ein gemischter Haufen, den er sich immer noch nicht als Mannschaft vorstellen konnte.

Lieutenant Adrian Devereaux bildete als Navigationsoffizier das Zentrum der kleinen Gruppe und schien überhaupt nicht zu ihnen zu passen. Marshall war sich klar, daß das vor allem Devereux' eigener Fehler war. Er sah gut aus, war gebildet und sprach mit jener leichten Herablassung, aus der man leicht eine gewisse Verachtung für alle anderen heraushören konnte.

Lieutenant Victor Frenzel, der Chief, war als Leitender Ingenieur das genaue Gegenteil. Er war schon vor dem Kriege nur in Unterseebooten gewesen und war auf dem härtesten Weg Offizier geworden, hatte anfangs als Maschinengast gedient. Doch trotz solcher Anfänge und rüder Ausdrücke, die er häufig benutzte, um seinen Leuten klarzumachen, was er von ihnen erwartete, war er wirklich freundlich. Er hatte dunkles, lockiges Haar, grinste breit und war überhaupt nicht beeindruckt von seiner neuen Aufgabe.

Die beiden anderen waren Offiziere auf Zeit. Colin Buck, der Torpedo-Offizier, hatte im Zivilleben eine Autowerkstatt betrieben und mit Gebrauchtwagen gehandelt. Er hatte scharfe Gesichtszüge und kalte Augen. Es war schwierig, ihn genauer kennenzulernen. Es sei denn, er erlaubte es einem, dachte Marshall.

Der Jüngste in der Messe war Sublieutenant David Warwick. Der Sub war als Artillerieoffizier auch verantwortlich für die Übersetzungen aus dem Deutschen und sah aus wie ein unschuldiges Kind. Mit seiner frischen Gesichtsfarbe und den feinen Zügen konnte man ihn sich kaum in Aktion vorstellen. Doch aus seinen Papieren wußte Marshall, daß er nach der Universität in die Marine eingetreten war und alle Lehrgänge für U-Boote und Artillerie als jeweils Bester beendet hatte. In ihm steckte also mehr, als auf den ersten Blick ersichtlich war.

Die restliche Mannschaft war genauso gemischt. Einige waren erfahrene Leute, wie Coxswain Starkie, der Gefechtsrudergänger, oder Murray, der Waffenmeister. Einige hatten gerade erst ihre Ausbildung abgeschlossen, und das eroberte U-Boot war ihr erstes Kommando. Vielleicht hatten sie es am einfachsten. Probleme würden sie erst auf den folgenden Booten bekommen. Dann müßten sie ihre Grundausbildung an Bord ganz von vorn beginnen.

Browning hatte Marshall nur selten zu Gesicht bekommen, seit er die Mannschaft auf dem Troßschiff hatte antreten lassen. Er war mit eigenen Vorbereitungen vollauf beschäftigt. Doch es gab noch andere Gründe dafür, daß er sich absonderte.

Marshall warf sich vor, daß er daran schuld wäre, wenn sie sich voneinander entfernten. Aber da das U-Boot jetzt seiner Verantwortung unterstand, mußte er tun, was er für richtig hielt. Er hatte gespürt, daß Browning den Männern etwas sagen wollte. In den Messen auf dem Troßschiff hatte Marshall die angetretenen Offiziere und Mannschaften beobachtet, als Browning ihn als neuen Kommandanten vorstellte. Hätte er Zivilisten angeredet oder sich über das Radio an alle gewandt, die mit dem Kampf im Krieg nichts zu tun hatten, hätte seine Rede den gewünschten Effekt gehabt. Sie machte Mut und war patriotisch, doch sie schien gleichzeitig sehr konservativ und überhaupt nicht der Situation angemessen. Browning hatte von Loyalität und Eifer gesprochen, und Marshall wußte, daß genau das für alle selbstverständlich war. Es mußte so sein.

Sobald *U-192* die Leinen loswarf, würden fünfzig Männer auf engstem Raum zusammengepfercht leben. Männer, die sich aufeinander verlassen mußten, die genau wissen mußten, was sie zu tun hatten, falls ein Unfall sie trennte oder falls es notwendig werden sollte, ein Schott hermetisch zu schließen, um das Boot vorm Untergehen zu retten, aber dabei den besten Freund in einem stählernen Grab einzusperren. All das ging ihm durch den Kopf, als er merkte, daß Browning ihn ebenso wie alle angetretenen Männer ansah und wartete.

Er blickte langsam die Reihe der Angetretenen entlang und hörte sich dann wie einen Fremden sprechen: »Einige von Ihnen kennen mich bereits. Wir haben gemeinsame Einsätze hinter uns. Aber die meisten sind mir so unbekannt wie Ihnen der Dienst in der Marine. Es tut mir leid, daß wir nicht genügend Zeit haben, das alles zu ändern, ehe unsere Arbeit beginnt.« Er hatte sich leicht abgewandt, um nicht zu sehen, wie betroffen Browning war. »Ich möchte nur einiges klarstellen. Dies hier ist kein Spiel und auch keine heroische Unternehmung, die die Moral der Marine fördert. Wir sind hier, um uns mit dem Boot vertraut zu machen. Um es als Waffe einzusetzen und Schiffe unseres Feindes zu zerstören. Wir können uns auf niemanden außerhalb unseres Rumpfes verlassen. Wir haben wahrscheinlich die einsamste Aufgabe, die es auf See gibt. Und sicherlich eine der gefährlichsten.«

Er sah, wie ein paar Ältere grimmig nickten, während sich die Jungen verblüfft ansahen.

»Vergessen Sie, daß Sie sich freiwillig gemeldet haben und eine Elite sind. Das alles bedeutet nichts mehr, nachdem wir abgelegt haben. Was Sie als Mannschaft können, Ihre Belastbarkeit, nachdem Sie die Grenzen des Ertragbaren hinter sich gelassen haben – nur das zählt.« Er machte eine Pause, um die Wirkung seiner Worte einzuschätzen. War er zu direkt, zu brutal? Es war schwer zu sagen. »Wenn wir Erfolg haben, erfüllen wir unseren Auftrag. Sehr gut. Aber Sie werden Ihren Stolz nicht öffentlich zur Schau stellen können. Denn wenn wir unseren Kampfwert steigern und zeigen wollen, was wir wert sind, dann müssen wir unser Geheimnis wahren. Sonst sind wir die Gejagten, nicht der Feind.«

Er senkte seine Stimme etwas, spürte plötzlich Spannung in seinen eigenen Gliedern. »Doch einen Preis werden Sie gewinnen, einen, den Sie untereinander teilen können. Das Wissen, daß Sie und nur Sie den Krieg zum Feind gebracht haben, auf sein Feld, und daß Sie nach seinem Codex kämpfen. Ich erwarte viel von Ihnen, wie Sie mit Recht auch viel von mir verlangen.« Er fühlte sich erschöpft. »Das ist alles. Unser Exerzieren beginnt um 14 Uhr 00.«

Es klopfte an der Tür. Lieutenant Devereaux meldete mit ausdruckslosem Gesicht: »Captain Browning, Sir.« Er streckte ihm eine Signalkladde entgegen. »Vom wachhabenden Stabsoffizier. Lieutenant Gerrard ist gelandet. Ein Auto holt ihn ab.«

»Danke!« Marshall streckte die Arme aus und stand

auf. »Browning kommt, um Frieden zu schließen. Oder hat andere Gründe. Ist Ihre Abteilung vorbereitet?«

Elegant hob Devereaux die Schultern: »Selbstverständlich, Sir!«

Marshall lächelte. Lieutenant Devereaux hatte sich bisher nichts vergeben.

Sie kletterten beide auf die Brücke und trafen Browning, der sich gerade über das Brückenschanzkleid quälte.

Er sah Devereaux an: »Sind Sie der Wachhabende?«

»Ja, Sir.«

»Gut. Dann steigen Sie über auf die *Guernsey* und sammeln Sie alle Leute ein. Ich möchte Sie in einer Stunde hier vollzählig an Bord angetreten sehen.«

Devereaux öffnete den Mund und schloß ihn wieder.

Als er sich entfernt hatte, raunzte Browning: »Ziemlich aufgeblasener Typ. Aber er hat gute Papiere!«

In Marshalls Kabine schloß er die Tür und sagte: »Befehl zum Auslaufen.« Er schüttelte ernst den Kopf. »Ich weiß, was Sie sagen wollen, und ich gebe Ihnen recht. Aber etwas ist passiert. Ich habe eine Meldung vom alliierten Hauptquartier Atlantik auf Island. Ein Mann von der ursprünglichen Besatzung ist aus dem improvisierten Gefangenenlager geflohen. Vielleicht ist er tot, irgendwo erfroren. Er kann sich auch irgendwo versteckt halten oder ein neutrales Schiff suchen, das ihn aus Island mitnimmt. Auf jeden Fall müssen wir annehmen, daß er durchkommen kann und unser Geheimnis platzen könnte.«

»Ich verstehe, Sir!«

Marshall trat an seinen Schrank und holte eine Flasche und zwei Gläser heraus. Es war zwecklos, darauf hinzuweisen, daß Gerrard bald eintreffen würde und keine Ahnung von dem Boot hatte, auf dem er ab jetzt Erster Offizier war. Sie hatten noch nicht einmal zusammen den ersten Tauchtest absolviert. Ihm fiel vieles ein, was der plötzlich geänderte Plan nicht mehr erlauben würde. Doch Browning hatte das sicher alles bedacht.

Browning schaute ihm zu, als er zwei Gläser bis oben hin mit Whisky füllte. Dann sagte er: »Tut mir leid, daß ich diese dumme Rede hielt, die keiner mochte.« Er seufzte. »Dabei war ich in Ihrem Alter so einer wie Sie. Aber der Rückblick macht alles rosig. Er schneidet den Schmerz aus dem Mut.«

Marshall reichte ihm das Glas. »Ich muß mich entschuldigen.« Er zwang sich zu einem Grinsen. »Wie Sie schon sagten, wir werden noch die Ecken und Kanten abschleifen müssen, während wir in Richtung Feind laufen.«

Browning trank den Whisky und sagte bewegt: »Ich wünschte, Sie würden mich mitnehmen!«

»Ich auch.« Überrascht stellte Marshall fest, daß er das ernst meinte.

Browning ließ sich auf einen Stuhl fallen und sah sich bedrückt um. »Man muß sicher immer mal an den Kerl denken, der vor Ihnen hier gesessen hat, oder nicht?« Von oben klangen Schritte. »Sie können um 1630 Uhr ablegen. Dann ist es fast dunkel. Ich habe die bewaffnete Yacht *Lima* abgeteilt, Sie hinauszugeleiten. Sie wartet Ihr Probetauchen ab.« Er klang müde. »Danach sind Sie auf sich allein gestellt. Meine Leute haben die aktuellsten Berichte der Abwehr. Alles, was wir wissen, und einiges, was wir allerdings nur vermuten können.« Er sah Marshall fest in die Augen. »Aber das ist nun Ihre Sache, und Sie stellen die Regeln auf.«

»Danke.«

Marshall füllte die Gläser ein zweites Mal. Er sah im Geist, wie die Männer ins Boot kletterten, alles prüften und sich Späße zuriefen, um Unsicherheiten und Fremdheit zu überspielen. Sie mußten sich an die neue Situation erst noch gewöhnen. Nur ihr Kommandant mußte sich bereits beweisen.

Es klopfte, und Chief Frenzel schob den Kopf in die Kajüte.

»Wir möchten gern wissen, ob Sie zu uns in die Messe kommen, ehe es los geht, Sir?« Er grinste Browning an. »Und Sie natürlich auch, Sir!«

Marshall nickte. Das war der richtige Anfang. »Natürlich, Chief.«

Überraschenderweise erhob Browning sich und sagte: »Tut mir leid. Ich habe noch viel zu tun. Aber ich werde Sie auslaufen sehen und wünsche Ihnen alles Glück der Welt.«

Frenzel nickte. »Ich werde es allen sagen, Sir!« Er schaute Marshall an. »Also etwa in zehn Minuten?« Er verschwand.

Als die Tür zufiel, meinte Browning mit rauher Stimme: »Ich kann da nicht einfach sitzen und mit ihm trinken, als ob nichts vorgefallen wäre.« Er griff in die Tasche und holte eine zerknitterte Meldung raus. »Die kam gerade eben. Frenzels Frau und seine Kinder sind heute nacht bei einem Bombenangriff getötet worden. Wenn ich es ihm sage, hilft es ihm nichts. Doch es könnte Ihren gesamten Auftrag gefährden.« Er griff nach seiner Mütze. »Ich kann da nicht wie ein Clown sitzen und so tun, als ob ...«

Marshall sah seine Qual. »Er wird es verstehen. Sie hatten keine andere Möglichkeit.«

Sie schüttelten sich ernst die Hand, und Browning sagte: »Wenn Sie zurück sind, werde ich es ihm sagen. Es ist meine Verantwortung.«

Sie traten in den Gang und in die hell erleuchtete Zentrale. Bis auf das Maschinenpersonal der Wache war sie leer. Das Nervenzentrum. Der Ort, an dem sich alle Fibern und alle Stränge aus dem Boot in einem Mann trafen, der die ganze Kraft von *U-192* ausmachte: der Kommandant.

Er folgte Browning auf die Brücke und sah ihm nach, bis er auf dem Troßschiff verschwunden war.

Es war, als habe er eine Verbindung durchschnitten. Jetzt war er allein für alles verantwortlich.

Er sah auf das nasse Deck, auf dem der Posten laut mit seinen Schuhen knallte, um die Füße warm zu halten, und über den scharfen Bug hinweg zum Ende des Lochs. Alles was geschah, ergab so wenig Sinn. Bill war gerade in dem Augenblick gefallen, als seine Frau ihn betrügen und verlassen wollte. Eine Frau und ein Kind lagen unter den Trümmern ihres Hauses, während ihr Mann und Vater dem Kommandanten eines U-Bootes einen Drink einschenkte und von der absichtlichen Täuschung nichts ahnte.

In Island hatte ein unbekannter Deutscher unabhängig von diesen Ereignissen etwas in Gang gesetzt, das sie alle jetzt auf See in ein unbekanntes Wagnis schickte.

Seltsamerweise merkte Marshall, daß er vor dem, was vor ihm lag, keinerlei Furcht mehr empfand. Vielleicht förderte dieses Land solche Vorahnungen. Wie das Boot, das unruhig an seinen Leinen ruckte, war er froh, daß es endlich losging. Ihm war jetzt gleichgültig, was auf sie alle wartete.

Die neue Aufgabe

Nach all der Spannung und den nervösen Ausbrüchen, die die letzten Prüfungen und die hektischen Vorbereitungen auslösten, war der Augenblick des Ablegens fast eine Erlösung. Das Wetter hatte sich noch weiter verschlechtert. Ein kräftiger Wind peitschte das Wasser des Lochs zu kurzen, bösartigen Wellen auf, die weiße Kronen trugen. Es schien, als ob jeder Mann, der irgendwie freikommen konnte, an der Reling des Troßschiffes stand, um *U-192* auslaufen zu sehen. Ganz in der Nähe lag mit ihrem scharfen, tanzenden Bug die bewaffnete Yacht *Lima* beigedreht, um das Boot vom Ankerplatz hinaus in die offene See zu geleiten.

Marshall stand hoch auf der stählernen Gräting vorne im Turm und lehnte sich über das Schanzkleid, um Second Coxswain Cain zu beobachten. Der sorgte dafür, daß seine Leute an den Festmachern immer bereit waren. Er war als »König des Decks« bekannt, ein guter Unteroffizier und viel zu erfahren, um irgend etwas durchgehen zu lassen. Unter seinen ledernen Seestiefeln fühlte Marshall die Gräting zittern und hörte sie klappern, als die mächtigen Diesel anliefen. Er stellte sich Frenzel vor, der unten vor seinen Armaturen stand und seine Maschinen sicher genauso gründlich beobachtete wie seine Männer.

Marshall trug Ölzeug über mehreren Lagen aus Unterzeug und Pullover und ein dickes Handtuch um den Hals. Dennoch war ihm kalt, und er konnte ein Zittern nicht unterdrücken. Es waren die Nerven. Er rief: »Klar zum Auslaufen!« Unter ihm wiederholte ein Ausguck seinen Ruf ins Sprachrohr, und er hörte ein kurzes Quietschen über dem Kopf. Vielleicht warf Gerrard gerade einen Blick durchs Sehrohr. Nahm seine Peilung. Er hatte sehr müde ausgesehen, als er sich aus seinem kurzen Urlaub zurückgemeldet hatte. Er redete ja nie viel, aber er war ein guter und verläßlicher Mann.

Ein Matrose rief: »Noch drei Minuten, Sir!«

»Sehr gut!«

Er hatte keine Zeit gehabt, ihn zu fragen, wie es zu Hause stand. Es langte nur zu einem »Wie geht es Valerie?« – »Danke!« und zu der Frage: »Was hat sie gesagt, als Sie so schnell wieder weg mußten?« – »Nicht viel.«

Armer alter Bob, sie mußte ihn ziemlich böse behandelt haben.

Marshall drehte sich leicht um, als Sub-Lieutenant Warwick aus dem Schatten des Turms zu Cain trat. Im Vergleich zu dem schwergewichtigen Unteroffizier und den glänzenden Gestalten der Matrosen sah er fast zerbrechlich aus.

Ein paar Gestalten standen auch auf dem Rumpf des H-Bootes, bereit, die Leinen loszuwerfen. Einer rief: »Viel Glück, Macker!« und ein anderer: »Na dann sammelt mal schön viel Stunden auf See.«

Trotz dieser üblichen Rufe, die Mut machen sollten oder spöttelten, spürte Marshall um sich herum, wie ungewohnt noch alles war. In den ruckenden Wellen mit den weißen Kappen nahm sich das Vorschiff des U-Bootes wie eine lange schwarze Speerspitze aus. Der Draht des Minenabweisers bildete eine dünne Linie vor den treibenden Wolken und dem dunkler werdenden Himmel.

Ein Licht von der Brücke des Troßschiffes schien zu ihnen herunter, und ein paar Hurra-Rufe waren über die lauten Diesel und den steten Wind zu hören.

Lieutenant Buck kam durch das Luk und tastete sich zu den Grätings. Sein scharfgeschnittenes Gesicht sah gegen das dumpfe Metall sehr hell aus.

»Klar zum Ablegen, Sir.« Er sprach mit einem Akzent, der ihn als Mann aus dem Süden Londons verriet. »Ich habe alles an Hand der Liste geprüft, die Sie mir gegeben haben. Ich glaube, wir haben nichts übersehen.«

Marshall winkte mit der Hand. »Leinen los vorn.« Und dann an Buck: »Jetzt wäre es sowieso zu spät.«

Er spürte, wie das Deck sich leicht hob, als der Wind den Bug des Bootes leicht vom H-Boot wegdrückte. Ein Festmacher-Draht platschte ins Wasser und schlug dann gegen den Stahl des Rumpfes, als Cains Männer ihn schnell einholten.

»Leinen los achtern!«

Trappelnde Füße, ein Mann rutschte aus und fluchte in der nassen Dunkelheit.

»Alles klar achtern, Sir!«

»Überprüfen Sie das!« antwortete Marshall schnell.

Er sah, wie Buck sich über die Reling achtern beugte. Er war sicher, daß alles in Ordnung war. Doch wenn sich eine Trosse um die Schraube wickelte, wäre es mit dem pünktlichen Auslaufen vorbei. Das wäre ein schlechter Start oder, wie manche meinten, ein schlechtes Omen.

»Alles klar, Sir!« meldete Buck.

Marshall nickte und blickte zur Seite, wo sich der Streifen Wassers zwischen den beiden Booten schnell verbreiterte. Die Gesichter auf dem anderen Boot waren schon nicht mehr genau zu erkennen. Auch auf dem Troßschiff konnte man die Männer nicht mehr von den Aufbauten unterscheiden.

»Beide langsam voraus.«

Er hörte, wie die beiden Diesel sofort reagierten. Kehlig und tiefer als zuvor schlugen beide Schrauben achtern das Wasser zu Schaum, ehe sie ruhiger liefen.

»Kurs zwei-neun-null.«

Er wartete, bis der Befehl durchs Sprachrohr nach unten gegeben war, und sagte dann: »Melden Sie dem Ersten, er soll mit dem Sehrohr die *Lima* auffassen. Sie zeigt gleich ihr Hecklicht. Er kann das Boot danach ausrichten.«

So schnell also ging das. Das Boot glitt von seinem Liegeplatz, der scharfe Bug warf Schaumfedern auf, und die Bugwelle rauschte an den dicken Außenbunkern entlang.

Er hörte einen Ausguck erregt mit einem zweiten flüstern und sagte: »Ruhe bitte. Beobachten Sie Ihren Sektor, und heben Sie sich Ihr Gerede für später auf.«

Buck rief: »Der Erste meldet, alles klar in der Zentrale.«

»Gut.«

Ein Schwarm Möwen schwamm vorweg und schnatterte erregt, als versuchten die Vögel zu entscheiden, ob es sicher war, im Wasser zu bleiben. Im fahlen Licht sahen sie aus wie ein Kranz, der über Bord geworfen worden war.

Die Maschinen klangen wirklich sehr gut. Er sah die bewaffnete Yacht. Sie fuhr einen knappen Bogen, um sie richtig führen zu können. Die *Lima* war schön, war in friedlichen Zeiten Spielzeug eines Millionärs gewesen und hatte damals sicher im Mittelmeer gelegen. Warme Nächte, braune Körper, sanfter Wein.

Marshall beugte sich über das Sprachrohr. »Achten Sie auf den Bug, Rudergänger. In ungefähr fünfzehn Minuten treffen wir auf eine starke Querströmung.«

»Aye, aye, Sir.« Der Coxswain klang unendlich weit weg.

Er war ungewöhnlich klein, erinnerte an ein Frettchen.

Was mochte er wohl denken, fragte Marshall sich. Starkies letztes Boot war durch einen Stuka vor Hoek van Holland versenkt worden. Mit nur drei anderen war er davongekommen. Ein Motor-Torpedo-Boot hatte ihn aufgefischt, mehr tot als lebendig. Jetzt war er wieder dabei. Vielleicht hatte seine Drahtigkeit ihn gerettet. Es war ein Irrtum, daß fette Männer im Wasser länger überlebten.

»Boot an Steuerbord, Sir.«

Marshall beobachtete es mit seinem starken Fernglas ein paar Augenblicke lang. Eines der Wachboote von Browning. Es wollte wahrscheinlich nur sichergehen.

»Sehr gut. Vergessen Sie es, und beobachten Sie Ihren Sektor weiter.«

»Yessir!« Es war der Ausguck, den er eben wegen seines Flüsterns angefahren hatte. Jetzt klang seine Stimme etwas sanfter. Das leise Lob hatte ihm gutgetan.

Im Loch wurde die Dünung deutlich spürbarer, als sie sich der See näherten.

Gerrard schien keine Schwierigkeit zu haben, das Hecklicht der Yacht im Sehrohr zu halten. Das war eine gute Übung. Man fing immer am besten mit etwas sehr Einfachem an.

Warwicks rundes Gesicht erschien und glänzte vor Nässe. »Alle Festmachertrossen sind gestaut und gesichert, Sir!« Er klang außer Atem.

»Sehr gut.« Und da werden sie auch bleiben, bis wir wieder in einem Heimathafen fest machen. Es sei denn ... Er sagte: »Lassen Sie Ihre Männer wegtreten und schicken Sie sie nach unten.« Er zögerte. »Dann checken Sie nochmal die vordere Luke, Lieutenant.«

Der junge Mann verschwand, und Buck meinte: »Ich bin überzeugt, das alles macht ihm hier Spaß!«

Marshall sah ihn an: »Wahrscheinlich. Und wie steht's

mit Ihnen? Sie fahren seit achtzehn Monaten auf U-Booten, habe ich recht?«

Buck überlegte sich die Antwort etwas und sagte dann: »Es ist mal eine Abwechslung, Sir!«

Er hörte Füße auf der Leiter, und jemand drängelte sich auf die Brücke, gerade als die ersten Männer Warwicks in den Turm stiegen.

»Was zum Teufel wollen Sie hier?« fuhr Marshall den Mann an.

Buck antwortete: »Er will sich übergeben, Sir!«

Ein Matrose, der auf dem Deck gearbeitet hatte und fror und naß war, schaute den armen Kerl ohne Mitgefühl an.

Ein anderer sagte: »Hau ab, Macker, und laß die Männer mal runter!«

»Schicken Sie ihn nach unten«, ergänzte Marshall, »wenn ihm schlecht ist, soll er einen Eimer benutzen.«

Er hörte den Mann krächzen und würgen, nachdem er außer Sicht war, und biß sich auf die Lippen. Er war mit dem unglücklichen Seemann zu harsch umgesprungen. Aber auf See, wenn nur der Wachhabende und der Ausguck auf der Brücke waren, konnte solch ein Zwischenfall zu einem Desaster führen. Ein plötzlicher Angriff, Alarmtauchen, und die Männer würden mit einer offenen Luke zu tun haben, wenn das Boot abtauchte. Gerrard hätte es besser wissen müssen.

Warwick kam auf die Brücke und schüttelte sich wie ein junger Hund, der aus dem Regen nach drinnen gelaufen war.

»Alles klar, Sir. Wirklich!« Er grinste.

Marshall lächelte zurück. Vielleicht war er auch mal so wie Warwick gewesen. Sicherlich, obwohl es kaum noch wahr erschien.

»Gut. Sie können nach unten gehen!«

Vorsichtig fragte Warwick: »Darf ich hier oben bleiben, Sir?«

»Natürlich.« Marshall hob das Glas und sah, wie die Yacht über die ersten Wellen draußen stieg und sich schüttelte. »Aber halten Sie sich fest.«

Er versuchte, sich das Land vorzustellen, das voraus in der Dunkelheit verschwand. Niemand würde sie auslaufen sehen. Irgendwo über den Wolken brummte ein Flugzeug, bis die Dieselgeräusche es übertönten. Marshall mußte plötzlich an Frenzel denken und sein Verhalten beim Mittagessen. Fröhlich und sicher, daß er mit seinen Männern gut vorbereitet war. Über der Koje des LI hatte Marshall ein Foto von dessen Frau und dem kleinen Sohn gesehen. Das war kein guter Augenblick für ihn gewesen.

»An Kommandant, Sir.« Gerrards Stimme klang aus dem Sprachrohr.

»Was liegt an?«

»Wir gehen jetzt auf neuen Kurs, zwei-sieben-null, wenn die *Lima* ihren eigenen Kompaß richtig abgelesen hat.«

»Sehr gut.« Er wartete, weil er wußte, da kam noch mehr.

»Tut mir leid wegen des neuen Mannes, Sir. Dumm von mir!«

»In Ordnung, Bob. Ich nehme an, Sie haben alle Hände voll zu tun.«

Ein Räuspern. Erleichterung. »Ziemlich, Sir. Aber die Jungs werden es schaffen. Läßt sich gut an, toi, toi, toi.«

Marshall richtete sich wieder auf. Gerrard konnte alle möglichen Probleme haben. Ob nun Krieg war oder nicht, Hypotheken mußten bezahlt werden ebenso wie

Rechnungen, auch wenn es verdammt wenig zu kaufen gab. Valerie, seine Frau, würde wieder mal allein sein. Er fragte sich, ob sie wohl die Stola tragen würde, die Gerrard ihr aus Malta mitgebracht hatte.

Warwick fragte: »Meinen Sie, daß wir richtig nahe an sie rankommen, Sir?«

An sie? »Sie meinen die Deutschen?« Er zuckte mit den Schultern. »Kann sein. Sie werden viel zu tun kriegen, falls das passiert.«

»Ich werd's schon packen, Sir«, murmelte Warwick.

Trocken mischte sich Buck ein: »Er sieht aus wie ein Kraut, wenn er seine Klamotten trägt.«

Marshall nickte. Sie hatten verschiedene deutsche Uniformen an Bord. Wenn sie nahe genug an den Feind kamen, um sie zu tragen, würde Warwick in der Tat verdammt gut reagieren müssen.

Dann fügte Buck als Nachsatz hinzu: »Du wirst es schon packen, David, mach dir keine Sorgen!«

Marshall sagte nichts. Bucks plötzlicher Wandel hatte ihm genug verraten. Er war eben doch nicht dieser gefühllose Mann von Welt, den er nach außen hin gern darstellte.

Warwick entspannte sich etwas: »Du hast es leicht. Verdammt große Torpedos. Die brauchen keine Sprache.«

Die Brücke kippte nach vorn, und eine Wand aus Schaum brach über die Sehrohrführung. Hier draußen wurde die See wilder. Vom Land war nicht mal mehr ein Schatten zu sehen.

Das blaue Hecklicht tobte in alle Richtungen, und er konnte sich vorstellen, daß es auf der Yacht reichlich ungemütlich wurde. Wahrscheinlich betete der Skipper, daß die nächsten zwei Stunden ohne Zwischenfall verstrichen, in denen sie das Probetauchen des U-Bootes abwarten sollten, um dann so schnell wie möglich in den Schutz des Landes zurückzulaufen.

Marshall dachte über das Tauchen nach. Es würde ohne Eile geschehen. Es würde das letzte Mal sein, daß sie einen Test durchführen konnten. Danach ... Er schob den Gedanken zur Seite und sagte: »Lassen Sie die Ausgucks ablösen. Und sagen Sie dem Steward, er soll mir was Heißes zu trinken schicken.«

Er konnte sich vorstellen, wie alle Männer im Boot auf ihren Posten waren. Sie beobachteten die Armaturen und die Skalen, achteten auf den Ton der Maschinen und das regelmäßige Drehen der Schrauben. Andere, die im Augenblick nichts zu tun hatten, hätten Zeit zum Nachdenken und um ihren Gefühlen nachzuhängen, während jede Minute sie weiter und weiter weg von zu Hause beförderte. In ein paar Tagen waren sie hier mit allem genauso vertraut wie auf jedem anderen Boot. Fast, jedenfalls. Wenn sie sich zu vertraut waren, konnte es gefährlich werden, lebensgefährlich. Das durfte er nicht zulassen.

»Matrose Churchill bittet, auf die Brücke kommen zu dürfen, Sir.« Der Ausguck konnte ein Grinsen nicht unterdrücken.

Churchill war Torpedomann und gleichzeitig Steward. Sein Name brachte während des Krieges so seine eigenen Schwierigkeiten mit sich.

»Gewährt!«

Der Mann schob sich durch das Luk und brachte einen Krug und einen Becher hoch, gegen die Brust gedrückt.

»Kakao, Sir!« Er goß den dickflüssigen Kakao in einen Becher und blinzelte, als er auf die tanzenden Wellen sah. »Ganz schön was los!«

Marshall hielt sich den heißen Krug vors Gesicht. »Wie geht's unten, ähem, Churchill?«

Der Steward sah ihn fragend an. »Großartig, Sir.«

Er war ein Cockney, sein Londoner Akzent war so kräftig, daß niemand ihn überhören konnte: »Der Kocher hat was verdammt Feines auf dem Feuer für später.«

Marshall sah, wie er wieder durch das offene Luk nach unten verschwand.

Einer der Ausgucks flüsterte: »Beste Grüße und alles Liebe dem Kriegskabinett.«

Churchill hob den Kopf aus dem Luk. »Verpiß dich.«

Buck meinte: »Ich hoffe, die Torpedos lassen uns nicht im Stich. Ich habe sie so lange durchgeprüft, bis ich jeden mit Namen kannte. Aber wie auch immer, auch die Deutschen haben genug Blindgänger.« Er schüttelte seinen Becher über dem Deck aus und sagte dann: »Wenn Sie erlauben, würde ich gern nach vorn gehen, Sir.«

»Ja.« Wenn Buck im Bug bei seinen Torpedomixern erschien, würde er sie aufscheuchen und verhindern, daß sie bedrückenden Gedanken nachhingen.

Als er nach unten verschwunden war, wollte Warwick wissen: »War das richtig, Sir?«

Marshall setzte das Glas ab. »Wir haben auch genügend Blindgänger. Das kann sich keiner erklären. Es ist einfach so.« Er beugte sich über das Sprachrohr. »Achten Sie auf die Zahl der Umdrehungen. Die Yacht hat vor uns ein paar Probleme. Wenn wir nicht aufpassen, überholen wir sie.«

Er hörte Starkies knappe Bestätigung und stellte sich vor, wie Gerrard und Frenzel das umsetzten. Devereaux würde sich über seinen Kartentisch beugen. Im Augenblick hatte er wenig zu tun. Er konnte also jeden beobachten – mit zynischem Lächeln auf seinem attraktiven Gesicht.

Warwick meinte: »Man muß sich verdammt viel merken, Sir!«

Marshall sah ihn an. »Ja, wahrscheinlich. So habe ich das hier noch nicht gesehen. Irgendwie geht das alles wie von allein.«

Noch immer beobachtete Warwick ihn mit großen Augen aus einem bleichen Gesicht. Die Antwort war eigentlich nicht richtig. Es schien wie etwas Gewaltiges. So fing Heldenverehrung an. Dabei mußte Warwick unabhängig handeln können, auf eigenen Füßen stehen.

Marshall wechselte das Thema. »Hatten Sie auf der Uni noch andere Interessen?«

»Ich war Pazifist, Sir.«

Marshall grinste verblüfft: »Kein Kommentar.«

Während *U-192* sich immer weiter vom Land entfernte, wurden die Bewegungen immer schlimmer und der Lärm von Wind und See lauter als die Maschinen. In der ungemütlich schaukelnden Stille auf der offenen Brücke zogen die Männer sich in die eigenen Gedanken zurück, packten fest den nassen Stahl und stemmten sich mit schmerzenden Beinen gegen die steilen, schwindlig machenden Stürze.

Marshall beobachtete das verschwommene Hecklicht vor dem Bug, bis seine Augen vor Anstrengung schwammen. Die Lage würde sich bessern, wenn sie schneller laufen könnten. Ein U-Boot war vor allem dazu gemacht, auf der Wasseroberfläche zu fahren, hier sein Opfer zu jagen und es zu überholen, um erst dann zu tauchen und es zu töten. Er spürte, wie sich sein Magen in diesem Taumeln zusammenzog und war sich sicher, daß viele Neue unter Deck entsetzliche Qualen leiden mußten.

Endlich hatten sie die verabredete Position erreicht. Während die *Lima* in den schweren Wellen wie betrunken taumelte, sagte Marshall: »Es ist soweit.« Dann beugte er sich über das Sprachrohr: »Ist unten alles klar?«

Starkie rief zurück: »Alles bereit, Sir. Die Uhr in der Zentrale zeigt neunzehn-null-null.«

Marshall richtete sich auf. »Signal an die *Lima*.« Er wartete, bis Warwick die kleine Lampe ergriffen hatte. »Werde gleich probetauchen.« Den Ausgucks sagte er: »Verschwinden Sie von der Brücke.« Er fühlte sich seltsam ruhig, wie sehr weit weg.

Ein Lichtstrahl zuckte über das Wasser, und er glaubte, die Sirene der Yacht kurz aufheulen zu hören.

Warwick verschwand im Luk, und Marshall war allein. Langsam und sorgfältig schloß er die Klappen der beiden Sprachrohre, schaute sich zum letzten Mal um und sah den schwachen Schatten der Yacht. Dann ließ er sich durch das Luk nach unten gleiten, schloß das Luk und drehte die Lukspindel fest. Ohne Hast kletterte er die glänzende Leiter nach unten, wo ein Matrose wartete, um den unteren Lukendeckel zu schließen. Es gab ein dumpfes Geräusch, als schlage jemand unter Wasser auf einen Ölkanister.

Nach dem beißenden Wind und den Spritzern fühlten sich seine Wangen in der geordneten Welt der Zentrale heiß an. Er gab sein tropfnasses Ölzeug einem Mann und schaute sich um. Starkie klein und wachsam am Ruder. Die beiden Tiefenrudergänger sahen mit schrägem Kopf auf ihre Skalen. Gerrard stand mit gefalteten Armen hinter dem Rudergänger, ein Rechenschieber stak in seiner Tasche. Devereaux wie erwartet am Kartentisch. Frenzel lehnte sich über seine Kontrollskalen, die farbigen Lämpchen spiegelten sich hell in seinem Gesicht.

»Alles klar, Nummer Eins?«

Gerrard drehte sich um, war trotz seiner Bräune bleich. »Alles klar, Sr!«

Marshall senkte das Objektiv des Sehrohrs und sah, wie vorne die Tiefenruderflossen wie zwei bittende Hände sich nach außen öffneten. Die achteren waren unter Wasser. Doch alles mußte gecheckt werden, wenn auch nur einmal.

»Vordere und achtere Tiefenruder prüfen, Nummer Eins.«

Er beobachtete wieder, wie sie ihre Positionen veränderten und dann ihren waagerechten Trimm wieder einnahmen. Jenseits des Periskops sah er einen jungen Heizer, der ihn wie ein hypnotisiertes Kaninchen anstarrte. Er lächelte ihn kurz an, doch der junge Mann zeigte keinerlei Reaktion.

Wieder blickte er sich in der Zentrale um. Im gedämpften Licht sah sie gemütlich warm aus. Die Pullover der Männer zeigten noch keine Öl- oder Schmutzflecken.

»Tiefenruder klar, Sir!«

»Klar, Chief?«

Er sah Frenzel nicken und wandte sich wieder dem Sehrohr zu. Der Augenblick war gekommen. Wie leise es jetzt war, seit die Elektromotoren die Diesel abgelöst hatten. Fast wie eine Erholung.

»Beide Maschinen langsam voraus. Fluten. Auf vierzehn Meter gehen.«

Er konzentrierte sich auf die vorderen Ruder, die wie Flossen nach unten kippten. Sie waren vor der schäumenden Bugwelle leicht zu erkennen. Ein faszinierender Anblick, der ihn immer wieder erregen konnte. Der Bug neigte sich, während das Deck unter seinen Füßen nach vorn kippte. Schaum schlug ihm entgegen, und er war immer wieder versucht, die Luft anzuhalten, als wolle er nicht ertrinken. Eine verzerrte, stille See, die sie alle aufnahm, während das Boot weiter tauchte.

»Sehrohr einfahren.«

Er tat einen Schritt zurück und fand sein Gleichgewicht, während er schnell auf die Tiefenanzeige und den Tiefenruderlageanzeiger schaute. Gerrard machte es gut. Richtig und sanft. Er sah, wie die große Nadel sich drehte und zur Ruhe kam.

»Vierzehn Meter, Sir. Sehrohrtiefe.« Gerrard klang heiser.

»Sehrohr ausfahren.«

Wieder ein schneller Rundblick. Von der *Lima* war nichts mehr zu sehen, aber man hörte ihre wilde Maschine, die ohne Probleme lief.

»Sehrohr einfahren.« Er klappte die Griffe hoch.

»Zwanzig Meter.«

Er wartete und hörte die Meldungen in der Wechselsprechanlage und über die Sprachrohre. Alle Sektionen meldeten sich in der Zentrale. Er registrierte das Ping-Ping des Echolotes und das sanfte Schnurren der Motoren.

Gerrard meldete: »Zwanzig Meter, Sir.« Er wischte sich mit dem Unterarm über die Stirn. »Keine Meldung über Wassereinbruch.«

Devereaux meinte wie nebenhin: »Das ist eine gute Meldung.«

Niemand antwortete.

Sie hielten während der vorgeschriebenen halben Stunde Tiefe und Geschwindigkeit bei. Das Schiff lag so ruhig wie ein Kasernenhof. Alle Meldungen aus den Abteilungen waren genauso beruhigend.

Endlich sagte Marshall : »Klar zum Auftauchen. Wir

werden der *Lima* signalisieren, daß alles in Ordnung war, und gehen dann über Wasser auf unseren neuen Kurs.«

Gerrard meinte: »*U-192* scheint in Ordnung zu sein.« Marshall nickte. »Wir tauchen vor dem Morgengrauen. Prüfen Sie noch mal, daß alle Wachgänger die Befehle in- und auswendig können. Sie haben keine zweite Chance.« Er sah auf die Männer um sich herum. »Jetzt wird es ernst.« Er grinste in ihre Gesichter mit ganz gemischten Gefühlen. »Und das trotz einer ganz neuen Geschäftsleitung.«

*

Marshall öffnete die Augen und blickte ein paar Sekunden auf das gewölbte Deck über seiner Koje. Er erkannte an der Stille sofort, daß das Boot noch immer getaucht fuhr und noch niemand frühstückte. Das Leselicht brannte und ihm wurde klar, daß er eingeschlafen war und das Notizbuch deshalb auf seiner Decke lag. Zwischen Wachen und Schlaf gab es keine Distanz mehr, derlei Luxus hatte er hinter sich gelassen. Doch als er jetzt den gewölbten Stahl über sich betrachtete, überraschte oder verwirrte ihn nichts mehr. Sie waren schon acht Tage auf See, und in acht Tagen gewöhnt man sich an vieles.

Er blickte auf die Uhr. Es war sechs Uhr morgens. Die meisten Tage hatten sie jetzt unter der Wasseroberfläche verbracht und waren nur in den Nächten aufgetaucht, um die Batterien aufzuladen und all die Meldungen zu empfangen, die die Dunkelheit mit diesem Krieg und seinen Aufgaben füllten.

In den acht Tagen hatte Marshall viel über sein Boot und seine neue Aufgabe gelernt. Als sie westwärts in den Atlantik vorstießen und dabei die Konvoirouten vermieden und Freund und Feind gleichermaßen im Blick behielten, hatte er sich ein ums andere Mal die Geheimmeldungen vorgenommen. Brownings Stab hatte gute Arbeit mit der Übersetzung der deutschen Logbücher und Codes geleistet, und er wußte über das Vorleben von *U-192* fast so viel wie über sein eigenes. Basis war der französische Atlantikhafen Lorient gewesen, und es hatte bisher nur im Atlantik Einsätze gefahren gegen alliierte Schiffe. Als es dann eine Generalüberholung brauchte, war es nach Kiel zurückbeordert worden. Man hatte gründlich gearbeitet. Die Mannschaft wurde auf mehrere Boote verteilt, die gerade neu aus den Werften kamen. Dieses Verfahren glich dem britischen sehr. Wie die *Tristram* sollte auch *U-192* unabhängig operieren, damit aus den Männern an Bord im Einsatz eine gute Mannschaft wurde. Dann sollte *U-192* nach Lorient zurückkehren und sich wieder in die Reihen eingliedern. Wieder war die Ähnlichkeit verblüffend. Auch die deutsche Mannschaft war bunt gemischt und nur zum Teil richtig ausgebildet, doch es gab einen erfahrenen und harten Kommandanten und einen ebensolchen Ersten Offizier. Der Vergleich konnte einen unruhig machen.

Marshall drehte den Kopf, um auf die deutsche Mütze zu sehen, die hinter der Tür hing. Die müßte er tragen, wenn alle anderen Listen versagten. Sie hatte einen weißen Überzug, Zeichen eines U-Boot-Kommandanten. Er hatte sie nur einmal zur Probe aufgesetzt. Die Wirkung war verblüffend.

Er leckte sich die Lippen, schmeckte Diesel im Mund. Es war schlimm, daß sie in dieser Nacht getaucht gefahren waren, aber Sicherheit ging über alles. Das U-Boot stand jetzt etwa tausend Meilen südlich von Kap Farwell in Grönland und fast so weit auch östlich von Neufundland.

Hier draußen bestand der Feind nicht nur aus Männern. Hier gab es Eisberge, und darum war es das Klügste, in großer Tiefe zu laufen, um jedem Risiko auszuweichen.

Schritte klangen vor Marshalls Kajüte, und er glaubte, das Klicken von Tassen zu hören. Frühstück. Die einzige Gelegenheit, die meisten seiner Offiziere auf einmal zu sehen.

Die Fahrt zum ersten Rendezvous-Gebiet hatte sie alle sehr in Atem gehalten. Es gab die üblichen Anfangsprobleme, fehlerhafte Armaturen und unerklärbare Ausfälle in der elektrischen Verdrahtung. Die Gründe für die Defekte mußten mit Warwicks Hilfe gefunden werden oder mit Unterstützung der Funker, die die deutschen Handbücher übersetzten.

Nach den ersten paar Tagen fühlten viele aus der Mannschaft sich routiniert. Für alle war es eine seltsame Erfahrung. Sie mußten den eigenen Patrouillenschiffen ausweichen und abtauchen, sobald ein Flugzeug gehört oder gesichtet wurde. Das Ganze schmeckte nach Mantel-und-Degen-Theater und verdeckte noch die brutale Realität ihres Auftrags.

Ganz und gar auf sich selber angewiesen zu sein zeigte bald Wirkung. Aus kleinen Irritationen wurden laute Auseinandersetzungen. Ein Mann, der ein paar Minuten zu spät auf Wache erschien, traf auf einen wütenden Mann, den er ablösen sollte. Das war zwar unvernünftig, aber nur normal. Erst wenn von außen etwas auf sie zukam, würde aus den Individuen eine Mannschaft werden, Irritationen hin, Irritationen her.

Zwischen Devereaux und Gerrard zum Beispiel hatte es schnell gekracht. Marshall hatte sofort eingegriffen und es unterbunden. Begonnen hatte es dank einer Sache, die er selber zu verantworten hatte. Drei Tage nach dem

Auslaufen war das Wetter besser geworden, das graue Gesicht des Atlantiks hatte eine hohe Dünung gezeigt. Marshall hatte Tieftauchen angeordnet. Eine neue Erfahrung. So etwas war in jedem Boot spannungsreich, an Bord von *U-192* natürlich noch mehr.

Dreihundertfünfzig Fuß. Das war noch lange nicht an der Grenze, für die das Boot gebaut war, aber die Männer waren bereits beunruhigt. Als sie immer tiefer sanken, kroch Frenzel mit seinen Männern im Boot umher, um Fehler oder Lecks zu entdecken. Wieder wurde manchem erst jetzt klar, daß die Außenhaut des Bootes weniger als einen Zoll dick war.

Gerrard hatte mit *Tristram* viele Tieftauchversuche durchgeführt. Ehe er das Tauchmanöver begann, war er eifrig mit seinem Rechenschieber und Kalkulationen beschäftigt. Ständig mußte der Trimm des Bootes beobachtet und überprüft werden. Verbrauchter Treibstoff mußte ballastmäßig ausgeglichen werden. Einkalkuliert werden mußten auch Verpflegung und die Wasservorräte. Auch daß sich viele Männer gleichzeitig bewegten, wie etwa beim Befehl »Auf Tauchstation!«, mußte man mit einrechnen. Manch schlechter Erster Offizier ließ den Bug des Bootes beim Abfeuern der Torpedos auftauchen, bloß weil er den plötzlichen Gewichtsverlust nicht kompensiert hatte.

Immer wieder mal war ein scharfes Quietschen oder ein stöhnendes Krachen zu hören, das unerfahrenen Männern den Atem verschlug. Denn schon bei hundert Fuß Tiefe lastete ein Druck von beinahe fünfundzwanzig Tonnen Wasser auf jedem Quadratmeter des Rumpfs.

Als sich die Tiefenmesser bei einhundertfünfzig Metern eingependelt hatten, fragte Gerrard: »Sollen wir wieder auftauchen, Sir?«

Da hatte Devereaux bemerkt: »Haben Sie Schiß, Nummer Eins? Das überrascht mich aber!«

In diesen Sekunden hatte Marshall die Feindseligkeit zwischen den beiden gespürt. Vielleicht hatte Devereaux darauf gehofft, Erster Offizier zu werden, zumal er seit dem Aufbringen mit dem U-Boot befaßt war. Und vielleicht war Gerrard seit dem Einsatz im Mittelmeer wirklich ein bißchen mitgenommen. Beides konnte eine Rolle spielen.

Er hatte also nur ruhig befohlen: »Alles noch einmal überprüfen.« Er wartete, während aus der Gegensprechanlage die Meldungen kamen. Alle negativ. Die Werftarbeiter in Kiel hatten gute Arbeit geleistet. In diesem Augenblick lasteten auf dem gesamten Rumpf 80.000 Tonnen Wasser, so viel wie die *Queen Mary* verdrängte.

Aber damit war es nicht getan. Man mußte sich auf den Kommandanten und das Boot verlassen können. Man mußte spüren, daß sie zusammen immer durchkommen würden. Es war also nötig, die Barriere zwischen seinen beiden Offizieren einzureißen, die sich gerade eben wie zwei Fremde angefunkelt hatten.

»Auf dreihundertachtzig Fuß gehen, Nummer Eins«, befahl er kurz.

Gerrard zuckte zusammen und nickte: »Sehr gut, Sir!«

Weiteres Krachen. Durch den zunehmenden Druck lösten sich Farbplättchen und trieben wie Schneeflocken. Als das Boot wieder ausgependelt lag, fiel Marshall ein anderer Vergleich ein. Die Wasseroberfläche war jetzt so weit über ihnen, wie die St. Paul's Kathedrale in London hoch war. Nichts geschah. Als Frenzel aus dem Achterschiff zurückkam, war er zufrieden mit dem Rumpf und den Maschinen.

An alle in der Zentrale gerichtet, sagte Marshall: »Jetzt wissen wir's!«

Das gab zwar der Mannschaft mehr Vertrauen, doch es löste die Spannung zwischen Gerrard und Lieutenant Devereaux überhaupt nicht.

Churchill öffnete die Tür und trat vorsichtig ein. »Morgen, Sir.« Er stellte eine Tasse Kaffee neben die Koje. »Wollen Sie sich heute rasieren?«

Marshall seufzte und streckte sich. In seinen dicken Pullover und in die fleckigen Seestiefel eingezwängt hätte er alles für ein heißes Bad, eine Rasur und frische Kleider gegeben. Aber auslaufend wäre das zu verschwenderisch gewesen. »Nur Kaffee. Wie steht's draußen?«

Churchill rieb sich das Kinn. »Alles ruhig, Sir. So wie's sein soll. Zwanzig Meter, als ich eben in der Zentrale durchkam. Mal nachdenken, wieviel Fuß sind das?«

Marshall grinste: »Fünfundsechzig. Sie werden sich bald dran gewöhnt haben.«

Churchill wandte sich zum Gehen. »Warum können die verdammten Deutschen nicht zivilisierte Maßeinheiten verwenden wie wir?«

Marshall spürte den Kaffee in seinem Magen. Kaffee war sicher etwas, das die früheren Besitzer entbehrt hatten.

»Kommandant in Zentrale!«

Er war aus der Koje und rannte die paar Schritte durch den Gang, ehe die Tasse quer über den Boden seiner Kajüte gerollt war.

Buck war Wachhabender. Er blickte aufmerksam und besorgt: »Horcher meldet Propellergeräusche in Grünvier-fünf, Sir. Sehr schwach. Er hat sie auch sofort wieder verloren.«

Marshall schob sich an ihm vorbei und lehnte sich

über Buck, der in seinem kleinen Horchraum gekrümmt wie ein Betender hockte. Er tippte ihm vorsichtig auf die Schulter. »Was halten Sie davon, Speke?«

Der Mann lehnte sich zurück und schob einen Kopfhörer zur Seite. »Ich bin mir nicht sicher, Sir. Es war kurz und undeutlich. Ich hielt es zuerst für einen Fischschwarm.«

Marshall sah Gerrard an. »Alarm.« Die Augen des Ersten wurden schmal. »Los, schnell!«

Das Schrillen des Horns ließ die Freiwache auf ihre Stationen rennen. Keuchend und blasser denn je stand Gerrard in der Zentrale, gebeugt unter den Rohren und Armaturen an der Decke.

»Alle Schotten schließen zum Tauchen, Sir.« Starkie hockte locker auf seinem eisernen Stuhl. Seine Finger glitten über die Messingspeichen des Rades. Nichts deutete darauf hin, daß er vor dreißig Sekunden noch geschlafen hatte.

Marshall sah auf die Uhr. Es müßte schon Tageslicht herrschen. »Alle Ventilatoren aus. Absolute Ruhe im Boot!«

Flüsternd wollte Gerrard wissen: »Was meinen Sie, Sir?«

Marshall schüttelte den Kopf. »Könnte ein Hörfehler sein. Aber wir schauen uns mal um.«

Gerrard nickte: »Sehrohrtiefe.«

Marshall krümmte sich neben dem Sehrohr und hörte, wie die Druckluft gleichmäßig in die Außenbunker strömte. *Langsam. Nicht so schnell hochkommen.*

»Periskop ausfahren!« befahl er knapp. Dann streckte er die Hand aus. »Langsam!«

Er bückte sich weiter, kniete fast, klappte die beiden Griffe auf, als das Sehrohr langsam aus dem Block glitt.

Es fühlte sich warm an, und das war es auch, damit die Linsen nicht beschlugen.

»Vorsicht.«

Durch das Objektiv sah er erstes Grau schimmern, Blasen und Schaum, als das Sehrohr die Oberfläche durchbrach.

»Sehrohrtiefe, Sir!« Gerrard flüsterte fast.

Wie eine Krabbe kroch Marshall um den Block und zuckte, wenn Schaum gegen das Objektiv schlug. Nichts.

»Ganz ausfahren!«

Er richtete sich mit dem Sehrohr auf und spürte, wie die anderen ihn anschauten. Er hörte sie murmeln, während er langsam das Sehrohr drehte.

»Ein Schiff. Bewegungslos.«

Er schaltete die maximale Verstärkung ein und hielt den Atem an. Ein mittelgroßer Frachter trieb da mit schwerer Schlagseite. Er hatte im Rumpf ein Loch, durch das ein Bus hätte rollen können.

Der Unteroffizier, der die Peilungen auf dem Sehrohrring ablas, meldete: »Schiff peilt Grün-drei-fünf, Entfernung ...«

Marshall unterbrach ihn. »Das Schiff sinkt. Da liegen zwei Boote längsseits.«

Er behielt das kleine Drama im Blick, konnte sich nicht trennen: die steigende und fallende See; die winzigen krabbelnden Gestalten, die über Fallen und Netze in die elend kleinen Boote gelangten. Ein Nachzügler aus einem Konvoi. Die Mannschaft hatte sicher alle Rettungsversuche aufgegeben. Er mußte an die Meilen denken, bis sie Hilfe fanden oder in Sicherheit waren. Vor der Linse sah es nach Schnee oder Schneeregen aus. Er trat zurück.

»Sehen Sie sich das an, Nummer Eins.«

Ein britisches Schiff. Alt und erschöpft. Wahrscheinlich war es hinter einem ostwärts laufenden Konvoi zurückgeblieben, weil eine Reparatur nötig war. Und dann – aus dem Nichts – ein Torpedo.

Er hörte sich sagen: »Was Sie da aufgefangen haben, Speke, war sicher das U-Boot. Es hat sicher noch gewartet, ob denen ein Schiff zu Hilfe kam.« Er blickte über Gerrards gebeugte Schultern. »Zwei zum Preis von einem.«

Mit belegter Stimme wollte Gerrard wissen: »Was haben Sie vor, mit denen da, meine ich, Sir?«

»Das deutsche U-Boot wird sich sicher noch in dieser Gegend aufhalten. Wenn wir auftauchen, ist es wie der Teufel da.« Und dann leiser: »Wir können nichts tun, Bob.«

Plötzlich herrschte Stille. Selbst Starkie drehte sich in seinem Stuhl um und starrte ihn an. Es war, als hätten seine Worte sie alle versteinert.

Nur Devereaux rief laut: »Sie werden die doch nicht im Stich lassen, Sir!«

Marshall packte die Griffe des Sehrohrs und suchte schnell Himmel und See ab. Kalt, unfreundlich und leer. Als er das Schiff wieder im Blickfeld hatte, hob sich das rostige Heck bereits aus der See, als zöge es ein unsichtbarer Kran.

Er klappte die Griffe hoch. »Periskop einfahren.« Er trat an den Kartentisch. »Auf zwanzig Meter Tiefe gehen. Wir werden in einer Stunde unser Tempo erhöhen, um gutzumachen, was wir hier an Zeit verloren haben.« Er spürte die Wirkung seiner eigenen Worte, kalt, seelenlos, gefühllos. Wie schaffte er das nur, obwohl jede Faser in ihm schrie, er müsse auftauchen und die armen Kerle an Bord nehmen?

Devereaux sagte wieder: »Aber, Sir, wenn ...«

Er fuhr ihn an: »Keine Wenns und Abers, Lieutenant Devereaux. Meinen Sie etwa, das macht mir Freude? Denken Sie nach, Mann, ehe Sie hier den großen Helden spielen.«

Langsam bewegten sich die Zeiger des Tiefenmessers.

»Zwanzig Meter, Sir. Kurs zwei-vier-null.«

Ein Röhren und Rumpeln war am Rumpf zu hören. Dem folgte ein langsames Reißgeräusch, das nicht enden wollte. Ein Schiff brach auf seiner letzten Reise auseinander.

Gerrards und sein Blick trafen sich. Er verstand. Besser als jeder andere. Sein Blick verriet alles, Scham und Trauer, Mitleid und das Wissen, daß niemand ihm die Verantwortung abnehmen konnte.

»Wegtreten von Tauchstationen.«

Er ging an ihnen vorbei. Die Stille folgte ihm wie ein Umhang.

Erster Angriff

Marshall trat in die Messe und zog hinter sich den Vorhang vor die Türöffnung.

»Gut so. Machen Sie es sich bequem.«

Er wartete, bis die vier Offiziere sich gesetzt hatten und Warwick die Ecken der Karte beschwert hatte, die er auf dem Tisch ausgebreitet hielt. Unter dem einsamen Deckenlicht sahen alle Gesichter angespannt und bedrückt aus, die Bewegungen der Männer waren lethargisch.

Hinter den sanft zitternden Vorhängen hörte er Buck einen Tiefenrudergänger scharf anfahren, doch sonst war das Boot gänzlich still. Die Motoren liefen sparsame vier Knoten, und *U-192* schien fast bewegungslos im Wasser zu hängen.

Er blickte wieder in die Gesichter, versuchte, die Gefühle zu ergründen und hinter die Zweifel zu kommen. *Neunundzwanzig Tage.* Er sah die Spuren, die jeder Tag in den abweisenden Gesichtszügen der Männer hinterlassen hatte. Die Erregung, als sie der bewaffneten Yacht aus dem Loch heraus in die offene See gefolgt waren. Die Spannung des ersten Tauchens, dann die Erschütterung, als sie den sinkenden Frachter seinem Schicksal überlassen mußten. Das alles hatte sie abgestumpft und zu allgemeiner Enttäuschung und Frustration geführt. Sie schienen vom Rest der Welt abgetrennt, hatten alle Verbindungen zur Wirklichkeit verloren.

Während sie auf Sehrohrtiefe liefen oder auch über Wasser, hatten sie dem ständigen Funkverkehr der Alliierten und des Gegners oder der Neutralen gelauscht, und sich keinem zugehörig gefühlt. Es gab Funksprüche von Handelsschiffen, die angegriffen wurden, Angriffsbefehle für deutsche U-Boot-Rudel im Atlantik und verschlüsselte Meldungen über Gegenmaßnahmen von Kriegsschiffen und Flugzeugen. Der Strom hörte nie auf, und nach Tagen fragte Marshall sich, ob seine eigene Aufgabe inzwischen vergessen worden war. Vielleicht hatte das deutsche Oberkommando die Pläne geändert und versorgte U-Boote auf See anders oder gar nicht mehr? Vielleicht hatte man entdeckt, daß ein Feind in den eigenen Reihen fuhr? Falls letzteres wahr wäre, könnten jetzt weitere U-Boote draußen sein. Und aus dem Jäger *U-192* würde ein Gejagter werden.

Die Luft im Boot war abgestanden und feucht. Die Kleider klebten an der Haut wie nasse Lumpen und verstärkten die allgemeine Niedergeschlagenheit und die Unsicherheit, die aus dem Warten darauf wuchs, daß endlich etwas passierte.

Marshall sah auf die Karte herab. *U-192* lief nach Südwesten, die aktuelle Position war etwa zweihundert Meilen südlich der Bermudas, tausend Meilen östlich von Florida. Es war schwer, ihre jetzige Position und ihre träge Bewegung mit dem anderen Bild in Übereinstimmung zu bringen, das er ein paar Stunden früher gesehen hatte, als sie auf Sehrohrtiefe aufgestiegen waren. Die See lag bekalmt da, hatte sich in jeder Richtung endlos und glänzend grün präsentiert. Das Sehrohr hatte eingefangen, was wie eine Million helle Diamanten strahlte.

Marshall sah flachliegenden Dunst, der sie täuschte. Als ob es hier keine Hitze gäbe und das so dringend erwünschte Sonnenlicht. Sie waren jetzt fast drei Tage getaucht gefahren, hatten sich Meile um Meile auf das Rendezvous-Gebiet hinbewegt.

Es war ihr zweiter Versuch. Beim ersten Mal hatten sie zweihundert Meilen südlich gestanden. Eine sorgfältige Suche hatte ihnen nichts gebracht. Sie hatten Meldungen empfangen von einem schweren Angriff auf einen Konvoi östlich von ihnen. Marshall nahm an, daß die Milchkuh, falls sie überhaupt noch da war, eine Position angelaufen hatte, wo sie dringender benötigt wurde. In dieses Gebiet hier, dachte er. Doch jetzt war er schon lange nicht mehr so erwartungsfroh.

Er sagte: »Ich habe diese Besprechung einberufen, um Sie alle ins Bild zu setzen.« Er beobachtete Gerrards Finger, die lautlos auf die Karte tippten. »Und um Ihre Meinungen zu hören.«

Devereaux blickte zu ihm auf. »Mir scheint, als ob wir das hier verpaßt haben, Sir.« Er nahm einen Bleistift und zeigte mit der Spitze auf die andere Seite des Atlantiks. »Nach unseren Informationen ist das zweite Versorgungsschiff hier eingesetzt. Vor Freetown.« Er schaute Marshall mit flackerndem Blick an. »Warum setzen wir ihm nicht nach? Das wäre doch besser, als beide zu verlieren, oder?«

Gerrard konterte schnell: »So einfach ist das nun auch nicht. Wir sind einen Monat auf See. Wenn wir auf die andere Seite laufen und nichts finden, haben wir knapp genug Treibstoff, um nach Hause zu kommen, von einer Rückkehr hierher ganz zu schweigen, um das zweite Boot aufzubringen.«

Devereaux lächelte sanft: »Das ist mir klar, Nummer Eins. Ich bin der zuständige Mann, nicht wahr!«

Marshall sagte: »Ich stimme Ihnen dennoch zu, Nummer Eins. Wir könnten natürlich von einem Ende des Atlantiks zum anderen kajolen und Schatten jagen. Aber wenn wir hier bleiben in dieser Gegend, haben wir immer noch eine Chance, zum Schuß zu kommen.«

Frenzel, der bisher gegen das Schott gelehnt gesessen hatte, lehnte sich vor und legte beide Hände auf den Tisch. »Ich bin über das erzwungene Tauchen nicht glücklich, Sir. Wir müssen das Boot durchlüften und die Batterien laden. Wenn wir später mal Probleme bekommen sollten, brauchen wir alle Kraft, die wir haben.« Er schaute ablehnend auf die einsame Lampe. »Ich habe alle Heizungen, alle Lichter und alle Ventilatoren abgeschaltet, soweit ich mich das traute, ohne unsere Männer verrückt werden zu lassen. Aber viel länger geht das nicht mehr.«

»Verstanden.« Marshall richtete sich auf und versuchte, klar zu denken. Alles lag in seiner Verantwortung. Aber was war richtig? Wenn sie gekämpft hätten, würden hier ganz andere Zustände herrschen. Aber so mußte selbst ein erfahrener U-Boot-Mann klein beigeben.

Vor einer Woche hatten sie einen Neutralen gesichtet. Nur um die Langeweile zu unterbrechen, hatte Marshall einen Scheinangriff gefahren. Es war Nacht gewesen, er hatte sich den Feind im Sehrohr angeschaut und bewunderte das Vertrauen des fremden Kapitäns. Die große schwedische Flagge, die auf den Rumpf gemalt war, war gut beleuchtet, und Oberdeck und Aufbauten lagen in glitzerndem Licht. Konnten sich Menschen wirklich so furchtlos bewegen? Während Marshalls Männer alles ausführten, was zu einem Angriff gehörte, hatte er plötzlich etwas gespürt, eine gewisse Verwegenheit, die er auch in sich fühlte. Wenn er dies zu einem richtigen Angriff machen und Buck für seine Torpedos Feuerbefehl geben würde, würden seine Männer den Befehl ausführen. Es war schwer, im Krieg etwas nicht zu tun, was einem in Fleisch und Blut übergegangen war.

Er sagte: »Wir tauchen heute nacht auf, Chief. Mehr kann ich nicht tun. Ich weiß, wir sind hier weit weg von Patrouillen der Alliierten. Aber ich kann ein Auftauchen im Rendezvous-Gebiet nicht riskieren, bis ich sicher bin, daß ich Kontakt mit dem Versorgungsschiff habe. Wenn wir's mit einem anderen U-Boot zu tun kriegen oder gar einem ganzen Rudel, haben wir Probleme, unsere Absichten zu erklären.«

Überraschenderweise grinste Warwick. Er sagte: »Wir könnten behaupten, wir haben uns verfahren!«

Marshall lächelte. Warwick schien einer von den Männern zu sein, die ihre gute Stimmung nie verloren.

Er schaute auf die Uhr. Fast Mittag. Das Versorgungsboot würde sein kurzes Signal auf kurze Entfernung geben, ausreichend für das Rendezvous, aber durch die mächtigen Antennen auf dem amerikanischen Festland nicht zu empfangen. Vorausgesetzt, die Milchkuh war überhaupt hier, und ihr Kommandant fühlte sich sicher genug. Es war sicherlich kein Vergnügen, hier herumzuschippern in einem Boot, das sich ganz schnell in eine gigantische Bombe verwandeln könnte.

Er hörte Devereaux fragen: »Sagen Sie mal, Lieutenant, haben Sie Ihr Signalbuch auch genau überprüft? Die Funkbude leistet ja gute Arbeit, aber schließlich müssen Sie für alles gerade stehen.« Das klang wie ein Vorwurf.

Warwick antwortete ganz ruhig: »Ich habe alles dreimal geprüft. Wenn die Deutschen ein anderes System benutzen, steht es nicht in meinen Unterlagen.«

Gerrard ergänzte: »Lassen Sie ihn in Frieden, Lieutenant Devereaux. Seine Aufgabe könnte keiner von uns machen, also gehen Sie ihn nicht an.«

Marshall wurde hellwach. Da war er wieder, der Riß.

»Wenn wir alle unsere Aufgaben erledigen ...« sagte er knapp.

Bucks Stimme schnitt wie ein Messer in die Luft zwischen ihnen: »Kommandant in Zentrale.«

Marshall schob sich durch den Vorhang, die anderen folgten ihm auf dem Fuß. Er rannte zu der einzig erleuchteten Abteilung im gesamten Rumpf.

»Das Horchgerät meldet leise Maschinengeräusche in zwei-fünf-null, Sir.«

Marshall ließ sich nichts anmerken sondern ging zu dem abgeschirmten Platz, auf dem der Horcher über seine Instrumente gebeugt saß.

»Nun?«

Er sah, wie der Mann seine Entdeckung maß. Es war wieder Speke, der Dienst hatte.

Der Hauptgefreite hob die Schultern und ließ die Armaturen vor seinen Fingerspitzen nicht aus den Augen. »Sehr schwach, Sir. Eine einzige Schraube. Diesel.«

»Beobachten Sie weiter«, sagte Marshall.

Er versuchte, seine Enttäuschung zu verbergen. Was auch immer es sein mochte, es war bestimmt kein großes U-Boot.

Hinter sich hörte er Warwick verunsichert sagen: »Ein angeschlagenes U-Boot. Ich wette, es hat beim Angriff auf den Geleitzug etwas abbekommen. Es läuft auf ein anderes zu, weil es Hilfe braucht.«

Marshall drehte sich blitzschnell um und starrte ihn an. Der Junge wich unter seinen Blicken zurück.

»Was sagen Sie da?«

Warwick schluckte schwer und wurde plötzlich ganz bleich, als alle ihn wie einen Fremden anstarrten.

»Ich dachte nur ...«

Marshall legte ihm die Hand auf den Arm. »Sie sind jung, Lieutenant. Und neu dabei.« Und ruhiger fuhr er fort: »Und Sie könnten recht haben!«

Warwick wurde rot und trat von einem Fuß auf den anderen. »Puh!«

Marshall sah zu Buck hinüber. »Kurs ändern zum Abfangen. Dann Alarm. Und danach absolute Stille im Boot.« Er hob die Hand, um ihn zurückzuhalten. »Bitte denken Sie daran: Wenn wir es mit einem angeschlagenen U-Boot zu tun haben und es ein Rendezvous hat, dann müssen wir um so schneller handeln. Keines von beiden darf die Funkstille durchbrechen.« Er sah Buck an. »Also muß der Angriff perfekt sein.«

Buck nickte. Seine scharfen Zügen waren durch einen sprießenden Bart weicher geworden. »Ist klar.«

»Kurs zwei-fünf-null, Sir.« Der Rudergänger klang heiser.

»Sehr gut. Alarm also.«

Als die Männer durch die Schotten rannten, ihre Gesichter noch voller Schlaf, in dem sie in der unbewegten, stickigen Luft Entspannung zu finden gehofft hatten, spürte Marshall, wie ihn seine eigene Erschöpfung wie ein Fiebertraum verließ.

»Alle Schotten dicht«, meldete Gerrard.

Marshall sah auf die Uhr in der Zentrale. Fünf Minuten bis Mittag.

»Auf Sehrohrtiefe, Nummer Eins. Und mit aller Vorsicht.«

Er sah, wie sich Gerrards Lippen kräuselten. Wahrscheinlich dachte auch er an die vielen anderen Male. Es lief immer nach demselben Schema ab und war dennoch immer anders.

Dann vergaß er ihn und kroch neben die Sehrohrführung, testete dabei seine eigenen Reaktionen, prüfte wie sicher er atmete, wie gleichmäßig sein Herz schlug.

»Vierzehn Meter, Sir.«

»Periskop ausfahren.« Er schaute den Zentralegast an. »Langsam.«

Er beugte sich weit vor, seine Stirn gegen die Gummihalterung gepreßt, sah, wie das Sonnenlicht ihm entgegenströmte, sah einen Schleier von Luftblasen und dann einen fast blendenden Blitz, als das Objektiv die Wasseroberfläche durchbrach.

»Halten.«

Ganz ruhig jetzt. Laß dir Zeit. Er begann sich zu drehen, sah das Sonnenlicht auf einer langen, flachen Dünung spielen und beobachtete, wie es sich in lebendiges grünes Glas verwandelte. Er spürte fast die Wärme in seinem Gesicht und schmeckte schon die saubere Salzluft auf den Lippen.

Ohne die Augen abzuwenden, fragte er: »Peilung?«

»Unverändert. Aber immer noch sehr schwach.« Speke klang völlig gelassen, und das war gut so.

»Ganz ausfahren.«

Er richtete sich auf, als das Sehrohr langsam aus der Sehrohrführung glitt. Ein schneller Blick nach oben. Ein Flugzeug würde dort nicht wahrscheinlich sein. Die wurden alle anderswo gebraucht, und die weite Entfernung vom amerikanischen Festland machte die Gefahr eines Angriffs gering. Aber man mußte sichergehen. Es könnte ein Flugzeugträger in der Nähe sein oder ein Flugzeug, das von einem schweren Begleitschiff gestartet war.

Er stellte das Sehrohr auf volle Kraft ein und wandte es in Richtung auf den verborgenen Bug. Doch der Dunst war noch zu stark. Er sah aus wie Dampf, der über die sanfte Dünung glitt.

»Periskop einfahren.« Er trat zurück und rieb sich das Kinn. Es kratzte wie Sandpapier. »Auf sieben Knoten gehen, Chief. Wenn wir nicht auf der Hut sind, verpassen wir den Burschen.«

Gerade als das Periskop eingefahren war, rief Warwick: »Funkraum meldet Signal, Sir!« Er hielt den Kopfhörer gegen ein Ohr gepreßt, schaute in die Gesichter um sich herum und rief so laut, als seien sie alle taub.

Vom Tisch herüber knurrte Buck: »Peilung, um Himmels willen!«

Warwick schluckte. »Ungefähr die gleiche wie das andere Boot. Tut mir leid.«

Marshall trat an die Karte. Sie konnten gerade eben die angeschlagene einzige Schraube des U-Bootes hören, und noch immer hatte Speke vom großen Versorgungsschiff nichts ausgemacht. Sie mußten schneller werden. Die Milchkuh lag wahrscheinlich genau voraus auf Kurs, das angeschlagene Boot irgendwo zwischen ihnen. Trotz seiner angespannten Nerven grinste Marshall grimmig. Genau so stand es in den Lehrbüchern: deutsche Präzision.

»Beide Maschinen an. Volle Kraft voraus. Auf zwanzig Meter gehen.« Er dachte jetzt laut. »Wir laufen so nahe wie möglich ans erste Boot ran. Dann tauchen wir auf. Wir müssen schneller werden. Das Versorgungsschiff könnte Verdacht schöpfen, wenn sich ein Boot unter Wasser nähert. Es würde tauchen und verschwinden, auch wenn das andere Boot Riesenprobleme hat.«

Er sah, wie Frenzel sich mit seinen dunklen Gesichtszügen sehr konzentriert über sein Schaltbrett beugte. Er kalkulierte und verstand. Mit höchster Unterwassergeschwindigkeit würden sie etwa fünfzehn Minuten für zwei Meilen brauchen. Während dieser Zeit könnte viel passieren.

»Zwanzig Meter, Sir. Kurs zwei-fünf-null.«

Der Coxswain schaute sehr erleichtert drein. Vielleicht war er ebenso froh wie sein Kommandant, daß es endlich etwas zu tun gab.

Marshall hielt sich am Kartentisch fest und versuchte, sich zu entspannen. Es war schwer, nicht auf die Uhr zu schauen, zu beobachten, wie aus Sekunden Minuten wurden. Und alles gegen den Herzschlag zu messen.

Speke sagte: »Entfernung ungefähr sechstausend Yards, Sir. Schwer zu schätzen, Sir. Der eine Diesel scheint ziemlich angeschlagen.«

Drei Meilen also. Ohne den Nebel hätte er das andere Boot längst ausgemacht. Doch auch jetzt war es noch zu weit weg, um einen Angriff zu fahren. Er durfte nicht nur an dieses hinkende Ziel denken. Es war nahe genug. Ein Fächerschuß und er würde es auf den Meeresgrund schicken. Sie würden nie wissen, was sie getroffen hatte. Doch das zweite U-Boot war etwas ganz anderes. Sie mußten sicher sein. Und absolut genau.

»Diesel hat gestoppt, Sir.«

»Verdammt!«

Marshall ging zum Sehrohrblock und kam zurück. Das verletzte Boot hatte wahrscheinlich die Milchkuh schon im Blick. Er konnte sich alles ganz genau vorstellen. Die Hilfe, die erschöpften Ausgucks dankbar, als der massive Rumpf endlich in Sicht kam. Und auf dem Versorger begannen jetzt all die nötigen Vorbereitungen, um Treibstoff in den angeschlagenen Überlebenden zu pumpen. Frische Lebensmittel, saubere Kleider, erfahrene Mechaniker, die Ersatzteile dabei hatten. Es war vermutlich auch ein Arzt an Bord, der sich um Kranke und Verwundete kümmerte.

Marshall hörte sich sagen: »Klar zum Auftauchen.

Wir fahren weiter mit unseren Elektromotoren, aber sobald man uns ausgemacht hat, gehen wir auf Diesel über. Wenn wir das hier vergeigen, kriegen wir keine zweite Chance.« Es sah in die gespannten Gesichter.

»Lieutenant, lassen Sie Ihre Geschützmannschaft antreten. Lassen Sie deutsche Mützen und Schwimmwesten tragen.« Er sah Churchill über den Angriffsplan gebeugt. »Und bringen Sie mir meine deutsche Mütze.«

Er wußte, wie schwer jedes seiner Worte wog. Allen war klar: Sie mußten nahe am Feind operieren und sehr schnell sein. Gefährlich schnell und nahe.

Als Churchill davoneilte, wandte er sich ruhig an Gerrard: »Wenn wir sie aufgetaucht erwischen, halten Sie tief drauf. Kümmern Sie sich nicht um die Leute an Deck. Hauen Sie dann bloß ab.«

Gerrard nickte ernst: »Ist klar.«

»Und vergessen Sie das zweite Rendezvous. Wenn wir das hier versauen, dann wartet zwischen hier und Calais jedes U-Boot auf uns.« Er hing sich das Fernglas höher um den Hals und nahm von Churchill die weiße Mütze entgegen und berührte den salzgrünen Adler mit dem Hakenkreuz in den Klauen. »Alles klar?«

»Ja.« Gerrard sah sich noch einmal in der Zentrale um. »Wie besprochen. Überwasserangriff mit sechs Rohren. Geschützeinsatz als letztes Mittel.« Er nickte entschlossen. »Was ist das bloß für eine Art, sein Geld zu verdienen.«

Schritte waren unter dem Turm zu hören, und er sah Warwick und seine Geschützmannschaft. Einige grinsten dämlich, während sie ihre deutschen Mützen zurechtrückten und in die leuchtend orangefarbenen Rettungswesten stiegen, die U-Boot-Leute immer beim Aufenthalt an Deck trugen. Marshall durfte nichts übersehen, nicht die kleinste Einzelheit. Warwick sah jünger als je aus, wenn das überhaupt möglich war, und so viel würde von seinen Nerven und seiner Intelligenz abhängen.

Ruhig wies Marshall ihn an: »Geschütz klarmachen, sobald wir oben sind. Dann lassen Sie Ihre Leute herumhängen. Ganz lässig, aber nahe genug, um wie der Blitz zu handeln.« Er sprach lauter. »Das geht auch die Männer an den Maschinengewehren an. Jedes auftauchende U-Boot hat seine Waffen schußbereit, aber das fällt alles nicht so sehr auf.«

Sie starrten ihn alle an, waren plötzlich zusammengeschweißt, und die enorme Belastung zeigte sich auf den unrasierten Gesichtern.

Er befahl: »Sehrohrtiefe.«

Er wartete, bis das Deck wieder leicht schräg lag, die Druckluft strömte in die Ballasttanks. Er fragte sich, was wohl Browning in dieser Lage getan hätte. *Buster.*

»Vierzehn Meter, Sir!«

Er fuhr sich mit der Zunge über die Lippen. Unter ihm als Kommandanten würde nun jeder Mann auf seine Befehle warten. Die Peilungen mußten auf jeden Torpedo übertragen werden. Alles mußte übertragen werden. Gott sei Dank hatten die Deutschen die Methode des Fächerschusses zur Perfektion gebracht. Ein britisches U-Boot mußte auf sein Ziel ausgerichtet werden oder im letzten Augenblick gedreht werden, ehe die Torpedos abgeschossen wurden. Jedes deutsche U-Boot verfügte über eine Einrichtung, mit der jeder Torpedo einzeln auf verschiedenen Peilungen abgefeuert werden konnte, wobei der Kurs des Bootes konstant blieb. Man konnte nur hoffen, daß Bucks Ausbildung und seine Übungen ihn diese Einrichtung perfekt nutzen ließen.

»Periskop ausfahren.«

Er wartete und zählte die Sekunden. Sehr langsam ließ er seinen Atem heraus. Da war es.

Er hörte Buck: »Entfernung viertausend Yards, Sir.«

Marshall überhörte ihn, denn er beobachtete den Turm des zweiten U-Boots. Er stieg, fiel und trieb im Dunst, als habe er keinen Rumpf und kein Fundament. Kleiner als dieser. Grau und schmutzig im gefilterten Sonnenlicht. Bei voller Verstärkung konnte er den Rost und Schleim auf den Platten sehen, ein Stück zerbrochene Reling als Zeichen für frühere Begegnungen.

»Periskop einfahren.« Er trat an die Leiter. »Unteres Luk öffnen.« Er stieg die glatten Sprossen empor, die Geschützmannschaft folgte ihm auf dem Fuß. Ihr Atem klang in dem engen Turm sehr laut.

Er erreichte die Lukspindel und fühlte, daß die Nässe an seinen Handgelenken wie Regen herablief. Jemand packte seine Füße, für den Notfall. Es war bekannt, daß manchmal der Kommandant aus dem Turm gepreßt wurde, ehe der Druckausgleich stattgefunden hatte. Er bemerkte Warwicks Hand auf der Sprosse neben seiner Hüfte. Klein und bleich wie die einer Frau. Er holte tief Luft.

»Auftauchen.« So begann es.

Sekunden später hörte er weit unten Gerrards Stimme. Mit aller Macht drehte er an der Lukspindel, fühlte eiskaltes Wasser in Augen und Mund stürzen, als er das Luk öffnete und sich auf die Brücke hievte. Die Gräting kam gerade über dem Wasser frei, das noch durch die Ablauflöcher ablief. Mit den Tiefenrudern im Anschlag sprang das Boot ins Sonnenlicht. Marshall rannte nach vorn auf die Brücke, sah, wie der Schaum von den glänzenden Ballasttanks rann, das Geschütz mit seiner Plattform kam klar, vom Draht des Minenabweisers tropfte perlend

Wasser – und dann sah er auch das andere U-Boot. Es lag fast breitseits auf ihrem Kurs.

Er sah durch sein Glas den Turm im flimmernden Dunst, sah Sonnenlicht unter der Sehrohrführung blitzen, als jemand sein Fernglas auf das plötzlich aufgetauchte Boot richtete. Er konnte sich in diesen rasenden Sekunden vorstellen, was die Deutschen dachten. Panik. Und dann wich die Furcht sicher schneller Erleichterung, denn das war kein Feind, sondern ein eigenes Boot.

Ein Ausguck stand am Sprachrohr, und er hörte Gerrard rufen: »Wir haben das erste Ziel im Visier, Sir. Scheint sich zu drehen.«

Marshall hielt noch das Glas an die Augen. Das hätte er wissen müssen, darauf achten sollen. Das angeschlagene U-Boot hielt nicht nur, weil es Hilfe brauchte. Sein letzter Diesel mußte verbraucht sein. Es rollte schwer in der Dünung. Das Achterdeck wurde überspült. Einige Männer hatten sich unter dem Turm gesammelt. Er hörte Warwick seine Männer rufen, Metall klickte hinter ihm, die MG-Mannschaften auf beiden Seiten der Brücke brachten ihre Waffen in Stellung. Weiter hinten im Wintergarten rutschten Füße auf schleimigem Stahl, als andere den Vierling schußbereit machten.

Er bewegte sein Glas sehr langsam von Bug zu Bug. Nichts. Das Versorgungsboot mochte vom angeschlagenen Boot aus sichtbar sein, doch für ihn war die Milchkuh unsichtbar.

»Der Chief soll auf Diesel umschalten. Batterien aufladen und das Boot durchlüften«, befahl er.

Frenzel mußte schon darauf gewartet haben, denn kaum husteten die Diesel und liefen, als auch schon frische Luft durch den Turm angesaugt wurde und wie ein kräftiger Wind an ihm vorbeiströmte.

»Beide langsame Fahrt voraus.«

Sie näherten sich dem anderen Boot jetzt schnell. Doch sie mußten sich zurückhalten, bis die Milchkuh sich zeigte. Die Geräusche der Diesel würden Rufe von Bord zu Bord erschweren und sicherlich jeden möglichen Verdacht über ihr Auftauchen zerstreuen.

Ein Licht blitzte sie über das milchige Wasser an, und Blythe, der Signalmeister, bestätigte es kurz mit seiner Handlampe. Neben ihm übersetzte ein Funker atemlos: »Er fragte nach Ihrer Nummer, Sir!«

»Antworten Sie, Blythe: eins-neun-zwei.«

Lieber Gott, wie schnell sie sich jetzt dem anderen Boot näherten. Und jetzt hob sich auch der Dunst und wirbelte in einer sanften Brise davon. Marshall konnte auf dem runden Rumpf die Narben erkennen, das unebene Oberdeck, das zeigte, wie nahe am Boot Wasserbomben explodiert waren.

»Benutzen Sie die Kennung der Deutschen!« befahl er.

Er packte den Brückenrand so fest, bis der Schmerz ihn beruhigte. Unter ihm würde Gerrard durch das kleine Angriffssehrohr blicken und darauf warten, ob etwas schiefging, um dann sofort zu tauchen.

Dies war der Augenblick. Eine falsche Kennung, eine falsche Antwort und ...

Buck murmelte: »Die Antwort, Sir. U-Boot eins-fünf-vier.« Er blätterte in seinem kleinen Buch. »Das ging bisher gut. Die kommen Gott sei Dank nicht aus Lorient.«

Wieder blitzte die Lampe, langsam und unsicher, denn das andere Boot stampfte und rollte unter dem deutschen Signalgast.

»Sie bitten drum, daß wir sie auf den Haken nehmen, Sir. Sie treiben zu sehr ab ...«

Er schwieg, als ein Ausguck meldete: »Da ist sie! Klar Backbord voraus!«

Fast im gleichen Augenblick hörte Marshall aus dem Sprachrohr: »Ziel in Sicht, Sir. Peilung Rot eins fünf. Entfernung fünftausend Yards, kürzer werdend.«

Marshall konnte anfangs nichts erkennen und fluchte über wertvolle verlorene Sekunden, während er die beschlagenen Gläser abwischte. Als er wieder sehen konnte, sah er das große Versorgungsboot aus dem Dunst auftauchen, wie eine riesige, unmögliche Gestalt aus einem Alptraum. Die Milchkuh sah kaum aus wie ein normales U-Boot. Ihr oberer Rumpf und das Deck erinnerten mehr an ein Überwasserschiff, das noch nicht ganz fertig geworden war.

»Jesus, ist das ein Ding«, keuchte Blythe.

Marshall warf einen kurzen Blick auf das eigene Boot. Warwick lehnte an der Brüstung und winkte mit der Mütze dem beschädigten Boot zu, und einige seiner Leute deuteten auf es und bewegten Arme und Hände wie alte Kameraden. Ihm fiel auf, daß der »Hauptgefreite« Tewson, der Richtmann, an seinem Sitz geblieben war, eine Hand auf dem Messingrad, mit der anderen Schaum vom Zielfernrohr wischend.

Wieder Gerrards Stimme: »Alle Torpedos feuerbereit, Sir.«

Langsam antwortete Marshall: »Sie müssen den Angriff aus der Zentrale fahren. Wir sind zu nahe dran. Wenn die Hunde mich das auf der Brücke tun sehen ...« Er beendete den Satz nicht.

Er hörte Gerrard laut seine Befehle geben und kämpfte gegen den Wunsch, nach unten zu steigen und alles selber in die Hand zu nehmen. Peilungen und Entfernungen wurden in die Erntemaschine gegeben, wie man sie spöttisch an Bord nannte, und die Ergebnisse gingen sofort an den Torpedoraum.

»Bugklappen offen, Sir!«

»Was soll ich antworten, Sir?«

Marshall sah den Signalmeister. Er hatte die Bitte des Deutschen um Hilfe fast vergessen. Aber wenn es jetzt wegschor, würde das Versorgungsboot sofort erkennen, was hier gespielt wurde.

»Sehr gut. Sagen Sie ihnen, daß wir bei ihnen nach Backbord laufen. Und bereiten Sie auf Deck Schleppleinen vor.« Er kümmerte sich nicht mehr um das langsame Klicken der Morselampe, sondern rief Warwick unter dem Turm zu: »Sie sind jetzt dran, Lieutenant. Tun Sie so, als ob wir uns Mühe geben.« Er sah Warwick winken, und Cain holte eine Drahttrosse, die er an die Schleppleine anschlug.

Er zwang sich zur Konzentration. Er durfte jetzt nicht auf das schwankende Boot achten, das Winken und die Rufe der anderen Mannschaft.

»Entfernung jetzt tausendfünfhundert Yards, Sir.« Gerrard klang sehr kühl. »Rohre eins bis vier schußbereit.«

Marshall biß sich auf die Lippen. Das beschädigte Boot war keine zwei Kabellängen mehr entfernt. Alles mußte also jetzt schnell passieren. Den Deutschen könnte jeden Augenblick etwas auffallen, oder man könnte ihn mit Namen ansprechen. Er fluchte leise und heftig und drehte dem Feind absichtlich den Rücken zu. Doch warum sollten sie das? Der Anruf und die Antwort hatten doch perfekt geklappt! Die Deutschen hatten ihre eigenen Probleme und sahen in *U-192* sicherlich eine willkommene Hilfe bei ihrem Vorhaben.

Er sah, wie MGs auf ihren Halterungen herumschwangen, die langen Patronengürtel hingen nach unten wie zwei Schlangen in der offenen Luke.

Gerrard rief hoch: »Wir können keinen Torpedo auf das angeschlagene Boot abfeuern, Sir. Die Explosion würde auch uns aus dem Wasser blasen.«

»Ja. Danke, Bob, das denke ich auch.« Er wandte sich an einen Ausguck. »Sagen Sie das der Geschützmannschaft. Sie sollen das beschädigte Boot unter Schnellfeuer nehmen, wenn ich den Befehl gebe.« Und dann sagte er knapp: »Gehen Sie, Mann. Es muß so aussehen, als ob wir unter Freunden seien.«

Der Signalmaat grinste: »Und was für Freunde, Sir!«

Der zweite Ausguck meldete: »Der Deutsche hat jetzt eine Flüstertüte, Sir. Die wollen mit uns reden, wenn wir ein bißchen näher dran sind.«

Marshall nickte und blickte wieder zur Milchkuh hinüber. Sie bewegte sich sehr langsam wie ein großes Stück Pier, auf ihrem Oberdeck befanden sich viele winzige Gestalten, das Verbindungsstück aus Messing des Versorgungsschlauchs reflektierte das Sonnenlicht.

Er sah, wie der Ausguck jetzt Warwick neben seinem Geschütz erreicht hatte und wie der junge Mann die Meldung entgegennahm, als habe ihn ein Schlag getroffen.

Blechern klang eine Stimme über das Wasser, wurde fast von den Dieselgeräuschen übertönt und von der Gischt, die am Bug aufstieg und auf Deck schlug.

Er nahm bedächtig seine Mütze ab und winkte dem anderen Boot zu. Der Trick schien zu wirken. Der Kommandant drüben winkte mit den Armen und tat so, als wolle er das Megaphon entsetzt über Bord werfen.

»Sir!« Die Stimme des Ausgucks ließ Marshall erstarren. »Da ist Rauch. An Steuerbord achteraus.«

Er wagte es nicht, sich umzudrehen und hinzusehen. Die anderen Boote hatten den Rauch noch nicht entdeckt, weil die eigenen Türme ihn möglicherweise verdeckten.

»An Zentrale von Kommandant. Rauch an Steuerbord achteraus. Prüfen Sie das mit dem Hauptsehrohr.«

Eine unendlich lange Pause, und dann meldete eine Stimme: »Ein Schiff, Sir. Auf der Kimm.«

Er erkannte die Stimme nicht. Vielleicht irgendein Matrose, der jetzt keine Aufgabe hatte. Sie hatten nur noch wenig Zeit ...

»Klar zum Angriff.«

Das Sprachrohr nach unten war tot, als habe eine unsichtbare Macht da unten jeden niedergestreckt. Dann hörte er, wie Buck die Befehle ohne Hast über die Gegensprechanlage weitergab. Keine Panik, keine Gefühle. Als wäre es ein weiterer Übungsangriff auf einen Neutralen.

»Feuer eins.«

Marshall fühlte, wie das Brückenschanzkleid ihm leicht gegen die Brust drückte und stellte sich vor, wie der erste Torpedo sein Rohr verließ.

»Feuer zwei!«

Vorne auf dem Bug wirbelte ein Matrose eine Wurfleine wie ein Cowboy über seinem Kopf, mit einem Auge auf der Brücke spielte er um elend langsam verstreichende Sekunden.

»Feuer drei!«

Wieder der leichte Kick. Wie der Schubs von einem Mitverschworenen.

Marshall schauderte und befahl kurz: »Fertig machen!«

»Feuer vier.« Eine Pause. »Alle Torpedos laufen, Sir.«

Die letzten beiden Bugtorpedos sollten eigentlich dem beschädigten Boot gelten. Aber es war jetzt so nahe, daß man es mit einem Ziegelstein hätte treffen können.

Der Ausguck meldete: »Das Schiff an Steuerbord kommt näher, Sir. Ein Schornstein. Wahrscheinlich ein Zerstörer.«

Marshall nickte hastig. Es gelang ihm nicht, seinen Blick von seinem Ziel im letzten Dunst zu lösen. Weiter, weiter, weiter. Er sah die vier Torpedos durchs Wasser rasen. Sie erreichten fast fünfundvierzig Knoten, während sie sich zu einer tödlichen Salve formierten.

Blythe stammelte: »Wir haben an dem Hund vorbeigeschossen!«

Die erste Explosion kam wie ein Donnerschlag. Im Bruchteil einer Sekunde sah Marshall, wie das Vorschiff des feindlichen Bootes aufriß und ein gewaltiger orangefarbener Feuerbaum in den Himmel steig. Schwarzer Rauch umgab ihn. Metallsplitter schienen größer und größer zu werden und immer strahlender, so daß die Detonation des zweiten Torpedos fast nicht mehr zu erkennen war.

Trotz des fürchterlichen Lärms und des leuchtenden Feuers sah Marshall Einzelheiten. Alles schien nacheinander zu geschehen, statt gleichzeitig im Bruchteil einer Sekunde.

Ein Mann lief auf Deck nach achtern und stürzte, als die Explosionswelle wie ein brennender Wind über das Deck jagte. Cain, der Deckskönig, warf die Trosse über die Seite und schrie seinen Männern zu, Deckung zu suchen. Die Geschützmannschaft bewegte sich hastig wie Automaten um das Schlußstück. Warwicks Kopf und Schultern glänzten vor dem Inferno wie aus Bronze.

Weitere schreckliche Explosionen. Marshall spürte,

wie der Rumpf des eigenen Bootes ruckte und zitterte, als sei es auf ein unsichtbares Wrack gestoßen.

Auf dem beschädigten U-Boot hatte der erste Schrekken zu einem wilden Durcheinander rennender Gestalten geführt. Einige hatten schon das Deckgeschütz erreicht, an dem ein Offizier seine Pistole zog und wie wild über den schmalen Streifen Wasser feuerte.

Marshall duckte sich, als etwas an den Turm schlug und über die See davonjaulte. Ein Geschoß oder ein Splitter vom Versorgungsschiff, er wußte es nicht, und es war ihm auch egal.

Er schlug dem nächsten Maschinengewehrschützen auf den Arm. »Feuern Sie. Fegen Sie die Männer da drüben von Deck.«

Das MG begann zu feuern, eine dünne Linie mit Leuchtspurmunition schlug um das Sehrohr des deutschen Bootes, wurde dann ruhig und schlug Funken aus dem grauen Stahl.

Als Marshall wieder hinsah, war von der Milchkuh nichts mehr zu erkennen. Nur ein gewaltiger Rauchkegel trieb vor dem Himmel, Öl breitete sich auf dem Wasser aus, und Treibgut dümpelte und zeigte an, wo sie zum letzten Mal getaucht war.

Er rief: »Beide volle Kraft voraus. Zehn Grad nach Backbord.«

Er beobachtete, wie Warwicks Männer den langen Lauf des Geschützes über die Reling schwenkten und dem anderen Boot folgten, das wie betrunken auf den Wellen rollte.

»Feuern!«

Das Geschütz ruckte in seiner Halterung, alles explodierte weit hinter dem Ziel in einer Wolke aus Dampf und aufbrechendem Schaum.

»Hundert kürzer.« Man hörte das Schließen des Verschlusses. »Feuer frei!«

Der Turm des Bootes erzitterte gewaltig, und eine Wasserfontäne stieg eine halbe Kabellänge entfernt hoch in den Himmel. Marshall drehte sich um und kannte die Antwort, noch ehe der Ausguck melden konnte: »Der Zerstörer hat das Feuer eröffnet, Sir!«

Aus dem Sprachrohr rief jemand: »Das andere Boot versucht zu funken.«

Er hielt die Luft an, als eine Granate über sie hinwegzog und vor ihnen explodierte.

Wilder Glanz erleuchtete die Brücke, und er sah, wie die Sehrohrführung und die Funkantenne des anderen Bootes weggewirbelt wurden. Warwicks Männer hatten getroffen. Rauch stieg aus der zerschossenen Brücke auf, und er sah, wie einige der Deutschen vom Geschütz nach achtern zum Turm rannten. Es war sinnlos, denn ohne Maschine war das Boot hilflos. Doch Ausbildung und Instinkt führten auch angesichts des nahen Todes zu dieser Reaktion der U-Boot-Männer.

Der Vierling behielt das wütende Feuern bei, und die vier Läufe mähten die laufenden Männer nieder wie ein Schnitter im Feld die Ähren. Allein und verlassen lud der Offizier seine Pistole wieder, als ihn Geschosse trafen und ihn in nichts auflösten. Eine rote verschmierte Spur zeigte an, wo er gefallen war.

Eine zweite Kugel schlug in den Ballasttank. Über dem Geräusch von Maschinen und dem Jubel der Geschützmannschaft konnte man deutlich das triumphierende Rauschen einströmenden Wassers hören.

Marshall mußte sich auf die Zähne beißen, bis er klar ins Sprachrohr reden konnte. »Angriff abbrechen. Beide Diesel auskuppeln.« Und noch ehe die Dieselgeräusche erstarben, legte er die Hände an den Mund und rief: »Geschütz sichern. Alle Mann von der Brücke!«

Männer stürzten an ihm vorbei die Leiter hinunter, rissen die Maschinengewehre hinterher, eins qualmte noch, als es unter Deck verschwand. Wilde Blicke, atemlose Stimmen und dann waren nur noch Marshall und der letzte Ausguck oben. Der schaute auf den näherkommenden Zerstörer, dessen Rumpf hinter der gewaltigen Bugwelle fast kaum zu sehen war, als er zum Angriff anlief. Der Kommandant des Zerstörers nahm wahrscheinlich an, er habe zwei aufgetauchte U-Boote erwischt, die gerade ein nicht identifiziertes Schiff versenkten.

Wie auch immer, eine einzige Granate könnte aus den beiden drei machen.

Marshall nickt dem Matrosen zu. »Los, runter.«

Er bückte sich über das Sprachrohr, als eine Granate dicht über die Brücke hinwegzog. Ihre Druckwelle traf ihn wie ein Männerhieb auf die Schulter.

»Tauchen, tauchen. Neunzig Meter. Alle Schotten dicht für Wasserbombenalarm.«

Er schloß das Luk und sah noch einen Moment nach vorn. Das beschädigte U-Boot war fast gesunken. Ihr Heck ragte aus den Blasen und dem ausströmenden Öl wie eine stumpfe Pfeilspitze.

Dann sprang er nach unten, spürte, wie der Rumpf tiefer sank, hörte die See an der Außenhaut vorbeistreichen und am Turm, als Gerrard sie zum Alarmtauchen nach unten brachte.

Er schlug das Luk zu und drehte das Rad fest. Die Leiter hinunter und in die Zentrale. Die vertraute Welt, ihr eingeschlossenes Leben.

Auch die untere Luke schlug zu, und er hörte Gerrard rufen: »Beide Diesel an. Volle Kraft voraus.« Er löste seinen Blick von der Schulter des Rudergängers und sah Marshall in die Augen. »Das haben wir geschafft, Sir!«

Marshall klammerte sich an die Leiter, atmete schwer, seine Lungen brannten. Ihm gelang ein Nicken. Dann antwortete er: »Aber verdammt knapp.« Er brachte die Worte kaum raus.

»Neunzig Meter, Sir.« Der Coxswain drehte sich um und sah ihn wild grinsend an.

»Hatten wir je genug Zeit, Sir?«

Marshall schaute ihn an und schüttelte den Kopf. Er fühlte sich vollständig erschöpft und ihm war schlecht. Auf einen Schlag! Zwei U-Boote und etwa einhundertfünfzig Mann Besatzung! Weggewischt. Abgeschrieben. Einfach so.

Irgendwo über sich hörte er den Trommelschlag der Schrauben des Zerstörers. Er würde ein paar Wasserbomben werfen, aber mit etwas Glück würden sie weit weg sein, ehe der Kommandant auf seinem Horchgerät ein vernünftiges Echo hatte. Falls es Überlebende aus dem zweiten U-Boot gab, was unwahrscheinlich war, würden die Explosionen der Wasserbomben sie wie Heringe aufschlitzen.

Marshall schluckte schwer, schmeckte Magensäure im Mund. Er hoffte, daß Browning mit ihm zufrieden sein würde. Befehl ausgeführt.

Weit weg explodierte eine Wasserbombe wie eine gedämpfte Trommel in einem Tunnel. Das Erkundungsgerät des Zerstörers hatte wahrscheinlich das sinkende deutsche U-Boot erfaßt.

Marshall schaute in die Gesichter um sich herum. Zerfurchte Minen. Man hörte ihm zu und verstand.

Sie waren in Sicherheit. Das reichte. Mehr gab es nicht für sie.

Seeleute an Land

Aus einem nicht genannten Grund verlangte man von *U-192* nicht mehr, auch noch die zweite Milchkuh aufzubringen. Zwei Tage nach ihrem erfolgreichen Angriff und ihrem Ausweichen vor dem amerikanischen Zerstörer kam ein kurzes Signal aus der fernen Admiralität in London. In ihrem eigenen, streng geheimen Code hatte Browning wahrscheinlich selber den Befehl formuliert: »Sofort zur Basis zurückkehren.«

Zu diesem Zeitpunkt lief das U-Boot gerade über Wasser mit südöstlichem Kurs zu dem Rendezvous vor Freetown unter einem samtenen Himmel, den die Sterne von Kimm zu Kimm bedeckten.

Marshall, der mit Gerrard in der eigenen Kajüte saß, hatte sehr gemischte Gefühle. Der plötzliche Befehl zurückzukehren konnte heißen, daß der Feind ihre Täuschung enttarnt hatte. Man würde sie also ohne Zögern in einer neuen Operation einsetzen. Browning und sein Stab hatten ihr Unternehmen sicher verfolgt, weil sie die feindlichen Codes kannten und einsetzten und mit den Rendezvous-Gebieten vertraut waren. Sie wußten sicherlich, daß sie mit ihrem ersten Angriff entweder Erfolg gehabt hatten oder auf den Meeresgrund geschickt worden waren.

Zum ersten Mal seit dem Auslaufen aus dem abgeschiedenen schottischen Loch gab Marshall einen Funkspruch auf, genauso kurz, in dem er Browning wissen ließ, daß sie noch am Leben waren. Er stellte sich die Funker vor, deutsche und alliierte, die ihre kurze Bestätigung aufgefangen hatten. Was immer sie daraus machten, Browning hatte nun Gewißheit. Einer seiner Pläne war ausgeführt worden, und man würde ihn dafür gehörig loben.

Im ganzen Boot hatte man die Nachricht überrascht zur Kenntnis genommen. Natürlich hatte niemand mit gesundem Menschenverstand sich gefreut, auf eine zweite Milchkuh zu treffen. Aber als der Kurs anlag, die Torpedorohre wieder geladen und die Batterien aufgeladen waren, da hatte man sich damit abgefunden. Als der Rückruf bekanntgegeben wurde, waren die Reaktionen der Männer so gespalten wie die Marshalls.

Der erste Teil der Rückfahrt hatte so etwas wie Ferienstimmung aufkommen lassen, während das Boot nach Nordosten lief, dabei die großen Schiffahrtswege mied und die meiste Zeit über Wasser lief.

Wann immer möglich, durften die Männer sich abwechselnd oben aufhalten, sich nackt auf Deck sonnen wie auf einer Kreuzfahrt. Einmal hatte Frenzel verlangt zu stoppen, damit Taucher die Backbordschraube inspizieren konnten. Marshall erlaubte den Männern, in Gruppen zu schwimmen, jedoch nicht weit weg vom Boot. So etwas war nicht Usus, aber ihr Einsatz war es auch nicht.

Als sie sich den Geleitzugwegen näherten und in den Bereich patrouillierender Flugzeuge kamen, wurde ihnen klar, daß ihre kurze Freiheit in der Sonne und im warmen Meer wahrscheinlich die einzige Belohnung für ihren Erfolg bleiben würde.

Die meisten dachten nicht darüber nach, was die Deutschen nun tun oder lassen würden. Tag für Tag wurden Bomber der Royal Air Force und die der Amerikaner, die von Flughäfen gestartet waren, wütender und intensiver verflucht als die des Feindes.

Zweimal drohte ihnen das Ende. Beim ersten Mal liefen sie über Wasser und luden die Batterien auf, um sicherzugehen, daß sie für den letzten Schlag der Heimreise auch richtig vorbereitet waren. Aus dem Nichts, wie es schien, war eine fette Sunderland aus einer niedrigen Wolke auf sie herabgestürzt. Maschinengewehre hämmerten los, Wasserbomben stürzten von beiden Flügeln herab, und *U-192* war Hals über Kopf in Sicherheit getaucht.

Das zweite Mal hatte man sie vor der irischen Küste fast erwischt. Diesmal war es ein zweimotoriger Jäger, der dicht über Wasser aus dem Nebel auftauchte. Kugeln klatschten über Außenhaut und Brücke, und eine war Devereaux durch das Ölzeug geschlagen, zwischen Arm und Seite hindurch. Er hatte geflucht: »Irgend so ein Schuft hat es auf mich abgesehen.« Doch er war hinterher doch etwas angeschlagen.

Zwei Tage lang waren sie vor den Äußeren Hebriden gekreuzt. Sie hatten den Befehl, auf den richtigen Augenblick fürs Einlaufen und auf ihr Geleitboot, die bewaffnete Yacht *Lima,* zu warten. Einen Landfall auf eigene Faust zu versuchen hätte das Ende bedeuten können. Minenfelder und unsichtbare Balkensperren, die Chance, über Wasser durch ein suchendes Flugzeug oder einen bewaffneten Kutter entdeckt zu werden, waren Bedrohung genug. Die Männer auf *U-192* mußten also warten, bis man sie abholte, damit sie weitere Geheimaufträge erfüllen konnten.

In diesen letzten Tagen hatte Marshall genügend Gelegenheit, seine Offiziere zu beobachten. Er fand es jeden Tag schwieriger, Frenzels Blicken zu begegnen, mit ihm locker zu reden oder, noch schlimmer, mit ihm allein zu sein. Was sollte er sagen? Was würde der Mann fühlen und denken, wenn Browning ihm vom Tod seiner Frau und des Kindes berichtete?

Gerrard schien immer unruhiger zu werden und immer weniger geneigt, mit ihm vertraulich zu sprechen, während die Stunden dahinkrochen. Sie fuhren auf und ab, stiegen gelegentlich auf Sehrohrtiefe auf, um ein Fix zu nehmen, eine Peilung zu prüfen oder um ein vorbeifahrendes Schiff anzusehen.

Aus Sorge um die beiden Offiziere, die ihm am nächsten standen, hatte Marshall weniger Zeit, als er wollte, mit Warwick verbracht. Dieser Mann hatte sich am meisten verändert, in den beiden Monaten auf See hatte er sich von einem Jungen in einen hohläugigen Fremden verwandelt. Marshall kannte den Grund gut genug, aber wenn er sich jetzt einmischte, würde er nur Unheil anrichten.

Er hatte ihn in der Zentrale beobachtet, als sie mit voller Kraft vor den Wasserbomben des Zerstörers davongelaufen waren. Die Geräusche des zerbrechenden U-Bootes auf dem Weg zum Meeresgrund waren dabei deutlich zu hören. Warwick zitterte unkontrolliert, er war kreidebleich, und er starrte auf die Rumpfwand, als erwarte er jeden Augenblick, daß sie nachgeben könnte. Doch nicht Todesangst hatte ihn verändert. Marshall hatte gehört, wie Buck eines Nachts Gerrard leise sagte: »Was erwarten Sie eigentlich, Nummer Eins? Er ist ein Kind, hat nichts erlebt, nichts erfahren, kennt alles nur aus Büchern. Und dann wird alles wahr und eklig, und er muß töten. Die Leute an den MGs und am Geschütz hatten genug zu tun mit ihrem Brüllen und Draufhalten. Aber er mußte wie irgendein Henker dabeistehen und dafür sorgen, daß sie jeden lebenden Deutschen auch erwischten, dem sie gerade eben noch wie Freunden zugewinkt hatten.« Es war eine kurze Pause entstanden. Buck meinte danach knapp: »Mir ist das wurscht, ich gebe nichts auf sie. Ich weiß, was die Hunde alles angerichtet haben, ich würde jeden Deutschen, den ich erwische, abknallen. Aber David ist nicht so wie wir. Jedenfalls noch nicht.«

Man konnte nur hoffen, daß ein Landurlaub, in dem er normale Leute traf, ihn wieder ins Lot brachte. Sonst müßte Marshall empfehlen, daß Warwick von der U-Boot-Waffe ferngehalten wurde, wie wertvoll er auch sonst sein mochte. Das wäre kein Einzelfall gewesen. Zu viel hing von jedem Mann an Bord ab. Man brauchte die Kraft der Männer, nicht ihre Schwächen.

Zur vereinbarten Stunde, als die Morgendämmerung der See etwas von ihrer Feindseligkeit nahm, wandte sich *U-192* in Richtung Festland. Ein kleine Unterwasserexplosion hatte der Besatzung gemeldet, daß ihr Geleitboot angekommen war. Man schickte ein Rauchfloß nach oben, ging dann auf Sehrohrtiefe, fing das blaue Hecklicht der *Lima* ein und folgte in Richtung Festland.

Marshall stand auf der Gräting, als sie für die lange Fahrt durch das Loch auftauchten, überließ Gerrard den Turm und Buck die Vorbereitungen für das Festmachen. Loch Cairnbawn schien sich nicht verändert zu haben. Zwar war es jetzt April, aber die Luft schnitt scharf wie ein Messer, das kabbelige Wasser war genauso dunkel wie früher, als *U-192* den Loch so heimlich verlassen hatte, wie man jetzt einlief. Alles ist so ganz anders als bei früheren Einsätzen, dachte Marshall. Keine Begrüßung, keine Mannschaften, die an der Reling anderer Schiffe standen, ihnen zuwinkten und ihr Einlaufen beobachteten und jubelten, wenn ihre Totenkopfflagge einen neuen Sieg oder erfolgreiche Angriffe zeigte.

Er faßte sich ins Gesicht und dachte an das Bad und

die frischen Kleider, die an Bord der *Guernsey* auf ihn warteten, an der sie festmachen würden. Er hatte sich vor einer Stunde zwar rasiert, aber das war etwas anderes. Er fühlte sich schmutzig und ungepflegt – und das war das einzig Normale bei diesem Einlaufen.

Aus dem Dunkel tuckerte ihnen ein Motorboot entgegen, drehte leicht und lief dann neben ihnen her. Er fragte sich, wie die Männer wohl reagieren würden, wenn der Feind ein britisches U-Boot aufgebracht und es in seine Basis gebracht hätte.

Er sah ein paar Signale, die ihnen zugeblinkt wurden, und einen Streifen Licht am Wasser, wo die Festmacher bereits warteten.

»Beide langsam voraus.« Die Motoren liefen unruhig, Gischt sprühte wie Hagel über die Brücke. »Backbord zehn.« Er sah, wie eine Taschenlampe langsam kreiste, und sah, wie sie vom hohen Rumpf des Troßschiffs reflektiert wurde. »Mittschiffs.« Er hörte, wie Buck mit rauher Stimme jemandem vor dem Bug etwas zurief, doch er behielt auf den letzten paar Metern die Taschenlampe im Blick. »Steuerbord langsam achteraus.« Das Boot bog gekonnt ab, und Marshall sah, wie die Wurfleinen durch den Lichtstrahl der Lampe blitzten, hörte Rufe wartender Matrosen und hörte das Scharren der Festmachertrossen.

»Beide Maschinen stopp.« Der Rumpf zitterte noch einmal kurz, und Marshall spürte, wie die Brücke zu schwanken begann, als die unruhigen Wellen des Lochs das Schiff packten.

»Vorn alle Leinen fest, Sir!«

Weitere Rufe, das Trappeln von Schuhen auf dem H-Boot, an dem sie festmachten. Er fragte sich, ob es wohl während ihrer Abwesenheit einmal ausgelaufen war.

»Achtern alle Leinen fest, Sir.«

»Sehr gut.« Er beugte sich über das Sprachrohr. »Beide Maschinen aus.« Er wartete, bis Gerrard den Befehl weitergegeben hatte, und sagte dann: »Zu Hause und zwar trocken, Bob. Schicken Sie ein paar Männer hoch, die beim Tarnen des Turms helfen. Nur für den Fall, daß wir immer noch als geheim gelten.«

Er versuchte, sich über seine Gefühle klar zu werden: Erleichterung und Stolz, daß er sein Boot und seine Männer ohne Verluste zurückgebracht hatte.

Buck kletterte auf die Brücke und schlug die Hände zusammen. »Erbitte Genehmigung zum Öffnen der vorderen Luke, Sir.« Er sprang hoch, als die Generatoren plötzlich zu laufen anfingen. »Lieber Gott, ich verliere die Nerven.«

»Erlaubnis erteilt. Die Leute vom Troßschiff werden sich das Boot morgen vornehmen. Also sollten wir unsere Klamotten von Bord nehmen.«

Mehr Männer auf dem Deck. Über dem Rand der Brücke erschien das bärtige Gesicht von Commander Marker. Er hielt Marshall die Hand hin und sagte: »Großartig, Sie wiederzusehen.« Er schaute nach unten ins Oval und in das Luk. In seinen Augen spiegelte sich das Licht von unten. »Also keine Probleme mit den Maschinen?« Er wurde leiser. »Captain Browning erwartet Sie, aber als erstes möchte er den Chief sprechen.«

»Ja.« Marshall wußte, daß Buck zuhörte, und sagte langsam: »Sagen Sie es ihm, bitte.«

Der Commander drehte sich zur Seite. »Was für eine beschissene Begrüßung.«

Marshall beobachtete ihn, wie er das Schanzkleid abtastete. Dir ist dein Spielzeug wichtiger als Frenzels Familie, dachte er bitter. Aber warum nicht? Marker war ein harter Mann geworden. Er hatte viele Boote auslaufen sehen, die nie zurückgekommen waren. Er hatte die leeren Plätze in den Messen gesehen. Niemand sprach je von denen, die nicht zurückgekommen waren. Sie waren einfach verschwunden, so als habe es sie nie gegeben.

Frenzel schob sich durch das Luk, trug immer noch seinen schmutzigen Arbeitsanzug und wollte wissen: »Was soll das, Sir? Ich habe noch verdammt viel zu tun, ehe diese Säcke vom Troßschiff ihre Hände an meine Maschinen legen.«

Ruhig meinte Marshall: »Gehen Sie rüber zu Captain Browning, Ihr Maat kümmert sich um alles, bis Sie wieder da sind.«

Frenzel machte den Mund auf und schloß ihn wieder. Nach einer Pause sagte er: »Also gut.« Er blickte auf den Commander, ohne ihn richtig zu sehen. »Ich hau' also ab.«

Marshall sah ihn verschwinden. *Er weiß etwas. Lieber Gott, er hat es erraten.*

Der Commander räusperte sich. »Wenn Sie jetzt bitte mitkämen, alter Freund. Ich hätte gern einen kurzen Bericht.« Sein Blick senkte sich. »Während wir warten.«

Marshall trat an das Sprachrohr. »Zentrale. Hier spricht der Kommandant. Sagen Sie dem I WO, daß ich auf das Troßschiff gegangen bin.« Er klappte den Deckel herab und spürte die Glätte des Messings trotz der langen Zeit unter Wasser.

Wenn es anders gelaufen wäre, hätte ein Deutscher jetzt das Sprachrohr dichtgemacht. In einem anderen Hafen und nach anderen Regeln.

Er schaute zu den Männern, die an der vorderen Luke beschäftigt waren. Aber in demselben verdammten Krieg.

*

Marshall betrat die große Kajüte unter der Brücke der *Guernsey* und hörte, wie der Commander hinter ihm zurückblieb und sehr leise die Tür schloß. Browning stand an seinem Schreibtisch und blätterte mit leerem Blick durch einen Haufen Meldungen. Dann sah er auf und schaute Marshall scheinbar überrascht an.

»Tut mir leid. Ich werde wohl alt.« Etwas von seiner Last schien er abzuschütteln, denn er kam ihm mit ausgestreckten Händen über den Teppich entgegen. »Ich kann Ihnen nicht sagen, was es für mich heißt, Sie hier wieder in Sicherheit zu sehen. Sie haben sich gut geschlagen, verdammt gut.«

Marshall sah, wie der andere schwerfällig zum Dekanter und den Gläsern auf dem kleinen Tisch ging. Browning hatte nicht gescherzt. Er sah zehn Jahre älter aus.

»Ich habe mit Lieutenant Frenzel gesprochen. Ich hab's ihm beigebracht, so gut ich's konnte.«

»Wie hat er's aufgenommen?«

Marshall nahm das Glas und sah die Flecken auf seiner verschlissenen Jacke. Gegen den Kapitän in seiner sauberen Uniform sah er wie ein Tramp aus.

»Er hat nicht viel gesagt.« Browning drehte das Glas in seinen Fingern. »Er hat wohl geahnt, warum ich ihn kommen ließ.« Er hob das Glas. »Nun ja. Trinken wir auf Ihr Wohl. Ich bin verdammt stolz auf Sie!«

Es war Whisky, rein und feurig. Nach zwei Monaten totaler Abstinenz spürte Marshall, daß er ihm wie eine Droge zu Kopf stieg.

Sie nahmen Platz und saßen sich gegenüber, dachten beide an Frenzel.

»Ich nehme an, Sie sind hundemüde, also werde ich mich beeilen.« Browning schien ungern anfangen zu wollen. »Sie werden sich fragen, warum ich Sie zurückgerufen habe.« Er nahm einen Schluck Whisky. »Das zweite Versorgungs-U-Boot wurde im Hafen versenkt. Die Royal Air Force hat einen gewaltigen Angriff geflogen. Wir haben zwanzig Maschinen dabei verloren, aber sehr großen Erfolg gehabt. Die deutsche Milchkuh hat kein einziges Rendezvous geschafft, sie nicht und das Schwesterschiff im selben Dock auch nicht. Damit sind die Deutschen erst mal ein paar Monate aufgeschmissen. Und Sie haben nun das wichtigste versenkt, auf das der Feind sich immer noch verläßt. Wir haben nichts gehört, das uns annehmen läßt, die Deutschen wüßten etwas von Ihrer Versenkung.« Er schüttelte den Kopf. »Und Sie haben obendrein noch ein zweites U-Boot versenkt.« Er schien verblüfft. »Das ist großartig.«

Marshall hörte, wie der Wind am Schiff stöhnte. Trotz der Wärme in der Kajüte fror er. Er brauchte dringend ein Bad und frische Kleider. Mußte sich wieder daran gewöhnen, daß es jetzt weder Gefahren noch Furcht gab. Aber etwas in Brownings Verhalten machte ihn unruhig. Er suchte, Zeit zu gewinnen, wie damals, als sie sich zum erstenmal trafen.

Plötzlich sagte Browning: »Die Admiralität hat von uns verlangt, daß wir ihr die eroberten Geheimcodes übergeben. Führer der Begleitschiffe von Konvois, Jagdkorvetten und alle anderen werden sie nutzen und mit ihnen hoffentlich das gleiche erreichen, was Sie begonnen haben. Ihre Lordschaften meinen, das wäre in den nächsten Monaten sehr viel sinnvoller als Ihre Einzel-Operation.«

Marshall ließ den Whisky auf seiner Zunge brennen. »Das habe ich erwartet, Sir. Aber das heißt natürlich auch, daß der Feind sehr viel früher rauskriegt, was vorgefallen ist. Man wird die Codes ändern. Und vielleicht auch die Taktik.« Wieder sah er den orangefarbenen Feuerball, der in die Luft gestiegen war, als das Versorgungsboot unterging. Tonnen von Treibstoff und Munition. Torpedos und Männer. Der Vorhof der Hölle. Er seufzte. »Und was wird aus uns? Fahren wir nun wieder als Seiner Majestät U-Boot und übernehmen ganz normale Aufgaben?«

Browning schaute auf den Teppich. Wo Marshall gestanden hatte, gab es jetzt zwei kleine Ölspuren von seinen Stiefeln. Wie kleine Hufe.

Er lächelte nicht. »Nein, nicht ganz. Man meint, Sie sollten weiterhin auf ebenso unorthodoxe Weise nützlich sein wie bisher ...«

Er unterbrach sich, als die Tür aufging und eine Stimme kurz fragte: »Haben Sie was dagegen, wenn ich dazukomme, Sir?« Der Mann wartete nicht auf die Erlaubnis, sondern trat in die Kajüte mit einer Aktentasche unter dem Arm.

Marshall wollte sich erheben, doch der Neuankömmling winkte ab. »Unsinn. Sie sehen mitgenommen aus.« Er lächelte. Seine Zähne waren sehr weiß. Doch sein Lächeln zeigte keinerlei Wärme.

»Commander Simeon.« Browning klang ungewöhnlich formell. »Er ist unser Verbindungsoffizier zur Abwehr und zum Stab für besondere Einsätze.«

Marshall sah Simeon nachdenklich an. Er erinnerte sich genau an ihn. Eckiges Gesicht, dichtes blondes Haar. Scharf gebügelte Uniform, makellos. Der Mann, der Bills Witwe geheiratet hatte.

Simeon kam sofort zur Sache: »Ich habe bereits einen Teil des Berichtes gelesen, den Sie Marker gegeben haben. Gute Sache. Die da oben werden ihn aufmerksam zur Kenntnis nehmen.« Er lachte in sich hinein. »Wenn man sich genügend Mühe gibt, kommt man selbst in den dicksten Schädel in der Admiralität.«

Er schloß die Aktentasche auf und legte mit derselben Bewegung die Lasche zurück. Das war häufig geprobt, dachte Marshall. Wie alles an dem Mann. Er sah nicht aus wie jemand, der sich je etwas vergab. Immer exakt und immer sofort bei der Sache.

»Captain Browning hat Ihnen von den eroberten Codes berichtet, nehme ich an«, begann Simeon. »Aber mir tut es nicht leid. Wir verfügen über ein perfektes U-Boot. Es wäre doch eine Schande, wenn wir es für langweilige Routinepatrouillen einsetzten, oder?«

»Ich fand die nie langweilig.« Marshall konnte seine Verbitterung nicht verbergen.

Ruhig sah Simeon ihn an. »Nein. Wahrscheinlich nicht. Wie auch immer, wenn ich jetzt erklären darf ...« Er schaute Browning an und nickte. »Ich bitte um ein Glas, wenn Sie gerade dabei sind.« Er zeigte seine Zähne. »Sir.«

Marshall sah den älteren Captain an. Es schmerzte ihn, wie der Mann an den Tisch trat, um jemandem ein Glas einzuschenken, der offiziell sein Untergebener war.

Marshall holte eine rosafarbene Akte aus der Tasche und öffnete sie, hielt eine Hand nach dem Glas ausgestreckt. »Prost«, sagte er, »auf uns also.«

Marshall beäugte ihn kühl. Kein Wunder, daß Browning so erschreckt schien. Simeon war auf dem Weg nach oben, und niemand würde ihm dabei im Weg stehen. Man sah es ihm an. Klarer Denker, der die Fakten schnell begriff. Ein Mann, der vor allem sein eigenes Ziel nie aus den Augen verlor.

Simeon runzelte die Stirn und fuhr mit dem Zeigefinger über die Akte. »Seltsam, welche Rolle manchmal das Glück selbst bei den besten Plänen spielt. Dieser Deutsche, der da in Island aus dem Gefangenenlager ausgebrochen ist, zum Beispiel. Er wurde halb erfroren keine Viertelmeile vom Lager entfernt aufgefunden. Aber die Sorge vor weiteren Ausbrüchen hat die Dinge enorm in Bewegung gebracht. So konnten Sie im Handumdrehen auslaufen, doppelt so schnell als wenn die Burschen in Whitehall in der Regierung sich darum gekümmert hätten. Dann würden Sie wahrscheinlich heute noch hier liegen und langsam verrotten.«

Browning meinte: »Ich tu' mein Bestes. Niemand hätte *U-192* lange am Auslaufen hindern können. Der Feind hätte Wind bekommen. Marshall wäre in eine Falle gelaufen, wenn er später aufgelaufen wäre.«

Simeon wandte sich ihm zu. »Sie meinen wirklich, das hätte die Herren in der Regierung in Bewegung gesetzt? Ihre Vorstellung von Krieg beruht auf Filmen, die vor zwanzig Jahren gedreht wurden.« Er lächelte schnell wieder. »Aber wie ich schon sagte, man muß auch Glück haben. *U-192* hat bewiesen, was ein U-Boot erreichen kann, wenn es nicht Aale in Handelsschiffe jagt, die sich nicht wehren können.« Er schaute Marshall an. »Damit wollte ich Ihnen nicht zu nahe treten.«

Marshall versuchte, sich zu entspannen. »Ich habe mich das gerade gefragt.«

Simeon nickte. »Darum also geht es. Man muß nur vorher nachdenken, dann geht alles wie geschmiert.« Wieder sah er zu Browning hinüber. »Ich habe übrigens Marker gebeten, Sir, den Bericht über *U-192* aufzusetzen. Er ist hier in der Zentrale. Ich denke, er hätte gern Ihre ...« er schien nach dem rechten Wort zu suchen, »Meinung dazu.« Er trat an den Tisch und nahm den Dekanter. »Und zwar jetzt, nehme ich an, Sir.«

Browning trat an Marshalls Sessel, unterdrückte Wut

im Gesicht. »Ich sehe Sie gleich noch. Ich bin verdammt froh, daß Sie wieder da sind.« Er sah Simeon nicht an, als er ziemlich emotional hinzufügte: »Endlich mal wieder ein richtiger U-Boot-Fahrer.« Er ging zur Tür und knallte sie hinter sich zu.

Simeon schüttelte den Kopf. »Was soll das Pathos? Wir sind jetzt vier Jahre im Krieg und müssen uns immer noch mit diesen alten Männern abgeben. Ich frage mich manchmal, ob Admiral Dönitz auch so von Veteranen belästigt wird.« Er schien amüsiert.

Marshall schlürfte den Whisky, war plötzlich entspannt. Simeon versuchte, ihn mit Browning zu provozieren. Oder so etwas ähnliches.

Ruhig entgegnete er: »Wir verfügen nicht über allzu viele Veteranen, die das Victoria Cross tragen, meine ich.« Er lächelte und fügte hinzu: »Sir.«

»Kann sein.« Simeon brauchte noch ein paar Sekunden für seine Akten. »Aber ich bin nicht hier, um über ihn zu reden.« Er schien verwirrt, hatte den Faden verloren. »Wichtig ist, daß ich, daß wir eine neue Aufgabe für Sie haben. Ich habe bis in die tiefe Nacht mit den Jungs von der Abwehr gearbeitet. Wir warteten darauf, daß Sie das Versorgungsboot versenkten und wir Sie zurückrufen konnten. Ich persönlich war dafür, daß Brownings Plan von Anfang an nicht ausgeführt wurde. *U-192* hätte zerstört werden können, und wir hätten etwas Wichtiges verloren. Aber nun haben wir Wichtiges gewonnen. Die ganz oben sind beeindruckt, und jetzt haben wir dank Ihres Optimismus mehr Handlungsspielraum.«

Marshall hielt dagegen. »Captain Brownings Plan wird vielen Leuten das Leben retten. Truppentransporter, die sonst leicht versenkt werden könnten, haben so eine bessere Chance, hier anzukommen. Begleitschiffe werden mit den neuen Kenntnissen – bis die Deutschen dahinterkommen – mehr U-Boote versenken als vorher.«

Simeon seufzte leise. »Ich merke schon, Buster hat mit Ihnen geredet.« Er lächelte. »Egal. Hören Sie jetzt mich an.«

Über ihnen waren Schritte zu hören und aus einem Lautsprecher tönte: »Chefkoch in die Kombüse.«

Die Männer von *U-192* waren also an Bord gekommen und aßen seit Wochen erstmals wieder eine gute Mahlzeit.

Simeon fuhr fort: »Ein Truppentransporter oder irgendein Schiff im Krieg zu verlieren ist schlimm genug. Aber wenn wir nach unseren Rekordverlusten das Handtuch geworfen hätten, hätten wir schon vor Jahren verloren.« Er stützte sich auf den Tisch, seine Augen glänzten. »Aber in diesem Jahr wird sich alles ändern. Die Schlacht im Atlantik wird sich wenden. Es werden mehr U-Boote versenkt, und es kommen mehr Geleitzüge durch. In Nordafrika fliehen die Deutschen. Im nächsten Monat wird das Afrikakorps sich ergeben müssen oder abhauen, so gut es noch geht. Das ist dann ihr Dünkirchen, wenn Sie so wollen. Dann müssen die Alliierten nachsetzen. Und eine Invasion in Europa machen.« Er senkte seine Stimme leicht. »Und die muß perfekt gelingen. Das alles ist natürlich streng geheim, aber wir werden in Sizilien landen und durch Italien vorrücken.«

Marshall erinnerte sich an Brownings Begeisterung, als sie sich zum erstenmal trafen. Er hatte fast die gleichen Worte benutzt.

Simeon sprach weiter: »Wir werden natürlich versuchen, mit den Italienern einen Geheimvertrag zu schließen. Wenn wir vorrücken, wechseln sie auf unsere Seite und lassen die Deutschen allein.«

»Die werden das nicht mögen.« Er beobachtete Simeons schnelle Bewegungen, sein unerschütterliches Vertrauen. Immer noch begriff er nicht, was Gail an ihm gefunden und wofür sie Bill verlassen hatte.

»Das ist noch untertrieben. Und genau deswegen muß die Invasion laufen wie geschmiert. In ganz Europa warten die besetzten Länder darauf und beobachten uns. Wie kommen wir voran? Wieder so ein Kreta oder Singapur oder was weiß ich, und unsere Chance, in Nordfrankreich zu landen und nach Berlin durchzustoßen, wird um Jahre verschoben. Wenn nicht ganz aufgegeben.«

»Ich begreife immer noch nicht ...«

Simeon hob eine Hand. »Sie werden's gleich begreifen. Sie müssen es. Wir haben seit Jahren Agenten in jedem besetzten Land. Die arbeiten mit den Widerstandsgruppen, bilden neue Gruppen und versorgen jeden mit Waffen, der den Finger krumm machen will oder den Deutschen ein Messer zwischen die Rippen jagen möchte. Diese Gruppen, Partisanen, Patrioten oder auch nur Banditen, die Bezeichnung spielt keine Rolle, sind unsere Verbündeten. Wenn die das Vertrauen in uns verlieren, dann haben wir einen verdammt schwierigen Weg vor uns – falls unsere Männer überhaupt vom Strand wegkommen. Ich habe gehört, daß wir die Invasion von Sizilien innerhalb von zwei Monaten machen werden, nachdem die Deutschen sich aus Afrika zurückgezogen oder sich dort ergeben haben. Stellen Sie sich das mal vor! Das sind im Augenblick nur noch etwa drei Monate.« Er schritt in der Kajüte jetzt schnell auf und ab. »Dieses verdammte Warten. Treue Freunde starben, weil wir schlecht vorbereitet waren. Phantasielose Leute ganz oben, da war jede Mühe vergeblich. Doch diesmal werden wir ihnen den Marsch blasen.«

»Und wo ist mein Platz?« wollte Marshall wissen.

»Wo Sie die beste Gelegenheit haben, Ihre Täuschungen fortzusetzen und das Boot als Waffe einzusetzen, nicht weniger tödlich als Bomben oder Torpedos.« Er machte eine Pause, war rot geworden. »Ich möchte Sie wieder im Mittelmeer haben. Sie kennen sich da aus, sind da zu Hause. Höchste Geheimhaltung, aber das ist unsere Sache, nicht Ihre. Sie werden eingesetzt, wo Sie uns am meisten und wie Sie uns am besten nützen. Nach allem, was ich gehört habe, werden Sie Gelegenheit bekommen, ein nettes Chaos anzurichten. Zusammen werden wir dem Feind zeigen, was ihn erwartet.«

Marshall rieb sich das Kinn. »Werden wir Landungstruppen und dergleichen an Land setzen?«

Simeon lächelte. »Später. Sagen Sie mir erst mal, was Sie davon halten.«

»Ich habe Erfahrung in solchen Mantel- und Degen-Veranstaltungen!«

Marshall verzog den Mund. »Da spielten Sie Fährschiff. Sie nahmen zwar ein zusätzliches Risiko auf sich, natürlich, aber Sie haben selber nichts getan, um den Feind zu treffen.«

Marshall sah ihn kühl an. Er fragte sich, wie lange Simeon wohl auf See gewesen war, seit er ihn zum ersten Mal als U-Boot-Fahrer getroffen hatte.

»Ich kann mir manche Möglichkeiten vorstellen. Aber meine Mannschaft hätte doppelte Last zu tragen. Es ist kein Vergnügen, von eigenen Schiffen und Flugzeugen gejagt zu werden.«

»Wem sagen Sie das!« Simeon grinste breit. »So viel hat sich nicht geändert, seit ich draußen war. Ich erinnere mich noch daran, daß ein U-Boot von einer Operation vor Hoek van Holland zurückkam und eine Nachricht absetzte: Wir laufen in den Heimathafen zurück, falls es die *eigenen* Flugzeuge erlauben.«

Marshall lächelte trotz seiner Vorsicht. »Einverstanden. Die Jungs von der Luftwaffe sind schnell am Bombenhebel. Aber bei dieser letzten Operation habe ich weiß Gott gelernt, was es heißt, ein Gegner von beiden zu sein.«

Simeon schien im Augenblick zufrieden. »Gut. Das ist damit erledigt. Ich werde mit Ihren Männern reden über Geheimhaltung, Verschwiegenheit und dergleichen. Ich nehme an, sie werden das verstehen. Ihr eigenes Leben hängt von der Geheimhaltung ab.«

»Und wie steht es mit Urlaub?«

»Urlaub? Machen Sie Spaß? Vergessen Sie nicht, Sie wurden früher als geplant zurückgerufen. Wie auch immer, die meisten Ihrer Männer waren monatelang an Land zur Ausbildung und so weiter. Ein bißchen mehr Zeit auf See wird ihnen guttun.« Er erlaubte sich, ernst zu blicken. »Das betrifft natürlich nicht Sie und ein paar andere. Wir verlangen verdammt viel von Ihnen. Das weiß ich wohl. Aber wir können es uns einfach nicht leisten, unsere Kräfte zu weit zu verstreuen. Und wir dürfen auch nicht zulassen, daß unter unseren Füßen Gras wächst.« Der Ernst verschwand. »Angreifen und versenken. Anlaufen und verschwinden. Das wird Ihre Aufgabe sein, und die werden Sie erfüllen.«

Marshall erhob sich und sah sich wieder wie im Spiegel der Kajüte. Zerzaustes Haar, ein Pullover mit Ölflecken, die abgeschabte Jacke. Verglichen mit der makellosen Erscheinung Simeons erschien er wie ein Teil einer Dokumentation nach dem Motto »Vorher« und »Nachher«.

»Ich möchte das gerne meinen Offizieren auf meine Art sagen, Sir.«

»Natürlich. Vielleicht kann ich für ein paar Ausnahmen einige Tage Urlaub rausschinden. Für Ihre Nummer Eins zum Beispiel. Aber versprechen kann ich nichts.« Er schaute auf seine Armbanduhr. »Gut. Ich muß gehen. Bei dieser Aufgabe gibt es keine Pause.« Er fingerte suchend in seiner Aktentasche und fragte dann: »Ich glaube, Sie haben irgendwann früher meine Frau kennengelernt!«

Marshall beobachtete ihn. »Ja.«

»Sehr gut.« Er war jetzt sehr locker, entspannt. »Ich habe ein beschlagnahmtes Haus ein paar Meilen vom Loch. Besuchen Sie uns mal, ehe es wieder rundgeht. Essen Sie mit uns. Damit Sie den Geschmack von Diesel endlich mal vergessen.« Er drehte sich um, sah ihn forschend an. »Was halten Sie davon?«

»Danke.« Er machte eine Pause. »Bill Wade hatte Pech.«

»Wade?« Simeon lächelte wie weit weg. »O ja, natürlich. Nun, so etwas kommt vor!« Wieder sah er auf die Uhr. »Von der alten Crew ist kaum noch einer da. Fürchterliche Verschwendung. Wir könnten im Augenblick ein paar von den Alten dringend gebrauchen, glauben Sie mir.« Er machte die Aktentasche wieder zu und schloß sie mit zwei schnellen Bewegungen ab. »Also, bis morgen. Gleich nach dem Frühstück. Paßt Ihnen das?«

»Ja.«

Marshall sah ihn zur Tür gehen. Ein paar Augenblicke hatte er hinter den Schutzschild dieses Simeon blicken können, hinter diese Fassade aus Effizienz und Selbstkontrolle. Hatte er Feindschaft oder Schuldzuweisung oder nur den stillen Vorwurf gesehen, daß er Gail sogar noch vor Bill gekannt hatte?

Er nahm seine Mütze und verließ die Kajüte. Als er an die Relingspforte trat, an der der Obermaat gähnend an seinem Tisch saß, fragte er: »Sind alle Männer von Bord?«

»Ja, Sir. Außer dem Chief, der ist noch da.«

Marshall nickte und schob den schweren Vorhang, der zur Verdunklung diente, zur Seite, fühlte kalten Wind im Gesicht und roch das nahe Land.

Er stieg eine Leiter hinunter und ging über das H-Boot, auf dem der wachhabende Offizier mit einer Lampe die Festmachertrossen prüfte. Über den schmalen, wackligen Bug und dann Hand über Hand die Leiter am nassen Turm empor.

Ein dick vermummelter Posten murmelte etwas, als Marshall sich durch das ovale Luk nach unten herabließ, die ihm in den vergangen Wochen so vertraut geworden war.

Er fand Frenzel in der Messe sitzend immer noch im schmutzigen Arbeitsanzug, Haare in der Stirn und ein Glas zwischen den Fingern, auf das er starrte.

»Wie ist's, Chief?« Marshall sprach leise, aber im leeren Boot klang es überlaut.

Frenzel sah ihn mit müden, verlorenen Blicken an. »Sie haben es gewußt, Sir, nicht wahr?«

Marshall nickte. »Ja. Es tut mir leid. Ich mußte mitmachen. Aber jetzt weiß ich nicht, ob das richtig war.«

Frenzel griff über seinen Kopf und holte, ohne aufzublicken, ein zweites Glas aus dem Schapp.

»Ich hätte an Ihrer Stelle das Gleiche getan.« Seine Hand zitterte sehr, als er reinen Gin in das Glas goß. »Trinken Sie mit?«

Marshall setzte sich behutsam. Er spürte den Schmerz des Mannes, seine tiefe Verzweiflung. »Ich glaube, ich kann Ihnen Urlaub beschaffen, Chief, ehe wir wieder ablegen.«

Frenzel leerte sein Glas. Gin lief wie Tränen an seinem Kinn herab.

»Wieder los? So schnell?« Er nickt steif. »Ich dachte mir, daß das passieren würde. Anders geht's ja nicht.« Dann wurde ihm offenbar deutlich, was Marshall gesagt hatte. »Urlaub? Nein, danke. Ihr Vater hat alles Nötige für sie getan. Das Grab besorgt. Und was dazugehört. Wenn ich hinfahre, werden sie davon auch nicht wieder lebendig. So kann ich mich wenigstens an etwas klammern ...«

Marshall sah weg. »Kommen Sie auf die *Guernsey*, Chief. Oder lieber in meine Kajüte. Ich laß' uns was zu essen kommen.«

Frenzel sagte undeutlich: »Also gleich wieder raus. Das ist gut. Das mag ich am Meer. Man kann sich auf ihm verlieren. Man kann vergessen.«

Er erhob sich und entfernte mit großer Sorgfalt die Fotos über seiner Koje. Als er sie in seine Brieftasche legte, tropfte etwas auf sie. Und diesmal war es kein Gin.

Marshall knipste das Licht in der Messe aus, und sie gingen schweigend zum Luk im Turm und kletterten auf die offene Brücke. Frenzel hielt kurz an, packte das Schanzkleid und starrte in den Himmel. Die Wolken zogen schnell, aber sie waren jetzt so dünn geworden, daß man über ihnen die Sterne erkennen konnte.

Leise meinte Frenzel: »Machen Sie sich meinetwegen keine Sorgen. Ich komme schon wieder klar.«

»Ich weiß.« Marshall packte die Leiter. »Daran habe ich nie gezweifelt.«

Sie kamen auf dem Troßschiff an.

»Ich glaube, ich geh' in die Koje«, sagte Frenzel. Er versuchte ein Lächeln, das ihm nicht gelang. »Es gibt immer ein Morgen. Das sagt man jedenfalls.« Er stolperte gegen den Tisch des Quartermasters und verschwand dann nach unten zu den Kabinen.

Wieder tauchte der wachhabende Offizier hinter dem Vorhang auf, rieb sich die Hände und stampfte mit den Füßen, um den Blutkreislauf wieder in Schwung zu bringen. Er sah grinsend hinter Frenzel her.

»Der Seemann an Land.«

Marshall sah ihn ruhig an. »Irgendwann höre ich hoffentlich von Ihnen mal nichts, das dämlich oder kindisch klingt.«

Der junge Offizier zuckte zusammen. Er nickte dem Quartermaster zu und stieg die Leiter hinab.

Der Wachhabende war rot geworden und schaute weg. Was hatte er denn bloß gesagt? Was bildete dieser Marshall sich eigentlich ein?

Er sah den freundlich dreinschauenden Quartermaster und fuhr ihn an: »Stehen Sie nicht so dumm da. Machen Sie was!«

»Aye, aye, Sir.« Der Matrose konnte sich ein Grinsen kaum verkneifen. »Sofort, Sir.« Er sah den Lieutenant verschwinden. Blöde Kerle, dachte er. Man wußte nie, wie sie drauf waren. Der Wachhabende hatte für den Rest seines Dienstes sicher eine Stinklaune. Er mußte lächeln. Doch was auch kam, es hatte sich gelohnt zu sehen, wie der Alte vom U-Boot dem Lieutenant die Leviten las.

Sehr langsam öffnete er das Logbuch der Relingspforte und nahm sich den letzten Brief von zu Hause vor.

Im gesamten Troßschiff bereiteten sich Marshalls Männer auf die Nacht vor.

Lieutenant Devereaux lag der Länge nach in einer Wanne, und das heiße Wasser reichte ihm fast bis an die Lippen. Er dämmerte vor sich hin, bis er wieder an das

Geschoß dachte, das durch seinen Mantel gedrungen war und sein Herz nur um ein paar Zoll verfehlt hatte.

Gerrard saß in seiner Kabine vor einem halbfertigen Brief an seine Frau. Er wußte nicht recht, wie er ihn beenden sollte. Vielleicht sollte er erst abwarten, wie es mit seinem Urlaub stand.

Nebenan lag Frenzel in seiner Kabine auf seiner Koje, Gesicht nach unten, immer noch in den Arbeitsklamotten, die Beine ausgestreckt, so wie er hingefallen war. Er schlief nicht, und er wollte auch nicht schlafen. Er hatte Angst, das Bild im Kopf zu verlieren, so wie er diese beiden zuletzt gesehen hatte. Sie hatten ihm nachgewinkt, als er zum Zug aufgebrochen war. Einmal hob er den Kopf, um zu lauschen.

In der nächsten Kabine hörte er den jungen Warwick auf und ab gehen wie ein junges Tier im Käfig. Drei Schritte in eine Richtung, drei zurück. Armer Hund. Mit etwas Glück würde er den kurzen Schreck vergessen. Er hingegen ... Frenzel vergrub sein Gesicht im Kissen, seine Schultern zitterten heftig vor Schmerz.

In einem anderen Teil des Schiffes teilten sich die »Feldwebel« eine Kabine. Sie saßen einigermaßen nachdenklich und still um einen Tisch, während Starkie, der gerissene Coxswain, ihre Krüge mit Rum auffüllte, den er heimlich gehortet hatte.

Keville, der E-Meister, der sich um die Elektrik kümmerte, ließ den Rum im Krug kreisen und leckte sich die Lippen.

»Nun, Coxswain, was meinst du?«

Murray aus dem Maschinenraum lehnte sich mit fast geschlossenen Augen vor. »Was meinen?«

Der Coxswain sah alle mit dünnem Lächeln an. »Ich glaube, wir werden alle noch einen trinken, oder?«

Keville schüttelte den Kopf, und das tat weh. »Nein, was hältst du von der letzten Fahrt?«

Starkie seufzte. Noch ein Schluck und er würde umfallen. Er kannte sein Trinkvermögen fast auf den Tropfen genau.

»Ich denke nie an die letzte Feindfahrt, Macker. Und an die nächste erst recht nicht. Ich denk' nur an jetzt.«

Er schob die Flasche in Sicherheit, als Murrays Kopf dumpf auf den Tisch schlug.

Keville plierte ihn an. »Machst dir Sorgen?«

»Natürlich, verdammich noch mal.« Starkie grinste erleichtert. »Dieser Saufkopf da hätte beinahe unsere Pulle zerdeppert.«

Das beschwipste Lachen klang auch in die Kajüte von Blythe, dem Signalmeister, der hinter der Kajütwand auf seiner Koje lag. Er hatte einen Thriller zu lesen versucht, aber er gab auf, weil Cain oben in seiner Koje so fürchterlich schnarchte. Der olle Starkie. Wieder sturzvoll.

Er mußte plötzlich an das Geschütz denken, an die Schreie, das Feuern. An Warwicks Gesicht, als der bei »Alarm! Tauchen!« nach achtern rannte. Starkie hatte einen Schiffsuntergang überlebt, doch Gott weiß wie. Er bestand nur aus Haut und Knochen. Aber wenn er neben einem stand und man einen Alten wie Marshall hatte, hatte man immer eine gute Chance.

Er knipste die Leselampe aus. Lieber Gott, wir brauchen alles Glück, das wir haben können. Und dann fiel er in tiefen Schlaf.

Aus anderer Perspektive

Zwei Tage nach der Rückkehr nach Loch Bairnbawn begannen sich für *U-192* die Dinge schnell zu entwickeln. Browning oder Commander Simeon oder beide zusammen hatten offensichtlich dafür gesorgt, daß vom jüngsten Seemann bis zum Kommandanten alle in der Lage sein würden, jeden Einsatz oder jeden Auftrag auszuführen, den man ihnen erteilte. Fast jede Stunde erschienen irgendwelche Experten und teilten die Männer in kleine Gruppen. Sie entführten sie in Motorbooten oder setzten sie an Land, wo Armeelastwagen warteten, um sie schnell zu neuen Lehrgängen zu bringen.

Marshall hielt die Pflicht, sich um den Fortschritt der Arbeiten an seinem Schiff zu kümmern, meist an Bord zurück. Schreibtischarbeit und Geheimdienstpapiere, die üblichen Gutachten vor der Beförderung von Männern oder Bestrafungen hielten ihn von den anderen fern. Doch auch so konnte er sich gut vorstellen, was hier vor sich ging.

Es schien, als sei das ganze Land gespickt mit geheimnisvollen Lagern und gut abgeschirmten Übungsplätzen, in denen Männer ausgebildet wurden, mit Pistolen und anderen Waffen fast jeder Nation zu schießen. Es gab dort künstliche Sturzbäche und steile, lockere Abhänge. Hier mußten Männer, die eigentlich auf die drangvolle Enge von Unterseebooten trainiert waren, lernen, wie man sich in totaler Dunkelheit gegenseitig nach oben zog. Ein Ausbilder in Lederkleidung beschimpfte sie, bedrohte sie und feuerte auch immer wieder fast direkt auf sie, um die Ausbildung so realitätsnah wie möglich auf die kommende Gefahr auszurichten.

Die Experten waren ebenfalls von einer ungewohnten Aura umgeben. Armeeoffiziere trugen Rangabzeichen von Zahlmeistern und kannten sich hervorragend im Umgang mit tragbaren Nachrichtengeräten aus oder im Einsatz kleiner explodierender, tödlicher Bleistifte. Ein Major, der angeblich zu den Sanitätstruppen gehörte, führte Buck und seine Torpedomixer auf einem Gewaltmarsch durch strömenden Regen und knietiefen Morast zu einem Angriff auf eine Artilleriestellung, wo man bereits auf sie lauerte. Andere Übungseinsätze waren noch heftiger. Doch ein Beobachter hatte Marshall trocken berichtet, die Marine schlüge sich ganz tapfer, trotz der besonderen Umstände.

Das Maschinenpersonal des Troßschiffes hatte eine leichte, faltbare Tarnung für den U-Boot-Turm mehr gezaubert als entwickelt, so daß *U-192* aus einiger Entfernung nun wie ein britisches Unterseeboot aussah. Auf See konnte man die Tarnung zusammenklappen und wie einen ganz besonderen Schirm an die Brüstung klemmen.

Nach anfänglichem Murren und lauten Beschwerden fügten sich die U-Boot-Männer mit Enthusiasmus in ihre Rasant-Ausbildung. Alles war so ganz anders als üblich. Doch sie bekamen Kondition und Abhärtung, gewöhnten sich an das schottische Wetter und entdeckten plötzlich, daß nun aus ihnen eine Einheit geworden war, eine sehr viel engere Gemeinschaft als die, die zur Jagd auf Milchkühe den Atlantik überquert hatte. Das lag zum Teil an den Ausbildern. Vor allem aber lag es daran, daß diese ihnen schließlich einigen Respekt zollten, obwohl sie selbst zur Elite gehörten.

Nach zehn Tagen ließ der Druck nach. Es schien, als seien alle Ideen und Energien erschöpft, in der kurzen Zeit, die zur Verfügung stand, hätten ihnen die Ausbilder alles beigebracht, was sie selbst konnten. Die Zukunft lag nun in ihren eigenen Händen. Und natürlich in der des Feindes.

Browning war bei den zahlreichen Übungseinsätzen nie weit weg. Er rief den keuchenden und schwitzenden Seeleuten Ermutigungen zu oder hockte wie ein großer Bär auf seinem Sitzstock, um das Ganze zu überwachen. So gut er konnte, schaltete er sich ein, und Marshall fragte sich immer wieder, was wohl nach einer Versetzung an einen Schreibtisch aus dem Alten werden würde. Oder schlimmer noch, sobald Simeon hier als sein Nachfolger agieren würde ...

Am letzten Trainingstag kam Browning zu ihm. Er suchte Marshall in einem abgelegenen Büro auf dem Troßschiff auf, wo dieser in Hemdsärmeln über den neuesten Meldungen und Verpflegungs-, Treibstoff- und Ersatzteillisten und allem, was sich sonst noch so auf seinem Schreibtisch angesammelt hatte, brütete.

Er sagte: »Sie sollten etwas wissen, Marshall. Heute werden die Deutschen erfahren, daß die Mannschaft von *U-192* in unseren Händen ist – als Kriegsgefangene. Das können wir nicht ewig verheimlichen. Es wäre inhuman und entspräche nicht den Konventionen.«

Marshall nahm die Nachricht mit gemischten Gefühlen auf. In einigen deutschen Städten würde sie Erleichterung auslösen – bei Frauen, Eltern, Kindern, Freundinnen. Wahrscheinlich auch bei Menschen, die die U-Boot-Männer nur als Nachbarn oder Arbeitskameraden in einer friedlichen Welt gekannt hatten. Browning hatte schon recht. Die Humanität verlangte es. Die Genfer Konvention hatte eine Menge Regeln festgeschrieben, aber diese war die einzige, die weder Engländer noch Deutsche je gebrochen hatten.

»Dann werden die Deutschen wissen, was mit *U-192* los ist, Sir!«

Browning hatte zweifelnd den Kopf geschüttelt. »Das ist nicht anzunehmen. Die Mannschaft wurde von ihren Bewachern weggeführt, ehe unsere Leute im Fjord eintrafen. Die Männer wissen also nur, daß ihr Boot auf dem Grund des Fjords liegt, in dem sie es verlassen haben. Wir haben dafür gesorgt, daß das überall bekannt wurde. Aber Ihre Tarnung funktioniert bei Ihrem nächsten Auftrag nicht mehr. *U-192* hat aufgehört zu existieren. Sie müssen sich also jetzt bei jedem Einsatz eine neue Tarnung ausdenken, wie Sie es aktuell für richtig halten. Und zwar eine sichtbare Tarnung, sozusagen statt falscher Papiere.«

»Das würde ich vorziehen, Sir!« Irgendwie fühlte Marshall sich erleichtert, ohne es genau erklären zu können. »Ich habe nichts dagegen, all unser Können gegen den Feind einzusetzen, unsere Erfahrung und unsere Besessenheit. Doch diese besondere Art der Kriegsführung läßt einen bitteren Geschmack zurück.« Er mußte an Warwick denken. »Sie winken jemandem zu, jemandem, den sie natürlich als Feind identifiziert haben. Aus seinem Blickwinkel aber hält er Sie für einen Freund. Und dann schießen Sie ihn zusammen.«

Browning hatte ihn ernst angeblickt. »Commander Simeon würde da sicher anderer Meinung sein. Er würde vermutlich argumentieren, Sie seien nicht realistisch. Ein Krieg, den man nur aus der Perspektive eines Bombenschachtes oder durch ein Periskop wahrnimmt, wird ebenso theoretisch wie die humanitäre Gepflogenheit, daß man dem Gegner die Gefangennahme seiner Männer meldet. Für Simeon heißt Kriegführung, alles einzusetzen, was der eigenen Seite einen Vorteil einbringt.«

Und dazu gehören auch Menschen, dachte Marshall. Doch er mußte zugeben, daß Simeon im Grunde recht hatte. Die Flugzeugführer, die Bomben über fremden Städten abwarfen und nach jedem dieser Großangriffe auf ihre Flugplätze zurückkehrten, sahen nichts von dem Grauen und von den Leiden, die sie erzeugten. Und auch durch die Linse eines Sehrohrs hörte man die Explosionen heißen Dampfes im Maschinenraum eines torpedierten Frachters oder Tankers nicht, nicht die Schreie derer, die unter Deck in der Falle saßen, verrückt vor Angst und um einen schnellen Tod betend.

Vielleicht hatte Simeon genau das gemeint, als er mit einiger Verachtung von dem ungleichen Kampf zwischen Torpedo und unbewaffnetem Frachter sprach. Dazu gab es natürlich jede Menge Gegenargumente. Es lagen auch viel zu viele Unterseeboote auf dem Meeresgrund. Es war offensichtlich, daß beide Seiten ihren Preis zu bezahlen hatten.

Am letzten Tag gab es Urlaub, Landurlaub für die meisten von ihnen, achtundvierzig Stunden Heimaturlaub für eine Handvoll Auserwählter. Gerrard war nach Süden zu seiner Frau gereist. Er hatte jedoch kaum Zeit, sie zu küssen und die Rechnungen zu bezahlen, ehe er schon wieder die Rückreise antreten mußte. Vielleicht konnte Gerrard einen befreundeten Piloten auftreiben, der ihn zurück ins rauhe Schottland brachte. Marshall wünschte ihm das sehr, damit Gerrard wenigstens ein wenig Ruhe finden könnte.

Zwei weiteren Männern war wegen der zunehmenden Luftangriffe Heimaturlaub gegeben worden. Einer hatte seine Mutter in einem überraschenden Luftangriff in der Nähe Londons verloren. Er war erst neunzehn Jahre alt, doch plötzlich war er der verantwortliche Mann im Haus, da sein Vater bei Dünkirchen gefallen war. Der zweite hatte seine Frau verloren. Es hatte sie erwischt, als der Bus auf der Heimfahrt von einem Flugzeugwerk auf einen Blindgänger fuhr.

Buck war zu einer einsamen Angeltour aufgebrochen und hatte eine Telefonnummer genannt, unter der man ihn erreichen konnte. Einer der Offiziere auf dem Troßschiff hatte gelästert, daß das Gasthaus mit dieser Nummer überaus anziehend war. So wie die Frau des Wirts, der bei der Luftwaffe auf Ceylon stationiert war.

Aber nach Art von Seeleuten hielten die meisten von ihnen sich in der Nähe ihres U-Bootes auf. Anfangs hatten sie nach Urlaub gedürstet, hatten wie die Teufel geflucht, als es keinen gab, und nun bestand ihr Landurlaub aus Ausflügen in die Kantine der Marine, in zwei Kneipen der Umgebung und zu einem einfachen Bauernhaus, dessen Besitzer seinen eigenen Schnaps brannte, wie man munkelte.

Ein zwanzig Jahre alter Maschinist namens John Willard trat allerdings seinen Landurlaub mit der festen Absicht an, nicht zurückzukommen. Sein Desertieren bedrückte die ganze Mannschaft und beeinträchtigte den Stolz auf die Leistung, die sie alle gemeinsam erbracht hatten.

Simeon hatte über den Deserteur gesagt: »Man wird ihn erwischen und zurückbringen. Mir ist egal, was passiert, selbst wenn ein Militärpolizist ihm dabei den Schädel zertrümmert.«

Dieser junge Maschinist war in Newcastle zu Hause. Aber die zwei schottischen Militärpolizisten, denen seine

Flucht gemeldet worden war, schnappten ihn bereits fünfzig Meilen vom Hafen entfernt.

Es war natürlich niemals klug, auf einem Unterseeboot einen Mann zu haben, der zu desertieren versucht hatte. Es gab viel zu viele Möglichkeiten, an Bord Schaden anzurichten oder die Pflicht sehr nachlässig zu erfüllen. Doch wieder mußte Marshall Simeon recht geben. Es war ebenso gefährlich, den Mann auf die übliche Weise vor ein Kriegsgericht zu stellen und ihn seiner Strafe zuzuführen. Im Gefängnis, auf einem Schiff oder in dem Hafen, wohin man ihn aburteilen und verschieben würde, konnte der Mann sein gesamtes Wissen als Geheimnisträger oder wenigstens wichtige Teilinformationen verraten und die würden im Laufe der Zeit unweigerlich feindliche Ohren erreichen.

Der Maschinist kehrte also auf die *Guernsey* zurück. Er war mit Handschellen an seinen Begleiter gefesselt. Zwei Männer der Militärpolizei, wegen des besonderen Auftrags in Zivil, kamen mit. Marshall sah die armselige Gruppe, die sich mit dem Wachboot näherte. Er fragte sich, was er dem Mann sagen sollte. Ein ungewohntes Gefühl erfüllte ihn. Denn er konnte praktisch tun und sagen, was er wollte, Browning hatte ihm freie Hand gegeben, und Simeon hatte den Arrestschein unterschrieben.

Während er in seinem provisorischen Büro hockte, dachte Marshall über diese ungewohnte Situation nach. Seine Rolle, sein Schiff, ja seine ganze Mannschaft standen auf einer Geheimliste. Nicht mehr als zwei- oder dreihundert Leute waren darüber informiert. Das war in einem Krieg, der Millionen Menschen betraf, eine ganz gute Bilanz. Der Feind hatte *U-192* abgeschrieben. Verloren im Atlantik. In den Listen der Königlichen Marine hatte das Boot nie existiert. Marshall und seine Männer tauchten nur als gewöhnliche Marine-Einheit mit Spezialaufgaben auf. Streng geheim. Dahinter konnte wie immer alles stecken.

Doch tatsächlich führte er ein Unterseeboot, auf dem Männer fuhren, für deren Leben und Zukunft er verantwortlich war. Und der Maschinist John Willard war auch einer von ihnen.

Als Marshall also hinter seinen Papieren am Schreibtisch saß, trat Simeon ein und schloß sofort die Tür hinter sich. Er sah so glatt wie eh und je aus, nur seine Mimik verriet eine gewisse Beunruhigung.

»Werden Sie sich jetzt den Burschen vornehmen?« Er warf seine Mütze mit dem goldenen Eichenlaub auf einen Stuhl und griff nach einer Zigarette.

Marshall nickte. »Ja. Meine Nummer Eins hat noch Urlaub. Lieutenant Devereaux wird ihn übernehmen.«

Devereaux würde das gern tun, denn bereits zum zweiten Mal war er wegen Abwesenheit des Ersten Offiziers mit dessen Aufgaben betraut.

Simeon blies den Rauch in einem langen Atemzug aus. »Devereaux scheint ein guter Mann zu sein. Kommt aus dem richtigen Stall. Das ist heutzutage besonders erfreulich.«

Marshall seufzte. Es fiel ihm schwer, Ruhe zu bewahren und sich von all den Vorlieben und Vorurteilen Simeons nicht aufbringen zu lassen.

»Noch was.« Simeon schaute durch das salzüberkrustete Bullauge, das graue Wasser draußen spiegelte sich in seinen Augen. »Sie werden in etwa zwei Tagen auslaufen. Sie erhalten heute am späten Nachmittag Ihre Befehle. Die grobe Linie: Ich werde Ihnen alle Einzelheiten mündlich mitteilen.«

Marshall wollte antworten, als an die Tür geklopft

wurde. Devereaux trat über die Schwelle. Mit unbewegtem Gesicht meldete er: »Der Gefangene und seine Bewachung, Sir!« Er schaute Simeon an, ohne daß sich in seinem Gesicht etwas bewegte.

In der offenen Tür stand Starkie. Er hielt ein Klemmbrett unter dem Arm. Auf einem Blatt Papier fanden sich alle Einzelheiten über das Vergehen des Maschinisten. Der Coxswain sah ein bißchen verschrumpelt aus, so als sei er gerade eben aus seiner Koje gerufen worden.

»Sehr gut. Beachten Sie meine Anweisungen. Dies ist keine offizielle Verhandlung, Lieutenant Devereaux.«

Devereaux richtete seine Mütze aus: »Sehr wohl, Sir!«

Der Maschinist wurde hereingeführt und stand zwischen seiner Eskorte und dem Coxswain, der das Datum, die Uhrzeit und den Ort des Vergehens und den Ort der Festnahme herunterratterte. Der Beschuldigte schien nicht besonders beeindruckt. Und er sah auch nicht aus wie ein Deserteur.

Willard war klein, hatte ein rundes Gesicht und wirkte noch sehr viel jünger, als er tatsächlich war. Immer wenn ihn Marshall bisher bemerkt hatte, war er als einer von Frenzels Männern in einem schmutzigen, öligen Overall herumgelaufen. So schien er eher ein Teil der Maschine als der Besatzung zu sein. Jetzt stand er allerdings in seiner besten Uniform, eine Schiffsschraube aus Goldlitze auf dem Arm, wie die reinste Unschuld und sehr verletzbar vor seinem Kommandanten.

»Was haben Sie mir zu sagen, Willard?« Marshall versuchte, seine Stimme ruhig klingen zu lassen.

Willard vermittelte den Eindruck, als würde er zusammenbrechen, wenn man ihn hart anfuhr.

»Sagen, Sir? Was soll ich sagen …« Er trat von einem Bein aufs andere. »Ich meine, Sir …«

Starkie, der die Mütze des Mannes hielt, fuhr ihn an: »Still gestanden! Antworten Sie dem Kommandanten. Und halten Sie den Kopf hoch.«

Am Bullauge hörte man Simeon schnaufen. Das Geräusch vermehrte das Unwohlsein, dem alle hier ausgeliefert waren.

Devereaux sagte ruhig: »Erklären Sie dem Kommandanten einfach, warum Sie desertieren wollten.«

Alle warteten.

Willard starrte auf eine Stelle über der rechten Schulter des Kommandanten, und sein Gesicht verzog sich vor Anstrengung.

»Ich weiß nicht, was ich erklären soll, Sir. Ich weiß nicht, wie ich anfangen soll.« Sein Kinn zitterte leicht, als er murmelte: »Es geht um meine Mutter, Sir!«

Marshall blickte vor sich auf den Schreibtisch. »Ihr vorgesetzter Offizier, Lieutenant Frenzel, hat eine gute Meinung von Ihnen. Sie haben bisher keine Probleme gemacht. Wenn Ihre Mutter krank ist, hätten Sie sich an einen Ihrer Offiziere wenden sollen und ...«

Willard sprach jetzt ganz leise, als habe er kein Wort verstanden. »Mein Vater ist in Kriegsgefangenschaft, Sir. Er wurde in Singapur gefangen. Das haben wir erst im letzten Jahr erfahren. Wir dachten alle, er sei tot. Bei meinem letzten Urlaub, ehe ich hier an Bord kam, Sir, fuhr ich nach Hause.« Er schluckte schwer. »Sie lebt ...« Er nahm einen zweiten Anlauf. »Sie lebt mit diesem Kerl.«

Marshall sagte: »In Ordnung, Coxswain. Sie und die Wache können wegtreten.« Er sah Devereaux an. »Und Sie auch.«

Die Tür fiel hinter den Männern zu.

Willard sah auf Simeon und dann auf sein Handgelenk, als ob die Handfessel immer noch dort sei. Dann sagte er: »Da sind noch zwei aus Newcastle in der Mannschaft, Sir, zwei meiner Macker. Wir sind immer zusammen gewesen. Sie kennen meine Mutter. Wenn die rausbekommen, daß sie mit dem Kerl ...«

Marshall hoffte, daß Simeon wie die anderen das Büro verlassen würde. Er fragte: »Ist das der Grund, warum Sie nach Hause fuhren?«

Der Mann nickte heftig. »Sie hat mir geschrieben, Sir. Dieser Kerl nutzt sie aus. Er bedrohte sie, wenn sie irgendwas von der Sache weitersagen würde. Er ist ein kräftiger Kerl und hat ein paar Freunde. Er lebt von ihr, verstehen Sie. Er hat sie auf den Strich geschickt!«

Marshall sah auf und sah Schmerz in Willards Zügen, Abscheu, Mitleid. Alles mischte sich mit der Entschlossenheit, die ihn weg vom Schiff geführt hatte, um die Sache in Ordnung zu bringen.

Er fragte sanft: »Und was hatten Sie vor?«

»Unsere Ausbildung, Sir.« Der Mann trat einen halben Schritt vor und nahm dann wieder Haltung an. »Ich habe mich niemals richtig prügeln können, Sir. Aber unsere Ausbilder, die haben uns beigebracht, wie man mit schmutzigen Tricks kämpfen kann, um zu gewinnen. Das ist genau die Sprache, die die Kerle bei meiner Mutter verstehen.«

Das Telefon auf dem Tisch klingelte, der Maschinist zuckte zusammen.

Marshall hob den Hörer ab: »Ich habe gesagt, keine Anrufe!«

Aber es war Browning. Er sprach sehr ruhig: »Die blöde Sache tut mir leid. Ist Simeon noch bei Ihnen?«

»Ja, Sir«, antwortete Marschall.

»Was machen Sie jetzt?«

Marshall schaute den Mann an. Der zitterte deutlich,

und in seinen Augen glänzten Tränen, vor Wut und Erniedrigung. Oder weil ihn diese Unterbrechung getroffen hatte. »Mal sehen. Es könnte schlimmer sein.«

Browning hüstelte. »Tut mir leid, aber es geht nicht anders. Ich habe einen Anruf für Sie auf der anderen Leitung. Von Ihrer Basis. Persönlich.« Eine kurze Pause folgte. »Wollen Sie das Gespräch annehmen? Es muß jetzt sein!«

Es knackte in der Leitung, als Browning das Gespräch übergab. Dann hörte Marshall eine Frauenstimme: »Ich möchte gern mit Lieutenant Commander Marshall sprechen!«

»Am Apparat.« Er blickte auf die Tür und hörte trotz der schlechten Verbindung einen tiefen Atemzug.

»Steven. Hier ist Gail!«

Marshall sah kurz zur Seite. Der junge Maschinist schwankte etwas und war kreidebleich. Simeon stand immer noch am Bullauge und schnipste ein Stäubchen von seiner Mütze. Offensichtlich hatte er keine Ahnung, was hier geschah.

»Ja, bitte.«

»Roger wird dich bitten, zu uns zu kommen.« Sie sprach schnell, als fürchte sie, er könne auflegen. »Ich weiß, daß dir irgendwas einfallen wird, um die Einladung nicht anzunehmen. Also dachte ich, wenn ich dich bitte, daß du doch kommst ...«

Marshall räusperte sich. »In Ordnung.« Worum zum Teufel ging es hier eigentlich? »Das tue ich gern.« Er legte auf.

Säuerlich meinte Simeon: »Browning sicher? Kann der nicht einmal warten?«

Marshall sah den Maschinisten an. »Sie sind ein verdammter Idiot gewesen, verstehen Sie? Sie wollten einen stadtbekannten Schläger angehen und ihm vielleicht dabei die Kehle durchschneiden! Was hätten Sie davon oder Ihre Mutter?«

Willard flüsterte: »Aber irgendwas muß ich doch tun, Sir!«

»Aber ich brauche Sie hier dringend, Willard. Sie gehören hierher, zu Ihren Freunden, die sich genauso auf Sie verlassen wie Sie sich auf sie.«

Er realisierte kaum, was er sagte. Warum hatte Gail ihn angerufen? Sie war dabei das Risiko eingegangen, bei Simeon einen Verdacht oder mehr zu wecken.

Er fuhr fort: »Ich werde die Leute von der Wohlfahrt bitten, Ihre Geschichte zu prüfen. Wenn sie stimmt, werde ich für Sie alles tun, was ich kann, oder was die Marine kann. Wenn sie nicht stimmt, stelle ich Sie vors Kriegsgericht. Aber wie auch immer, ich brauche Sie hier, auf meinem Schiff, haben Sie das kapiert?«

»Ja, Sir.« Ungläubig starrte Willard ihn an. »Vielen Dank, Sir!«

»Sie bewegen sich nicht außerhalb des Troßschiffs, es sei denn, Sie bekommen einen entsprechenden Befehl. Wegtreten.«

Der Mann machte kehrt und stolperte beim Weggehen fast.

Simeon klappte sein Zigarettenetui auf. »Schlimme Sache. Seine Mutter geht auf den Strich, und er will sie retten. Ich nehme an, er hat Angst, daß die Jungs von der Heimatflotte vor der Tür Schlange stehen, wenn er wieder Urlaub hat.«

»Meinen Sie das wirklich?« Marshall lehnte sich in seinen Sessel zurück und sah ihn neugierig an. »Ich versuche gerade, unsere letzte Fahrt mit den Augen des Maschinisten zu sehen. Sein allererster Einsatz. Wahrscheinlich war im Maschinenraum der Teufel los, als das Versorgungsboot in die Luft flog – wie ein Vulkan.«

»Na und? Das haben wir doch alle mal mitgemacht!« Simeon klang unbeteiligt.

»Mit dem Eindruck kam er jedenfalls zurück. Dann wartete auf ihn dieser Brief. Alle um ihn herum schrieben Briefe, in der Regel wohl an ihre Mütter, weil die meisten Männer ja noch so jung sind. Wie hat er sich dabei wohl gefühlt, was meinen Sie?« Er erhob sich und hatte von Simeon plötzlich die Nase voll. Und von allem hier an Land. »Wie hätten Sie sich gefühlt?«

Simeon hob die Hände. »Gute Frage. Sie werden es am besten wissen. Er ist jedenfalls Ihr Mann.« Und dann sagte er ganz sachlich: »Kommen Sie heute zum Abendessen!«

Die Antwort kam so klar, wie die Ablehnung gekommen wäre: »Danke, Sir. Ja, gerne!«

»Gut.« Simeon trat an die Tür. »Haben Sie Pfarrer in der Familie?«

Marshall lächelte. »Nicht soweit ich weiß!«

»Sie haben mich überrascht.« Und dann war Simeon verschwunden.

Marshall ließ sich in seinen Sessel fallen. Wie leicht er zu treffen war. Er lächelte. Mach dir nichts draus. Er machte in Willards Akte eine Notiz und schloß sie. Egal, was mit Willards Mutter passierte, *U-192* war auf ihn angewiesen, aus welchen Gründen auch er immer er desertieren wollte. Was zählte das Individuum in diesem Krieg, den sie alle gewinnen mußten.

Devereaux trat in den Raum: »Haben Sie irgendwelche Befehle, Sir?«

Marshall schob ihm die Akte zu. »Weiterleiten an die Leute von der Wohlfahrt!«

Devereaux grinste: »Sehr gut.«

»Das denke ich auch. Es kommt doch auf den Einzelnen an – jedenfalls auf Dauer.«

Er erhob sich und ging, Devereaux sah ihm mit ungewohnter Verblüffung nach.

*

Marshall sah sich ein paar Augenblicke im Spiegel an. Trotz aller Mühen des Stewards zeigte seine beste Uniform immer noch ein paar Falten an den falschen Stellen. Sie hatte eben viel zu lange zusammengefaltet in einer Metallkiste gelegen. Aber sie fühlte sich wenigstens nicht mehr feucht an. Und das frisch gebügelte Hemd war der reinste Luxus.

»Alles klar?« Simeon erschien in der Tür und drehte lässig seine Mütze in der Hand. »So ist's recht. Sie sehen aus wie ein wahrer Held.« Er trat ein. »Oder wie Buster Browning sagen würde, wie ein echter U-Boot-Mann.«

Marshall lächelte trocken. »Dann sind wir ja schon zwei, sag' ich mal.«

»Lassen Sie uns aufbrechen. Die Straßen, oder was hier so heißt, sind im Dunkeln eine Zumutung.«

Sie gingen zusammen auf das Deck und stiegen dann in ein wartendes Motorboot. Der Himmel war sehr dunkel, doch er zeigte keine Wolken. Morgen würde es einen klaren Tag geben, dachte Marshall, ein erstes Zeichen für den kommenden Frühling.

Ihre Schritte klangen hohl auf der hölzernen Pier. Fast entsetzt stellte Marshall fest, daß er seit Übernahme seines Kommandos kaum an Land gewesen war. Ganz bestimmt war er nie außerhalb dieses Geländes gewesen.

Am Ende der Pier wartete ein glänzend poliertes Auto.

Ein Maat trat vor und öffnete Simeon die Tür auf der Fahrerseite.

Simeon wartete, bis Marshall Platz genommen hatte, und rief dann dem Maat zu:»Bringen Sie es morgen wieder genau so auf Hochglanz!«

Der Mann nickte:»Aye, aye, Sir!«

Simeon trat die Kupplung und sagte nebenher:»Ich laß' mir immer das Auto an die Pier bringen. Das erspart langes Suchen.«

So siehst du auch aus. Marshall sah, wie die abgedunkelten Scheinwerfer über ein paar laufende Gestalten glitten, er sah Posten und Stacheldraht. Simeon hatte mit dem Mann wie mit einem Diener gesprochen. Oder wie mit dem Portier eines Grandhotels. Es schien, als habe er auf See wie an Land sein Leben ganz und gar durchorganisiert.

Außerhalb des Geländes gab Simeon Gas. Auch hier zeigte er sein ganzes Draufgängertum, schnitt Kurven und ließ unbekannte, dunkle Gestalten zur Seite in Sicherheit springen. Ein gutes Auto – und sehr teuer.

»Das Haus ist nichts Besonderes. Aber ich habe mir einen der Köche vom Admiral ausgeliehen. Was er bringt, ist eßbar, aber ich freue mich immer, wenn ich mal ins Zivilleben zurückkehren kann.« Er knurrte, als ein Lastwagen des Heeres ihnen entgegen kam und der Fahrer über die Scheinwerfer irritiert schien. Simeon murmelte nur:»Blöde Landaffen.«

Die Fahrt dauerte etwa eine halbe Stunde. Dabei sprach Simeon fast ohne Pause. Über seine Arbeit bei der Abwehr, über den Krieg im allgemeinen und mehrmals ziemlich kritisch über die Regierung und das Oberkommando. Marshall überraschte diese Offenheit – besonders nach ihrem ersten Treffen. Vielleicht sah Simeon in ihm jemanden, der seine eigenen Ideen und seine Strategie mittrug. Oder als jemanden, mit dem er nur herumexperimentierte, ohne das Ergebnis zu kennen. Einige Male nannte er große Namen, die Marshall nur aus der Zeitung kannte. Falls es reine Angabe war, ließ er es sich kaum anmerken. Schließlich war dies seine Welt – mit all ihrer Macht und all ihren Einflußmöglichkeiten.

Sie schossen durch ein offenes Tor und kamen schliddernd neben ein paar geparkten Wagen zum Stehen. Simeon sah auf die Uhr: »Es hat heute länger gedauert. Ich werde das nächste Mal schneller fahren müssen.« Dann sah er Marshall an. »Kommen Sie, gehen wir rein.«

Marshall folgte ihm durch eine schwere, gesicherte Tür. Es war seltsam, wie wichtig Simeon das Fahren nahm, seine Fähigkeit, in kürzester Zeit hierherzugelangen. Das schien ihm offenbar noch wichtiger als seine Aktivitäten in der Marine. Warum war ihm das so wichtig, fragte sich Marshall? Beneidete Simeon ihn insgeheim um seine Erfahrungen und Erlebnisse im Kriegseinsatz?

Das Haus hatte eine sehr angenehme Atmosphäre und war gemütlich eingerichtet. Es zeugte von langer Nutzung. In einem offenen Kamin flackerte einladend ein Feuer. Der Raum, in den Simeon ihn führte, strahlte ländliche Wohlhabenheit aus.

»Wir haben noch jemanden zum Essen, tut mit leid, aber es geht nicht anders.« Simeon wies auf einen Barschrank. »Machen Sie sich einen Drink. Ich muß mich eben mal frischmachen.« Und dann sagte er: »Anders als Sie hatte ich auf der *Guernsey* dazu keine Zeit.«

Marshall grinste bitter. Immer wieder fand Simeon Gelegenheit zu solch beißenden Bemerkungen, um zu betonen, wie beschäftigt er war und daß er ständig gebraucht wurde.

Er öffnete den Schrank und sah überrascht die zahlreichen Flaschen. Hier herrschte bestimmt kein Mangel. Er entschied sich für einen Malt Whisky und füllte sein Glas zur Hälfte. Er spürte, daß er ihn jetzt dringender als sonst brauchte. Der Abend könnte anstrengend werden.

Eine Tür ging auf, er drehte sich um, wollte etwas sagen, aber vor ihm stand nicht Gail, sondern eine gänzlich fremde Frau. Sie trug einen einfachen Rock aus Tweed und einen einfachen schwarzen Jersey. Im sanften Licht und im flackernden Feuer sah sie müde aus, dachte Marshall. Sie schien überrascht, daß jemand hier im Zimmer war.

»Tut mir leid.« Sie hob eine Illustrierte auf und ließ sie wieder fallen. »Ich wußte nicht, daß hier jemand ist.«

Sie sprach mit leichtem, vielleicht französischem Akzent.

»Ich bin Steven Marshall«, stellte er sich vor. »Ich entschuldige mich für mein Eindringen!«

Er sah sie zu einem Stuhl gehen, leicht und locker wie eine Katze. Ihr Haar war kurz und dunkel, wahrscheinlich schwarz, und ihre Augen waren groß, lagen etwas im Schatten und sahen ihn unbewegt an, fast ein bißchen zu unbewegt, dachte er.

»Chantal Travis«, sagte sie und lächelte. Das klang ernst, doch dann lief ein Lächeln über ihr Gesicht. »Ich komme aus Nantes.« Sie legte die Beine übereinander und lehnte sich in den Sessel zurück. Sich zu entspannen schien ihr schwerzufallen. Sie lauschte auf irgend etwas, schien kaum bei der Sache zu sein.

»Wohnen Sie im Haus?« Er zögerte, als er sah, wie sie ihre Hände leicht zusammenpreßte. Kleine, gut geformte Hände. »Ich sollte nicht so neugierig sein!«

Wieder lächelte sie. »Macht nichts!« Doch die Frage

beantwortete sie nicht. »Ich sehe, Sie tragen viele Auszeichnungen, mehr als ich dachte.«

Marshall grinste. Simeon mußte also von ihm berichtet haben. »Wir haben Krieg.«

»Wohl wahr«, sagte sie wie von fern, »und was für einen!«

Er entschuldigte sich. »Das war dämlich von mir. Ich war gedankenlos. Lebt Ihre Familie noch in Frankreich?«

Sie nickte knapp, ihr Haar fiel ihr leicht in die Stirn. »Mein Vater und meine Mutter sind noch in Nantes.«

Marshalls Aufmerksamkeit richtete sich auf ihren Namen. Travis. »Sie sind hier verheiratet?«

Wieder ein langsames Nicken. »Mit einem Engländer.« Sie blickte auf das Glas in seiner Hand. »Wenn ich wählen dürfte, dann hätte ich jetzt lieber einen Drink als weitere Fragen.« Sie lächelte, als er verwirrt schien.

»Entschuldigen Sie. Das kann man nicht verzeihen!«

Er hielt fragend eine Flasche Sherry hoch, und sie nickte.

Während er das Glas füllte, erklärte sie ruhig: »Commander Simeons Frau hat mir ein bißchen was von Ihnen erzählt. Und was Sie im Mittelmeer gemacht haben!«

Er gab ihr das Glas und sah das Licht auf ihrem Haar spielen, als sie sich vorlehnte. Ja, es war schwarz.

»Kennen Sie sie schon lange?« Er stöhnte. »Jetzt frage ich schon wieder.«

Sie lächelte. »Das macht nichts. Aber, nein, ich habe sie ...« Sie zögerte. »Ich habe sie erst vor kurzem kennengelernt.«

Marshall setzte sich ihr gegenüber. Es war, als zöge ihn etwas Unsichtbares zu ihr. Wenn er nur mehr Zeit hätte, würde er gern in ihrer Nähe bleiben, um ihre Stimme zu hören und ihre Ruhe zu erleben.

»Haben Sie sich bekanntgemacht?« Simeon trat durch die Tür und ging an ihnen vorbei auf den Schrank zu, dessen Inhalt er mit gespielter Unsicherheit musterte. »Wunderbar. Wir essen in einer Viertelstunde.«

Draußen waren Stimmen zu hören, und Schatten erschienen auf den schweren Vorhängen. Sie gehörten zu Heeresoffizieren, in einem erkannte Marshall den angeblichen Major aus der Sanitätskompanie wieder. Man gab sich die Hand, das Gespräch glitt ins Allgemeine, doch man vermied mit aller Sorgfalt, über den Krieg zu reden. Vielleicht der Dame wegen. Es war wahrscheinlich nicht leicht, aus einem Land zu kommen, das die Nazis besetzt hielten.

Er fragte: »Kommt Captain Browning auch?«

Simeon sah ihn über den Glasrand hinweg an. »Negativ. Ist nach Süden geflogen, um die Lordschaften der Admiralität zu beehren.«

Der zweite Heeresoffizier meinte: »Du würdest ihn auch sonst bestimmt nicht eingeladen haben, Roger, oder?«

Alle lachten.

Marshall riß sich zusammen, als er die Stimme hörte: »Hallo, Steven. Wie lange ist das her?«

Gail trug ein geblümtes Kleid, das ihre Arme unbedeckt ließ. Sie sah genau so aus, wie er sie in Erinnerung hatte.

»Du siehst wunderbar aus«, sagte er.

Ihre Hand fühlte sich trotz des flackernden Feuers eiskalt an, und er meinte, sie zittere leicht.

Simeon rief ihr zu: »Was Neues, Gail? Ein bißchen viel Haut, Mädchen, oder?«

Sie schaute Marshall weiter an. »Es muß hier oben doch endlich Frühling werden. Ich habe im Dorf Blumen gesehen und mir gedacht ...«

Simeon meinte: »Lieber Gott, man könnte annehmen, Kleiderkarten wüchsen auf Bäumen.«

Der Major murmelte zustimmend. »Sie sehen fabelhaft aus. Hören Sie nicht auf ihn.«

Die Unterhaltung kehrte in gewohnte Bahnen zurück, doch Marshall fühlte die Spannung noch immer. Gail saß neben Chantal Travis. Sie hätten Schwestern sein können, aber im Schatten des geblümten Kleides und des teuren Armbands von Gail wirkte die Französin noch verlassener.

Marshall schüttelte sich. Es war sicher der Malt Whisky. Er konnte sich nicht mehr erinnern, wie oft Simeon ihm nachgeschenkt hatte. Oder vielleicht war er an eine solche Umgebung nicht mehr gewöhnt und drohte hier auf Grund zu laufen?

Das Essen, das ein Marinesteward mit großem Geschick servierte, war ausgezeichnet. Marshall fragte sich, wie Simeon es wohl geschafft hatte, solche Zutaten aufzutreiben und solche Weinvorräte zu sammeln.

Während der Steward Brandy servierte, sagte Simeon: »Du wirst uns also bald verlassen, Jack.«

Der Major sah ihn kurz an. »Das habe ich erfahren. Ab morgen gibt's nur noch den üblichen Fraß.«

Marshall wartete, doch niemand der Anwesenden stellte eine Frage. Es gab auch keine Erklärungen. Ihm war, als säße er an einem Tisch unter lauter Verschworenen.

»Wie war Malta?«

Er blickte zu Gail hinüber, die am Kopfende des Tisches saß. Sie spielte mit ihrem Trauring, ihre Augen leuchteten.

»Schwere Luftangriffe«, sagte er. »Aber das weißt du sicher alles. Die Leute auf Malta halten sich tapfer.«

Der Major mit dem Vornamen Jack meinte: »Die armen Teufel haben keine andere Wahl!«

Der Steward beugte sich vor und flüsterte Simeon etwas ins Ohr.

»Draußen wartet ein Melder.« Simeon erhob sich und tupfte sich den Mund ab. »Ich hör' mal, was er zu sagen hat.« Er schaute sich um. »Machen Sie sich's gemütlich. Robbins wird Ihnen bringen, was immer Sie trinken mögen.« Er zwinkerte ihnen zu. »Bis auf deutschen Schnaps, natürlich.«

Die beiden Offiziere begleiteten die Französin ins andere Zimmer. Marshall schaute zu Gail hinüber. Sie waren allein.

»Ich mußte dich sehen«, sagte sie schnell, »ich mußte dir von Bill erzählen.«

»Ich weiß alles über Bill!« Er konnte seine Bitterkeit nicht verbergen. »Ich habe noch mit ihm gesprochen, ehe er fiel!«

Die anderen Stimmen waren verstummt, und im Eßzimmer war es sehr still. Er sah, wie sie heftig atmete und wie sich ihre Brüste unter dem Kleid bewegten.

Sie sagte: »Du verstehst das hier sicher nicht. Wie auch? Du machst noch nicht mal den Versuch, mich zu verstehen!«

»Vielleicht hast du recht. Ich weiß nur, daß du Bill geheiratet hast. Als er im Mittelmeer war, hast du beschlossen, dich von ihm zu trennen. Und Simeon zu heiraten. Mehr brauche ich gar nicht wissen.«

Sie stand auf und trat ans Feuer, schob ein schiefhängendes Bild gerade, eine automatische Bewegung.

»Bill war ein guter Mann. Der beste!« fügte er hinzu.

Sie drehte sich um und sah ihn traurig an. »Die Welt ist nicht nur für Männer da, Steven. Du bist in vielem so wie Bill. Ihr wart schon immer sehr ähnlich. Denk an das Haus bei Southampton.« Sie ging jetzt langsam durch das Zimmer, strich mit der Hand über die Stühle, ohne sie zu bemerken, und sagte: »Ich erinnere mich noch an einen von Bills Urlauben. Wir hatten drei Nächte nacheinander Luftangriffe. Ununterbrochene Angriffe auf Portsmouth und Southampton, mit Hunderten von Toten und Verwundeten. Es war schrecklich.« Sie sah ihn wütend an. »Aber Bill hat nicht mal gefragt, wie es uns an Land geht. Ihm ging es immer nur um die nächste Fahrt, das nächste Ziel, seine Leute, sein U-Boot.« Die Wut war verflogen, und sanfter ergänzte sie: »Du weißt, wie er war.«

»Warum hast du ihn dann geheiratet?«

»Das weißt du auch.« Sie sah ihm fest in die Augen. »Ich wollte dich, aber du warst so verdammt sicher, daß du fallen würdest, erinnerst du dich. Du warst so verdammt sicher wie all die anderen auch, die wir kannten.«

Marshall starrte sie an: »Ist dir klar, was du da sagst?«

Sie nickte. »Ich habe ja genügend Zeit, um über unsere Vergangenheit nachzudenken. Ich bereue nichts.« Sie schluckte. »Aber der Krieg ist nicht nur für dich und Männer wie Bill, begreifst du das nicht. Es ist auch unser Krieg, jeder verdammte Tag. Das Leben hört doch nicht einfach auf. Ich wollte heiraten. Ist das so ungewöhnlich? Ich wollte ein eigenes Zuhause!«

Er sagte: »Tut mir leid! Ich mochte Bill sehr.«

»Sei doch um Himmels willen ehrlich.« Sie kam näher, ihre Lippen glänzten im Lampenlicht. »Dir gegenüber wenigstens. Als ich ihn heiratete, hast du dich irgendwie schuldig gefühlt, nicht wahr? Denn du hast mich angesehen und dich daran erinnert, wie es vordem war!«

Er wandte sich um. »Das ist schwer zu sagen!«

Sie berührte ihn jetzt fast, ihre Augen suchten sein Gesicht ab, als wolle sie dort etwas entdecken.

»O Steven, sieh doch endlich mal, was der Krieg dir angetan hat. Ich habe dich den ganzen Abend beobachtet. Du hast dich sehr verändert!«

»Man wird härter.« Er mußte an sein Bild im Spiegel denken, als die *Tristram* nach Portsmouth zurückgekehrt war.

»Nein, nicht nur das, Steven. Du hast dich bis an die Grenze verausgabt. Ich treffe ja viele Leute aus der Marine. Roger spricht häufig Einladungen aus. Er bespricht seine Pläne mit unseren Gästen. Sie sind alle anders als du, merkst du das nicht?« Sie streckte die Hand aus und packte seine mit festem Griff. »Der Krieg hat aus dir eine Maschine gemacht.«

Er blickte auf sie herab, seine Verteidigung brach zusammen, die Wut war verraucht.

»Versuch meinen Standpunkt zu verstehen, Gail. Ich muß so sein, wie ich bin. Ich würde sonst durchdrehen!« Er umfing mit seinen Armen ihre Schulter und spürte ihr Gesicht an seiner Brust. Er konnte nicht aufhören. Die Worte flossen nur so aus ihm heraus. »Du weißt nicht, wie es ist. Immer weiter, ohne Ende. Man treibt alle ständig an. Die Männer müssen an ihr Boot denken, an den Kampf, das Ziel – an irgendwas, Hauptsache, es hält uns zusammen. So ein Leben konnte ich dir nicht zumuten, das alles hätte uns getrennt.«

Er konnte ihre Antwort kaum verstehen: »Ich hätte es ertragen. Gern.«

Er hielt sie von sich, seine Hände auf ihren nackten Schultern. »Und was ist mit Simeon?«

Sie wich seinem Blick nicht aus. »Bei ihm ist alles anders. Er gibt mir Sicherheit. Auf seine eigene seltsame

Weise braucht er mich.« Sie schüttelte den Kopf. »Mit uns war es ganz anders. Ich bin doch kein Lügnerin.«

Die Tür knarrte, und er sah sie erschreckt aufblicken. Er drehte sich schnell um, als unerklärliche Wut in ihm aufstieg. Doch es war nur Chantal Travis. Sie stand sehr ruhig da und sah beide stumm an.

Dann sagte sie nur: »Es tut mir leid. Ich habe mich wohl im Zimmer geirrt.«

Die Tür fiel hinter ihr zu, und er sagte: »Ich dachte, es wäre ...«

Aber Gail sah ihn entsetzt an.

»Was ist los?«

Langsam trat sie weg von ihm. »Steven! Dein Gesicht, als die Tür aufging. Ich dachte, es wäre Roger. Ich hatte Angst und schämte mich.« Es schauderte sie. »Aber du! Du sahst aus, als wolltest du jemanden umbringen.«

Hilflos hob er die Schultern: »Vielleicht hast du recht!«

Er blickte über den leeren Tisch. Er war verloren, ein einsamer Mann. Genau so hatte sie ihn beschrieben. Das ging an die Nerven und machte angst. Wenn man nichts dagegen unternahm.

Marshall hörte sie sagen: »Vielleicht einmal, Steven. Vielleicht treffen wir uns mal irgendwo. Keine Vorbehalte. Keine Vergleiche. Ich brauche meine Erinnerungen. Ich brauche sie sehr.« Ihre Stimme klang bittend.

Er dachte an Frenzel und seine Fotografien, an den Maschinisten Willard und seine Mutter, an Gerrard, der in diesem Augenblick vielleicht dieselben Qualen durchlitt wie damals Bill. Der Zwang aufzubrechen und der dringende Wunsch zu bleiben quälten ihn. Vielleicht hatte sie ja recht. Vielleicht stammte seine Wut über ihre Heirat mit Simeon nicht aus dem Verlust von Bill, sondern aus eigener Enttäuschung. Doch welcher Grund auch immer der wahre war, jetzt war es zu spät – für sie beide.

»Es hat keinen Sinn.« Er schaute ihr ins Gesicht. In die Augen. »Es ist vorbei!«

»Nur wenn du es so willst, Steven.«

Er hörte im Flur Stimmen. Simeons Besucher war gegangen, und das war gut so.

»Es kommt nicht darauf an, was ich will. Und auch nicht, was du willst.«

Wieder öffnete sich die Tür.

Simeon sah sie forschend an. »Vertraulichkeiten aus früheren Zeiten! So muß es sein.« Er trat zu ihr und legte ihr den Arm um die Schulter. »Aber das ist jetzt vorbei, Kinder.«

Marshall nickte. Er hat recht, dachte er, mehr als er meint.

Zweite Runde

Am Tage nach der Einladung bei Simeon bekam Marshall plötzlich neue Befehle. Sein Auslaufen war um vierundzwanzig Stunden vorverlegt worden. Um 2000 Uhr am Abend würde er vom Troßschiff losmachen.

Während die Wälder neben dem Loch sich mit Schatten füllten, saß Marshall in seiner Kajüte und überprüfte alles zum letzten Mal. Er hatte so vieles zu bedenken, daß er sich über die aktuellen Änderungen nicht den Kopf zerbrechen konnte.

Gerrard beobachtete ihn, mit verschränkten Armen in der Tür wartend. Marshall setzte gerade seine Unterschrift unter die Meldung über die Einsatzbereitschaft. Schritte, die hier im Gang und oben an Deck zu hören waren, erinnerten ihn wie immer daran, daß man sicherstellen mußte, daß wirklich alles klappen würde.

Marshall blickte auf. Gott sei Dank war Gerrard am Morgen zurückgekehrt. Der geänderte Plan hätte ihn sonst vielleicht an Land zurückgelassen.

Er sagte: »Alles gecheckt. Vorräte, Treibstoff, Munition, Frischwasser. Haben Sie das neue Gerät genau überprüft?«

Gerrard nickte. Er sah müde aus. »Ja, Sir. Es war verdammt mühsam, aber wir haben das neue Zeug ungefähr überall gestaut. Uns bleibt kaum Raum zum Atmen, solange wir nicht einiges weggefuttert haben.« Er lächelte traurig. »Also zurück ins Mittelmeer! Soll man's glauben!«

Buck schaute zu beiden herein. »Commander Simeon kommt an Bord, Sir!«

Seine Stimme klang seit dem Angelausflug immer noch belegt. Doch Marshall sah, daß die Schatten unter seinen Augen und der zufriedene Ausdruck in seinem Gesicht nicht aus dem Umgang mit einer Angelrute resultierten.

»Danke.« Er winkte Gerrard zu. »Wir legen in etwa dreißig Minuten ab. Also ran an den Rechenschieber.«

Der alte Witz ließ sie nur müde lächeln.

Gerrard antwortete gelassen: »Ich hoffe, daß Sie kein Alarmtauchen planen mit all der Extraladung, die wir an Bord haben.«

Er verschwand, als Simeon in der Tür erschien.

Er sagte knapp: »Alles klar zum Auslaufen.« Er zählte die Punkte an den Fingerspitzen ab. »Alles geprüft und bestätigt. Die letzte Post ist an Land und durch die Zensur. Zweimal. Ich glaube, wir haben nichts übersehen.«

»Warum ist unser Auslaufen vorverlegt worden, Sir?«

»Ach, das hat unterschiedliche Gründe. Da sammelt sich ein Konvoi vor Greenock, der nach Westen laufen wird. Die Minensucher suchen morgen das Fahrwasser ab. Ich möchte nicht, daß Sie bei denen unter die Schrauben kommen.« Er blickt sich in der Kajüte um. »Oder von den früheren Eigentümern dieses Bootes erwischt werden, die vielleicht hinter dem Konvoi her sind.«

»Captain Browning ist noch nicht wieder da?«

»Warum fragen Sie?« Simeon starrte ihn an und runzelte die Stirn.

Eingeschnappt. Marshall beobachtete ihn kühl. Es war geschehen, was er vermutet hatte. Simeon hatte aus eigener Machtvollkommenheit das Auslaufen vorverlegt, damit Browning nicht dabeisein konnte. Dieses Unternehmen sollte ganz allein Simeons Kommando unterstehen.

»Es war nur allgemeines Interesse, Sir!«

Simeon sah ihn zweifelnd an. Dann sagte er: »Sie werden drei Agenten aus einem unserer Boote aufnehmen. Die Ausrüstung habe ich schon an Bord bringen lassen, aber ihre Anwesenheit hat bis zum letzten Augenblick höchste Geheimhaltungsstufe.«

»Ich verstehe. Machen Sie sich Sorgen?«

»Nein, ich arbeite nur sorgfältig. Man muß jedes Detail immer wieder überprüfen. Agenteneinsätze sind wie Tieftauchversuche beim ersten Mal. Wer zuviel riskiert, lebt nicht lange genug, um es zu bereuen.« Er seufzte. »Sie haben hier mehr Platz als ich in meinem letzten Boot!«

Nachdenklich sah Marshall ihn an. Komisch, daß ihm das bisher noch nicht aufgefallen war. An Bord des Unterseebootes wirkte Simeon ziemlich deplaziert. Er selber spürte es auch.

Draht schurrte über Stahl, und Marshall hörte Cain seine Gruppe anpfeifen. Es ging also gleich los. Durch den Gang drückten sich Männer, und er hörte Wortfetzen. Sie tauschten Erlebnisse vom letzten Landgang aus. Sie klangen entspannt, waren noch unbeeinflußt von der Aufgabe, die vor ihnen lag.

Einer sagte ungläubig: »Und du hast dich wieder mit dem Weib eingelassen? Lieber Himmel, sie ist das häßlichste Wesen, das ich je gesehen habe. Hast du denn vollständig den Verstand verloren?«

Der andere verteidigte sich: »Was soll das denn? Bei Nacht sind alle Katzen grau!«

Simeon mußte grinsen. »Das war wohl immer so!«

»Darauf kann man sich verlassen.«

Marshall erhob sich und klopfte die Taschen ab, um sicherzugehen, daß er für die nächsten Stunden alles bei sich trug.

Sie traten in den Gang und erreichten die Zentrale.

Wieder fiel Marshall der Unterschied auf zwischen dem makellosen Simeon und seinen eigenen Männern. Schwere Jerseys und Lederstiefel. Geflickte Hosen und alle Arten von Wollmützen. Dieser Anblick erinnerte Simeon hoffentlich an seine Verantwortung, wenn die Männer seine Pläne in die Tat umsetzten.

Frenzel lehnte sich in tiefem Gespräch mit Kevill, dem E-Meister, über die Schalttafel und sah nur kurz auf, als sie vorbeigingen. Marshall bezweifelte, daß er sie überhaupt wahrgenommen hatte.

Falls überhaupt möglich, hatte Frenzel sich diesmal mit noch mehr Energie und Zeit seinen Maschinen gewidmet, seit Browning ihm die schreckliche Nachricht mitgeteilt hatte.

Er stieg als erster die Leiter hoch und fragte sich, wie Simeon sich wohl verabschieden würde. Er würde ihm Glück wünschen. Würde irgendwas über das allgemeine Risiko sagen. Und irgendwie Gail erwähnen.

Sie standen nebeneinander und beobachteten, wie die Männer auf dem Deck die Festmacher lockerten und mit ihren Kameraden drüben auf dem kleinen U-Boot sprachen. Buck war hier oben und lief mit Warwick auf und ab. Auf der Brücke prüfte ein Maat die Sprachrohre, die Handlampe und die Sicherheitsgurte. Er pfiff leise vor sich hin, war ganz und gar konzentriert.

Eine Stimme ratterte aus dem Sprachrohr, und Blythe war sofort voll da.

»An Kommandanten, Sir. Der Funker meldet: Noch zehn Minuten. *Lima* wartet schon auf uns zum Auslaufen.«

»Bestätigen.« Er schaute Simeon an. »Bleiben Sie noch ein bißchen an Bord, Sir?«

Selbst im Halbdunkel konnte man Simeons seltenes

Zögern erkennen. Dann sagte er knapp: »Nein, ich gehe besser auf die *Guernsey*. Für den Fall, daß sich im letzten Augenblick noch was ändert und ich neue Entscheidungen fällen muß.«

Marshall entspannte sich etwas. Das war wieder ganz der alte Simeon.

Simeon streckte ihm die Hand entgegen: »Also, viel Glück.« Er kletterte über die Seite.

Marshall lächelte und knöpfte den Kragen seiner Öljacke zu. Er trat an das Sprachrohr und hörte noch, wie unten die Gangway bewegte wurde.

»Zentrale. Hier spricht der Kommandant. Klar zum Ablegen. Klar bei E-Maschinen.«

Die Brücke zitterte, als die Maschinen anliefen. Es war wenig sinnvoll, die Diesel anzuwerfen, solange man es im Dunkeln mit einem kleinen Boot zu tun hatte.

Er blickte über das Schanzkleid: »Alles klar!«

Buck winkte mit der Faust: »Nur noch Festmacher vorn und achtern, Sir!«

Die Ausgucks traten auf ihre Grätings und richteten äußerst umständlich ihre Nachtgläser ein, weil sie wußten, daß Marshall gleich hinter ihnen stand.

Blythe meldete: »Da ist die *Lima*, Sir. Sie läuft gerade vor dem Bug der *Guernsey* vorbei.«

»Sehr gut!«

Er dachte plötzlich an Gail, wie ihre Haut sich unter seinen Fingern angefühlt hatte. Der Duft ihres Haares. *Der Krieg hat dich in eine Maschine verwandelt.* Er spürte, wie er seine Hände zu Fäusten ballte. Verdammt noch mal! Was konnte er dagegen tun?

Ein Licht stach von der Brücke der *Guernsey* durch die Dunkelheit, und noch ehe es endete, hatte Blythe mit seiner Handlampe schon die Bestätigung gegeben.

»*Laufen Sie aus, wenn Sie soweit sind,* Sir.« Er drehte sich um und sah ihn an. »*Gute Jagd,* Sir!«

»Sehr gut. Meldung an die Zentrale.« Er zögerte, weil Blythe noch wartete. Man erwartete noch etwas von ihm, das Übliche.

»Signal an *Guernsey: Danke für Ihre Hilfe.*«

Das Troßschiff würde morgen oder übermorgen eine neue Aufgabe übernehmen. Ein Versuchsboot vielleicht, irgendwelche neuen Unterwassergeräte, einen Schwimmsteg, den das Heer haben wollte, solange er zurückdenken konnte. Er sah, wie Blythes Signale vom Stahl des Schiffes reflektiert wurden. Und bezweifelte plötzlich, daß *U-192* je wieder neben der *Guernsey* festmachen würde.

Dann schüttelte er sich ärgerlich.

»Achtern los!«

Er wartete, dachte an nichts, als der Wind sein Boot zögernd von dem H-Boot wegdrückte. »Beide Maschinen langsam achteraus.« Dann winkte er Buck zu. »Leinen vorne los.«

Mit dem Heck voran kamen sie klar vom hohen Troßschiff. Das Wasser rauschte an den Außenbunkern entlang und hinterließ eine wirbelnde Spur aus Schaum wie eine Pfeilspitze.

Er hörte, wie vorn die Trossen für die Fahrt gesichert wurden und wie die vordere Luke zufiel.

»Die *Lima* hat Fahrt aufgenommen, Sir!«

»Sehr gut.« Er trat an das Sprachrohr.

»Beide Maschinen stopp.«

Er sah das blaßblaue Achterlicht und die Welle, die ein vorbeifahrender Trawler aufwarf.

»Beide Maschinen langsame Fahrt voraus. Kurs zwanzig Grad Backbord.«

»Hier spricht der Erste Offizier, Sir. Laufen wir wieder dem Licht nach?«

»Ja.«

Marshall hörte, wie das Sehrohr in seiner Führung gedreht wurde.

»In einer Stunde nehmen wir Passagiere auf.«

Er spürte, wie das Schiff jetzt auf den Ruderdruck reagierte, und wußte, daß Gerrard alles unter Kontrolle hatte.

»Wegtreten Festmacher.«

Er hob sein Glas und prüfte es für die Nachtsicht. Doch die Häuser am Ufer blieben verborgen. Er mußte an das erste Mal denken, als er an Bord gekommen war. Die alte Dame und ihre Katze ...

Bucks Kopf tauchte an der Seite der Brücke auf.

»Die Tarnung für den Turm ist gesichert, Sir.« Er klang skeptisch. »Das ist ein richtiger Bühnentrick.«

Die Matrosen schwärmten jetzt auf die Brücke und stiegen durch das offene Luk nach unten. Dann war Warwick da, kam langsam hoch, und blickte auf den dunklen Fleck, der Land war.

»Scharfen Ausguck halten.« Marshall sah Blythes Silhouette. »Das Boot wird signalisieren. Aber achten Sie auf den richtigen Schlüssel.«

Simeon konnte durchaus auf den Gedanken kommen, ihnen ein Boot entgegenzuschicken, nur um ihre Wachsamkeit zu prüfen.

Doch er mußte sich auf ihre Organisation verlassen, auf Simeons und Brownings. Es war sicherlich nicht einfach, jede Küstenwache und alle anderen Fahrzeuge zu informieren, so daß niemand wegen ihres Auslaufens Alarm schlagen würde. Sie hatten genug um die Ohren, mußten für Treibstoff sorgen, mußten immer wieder Sicherheitsprüfungen aller Beteiligten durchführen – weiß Gott genug.

Er wandte sich an Buck.

»Gehen Sie nach unten und prüfen Sie, daß alles richtig gestaut ist. Ich möchte nicht, daß im Bug irgendwelche Marmeladendosen klappern.« Er wußte, daß das natürlich längst geprüft worden war, doch er wollte mit Warwick allein sprechen.

Buck nickte. »In Ordnung, Sir.« Wahrscheinlich verstand er Marshalls Hintergedanken.

Marshall sah das Hecklicht der *Lima,* den blauen Schaum des Heckwassers.

»Ich gehe nach achtern, um mir die Tarnung anzusehen.« Der Mann richtete sich auf. »Der Erste hat unten Wache, aber Sie behalten die *Lima* im Auge. Sie wird jedes andere Boot vor uns ausmachen.«

Er ließ sich über die Leiter außen herab, spürte den Schaum gegen sein Ölzeug wehen und tastete sich am Handlauf entlang. Die Mechaniker des Troßschiffs hatten gute Arbeit mit der Tarnung für den Hafen geleistet. Er prüfte den zusammengefalteten Schirm mit der Hacke seines Stiefels. Doch die erste Explosion einer Wasserbombe in der Nähe würde ihn im Nu wegblasen.

Er wandte sich zur Brücke und sagte: »Das sind heute ganz andere Bedingungen, Lieutenant.« Er wartete, weil er Warwicks Unsicherheit spürte.

»Die Zeit verging wie im Flug, Sir, nachdem wir festgemacht haben. Und jetzt ...« Warwick beendete den Satz nicht.

»Ich weiß. Aber das kann man nicht ändern.«

Marshall drehte sich zur Seite und sah das letzte Licht über fernen Hügeln verschwinden. Loch Cairnbawn lag jetzt im Dunkeln verborgen.

»Ich hatte nicht erwartet, daß wir wieder ins Mittelmeer müssen.« Das kam ganz spontan. »Nicht nach den verdammten vierzehn Monaten.«

Er ballte seine Hände in den Taschen zu Fäusten. Damit war genug gesagt. Vierzehn Monate! Wie lange würden sie diesmal draußen bleiben? Und auf was ließen sie sich diesmal ein?

Warwick wollte wissen: »War es so schlimm, Sir?«

Er erinnerte sich an das, was er Gail gesagt hatte. War das erst gestern abend gewesen? *Es mußte eben weitergehen in diesem Krieg!*

»Nein!« Er fühlte Schweiß unter der Mütze, eiskalten Schweiß. »Nein, es gab nichts, mit dem wir nicht fertig geworden sind.«

Er trat zur Seite. *Lügner, Lügner.* Warum sagst du es ihm nicht?

Hart sagte er: »Sagen Sie dem Rudergänger, daß er zu weit nach Backbord von der *Lima* gekommen ist. Das ist Ihre Wache, also kümmern Sie sich darum, verdammt noch mal!«

»Jawohl, Sir. Tut mit leid.« Warwick ging ans Sprachrohr.

Blythe beobachtete sie, zog die Luft ein. Warwick war ein anständiger Kerl, aber noch feucht hinter den Ohren. Man nannte ihn überall Bunny, aber das war nicht unfreundlich gemeint. Er war erleichtert, daß kein anderer Offizier hier oben war. Dieser eiserne Buck oder der hochnäsige Devereaux. Sie hätten die Probleme des Kommandanten sofort erkannt. Er massierte sich in der Kälte die Hände und dachte an seine Frau in Gosport. Er sah schnell zu Marshalls Schatten hinüber. Armer Hund. Der trug die volle Verantwortung. Dabei brauchte er selbst Hilfe.

Sie liefen weiter Loch Cairnbaw hinab, folgten dem

Licht und hörten als einziges Geräusch das sanfte Rauschen des Wassers gegen den Rumpf.

»Zentrale an Kommandanten.« Gerrard meldete sich plötzlich. »Wir werden gleich die Passagiere aufnehmen, Sir!«

»Sehr gut, Nummer Eins. Sagen Sie Mr. Cain, er soll mit seinen Leuten nach oben kommen – und zwar sofort!«

Nur eine kurze Pause folgte, dann hämmerten hinter ihm auf der Leiter Füße.

Gerrard wollte wissen: »Ist oben alles in Ordnung, Sir?«

»Wie bitte? Natürlich!« Er wischte sich mit dem Rücken seines Handschuhs über das Gesicht. »Tut mir leid, Bob. Das war eben nicht so gemeint!«

Blythe meldete: »Signal von der *Lima*, Sir: *Boot Steuerbord voraus.*«

Er hob das Glas. Da war es, ein schwarzer Fleck auf dem Wasser.

»Beide Maschinen stopp. Cain soll sich vorbereiten.«

Er beobachtete die bewaffnete Yacht, die ihren Kurs beibehielt. Jeder unerwünschte Beobachter mußte annehmen, alles lief nach Routine.

Eine kleine Lampe blitzte über dem Wasser des Lochs, und Blythe meldete: »Das ist korrekt, Sir. Haargenau.«

»Bestätigen.«

Er kletterte auf die Steuerbordgräting, um das kleine Boot zu beobachten, das auf das treibende U-Boot zulief. Es mußte alles sehr schnell ablaufen.

Ein Ruf, eine Wurfleine, das Knarren von Holz an Stahl. Er sah die Männer, die ohne viel Federlesens an Deck gezogen wurden. Das Boot lief schon wieder ab. Es hatte alles weniger als eine Minute gedauert.

»Beide Maschinen langsame Fahrt voraus.« Das Deck begann wieder zu zittern. »Umdrehungen erhöhen, bis wir wieder auf Position sind.«

Er hörte die Matrosen und die Passagiere durch das Luk nach unten klettern und fragte sich kurz, was für Männer sich wohl freiwillig für solch gefährliche Aufgaben meldeten. Er hatte früher schon einige derartige Passagiere mitgenommen. Doch wirklich kennengelernt hatte er keinen. Das war auch ganz gut so, wenn man daran dachte, was ihnen passieren konnte. Er schaute sich noch einmal langsam um. Bisher war alles glatt gelaufen.

»Lassen Sie Lieutenant Buck rufen. Er soll mich hier oben ablösen. Ich will unsere Passagiere begrüßen.«

Warwick antwortete ruhig: »Ich kann das hier oben übernehmen, Sir!«

Er zögerte. Obwohl er Warwicks Gesicht nicht sehen konnte, spürte er dessen Eifer. Der Mann wollte etwas beweisen, sich oder anderen.

»Natürlich, Sub.« Er berührte kurz seinen Arm. »Sie übernehmen hier oben.«

Dann stieg er eilig nach unten in die Zentrale und sah im Vorübergehen die neuen Gestalten, die neugierig oder sehr konzentriert warteten. Gerrard stand am Sehrohr, Devereaux hatte seine Hände auf den Stuhl des Coxswains gelegt und starrte auf den Kompaß. Er sah, wie Willard für Frenzel einen Block hinhielt, der kurz draufblickte und dann eine Meldung abzeichnete.

Willard drehte sich um, um nach achtern zu verschwinden, als er Marshall entdeckte.

Marshall nickte ihm kurz zu: »Geht es Ihnen jetzt besser?«

»Ja, Sir. Sehr.« Er grinste. »Danke.«

Frenzel sah dem Maschinisten über die Schulter, bemerkte den kurzen Wortwechsel und wandte sich wieder seinen Instrumenten zu.

Marshall schob den Vorhang zur Messe zur Seite und rannte fast gegen Churchill, der eine Kaffeekanne trug. Er strahlte.

»Was für eine Frau, Sir!«

Marshall sah ihm nach und trat dann in die Messe. Die drei Passagiere knöpften ihre Anoraks samt den Kapuzen auf. Wasser tropfte von Armen und Beinen.

Ein großer Mann mit scharfen Zügen streckte ihm die Hand entgegen: »Mein Name ist Carter. Wir werden versuchen, Ihnen nicht im Wege zu stehen, Kapitän.«

Marshall lächelte. »Wir sind froh, Sie an Bord zu haben.«

»Hier ist Toby Moss«, fuhr der Mann fort, »und die dritte im Bunde kennen Sie wohl schon, Mrs. Travis.«

Sie schob gerade die Kapuze von ihrem schwarzen Haar und sah ihn mit diesem Ausdruck von müdem Ernst an.

»Ja, wir sind uns schon begegnet«, sagte Marshall.

Sie lächelte nicht. »Ich kann überall schlafen, Kapitän. Kümmern Sie sich nicht um mich.« Sie streckte die Hand aus, als Churchill wieder mit einem Pott Kaffee erschien. »Danke, das tut gut.« Sie schien Marshall ganz und gar vergessen zu haben.

Er sagte: »Mrs. Travis übernimmt meine Kajüte. Hier gibt es zwei Extrakojen, und einer von uns ist immer auf Wache.« Er fühlte sich aus der Bahn geworfen. »Ich werde den Ersten Offizier informieren.«

Der kleinere der beiden, Moss, der aussah wie ein waschechter Italiener, kicherte: »Hier ist es fast wie zu Hause. Ich werde diese Reise genießen.«

Der andere Mann zog den Anorak aus und setzte sich.

Er trug den Kampfanzug des Heeres, aber keine Regimentsabzeichen, nur seinen Rang. Er war Major.

Er sagte: »Ich gehe davon aus, daß Sie von Commander Simeon über alle Details Ihrer Aufgabe informiert worden sind.«

Marshall nickte langsam, sah die Frau an. Sie trank den Kaffee in kleinen Schlucken aus dem dicken Pott, den sie wie ein Kind in beiden Händen hielt.

»Ja, ich weiß Bescheid. Ihre Ausrüstung finden Sie im Bug.«

»Sehr gut.«

Sie blickte auf und merkte, daß er sie beobachtete. »Ich hoffe, die Gesellschaft gestern abend hat Ihnen Spaß gemacht, Kapitän.« Ihr Blick war sehr fest. Ob sie über ihn spottete oder ihn anklagte, war nicht zu entscheiden.

Also sagte er nur: »Jedenfalls zeitweise.«

Sie hob die Schultern: »Das schien mir auch so.«

»Kommandant auf die Brücke!« Der Ruf drang durch den Turm.

Er rannte aus der Zentrale und wußte, daß sie schon wieder wegschaute, ihn entlassen hatte.

Oben auf der Brücke rief Warwick: »Tut mir leid, Sir. *Lima* meldete ein kleines Boot. Aber dann war es doch nur Treibholz.« Er klang so, als sei die Falschmeldung sein Fehler gewesen.

»Das macht nichts, Sub.« Er schöpfte mehrmals tief Luft. »Lieber einmal zu oft als einmal zu wenig oben.«

Durch die offene Luke hörte er jemanden lachen. Mit ihr lachen? Über ihn? Vielleicht war sie mit Simeon befreundet und hatte ihm vielleicht schon berichtet, wie sie ihn mit seiner Frau angetroffen hatte. Er nahm die Mütze ab und fuhr sich mit den Fingern durch die Haare.

Und jetzt war die junge Frau hier, war hier mit ihnen

eingepfercht bis ... Er spürte wieder ihre Anspannung. Ihre Art zu beobachten und hinzuhören. Genau wie er kehrte auch sie zu etwas zurück. Sie haßte es. Und wußte nicht, ob sie lebend davonkommen würde. Diese Erkenntnis beruhigte ihn, weil er jetzt, wenn auch nur teilweise, begriff, was ihnen bevorstand.

Er dachte an Simeon mit seinem Wein und dem Leih-Koch, an sein Auto und seine neue Frau. Simeon behandelte alle wie Marionetten.

Warwick drehte sich um: »Sagten Sie etwas, Sir?«

Er starrte ihn an. *Ich muß mich zusammenreißen.*

»Ich habe nur laut gedacht. Vergessen Sie's.«

Weit weg blinkte ganz kurz wie ein kleines gelbes Auge ein Licht. Wahrscheinlich hatte jemand eine Tür geöffnet, um in den Nachthimmel zu blicken. Plötzlich sehnte Marshall sich danach, dort drüben an Land zu sein, Gras unter den Füßen zu fühlen, Erde und Ziegelsteine statt nassem Stahl.

Er blickte auf seine Uhr mit dem Leuchtzifferblatt. Noch fünfunddreißig Minuten, bis sie tauchten, um das Boot zu trimmen. Und dann würden sie auch *Lima* wieder ihrem Schicksal überlassen.

Er schaute mit dem Glas wieder in Richtung Land, hoffte wieder auf das Licht. Aber es war nichts mehr zu sehen. Land und Himmel hatten sich vereint.

»Passen Sie gut auf wie ein Luchs.« Er ließ seine Worte wirken. »Wenn wir die *Lima* hinter uns gelassen haben, ist jedes Schiff, das wir sehen, ein feindliches.«

In seinen Gedanken sah er ihre einsame Reise so deutlich vor sich, als blicke er auf eine Karte. In dieser Nacht würden sie hinaus in den Atlantik huschen, vorbei an den zerklüfteten, unbeleuchteten Inseln, die so alt waren wie die Zeit. Dann nach Süden durch die Biskaya und noch weiter südlich an der Küste des neutralen Spanien und des neutralen Portugal entlang. Gibraltar. Die Pforte zum Mittelmeer. Zurück. Man hätte ihn ausgelacht, wenn er damals gesagt hätte, er würde als Kommandant eines eroberten deutschen U-Bootes zurückkommen. Wenn es so etwas wie ein Leben nach dem Tode gab, dann würde man jetzt bestimmt immer noch über ihn lachen. Und auf ihn warten. Damit wieder alles im Lot war.

Dann dachte er an die Frau in der Messe unten. Ihre Gedanken waren in diesem Augenblick sicher noch bedrückter.

»Lassen Sie mal Kaffee kommen. Der tut uns allen jetzt gut.«

Er konnte die Reaktionen um sich herum fast körperlich fühlen. Entspannung. Die Männer faßten wieder Zutrauen zu sich. Er lächelte bitter. Der kühle, ruhige Kommandant. Er hatte nichts im Kopf als diese Aufgabe. Der Übermensch. Der Unzerstörbare. Er hörte, wie Churchill mit seinem Kaffee die Leiter empor kam.

Dann soll es auch so sein – in der zweiten Runde.

*

Die ersten drei Tage der Reise nach Süden in Richtung Biskaya zeichneten sich durch Zwischenfälle aus und einige beunruhigende Probleme mit dem Boot. Immer wieder wurden die Ruhepausen unterbrochen, alle Abteilungen waren ständig in Aktion, und so fragte sich mancher an Bord, ob sie nicht eigentlich zur Basis zurückkehren müßten.

Auch Marshall fragte sich das mehr als einmal, obwohl er seine Zweifel für sich behielt. Diese unerwarteten Rückschläge irritierten die Männer und lösten Unruhe aus, schließlich hatten sie bereits einmal den Atlantik ohne alle Probleme überquert und zwei feindliche U-Boote ohne eigene Verluste versenkt. Und dann all die Mühen bei ihrer weiteren Ausbildung! Es schien ihm ein böses Vorzeichen, so als wollte das Boot ihnen mitteilen, daß es keineswegs gänzlich gezähmt und ihrem Willen unterworfen worden sei.

Am ersten Tag war eine Undichtigkeit am vorderen Periskop entstanden. Der Fehler hätte zu keinem ungünstigeren Augenblick auftreten können, denn sie fuhren immer noch durch gefährliches Gebiet mit Schiffsverkehr und würden noch an diesem Tag das Gebiet vor dem Kanal durchqueren. Frenzels Leute konnten den Fehler innerhalb einer Stunde beheben, aber am nächsten Morgen meldete der wachhabende Offizier, daß eines der Torpedorohre ein Leck hatte. Auf alarmierende Weise verlor es Luft durch die Bugklappe. Durch das Sehrohr war deutlich zu sehen, daß selbst ein unaufmerksamer Ausguck *U-192* entdecken müßte.

Und dann begann zu allem Pech auch noch das Hauptlager des Steuerbordmotors heißzulaufen. Sie waren gezwungen, oben zu bleiben, wo jederzeit Patrouillenboote oder eigene Flugzeuge sie entdecken konnten.

Seltsamerweise machte ihnen den meisten Kummer eine Ansaugklappe, die klemmte. Frenzels Leute wollten schon ihre Niederlage eingestehen, als ein Maschinist entdeckte, daß das Problem durch einen Lappen verursacht wurde, den ein nachlässiger Mechaniker des Troßschiffs dort vergessen hatte. Es beunruhigte die Männer, daß sie mit derartigen Nachlässigkeiten zu rechnen hatten.

Doch dann entschied das Boot sich offensichtlich, ihnen eine Verschnaufpause zu gewähren. Sie legten Geschwindigkeit zu und tauchten ohne weiteren Zwischenfall auf, um die Batterien aufzuladen.

Während der meisten Zeit hatte Marshall kaum Gelegenheit gefunden, mit seinen Passagieren zu reden. Die Frau hatte er überhaupt nur ein paarmal gesehen. Dabei hatte er den Eindruck gewonnen, als habe sie sich die ganze Zeit nicht bewegt. Sie saß immer hellwach im Sessel in seiner Kajüte und starrte vor sich hin.

Am Morgen des dritten Tages auf See saß Marshall in der Messe und brütete über einer Tasse Kaffee, während Churchill schmutzige Frühstücksteller abdeckte und ein neues Gedeck für den Offizier auflegte, der als nächster kam. Die Bewegungen des Bootes waren unangenehm und belastend, denn es lief aufgetaucht. Die donnernden Diesel ließen jedes Stück Einrichtung und alle Armaturen klirren wie in einem wilden Konzert. Die See war rauh, die Sicht schlecht. Marshall war beim ersten Tageslicht auf der Brücke gewesen und hatte sich über den plötzlichen Wetterwechsel gefreut. Es war nicht mehr so kalt. Doch die Wellen, die über das Boot liefen und gegen den Turm schlugen, erinnerten mehr an Winter als an Frühling.

Der Kaffee tat ihm gut. Er gab ihm Selbstvertrauen. Die ständigen neuen Anforderungen, die laufenden Unterbrechungen auch des kürzesten Nickerchens hatten seinen Reserven das Letzte abverlangt. Trotz allem, das war unzweifelhaft, waren sie ganz gut vorangekommen. Alles, was schiefgelaufen war, hatten sie reparieren können – und zwar mit Bordmitteln. Er hoffte, daß diese Tatsache den weniger Erfahrenen unter der Mannschaft zur Beruhigung dienen würde.

Um ihn herum schliefen die Männer hinter ihren Vorhängen, froh, daß sie im Moment keine Verantwortung trugen und weder Körper noch Seele anstrengen mußten.

Überraschenderweise vermißte Marshall seine eigene Kajüte sehr. Immer, wenn er versuchte einzuschlafen, fiel ihm die Stille hinter seinem Vorhang auf. Offensichtlich fürchteten sich die Männer, ihre Gedanken laut auszusprechen oder ihn in eine Diskussion zu locken. Doch solche Gedanken waren gänzlich unangebracht. Denn selbst, wenn alle ihn gehaßt hätten, hätten sie in den vergangenen drei Tagen zu viel um die Ohren gehabt, um bewußt so zu reagieren.

Er packte die Tasse, als das Schiff tief in ein Wellental rollte. Der Rumpf wurde wild geschüttelt, und die Schraube wäre beinahe gefährlich weit aus dem Wasser geschlagen. Er hörte die Flüche aus der Zentrale.

Als er wieder aufblickte, stand sie im offenen Gang und hielt sich an den hin- und herschwingenden Vorhängen fest.

»Ich helfe Ihnen!«

Er packte über den Tisch hinweg ihr Handgelenk und führte sie so auf einen Platz auf der Bank unterhalb der Kojen.

Sie sah blaß aus, und ihre Haut schimmerte feucht. Sie sagte: »Es ist schrecklich. Ich habe mich gerade übergeben.«

Churchill schob sich in die Messe und klemmte eine Tasse an die Schlingerleiste. »Was kann ich für Sie tun, Miss?«

Marshall warf ihm einen warnenden Blick zu, weil er wußte, wie brutal erfahrene Seeleute über Seekranke spotten konnten. So etwas war jetzt nicht angebracht.

Churchill fuhr fort: »Trinken Sie erst mal Kaffee, bis mir etwas einfällt.« Er bewegte sich locker im Schwanken der Messe und grinste leicht. »Rühreier und etwas Toast?« Er blickte auf sie herab. »Für Sie tue ich alles, Miss.« Dann eilte er in die Kombüse davon, ohne eine Antwort abzuwarten.

Sie flüsterte schwach: »Ich weiß nicht recht. Das könnte schlimme Folgen haben.« Sie schaute zu der gewölbten Decke. »Der Ölgeruch. Der Lärm!«

»Ja.« Marshall sah, wie sie versuchte, den Kaffee zu trinken. Im schwachen Licht sah sie sehr jung aus. »Tut mir leid wegen des Wetters. Aber so ist die Biskaya leider oft.«

Sie starrte ihn an: »Die Biskaya. Sind wir schon da?«

»Wir stehen, wenn wir exakt gerechnet haben, etwa zweihundert Meilen südwestlich von Brest. Hier draußen sind wir einigermaßen sicher, wenn wir aufpassen.«

»Brest. Ich war ein paarmal da.« Ihr Blick wanderte wieder ins Leere. »Wie lange wird dieses schlimme Wetter noch dauern?«

Er lächelte. »Wenn alles gutgeht, runden wir heute nacht Kap Finisterre im Nordwesten von Spanien. Dann folgen wir der Küste eben außerhalb portugiesischer Hoheitsgewässer. Dort dürfte es ruhiger sein.«

»Ich freu' mich drauf.« Sie versank in Schweigen.

Vorsichtig fragte er: »Ihr Mann, ist er noch in Frankreich?«

Sie schüttelte den Kopf. »In Italien. Wir haben zusammengearbeitet. Darüber kann ich nicht sprechen.«

»Ich hoffe, meine Männer kümmern sich gut um Sie!« Es wäre zwecklos, sie auszufragen.

»Ja, danke.« Sie sah sich in der unaufgeklärten Messe um. Die Wachmäntel hingen hier zum Trocknen, an einer Wand war die Halterung für die Pistolen, irgendwo lag ein Stapel von zerfledderten Illustrierten.

»Man fühlt sich hier unter Freunden.« Sie zitterte. »Diese Sicherheit wird mir zukünftig fehlen.«

Leise sagte er: »Die Männer werden Sie vermissen. Und ich auch!«

Die Frau erhob sich, wieder ganz wachsam. »Ich kann mir denken, daß Sie alle zuviel zu tun haben werden, Kapitän, um daran lange zu denken.«

Er sah, wie sie sich unsicher um den Tisch beugte. »Sie haben sich in mir geirrt, müssen Sie wissen. Vor langer, langer Zeit ist da mal was gewesen. Und das ist längst vorbei.«

»Es geht mich überhaupt nichts an.« Sie drehte sich plötzlich um und blickte ihn mit etwas wie Wut in den Augen an. »Mir ist egal, was Sie tun.« Das Deck schwankte, und sie wäre fast gestürzt. »Lassen Sie mich nur allein.«

»Ich habe verstanden.« Er entdeckte Gerrard im Gang. Er sah ihn fragend an.

»Ist alles in Ordnung, Nummer Eins?« Das klang knapp und hart. Es war sein einziger Schutz.

Gerrard nickte und glitt auf einen Platz. »Kurs zwei-null-vier. Zwölf Knoten.« Er rieb sich das rauhe Kinn. »Hab' ich einen Hunger!«

Churchill kam mit einem Teller voll Rührei, und Gerrard rief: »Was ist denn hier los? Sind wir plötzlich im Savoy oder so?«

Churchill grinste: »Das ist für die Dame. Die Herren bekommen Rührei aus Eipulver!«

Sie legte Gerrard die Hand auf die Schulter und lächelte ihn an. »Schon gut. Nehmen Sie sie. Ich traue meinem Magen noch nicht ganz. Bitte, greifen Sie zu!«

Gerrard zuckte mit den Schultern. »Sind Sie sicher? Vielen Dank.« Und dann an Churchill gewandt: »Hauen Sie mir bloß mit diesem Eipulver ab.«

Sie zögerte an der Tür. »Könnte ich mal nach oben?« Sie schaute Marshall nicht an. »Nur eine Minute. Die Luft täte mir gut.«

Gerrard schaute über den Tisch. »Was sagen Sie dazu, Sir?« Er blickte Marshall ernst an. »Da oben ist ziemlich was los, aber die Lage ist sicher.«

Marshall nickte. »In Ordnung. Sagen Sie oben Bescheid.« Er zwang sich, wieder an seine Befehle zu denken. »Warwick hat Wache. Er soll sie mit einem Gurt sichern.«

Gerrard bedeckte seine Rühreier mit einem umgedrehten Teller und verschwand aus der Messe.

»Danke, Kapitän.« Sie zog schon ihren Anorak an. »Ich danke Ihnen sehr.«

Gerrard kam zurück und sah sie verschwinden. »Nette Frau«, sagte er, »schade, daß sie verheiratet ist.«

»Schluß damit!« Marshall erhob sich schwungvoll. »Ich verschwinde mal, um Ruhe zu haben.«

»Gute Idee, Sir.« Gerrard kaute grinsend den frischen Toast. »Es geht doch nichts über eine Frau an Bord!«

Marshall betrat die Zentrale. Er war grundlos wütend – auf sich und auf Gerrard mit seiner unnötigen Bemerkung. Er blickt auf die Karte und trat ans Ruder. Der Rudergänger versteifte die Schultern, als spüre er den Unmut seines Kommandanten.

Die meisten auf Freiwache hatten sich hingelegt, nutzten die Ruhe aus, so lange sie konnten, bis man sie wieder rief.

Marshall trat an die Leiter im Turm und blickte nach oben in das Oval des Himmels. Ein blasses Grau, doch immer, wenn der Turm sich erbärmlich weit auf die Seite legte, tauchten ein paar helle Streifen Blau auf. Vielleicht würde es früher als erwartet aufklaren. Er trat an das vordere Sehrohr, das ausgefahren war. Ohne große Begeisterung schmierte ein Maschinist es mit Fett ein.

Marshall nickte ihm kurz zu. »Ich will mich nur mal umsehen!«

Er drehte langsam einen vollen Kreis. Er sah, wie Gischt über den Bug sprühte und in langen Streifen hoch über die Brücke wehte. Immer noch war die Sicht sehr schlecht. Allenfalls eine Meile. Er konnte sich Warwick, die Ausguckleute neben der Frau vorstellen, sie standen gerade so, daß man sie mit dem Periskop noch sehen konnte. Er befand sich unten im Boot, doch ihm kam es so vor, als schwebe er über ihnen, ohne erkennen zu können, was sie taten. Warwick würde wahrscheinlich merken, daß das Sehrohr sich bewegte, und der Dame zuflüstern, daß der Kommandant sie offensichtlich beobachten wollte. Sie würden darüber Witze reißen. Er dachte an ihre Hand auf Gerrards Schulter und wie gut sie mit allen auskam – außer mit ihm.

Wild drehte er das Sehrohrobjektiv in den Himmel. Gail hatte wahrscheinlich doch recht mit ihrem Urteil über ihn. Nur er selbst hatte nicht bemerkt, wie sehr er sich verändert hatte.

Er erstarrte und preßte das Auge fester an die Linse. Da, ein kurzer Blitz zwischen den Wolken. Er starrte wie betäubt nach oben. Eine Ewigkeit verging. Da – wieder! Irrtum ausgeschlossen.

Er ließ das Sehrohr los.

»Alarm! Flugzeug Backbord voraus.«

Er sah, wie die Wache in der Zentrale aufsprang, doch er zog sich schon die Leiter hoch. Vielleicht hatte der Pilot in der rauhen See das Unterseeboot noch nicht entdeckt, aber so viel war auch sicher: Auf der Brücke hatte keiner das Flugzeug ausgemacht!

Er warf sich durch das Luk, spürte, wie die Luft nach unten strömte, die die hungrigen Diesel ansaugten.

Als der Alarm schrillte, sah er die Ausguckleute in Bewegung, ihre Gesichter wie Masken. So sprangen sie auf ihn zu. Die Frau klammerte sich noch am Schanzkleid fest. Warwick zeigte gerade nach vorn, sein Arm war wie festgenagelt.

Marshall schrie: »Flugzeug Backbord voraus.« Er riß am Sicherheitsgurt der Frau. »Runter von der Brücke. Tauchen!«

Die Diesel stoppten, als Frenzels Leute die Elektromotoren anwarfen. Marshall hörte das Flugzeug heranröhren wie einen Zug, der sich aus einem Tunnel nähert.

Warwick rief: »Nicht gesehen, Sir!« Er versuchte, die Sprachrohre zu schließen. »Ich wollte ...«

Marshall hatte die Frau aus dem Gurt befreit und zog sie in Richtung auf das Luk. Ein Ausguck war schon verschwunden, der andere hockte auf dem Mannlochdeckel, um ihr nach unten zu helfen.

Das alles hatte weniger als eine Minute gedauert. Er spürte, wie der Rumpf jetzt abzutauchen begann, er hörte, wie die Luft aus den Ballasttanks gepreßt wurde, doch alles schien durcheinanderzugehen und wurde durch die anfliegende Maschine übertönt.

Eine große Welle brach sich über dem Turm, durchnäßte sie alle, nahm ihnen die Luft und warf sie wie Treibgut umher. Als Marshall die Frau gerade wieder auf die Beine gestellt hatte, hörte er das harte, unpersönliche Rattern von Maschinengewehren, Metall schlug auf Metall und sirrte um sie herum.

Ein gewaltiger Schatten flog über die Brücke. Das Flugzeug war keine hundert Meter über ihnen.

Trotz des ohrenbetäubenden Lärms und des Drangs,

nach unten zu verschwinden, konnte Marshall nur auf den Seemann über dem Luk starren. Er war auf den Rücken geschleudert worden, seine Hände lagen wie Krallen auf seiner Brust, das Blut mischte sich mit Schaum und rann seine Beine herab.

Jemand zog ihn nach unten, Warwick fiel fast hinterher. Er hielt die Hand der Frau fest, damit sie nicht einfach glatt nach unten stürzte.

Marshall sprang auf die Leiter und sah, wie die See schon über die Brüstung stürzte, als er das Luk zuwarf und das Rad über seinem Kopf drehen ließ, um sie zu sichern. Er trat auf den zweiten Ausguck und seine Finger rutschten über Blut. Es war noch warm, wie Öl aus einer geborstenen Leitung.

Er mußte das schreckliche Schreien des Mannes überhören, nichts anderes im Kopf haben, als mit dem Boot zu verschwinden.

»Einhundert Meter. Beide Maschinen an, volle Fahrt voraus.« Er zog sich an das Sehrohr und hielt sich mit den Armen fest. »Schotten dicht für Wasserbombenangriffe.«

Er sah Gerrard, der um den Mund und am Kinn Spuren von Ei zeigte. Atemlos schrie er: »Eine Liberator. Sicher mit zusätzlichen Tanks.«

Sie schauten auf den Tiefenmesser und dann zu den Tiefenrudergängern, die mit dem Boot kämpften, um es aufzufangen.

»Hundert Meter, Sir.«

Irgendwo krachte es laut, als der Rumpf sich dem Druck der Tiefe anpaßte. Jemand schrie auf, als ob es eine Wasserbombe gewesen wäre.

Aber es fielen keine Bomben, und Marshall nahm an, daß die Flieger von der plötzlichen Begegnung genauso überrascht waren wie er selber. Plötzlich war alles sehr still, und Buck sagte: »Er ist tot, Sir!«

Marshall dreht sich um und starrte auf die kleine Gruppe unter dem Turmluk. Flach auf dem Rücken lag der tote Mann mit offenen Augen und starrem Blick, mit offenem Mund, in dem der letzte verzweifelte Schrei eingefroren zu sein schien. Buck und die Frau knieten neben ihm. Der zweite Ausguck erbrach sich hilflos zur Seite. Warwick stand mit hängenden Armen etwas entfernt, eine Hand zeigte Spritzer von Blut.

Die Frau sah auf und sagte mit belegter Stimme: »Es war mein Fehler. Ich hätte nicht nach oben gehen sollen.« Sie berührte Warwicks Hand. »Sie tragen daran keine Schuld.« In ihren Augen glänzten Tränen.

Marshall erinnerte sich an den stürzenden Schatten auf dem Objektiv. Es kam immer unerwartet.

»Daran ist niemand schuld.« Er klang flach und gefühllos. »Man muß immer mit feindlichen Bombern rechnen, selbst wenn man sie eigentlich nicht erwartet.«

Was sagte er da? Es handelte sich um eine Liberator, ein eigenes Flugzeug. Das flog jetzt sicher zu seiner Basis zurück, um zu melden, es habe ein feindliches U-Boot unter Wasser gezwungen und jemanden auf der Brücke erwischt. Doch irgend jemand trug die Verantwortung. Er selber. Ob er nun schlief oder wachte – niemand konnte ihm die Verantwortung abnehmen.

Er fuhr fort: »Öffnen Sie die Luke. Bringen Sie die Leiche in den Torpedoraum. Wir werden den Mann heute nacht beisetzen.«

Er hörte sie, über den toten Matrosen gebeugt, leise schluchzen.

»Sehrohrtiefe, Sir?« wollte Gerrard wissen.

»In fünfzehn Minuten werden wir uns umschauen.« Er versuchte zu lächeln. »Danke, daß Sie so schnell hier waren, Nummer Eins. Es war ein schlimmer Augenblick.« Er sah Blythe und einen der Funker mit einer gefalteten Trage kommen und sagte leise: »Unser erster Toter!« Dann drehte er sich um und packte die Frau am Arm. »Kommen Sie!«

Sie versuchte, sich ihm zu entwinden, schaute ihn schockiert und stumpf an: »Wohin?«

»In die Messe.« Er trat zwischen sie und die Träger. »Kaffee wird uns guttun.« Sie hatte ihren Widerstand aufgegeben und schaute ihm auf den Mund, als wolle sie die Worte von seinen Lippen ablesen. »Wir brauchen ihn beide.«

Fünfzehn Minuten später liefen sie wieder auf Sehrohrtiefe. Nach sorgfältigem Absuchen stelle Marshall fest, daß die See und der Himmel wieder ganz ihnen gehörten.

»Klar zum Auftauchen.« Er blickte Frenzel an. »Sie können dann wieder mit dem Laden der Batterien beginnen, Chief.«

Buck fragte: »Soll ich die Wache übernehmen, Sir? Ich wäre nach dem Auftauchen sowieso dran. Mir ist es egal.«

Marshall wandte sich an Warwick. »Mir ist es wichtig. Kommen Sie klar?« Seine Stimme war sehr ruhig.

Warwick nickte bedrückt. »Ja, Sir.«

»Gut. Dann wechseln Sie den Ausguck und seien Sie auf der Hut.« Er sprach jetzt leiser, damit ihn die Umstehenden nicht hören konnten. »Denken Sie nicht daran. Es hätte jedem von uns passieren können.«

Warwick antwortete zögernd: »Aber Sie kamen hoch, um uns zu holen. Das hätten Sie nicht tun müssen.«

»Klar zum Auftauchen, Sir.« Gerrard sah sie unbewegt an.

Marshall nickte. »In Ordnung. Also machen wir weiter.« Er versuchte zu lächeln und spürte, wie ihn sein Mund dabei schmerzte. »Nummer Eins möchte sein Frühstück beenden.«

Er schaute auf die Messingplakette am Schott. *U-192*, gebaut in Kiel. Vielleicht hatte er sich doch geirrt. Man war gar nicht geschlagen, sondern ließ sich einfach nur Zeit. Es schauderte ihn.

»Und wenn Sie einen Augenblick Zeit haben, Chief, dann lassen Sie Ihre Leute diese verdammte Plakette abschrauben. Wir müssen nicht immer daran erinnert werden.« Er blickte auf den verwischten Fleck an Deck, auf dem der Seemann gelegen hatte. »Jetzt nicht mehr!«

Drei Fremde

Marshall stand am Kartentisch und sah Devereaux zu, der mit flinken Fingern sehr gewandt Dreieck und Zirkel handhabte. Die Karte war an den Stellen abgeschabt, auf die sie sich mit den Ellbogen aufgestützt oder mit Bleistift hingeworfene Rechnungen und Peilungen ausradiert hatten.

Um sich herum spürte er das Zittern der Elektromotoren. Es gab keine unnützen Bewegungen. Der Tiefenmesser zeigte, daß sie auf vierzig Meter Tiefe liefen, doch sonst gab es wenig, das sie mit den sauberen Linien und Zahlen des Steuermanns verband.

Eine Woche war seit der kurzen, nervenzerreißenden Begegnung mit dem Bomber vergangen. Marshall verfolgte mit den Augen auf Devereaux' Karte den eingezeichneten Kurs. Jedes kleine Kreuz und jeder eingetragene Fix bezeichnete ein besonderes Ereignis. Am schwierigsten war es gewesen, die Straße von Gibraltar zu passieren. Zwei britische Zerstörer waren auf und ab gelaufen, fuhren wahrscheinlich ihre ganz normale Patrouillen der Gegend oder erforschten irgendein unerklärliches Echo. Ihre Anwesenheit war eine ständige Mahnung, wie wichtig Geschwindigkeit und ein exakter Zeitplan waren. Er fluchte auf Simeon und die anderen Planer, die alles so knapp berechnet hatten.

Glücklicherweise kam ihnen ein alter Frachter mit langen Schornsteinen zu Hilfe – wenn auch unabsichtlich.

Bei seiner ständigen Arbeit am Sehrohr hatte Marshall

eine dichte Rauchwolke im Westen entdeckt, lange bevor das zugehörige Schiff über der Kimm aufgetaucht war. Es lief auf die Straße von Gibraltar zu. Mit wachsendem Interesse hatte er den Dampfer beobachtet, auf dessen rostigen Rumpf die türkische Flagge gemalt war. Sorglos und unbeeindruckt war er auf die beiden Zerstörer zugelaufen. Marshall hatte an den Derricks sogar Wäsche zum Trocknen erkannt, der Skipper auf der Brücke rauchte eine große Pfeife. Die Uniformmütze paßte schlecht zu einem schmuddligen Unterhemd und kurzen Hosen.

Vorsichtig hatte Marshall den Kurs geändert und war dem ahnungslosen Frachter gefolgt. Er hielt sich dabei so dicht unter seinem Heck, daß das mahlende Knarren der einzigen Schraube so nahe klang, als könne sie jeden Augenblick ihren Bug aufreißen.

Das türkische Schiff war den patrouillierenden Zerstörern offenbar so bekannt, daß es nicht einmal mit der Fahrt herunterging. Man winkte sich nur von Brücke zu Brücke zu. Der türkische Frachter würde mit Sicherheit mit den Zerstörern keine Signale austauschen, wie sie im Buch standen.

Unentdeckt also an Gibraltar vorbei und dann nordöstlich der spanischen Küste folgend, die Balearen voraus liegen lassend und immer weiter auf Korsika zu. Die Männer gingen Wache um Wache und schliefen dann, um den Luftvorrat zu schonen und um wieder Kraft zu schöpfen für die nächste Wache, auf der wieder alle Reserven gefordert werden könnten.

Manchmal mußten sie tief abtauchen, weil schnelle Schiffe über sie hinwegliefen oder verdächtige Schiffe in der Nähe erschienen. Hier gab es viel Schiffsverkehr, italienische und neutrale Fahrzeuge. Marshall hatte mit einem Gefühl der Ohnmacht einen fetten Tanker ganz nahe vorbeifahren lassen. Was würde die Mannschaft dort oben wohl empfinden, wenn sie wüßte, wie gefährlich nahe sie einer tödlichen Salve war? Dies war feindliches Gebiet, Flugzeuge aus Sardinien und Italien patrouillierten und Schiffe aus einem Dutzend Häfen – ein Gebiet, in dem es meistens ruhig war.

Devereaux streckte den Rücken und legte den Bleistift zur Seite.

»Das wär's, Sir!« Er klang zufrieden. »In dreißig Minuten sind wir am Treffpunkt.«

Buck war zu ihnen an den Kartentisch getreten. »Sind Sie ganz sicher, Lieutenant Devereaux?«

Devereaux funkelte ihn an. »Ich bin doch kein Dummkopf.«

Buck grinste zurück. »Dann spielen Sie uns das also nur vor!«

Marshall hörte nicht hin, sondern sah sich die Karte genauer an. Tiefen und Distanzen, die Stelle, zu der sie laufen und sich verbergen könnten, wenn etwas schiefging. Die Gebiete, die sie vermeiden mußten, weil das Risiko von Grundberührungen viel zu groß war.

Er rieb sich die Augen, versuchte, die Müdigkeit zu verdrängen. Sie schmerzten, als seien sie in Sand gebettet. Mund und Zunge fühlten sich schal an. So schal, wie die Luft roch, in der Männer viel zu lange an freier Bewegung gehindert worden waren.

»Captain, Sir?« Ein Läufer stand hinter ihm. »Major Carter fragt, ob Sie zu ihm in die Messe kommen könnten!«

Marshall fuhr sich mit den Fingern durchs Haar. »Ich komme sofort.«

Seit der Biskaya hatte er die Passagiere kaum zu Gesicht bekommen. Sie suchten alle Ruhe, die sie finden konnten, und gingen immer wieder ihre Pläne durch für ihren Einsatz, der unmittelbar bevorstand.

Er schaute auf die leere Stelle am Schott. Die Männer hatten die Messingtafel benutzt, um das Gewicht zu erhöhen, mit dem der Kamerad auf die lange Reise auf den Meeresboden geschickt wurde. Das war ein schlimmer Augenblick für alle gewesen. Sie konnten nicht voll auftauchen. Also mußten sie die Leiche, die in Leinwand eingenäht war, auf demselben Weg nach oben befördern, auf dem der Mann noch lebend nach unten geschleppt worden war. Marshall und zwei Ausgucks, Cain und ein Freund des Toten, trugen ihn.

Dunkles Wasser war gegen den Rumpf gerauscht und brach sich in großen weißen Schaumkissen. Das Ganze wurde ein unwirkliches Erlebnis. Fünf Gestalten waren dicht nebeneinander gestanden, hatten in der fallenden Dunkelheit wie Seehunde auf einem Felsen geglänzt. Zwischen ihnen stand aufrecht gegen den Turm gelehnt der Tote in der Leinwand wie ein bleicher Zuschauer.

Marshall hatte nicht gewagt, seine Taschenlampe anzuknipsen, um aus dem Gebetbuch vorzulesen. Was, fragt er sich, hätte das auch gebracht? Die anderen hatten ihn verschreckt angestarrt und nicht recht gewußt, was sie machen sollten.

Marshall hatte dann nur gesagt: »In Ordnung, Männer. Lassen wir ihn los.«

Die beiden Ausgucks hatten kurz geholfen. Es dauerte nicht lange. Ein schnelles Rutschen, das Schurren von Metall auf den Tauchbunkern – das Gewicht zog den Toten über Bord und nach unten.

Der Freund des Toten hatte sich weit über die Brüstung gebeugt, so als habe er die Wahrheit erst jetzt begriffen. »Auf Wiedersehen, Jim!« hatte er ihm nachgerufen.

Marshall hatte ihn am Arm berührt: »Das war ein besserer Grabspruch als jeder gedruckte.«

Wieder die Leiter hinab. Wieder auf Tauchstation. Zurück zum Auftrag. Bringen Sie es hinter sich, hatte er Warwick angewiesen. Doch eigentlich hatte er mit sich selbst gesprochen. Dabei hatte er die Frau entdeckt, die von der Schott-Tür her alles beobachtete. Ihr Ausdruck änderte sich sofort, als er sie ansah. Er wußte natürlich nicht, was sie in den paar Sekunden entdeckt hatte. War da vielleicht Angst? Vor ihm? Vor dem, was aus ihm geworden war?

Er schüttelte sich und lenkte seine Gedanken in eine andere Richtung. Er war müde, hundemüde und erschöpft von der Aufgabe, das Boot unerkannt und intakt auf das Kreuz auf Devereaux' Karte zu bringen.

Er ging in Richtung Messe und hielt überrascht an. Die drei Passagiere, die er übernommen hatte, hatten sich verändert. Die Frau trug jetzt einen schwarzen Mantel und saß auf ihrem Platz auf der Bank mit einem Koffer auf dem Schoß. Der Mann, den er unter dem Namen Moss kannte, trug jetzt eine Lederjacke und schräg auf dem Kopf eine Baskenmütze, eine halb geraucht Zigarette steckte hinter seinem Ohr. Und Major Carter hätte in jedem der kriegführenden Länder Europas ein ganz normaler Geschäftsmann sein können. Der Mantel, der früher einmal anständig ausgesehen hatte und auf Figur geschneidert worden war, war an den Ärmeln sauber gestopft. Und sein Hut trug genau wie seine Schuhe alle Zeichen des Mangels, wie er im Krieg nun einmal herrschte.

Ziemlich gelassen fragte Carter: »Was meinen Sie,

Captain, reicht das hier für einen Besuch des Duchess-Theaters im Londoner Westend?« Er grinste. »Bewahren Sie meine Armeeklamotten bitte gut auf. Sonst zieht man sie mir vom Sold ab.«

Marshall nickte und fühlte Bedauern, daß alle bald verschwunden sein würden. »Ich habe Second Coxswain Cain beauftragt, Ihre Sachen im Bug zu verstauen.«

Carter seufzte und sah seine Begleiter an. »Na los, Toby. Wir checken besser nochmal alles, ehe wir verschwinden.« Er zwinkerte Marshall zu. »Sie wissen, wie diese Jungs von der Marine sind. Die nehmen's nicht so genau!«

Sie verließen die Messe, zwei Fremde in einer unwirklichen Welt.

Leise sagte Marshall: »Ich hoffe, es geht alles gut.«

Sie erhob sich und knöpfte den Mantel zu. »Danke. Sind wir schon am vereinbarten Treffpunkt?«

Er sah die Schatten unter ihren Augen, wollte sie berühren, wollte nicht zulassen, daß sie ging. »Ja. Auf halbem Weg zwischen Korsika und Elba. Wir sind tagsüber nördlich um Korsika gelaufen. Oben scheint alles ruhig zu sein.« Er zögerte. »Wird es schwierig werden? Ich meine, werden Sie leicht hinkommen?«

Sie blickt ihn ernst an. »Die nächsten Schritte sind nicht geheim. Sobald wir Sie verlassen haben, werden wir nach Elba gebracht. Wenn die Luft rein ist, bringt uns dieses Boot auch aufs Festland.«

Marshall konnte es sich auf der Karte vorstellen. Aus ihrem Mund klang es so einfach. Doch von Elba bis an die italienische Küste waren es über zehn Meilen. Patrouillenboote, Wachen am Ufer – und wer weiß, was sonst noch.

Sie fuhr leise fort: »Wir nehmen dann den Zug und

reisen nach Süden. Nach Neapel.« Sie zuckte mit den Schultern. »Und dann werden wir weitersehen!«

»Der Major scheint genau zu wissen, was zu tun ist!«

»Ja.« Sie öffnete ihre Handtasche und studierte mit einem schiefen Lächeln den Inhalt. »Sehr gut. Man muß auf jede Kleinigkeit achten.« Sie ließ die Tasche zuschnappen. »Ja, er ist gut. Wir werden zusammen reisen, aber getrennt, wenn Sie verstehen, was ich meine. Wenn einer ...« Sie schaute zur Seite. »Sie wissen, was ich sagen will. Wenn das passiert, brauchen die anderen nicht abzubrechen.«

Eine Stimme meldete: »Noch zehn Minuten, Sir!«

Er drehte sich nicht um. »Sie haben schon viele solcher Einsätze hinter sich?«

»Einige.«

Er trat näher und ergriff ihre Hand. »Ich wünschte, Sie könnten hierbleiben.«

»Das sagten Sie schon mal, Captain.« Aber sie entzog ihm ihre Hand nicht.

»Oder ich könnte mit Ihnen gehen.«

Sie lächelte. »Man würde Sie in den ersten fünf Minuten erkennen.« Dann zog sie sanft ihre Hand zurück. »Aber vielen Dank. Tut mir leid, was ich so alles gesagt habe.« Sie hob die Schultern. »Aber im Krieg ... Also, ich weiß jetzt, wie es Männern geht.«

Schritte waren hinter dem Vorhang zu hören, und in der Zentrale hörte er das Gemurmel von Stimmen. Alle würden sich dort sammeln, um sie zu verabschieden.

»Ich hoffe, wir treffen uns wieder!« sagte er.

Sie trat an die Tür. »Sie werden mich bald vergessen. Das ist auch gut so.« Sie tat, als müsse sie gehen, doch dann sagte sie schnell: »Aber vielleicht treffen wir uns wirklich bald wieder.«

Sie ergriff ihren Koffer, und er folgte ihr in die Zentrale.

Gerrard meldete: »Alles in Ordnung, Sir!«

Marshall blickte auf die Uhr. Es war zwei Uhr morgens.

»Sehr gut. An Bord absolute Ruhe.«

Er überließ sich einen Augenblick seinen Gedanken. Die Frau wartete, daß ein Matrose sie zu den beiden anderen Mitgliedern der Gruppe brachte. Sie drehte sich noch einmal um, als wolle sie seine Wandlung feststellen. Von einem Mann, der sie an Bord behalten wollte, zu einem Mann, der wieder zum Kommandanten geworden war.

Er sagte: »Beide langsame Fahrt voraus.«

Er sah, wie Frenzel mit der Hand über den Tiefenmesser wischte.

»Sehrohrtiefe.«

Als er wieder aufblickte, war sie verschwunden.

»Vierzehn Meter, Sir!«

»Periskop ausfahren!«

Er klappte die Griffe hinunter und drehte das Rohr langsam im Kreis. Keine Trennung von Himmel und See. Die Sterne leuchteten auf dem Wasser so hell wie Scheinwerfer. Er hielt inne und stellte die maximale Vergrößerung ein. Da war sie, die kleine Fischfangflotte. Ihre Laternen blinkten auf dem ruhigen Wasser wie Bruchstücke, die aus den Sternen herabgefallen waren. Das alles sah ziemlich gut aus. Etwa fünf oder sechs Meilen entfernt. Nachts war das nicht einfach zu bestimmen.

»Sehrohr einfahren. Klar zum Auftauchen.«

Devereaux wollte wissen: »Brauchen Sie die Männer mit den MGs oben, Sir?«

»Negativ.« Er justierte sein Nachtglas. »Wenn man uns auffliegen läßt, bringen sie auch nichts.«

Er trat an die Leiter und war froh über die abgeblendeten Lichter. Er entspannte sich, um die Augen für die ersten entscheidenden Sekunden vorzubereiten.

»Auftauchen.«

Auf der Brücke war es überraschend warm. Als er auf die vordere Gräting trat, fühlte er die Brise im Gesicht, sanft und sauber.

Ein schneller Blick rundum. Zuerst die fernen Lichter der Boote, die auf dem ruhigen Wasser trieben. Genau voraus. Nichts. Er beugte sich über das Sprachrohr. »Vordere Luke öffnen.«

Er blickte besorgt über das Schanzkleid. Eine leichte Dünung brach sich an den Außenbunkern und verwandelte sich in eine schillernde Spur. Sie bewegten sich so langsam, wie gerade noch möglich. Wenn sie noch weiter mit der Fahrt heruntergingen, würden sie beim Treiben ein zusätzliches Risiko eingehen. Und den Treffpunkt nicht erreichen.

Marshall hörte Schritte auf dem Deck, ein quietschendes Geräusch, als das Gummiboot durch die vordere Luke gezogen wurde. Solche Augenblicke waren immer schlimm. Der Rumpf lag ganz hoch im Wasser, das Luk stand offen. Wenn das Schlimmste passierte, würden sie nicht tauchen können.

Er hielt die Luft an und faßte mit dem Glas einen kleinen Schatten auf dem Wasser auf.

Ein Ausguck bestätigte: »Ein Boot, Sir. Steuerbord voraus.«

»Beide Maschinen stopp«, sagte er knapp.

Der Schatten bewegte sich jetzt, die Stille wurde nur durch das tiefe Motorgeräusch des Bootes durchbrochen.

Er beugte sich über das Schanzkleid. »Geben Sie das Zeichen.«

Buck blinkte mit seiner abgeblendeten Taschenlampe den Schatten an, hielt sie niedrig neben dem Schlauchboot.

Marshall wartete. Eine Ewigkeit schien zu verstreichen. Und er konnte die Leuchtspurgeschosse fast schon fühlen, die aus der Dunkelheit heraus ihre Tarnung zerreißen würden. Doch dann sah er ein paar ebenso kurze Lichtzeichen.

Er atmete erleichtert auf und rief: »Boot absetzen!« Eigentlich wollte er noch rufen, *so schnell es geht*. Aber man brauchte niemanden zu hetzen.

Ein schnelles Klatschen, dann ein leichtes Glänzen, als die Matrosen zu paddeln anfingen. Das Gummiboot kam plötzlich frei und verschwand im Dunkeln in Richtung Fischerboot, das gedreht hatte, um sie zu treffen.

Marshall hörte jetzt sogar die Fischer, roch ihren Fang, roch das geteerte Rigg und die Netze. Wie konnten sie sich ihrer Sache nur so sicher sein, fragte er sich. Dann erinnerte er sich an das, was Simeon ihm gesagt hatte. Man mußte jeden einsetzen, der einem helfen konnte. Partisanen oder Patrioten oder auch nur Männer oder Frauen, die die Deutschen endlich los sein wollten. Und natürlich auch diejenigen, die so große Risiken nur des Geldes wegen auf sich nahmen.

»Boot hat abgelegt, Sir.«

»Gut.«

Er setzte sein Glas ab und sah den plötzlichen Schaum an der Schraube des Fischerboots. Sie drehten also schon ab, liefen zu den anderen Booten zurück, als sei nichts geschehen.

Sehr weit entfernt hörte er das Brummen eines Flugzeugs, und er dachte an die Frau, die zwischen Feinden an Land gehen würde. Ganz kühl hatte sie gesagt: »Nach

Süden, nach Neapel.« Das war mehr als zweihundert Meilen weit weg. Wie viele Kontrollpunkte, Überprüfungen des Passes und wie viele Fragen, auf die sie die richtige Antwort geben mußte ...

»Boot ist unter Deck, Sir!«

»Sehr gut. Schließen Sie die vordere Luke.« Er trat an das Sprachrohr. »Beide Maschinen langsam voraus.«

Das Luk war geschlossen. Doch er mußte immer noch an sie denken, an die Einsamkeit, die sie umgeben würde. Und an seine eigene.

Er stieg durch das Mannloch und knallte es hinter sich zu.

»Sind sie gut weggekommen, Sir?« Gerrard sah ihn fragend an.

»Ja.«

Er blickte auf das geöffnete Schott, als könne er sie dort noch sehen, wie sie zu ihm herüberblickte.

»Auf zwanzig Meter gehen. Wir laufen erst von den Fischerbooten weg und gehen dann auf den neuen Kurs.«

Gerrard seufzte. »Sehr gut, Sir!«

Er schaute achselzuckend zu Frenzel hinüber. »Beide Maschinen an. Lüftung an.«

Marshall ließ seine Hand auf der Karte ruhen und hörte, wie die See die Luft aus den Außenbunkern drückte.

Als sie später wieder auf Sehrohrtiefe stiegen, war von der Fischfangflotte nichts mehr zu sehen. Am Himmel meldete sich erstes Frühlicht. Ein neuer Tag.

*

»Sie wollten mich sprechen, Sir?« Gerrard trat ein und sah hinab zu Marshall.

»Ja.« Marshall saß an seinem kleinen Schreibtisch,

der genau wie seine Koje mit Papieren bedeckt war. »Es wird Zeit, daß Sie Genaueres erfahren.«

Gerrard schob ein paar Akten zur Seite und hockte sich auf den Rand der Koje. Wie die ganze Mannschaft sah er blaß und überanstrengt aus, sein Kinn war mit Stoppeln bedeckt.

Seit sie die drei Agenten an das Fischerboot übergeben hatten, waren sie weiter nach Süden gelaufen und dabei so dicht unter der Küste Siziliens entlang, wie nur überhaupt möglich. Dann hatten sie auf Nordost gedreht, auf den Stiefel Italiens zu. Es konnte einen verrückt machen, wenn man beim Tauchen auf Sehrohrtiefe blendendes Sonnenlicht entdeckte und eine vollständig leere See. Sie lag da wie blaues Glas. Und dann löste man sich vom Glas, drehte sich und sah auf die eigenen Männer, in ihre erschöpften Gesichter und wußte, wie sehr sie nach frischer Luft und Sonnenwärme hungerten.

U-192 lief jetzt etwa sechzig Meilen von der Küste entfernt nach Norden.

Marshall zeigte auf die Geheimmeldungen. »Sie müssen früher oder später sowieso erfahren, was hier geschieht.« Er schaute Gerrard lächelnd an. »Vielleicht haben wir dafür *später* kaum noch Zeit.«

Gerrard nickte. »Wir laufen in die Adria, so viel ist mir klar.«

»Das ist längst noch nicht alles, müssen Sie wissen.« Marshall legte den Kopf zur Seite und lauschte. Das Boot war wie ein Grab, nur die Motoren surrten, und gelegentlich bewegte sich in der Zentrale jemand. »Nach den Berichten hier sieht es so aus, als ob die Deutschen jetzt jeden Augenblick in Nordafrika das Handtuch werfen werden. Die Alliierten bereiten sich vor, zur Abwechslung mal ihr Land zu besetzen – und das wissen die Deutschen sehr genau. Sie haben gesehen, wie wir Landungsfahrzeuge sammeln, Versorger und alles andere. Ihre Spione werden sie über die Operationen im gesamten Mittelmeer auf dem laufenden halten.«

»Das läßt sich ja wohl auch kaum verbergen«, meinte Gerrard.

»Captain Browning ist überzeugt davon, daß die Deutschen annehmen, wir greifen in Griechenland an und wollen durch den Balkan vorstoßen.«

»Ich würde das bestimmt nicht tun, wenn ich das Kommando hätte«, grinste Gerrard. »Aber da das wenig wahrscheinlich ist ...«

Marshall sah ihn an. »Ich weiß. Wenn ich ein deutscher Stabsoffizier wäre, würde ich damit rechnen, daß die Invasion in Italien oder in Südfrankreich stattfindet.« Er hob die Schultern. »Aber Browning ist sicher, daß man auf irgendeine Weise den Feind überzeugt hat, daß es in Griechenland losgeht. Eine Kriegslist oder irgendein absichtliches Leck. Wir haben dabei gar keine Wahl.« Er schob ihm die Akte zu. »Unsere Aufgabe ist, den allgemeinen Eindruck zu verstärken, daß wir von Griechenland her angreifen werden. Wir haben Berichte von der Abwehr, daß der Feind ein schwimmendes Dock die Adria herab nach Bari bringt. Also rechnet der Feind wohl mit Griechenland.«

Gerrard atmete langsam aus. »Ich nehme mal an, daß man in dem Schwimmdock größere Einheiten reparieren könnte, die bei unserer Invasion beschädigt werden.«

»Stimmt haargenau. Wir werden es in die Luft jagen. Wir werden dafür sorgen, daß es genauso aussieht, als ob wir alles tun, damit am Tage X unsere Truppen leichter landen können.«

Gerrard schüttelte den Kopf. »Hätte das nicht auch

eins unserer U-Boote aus Alexandria erledigen können? Wir beide waren doch schon mal in der Adria. Ich erinnere mich, daß wir die Eisenbahnlinie an der Küste unter Feuer nahmen, und das war weiter nördlich als Bari.«

»Diesmal muß es richtig krachen.« Marshall lehnte sich in seinem Stuhl zurück, verschränkte die Hände hinter dem Kopf. »Es muß so aussehen, als ob es hier wirklich um eine entscheidende Sache geht.«

»Ich verstehe.« Immer noch war Gerrard verwirrt. »Aber wenn wir uns blicken lassen, haben wir kaum noch eine Zukunft.«

»Stimmt.«

Marshall schaute zur Seite. Gerrard begriff immer noch nicht. Jeder ihrer Aufträge konnte ihr letzter sein. Simeon hatte das angedeutet, und die schriftlichen Befehle ließen daran auch keine Zweifel. Das wäre natürlich bedauerlich. Doch jeder Einsatz war eine Einzelaktion, konnte als Desaster enden oder den Weg frei zur nächsten machen – und immer so weiter.

»Wir greifen auf die übliche Weise an.« Er blickte auf und sagte dann ruhig: »Aber wenn es schiefgeht, dann werden wir alle Tricks einsetzen.«

Gerrard blätterte eine Seite um, las mit ganzer Konzentration. Als er etwas zur Seite rutschte, entdeckte Marshall die kleine Reisetasche unter der Koje, die sie zurückgelassen hatte. Sie enthielt wenig, unter anderem die Kleider, die sie getragen hatte, als sie an Bord gekommen war. Und die während des Essens bei Simeon. Vor sechs Tagen hatte sie sie hier in dieser Kajüte in die Reisetasche gelegt. Hatte damit ihre Identität gewechselt und sich ganz und gar auf das vorbereitet, was ihre neue Aufgabe verlangte. Wo war sie? Wie weit war sie inzwischen gekommen?

Gerrard wollte wissen: »Begreifen Sie den ganzen Aufwand um das Schwimmdock?«

»Ich bin mir da auch nicht sicher.« Marshall zwang sich in die Gegenwart zurück. »Die Zeit fürs Ablegen ist uns vermutlich korrekt bekannt. Aber wer weiß, was für eine Eskorte es haben wird.«

»Viel wohl nicht.« Gerrard gähnte lange. »Sie laufen dicht unter Land, also immer unter Deckung aus der Luft. Das nehme ich jedenfalls an.« Er kicherte. »Keine schlechte Idee, denke ich. Die Deutschen werden ihren italienischen Verbündeten zusetzen und weitere Einheiten in das Gebiet verlegen. Sie werden Truppenverstärkungen nach Jugoslawien und Griechenland schicken.«

»Das ist sicherlich der Fall.«

Kleine Teile eines großen Bildes. In den besetzten Ländern würden Brücken in die Luft fliegen, würden Munitionszüge entgleisen, um mehr und mehr Truppen zu binden, die woanders dringend gebraucht würden. In Sizilien zum Beispiel, wie Browning gemeint hatte. Es war wahrscheinlich besser, die Verluste an Leben nicht einzukalkulieren. Geiseln würden an die Wand gestellt und erschossen werden, Leute aus dem Widerstand, Männer wie Frauen, würde die Gestapo zu Tode quälen. Er sah wieder auf die Reisetasche. Seine eigenen Gedanken machten ihn krank.

»Wie kommen unsere Männer mit all dem klar, Bob? Sie sind ein bißchen näher an ihnen als ich.« Er lächelte. »Und sie lassen Sie ja an sich rankommen.«

Gerrard antwortete gleich. »Besser, als ich dachte. Sie waren ein bißchen mit den Nerven fertig, als der Mann fiel. Aber dann gingen die drei Agenten ohne Probleme von Bord.« Er seufzte. »Das hat ihnen gezeigt, daß sie doch wohl wieder etwas Vernünftiges zu tun bekommen.« Und dann, leiser: »Aber nachdem ich diese Geheimpapiere gelesen habe, mache ich mir darum keine Sorgen mehr.«

Schritte waren auf Stahl zu hören, und Marshall erkannte Bucks Stimme in der Zentrale. Er wurde gerade von Devereaux abgelöst. Alles lief seinen gewohnten Gang. Bordroutine.

Er sagte: »Irgendwann zieht man uns aus dem allen hier. Wenn auch vielleicht nur für eine Pause. Ich werde vorschlagen, daß Sie nach Hause versetzt werden.« Er sah, wie Gerrard erstarrte. Doch er fuhr fort: »Sie haben mehr als Ihren Teil dazu beigetragen, daß aus den Männern eine Mannschaft wurde. Und für eine Beförderung sind Sie längst überfällig. Ein guter Kommandant hat auch seinen Wert, verstehen Sie!«

Gerrard lächelte. »Machen Sie mir doch nichts vor. Sie denken an meine Frau, nicht wahr? Valerie kannte meinen Beruf, ehe wir heirateten!«

Marshall blickte zu Boden. Sie glaubt nur, daß sie ihn kennt. Alle sagen immer so etwas. Gail auch.

Gerrard fuhr fort: »Da ist noch was. Wir beide sind jetzt so lange zusammen, also bringen wir unsere gemeinsame Aufgabe doch gemeinsam zu Ende.« Er zwang sich zu einem Grinsen. »Der Krieg wird noch Jahre dauern, da kann ich immer noch befördert werden.«

»Damit könnten Sie recht haben.« Marshall erhob sich, spürte, wie seine Muskeln protestierten. Vor Überanstrengung und der ewigen Feuchtigkeit. »Meistens haben Sie das ja!«

Gerrard hatte sich jetzt auch erhoben, hielt den Kopf unter dem Gewirr von Rohren und Leitungen schräg geneigt. »Dann nehmen Sie mir sicherlich nicht übel, wenn ich ganz offen rede.«

»Legen Sie los!«

»Sie treiben sich zu hart. Sie richten sich zugrunde.«

»Müssen Sie mir das sagen?«

Gerrard hob die Schultern: »Einer muß es Ihnen sagen. Die meisten sehen Sie immer nur für ein paar Minuten. Ein erstklassiger Kommandant, heißt es über Sie. Nerven aus Stahl. Aber was wissen die Männer wirklich?« Er sprach jetzt schneller, Zorn klang in seinen Worten mit. »Ich weiß, was der Krieg aus Menschen macht, was er aus Ihnen gemacht hat. Diese Schreibtischmariner an Land haben von nichts eine Ahnung. Für die sind U-Boote nur Rümpfe voller Männer. Sardinendosen.« Er riß sich mühsam zusammen. »Wir sind jetzt achtzehn Monate zusammen. Da weiß man verdammt viel voneinander, wenn man so eng zusammenarbeitet wie wir.«

»Ist das alles?« Es war schwierig, ihn zum Schweigen zu bringen. Das war es immer.

»Fast. Wie alle anderen auch hänge ich von Ihnen ab. Ich tue wirklich alles, um Ihnen zu helfen, wo ich kann. Das, denke ich, wissen Sie auch. Also laden Sie sich nicht alles auf. Warwick hatte recht. Sie hätten Ihr Leben nicht riskieren müssen, um ihn von der Brücke zu retten. Wir beide wissen, es war sein Fehler, die Liberator nicht zu entdecken.« Er hob die Hand. »Wenn die Frau nicht da oben gewesen wäre, wären Sie wahrscheinlich getaucht und hätten die da oben sich selbst überlassen? Ich kenne einige, die genau das getan hätten. Aber Sie sind anders. Ich habe das lange genug auf der *Tristram* beobachtet. Sie haben sich um jeden Mann an Bord gekümmert. Sie haben sie getragen, wo sie getrieben werden mußten. Hätten wir alle Urlaub gehabt, ehe wir dieses Boot hier übernehmen, wäre sicher alles in Ordnung – aber so? Sie machen es wieder genauso wie damals. Sie pressen sich bis zum letzten Tropfen aus!« Und dann grinste er breit. »Jetzt können Sie mich rausschmeißen, Sir. Ich hab's verdient.«

Marshall schob die Hände in die Taschen. Er spürte, wie sie an seiner Hüfte zitterten. »Ich werde versuchen zu beherzigen, was Sie sagten.« Er wollte Wut zeigen oder einfach nur darüber lachen, aber beides gelang ihm nicht. Ihm war, als beobachte er jemand anders wie eine fremde Gestalt in einem Traum. Er hörte sich sagen: »Aber ob Sie's nun mögen oder nicht: Heute nacht laufen wir durch die Straße von Otranto. Und dann werden wir das Dock suchen und finden.« Er drehte sich um und sah ihn kühl an. »Oder haben Sie dagegen etwas einzuwenden, Nummer Eins?«

»Alles in Ordnung, Sir.« Gerrard sah betroffen aus.

Als er gehen wollte, rief Marshall ihn zurück. »Es wird nicht besser, sich das alles zu vergegenwärtigen. Ich kann nichts dagegen unternehmen.«

»Ich verstehe.« Gerrard sah ihn traurig an. »Und es tut mir leid.«

Marshall setzte sich. »Und mir auch.« Er begann, die Papiere in den Tresor zu legen. »Aber Sie wissen: Wenn Sie keinen Spaß verstehen, hätten Sie nicht zur Marine kommen dürfen.«

Gerrard trat nach draußen. »Das ist nun wirklich ein Scheißwitz.«

»Wohl wahr!«

Er wartete, bis Gerrard verschwunden war, und legte dann den Kopf auf die Hände. Das war verdammt nahe. Er hatte längst gespürt, wie sich alles in ihm ansammelte wie hinter einem Damm, der jederzeit brechen konnte. Eigentlich hatte er Gerrard alles sagen wollen, hatte alles ausspucken wollen, um den Druck, der ihn fast zerstörte, mit jemandem zu teilen.

So wie er an jenem Abend mit Gail gesprochen hatte. So hätte er gern auch mit der Frau geredet, die nun irgendwo in Italien war. Gerrard in seinem neuen Glück hätte fast hinter seine Maske geschaut, aber nur fast. Gerrard, der vielleicht seine Frau nie wiedersehen würde und der sich über ihre Trennung ständig den Kopf zerbrach, hatte mehr als seinen eigenen Teil zu tragen.

Frenzel blickte herein, wischte die Hände an Putzwolle ab. »Haben Sie einen Moment Zeit, Sir? Ich würde gern über den Treibstoff und ein paar andere Sachen mit Ihnen reden.«

Marshall nickte langsam. Man hatte nie Zeit, etwas zu bedauern. »Nehmen Sie Platz, Chief. So – und wo drückt Sie jetzt der Schuh?«

*

Sechsunddreißig Stunden später schlichen sie um die Halbinsel Gargano, einhundertzwanzig Meilen weit in der Adria. Einfacher als Marshall angenommen hatte, waren sie durch die Straße von Otranto zwischen dem Stiefelabsatz von Italien und der gegenüberliegenden Küste von Albanien geschlüpft. Sie hatten nur einen patrouillierenden Zerstörer entdeckt, hatten im Horchgerät ein sich schnell bewegendes Echo aufgefangen. Das deutete darauf hin, daß der Feind einige Schnellboote in der Gegend hatte. Die waren vermutlich mit dem Kommen und Gehen zahlloser kleiner Schiffe mehr beschäftigt als mit einem einsamen Unterseeboot. Unterseeboote waren das Problem anderer Schiffe.

Es herrschte viel Betrieb von diesen Küstenschiffen. Es

gab Schoner, Boote und kleine Dampfer, die aussahen, als ob sie noch im letzten Jahrhundert gebaut worden wären. All diese Schiffe bewegten sich, wie sie wollten. Der Feind hatte wahrscheinlich mehr als genug zu tun, sie alle im Blick zu behalten. Marshall wußte, daß einige als Versorger für jugoslawische Partisanen dienten, andere sicher bei geheimnisvollen Operationen der Special Boat Squadron, einer besonderen Einheit der Marine, eine Rolle spielten. Im Gegensatz zu seinem Auftrag lautete der ihre, offene Konfrontation mit dem Feind zu vermeiden. Es war ein Krieg von Tarnung und Täuschung, Hoffnung auf ehrenvolle Gefangenschaft gab es nicht, wenn sie aufgebracht wurden.

Marshall stand an der Leiter zum Turm und sah, die Arme vor der Brust, wie Devereaux an der Karte arbeitete. Das gleichmäßige Klingen des Echolots erinnerte sie ständig an die Tiefe. Hier war die See flach, stieg bald auf ganze zwölf Faden. Doch sie mußten so lange wie möglich in Küstennähe bleiben. Er schob den Gedanken zur Seite, daß das deutsche Schwimmdock Bari schon erreicht haben könnte. Vielleicht war es noch nicht mal unterwegs. Sie waren gestern nach Bari geschlichen. Etwas so Großes, sicher das größte schwimmende Gebilde im ganzen Mittelmeer, hätte gut zu erkennen sein müssen.

Devereaux drehte sich ihm zu, um ihn anzusehen. »Die Tremiti-Inseln liegen etwa dreißig Meilen voraus, Sir. Möchten Sie, daß wir seewärts vorbeilaufen?«

»Nein, dabei könnten wir unser Ziel verpassen.«

Devereaux verzog den Mund: »Sehr tief ist das da nicht. Höchstens einundzwanzig Faden.«

Im Hintergrund schien das Echolot seine Warnung zu verstärken.

»Ich werde daran denken, Lieutenant Devereaux.«

Er bemerkte schnelle Blicke, sah wie Second Coxswain Cain ihn beobachtete, als er den Rudergänger ablösen wollte.

Er mußte nachdenken, alle anderen Gedanken verdrängen. Was würde er tun, wenn sie das Schwimmdock nicht in den nächsten paar Stunden träfen? Würde er bis Triest laufen, von wo das Dock kommen sollte? Er hörte wieder die Worte: *Das ist nun Ihre Sache!*

Und dann hatte Frenzel ihm den Treibstoffverbrauch gemeldet. Sie mußten neuen bunkern. Auch Frischwasser könnte zum Problem werden und ...

»Echo in Peilung drei-eins-null«, meldete sich eine Stimme. Pause. »Kommt langsam. Ist immer noch sehr schwach, Sir.«

Marshall löste sich von der Leiter. »Sehrohrtiefe.« Er versuchte, sich zu entspannen. Das klang nicht nach dem Ziel, sondern nach Schlimmerem. Sie würden wahrscheinlich den Kurs ändern müssen, um dem Echo nicht in Devereaux' Kanal zu begegnen.

»Vierzehn Faden, Sir!«

»Sehr langsame Fahrt«, sagte Marshall. Er bückte sich und wartete, bis das Periskop langsam aus seinem Sockel stieg. Er spürte seine Handflächen feucht auf den Griffen und Schmerzen, als er die Zähne zusammenpreßte, um seine Nerven zu beruhigen.

Das Sonnenlicht war viel zu hell, er mußte die Augen mehrmals schließen, bis er klar sah. Ein schneller Blick rundum und in den Himmel und dann auf die Peilung. Er fuhr sich mit der Zunge über die Lippen, schmeckte Öl. Es gab einigen Dunst, durch den das Licht auf dem sanft bewegten Wasser trotzdem blendete. Da entdeckte er das andere Fahrzeug.

»Eine Motoryacht«, sagte er. Dann zog er die Linse

auf volle Stärke. »Grau gepönt.« Er sah, wie das ferne Schiff sich im Dunst zu winden und zu verzerren schien. Man konnte gerade eben im Mast die Flagge identifizieren. »Italiener. U-Boot-Patrouille.«

Hinter sich hörte er jemanden murmeln. »Und ich dachte, es wäre die alte *Lima*, die uns einen Besuch abstattet.«

Irgend jemand lachte.

Er klappte die Griffe hoch. »Periskop einfahren.« Er schaute zu Gerrard hinüber, ohne ihn zu erkennen. »Verdammter Mist, das Ganze!«

Der Mann am Horchgerät meldete: »Deutlichere Signale, Sir, gleiche Peilung. Schwerer, aber immer noch fern.«

Marshall sah den Kopf des Mannes: »Kriegsschiff?«

»Nein.« Der Kopf wurde geschüttelt. »Zu langsam.«

Leise meinte Gerrard: »Vielleicht einer der Schlepper. Wie viele braucht so ein Schwimmdock?«

Der Mann am Horchgerät unterbrach sie: »Die Signale überlagern sich, Sir. Es könnten Echos sein von der Untiefe.« Das klang fast anklagend. »Oder ein zweites Schiff.«

»Sehrohr ausfahren!«

Marshall drehte es einmal ganz und blieb dann wieder auf der kleinen Yacht. Der Dunst machte die Einschätzung schwierig. Er drehte das Rohr ein bißchen weiter und sah ganz weit weg einen Streifen Küste. Und dahinter Hügel, weit weg. Das alles sah sehr friedlich aus.

Irgend etwas reflektierte das Sonnenlicht. Er behielt den kleinen Punkt im Blick, bis er verschwunden war.

»Ein Flugzeug, Nummer Eins. Vielleicht hat es nichts zu bedeuten. Vielleicht ist es ein Begleiter.«

Er sprach nur, um seine Entscheidung vor sich her zu

schieben. Hier einen Angriff zu starten war viel zu gefährlich. Die Yacht würde sie bald im Horchgerät ausmachen und dann nicht mehr loslassen, bis Verstärkung kam. Was also tun? Die Dunkelheit abwarten? Das dauerte zu lange. Die Gefahr, sie zu verlieren, während man ablief und sich zeitraubend eine neue Position suchte, war zu groß.

Marshall spürte, wie sein Herz gegen die Rippen schlug. Es war, als blicke er auf ein riesiges Bauwerk, das irgendwie auf See getrieben war, im Dunst drohte und halb vom Qualm eines Schleppers verdeckt war, der seinerseits im Dunst nicht zu erkennen war. Sein Ziel! Er würde es jetzt nicht mehr verlieren.

»Alle Mann auf Station, Nummer Eins.« Er richtete sich auf. »Sehrohr einfahren.« Er blickt auf die Uhr, versuchte, das Aufheulen nicht zu hören. »Sagen Sie Warwick, er soll sich fertigmachen. Wir greifen über Wasser an!«

Vielleicht würden sie es gerade so schaffen. In den ersten entscheidenden Sekunden hätten sie die Sonne hinter sich. Wie oft hatte er sich schon gesagt, man läßt sich immer vom Unerwarteten erwischen. Das galt natürlich auch für den Gegner.

»Klar zum Auftauchen«, befahl er kurz, »wir greifen an!«

Keine Überlebenden

Nach der feuchten Kühle im geschlossenen Rumpf war die Hitze unerwartet heftig. Noch ehe das Wasser durch die Speigatts der Brücke weggegurgelt war, hatte die Sonne einen dünnen Dampfschleier über dem nassen Stahl aufsteigen lassen.

Marshall richtete sein Glas auf die ferne Yacht aus, seine Augen fast auf Höhe des Schanzkleids. Die Gestalten, die durch das offene Luk kletterten oder zum Geschütz an Deck rannten, kümmerten ihn nicht. Während er die Yacht beobachtete, spürte er anderes. Seine Schultern wurden warm, und es roch nach dem langen Tauchen deutlich nach Fisch und See.

»Eskorte auf grün-eins-fünf.« Er sah auf die Brücke. »Entfernung null-eins-fünf.«

Er hob das Glas. Die Yacht fuhr in langsamem Zickzack. Ihr scharfer Bug warf im glänzenden Sonnenlicht Gischt auf. Es war schwer zu sagen, ob der Kurs so üblich war oder ob er das gewaltige Schwimmdock zusätzlich schützen sollte. Es könnte die Situation schwieriger machen.

Er hörte Buck neben sich, der ebenfalls sein Glas ausrichtete und dabei schnell und unregelmäßig atmete.

Von unten meldete Warwick laut: »Geschütz und Maschinengewehre klar, Sir!«

»Sehr gut.« Ohne sein Glas abzusetzen, sagte Marshall : »Der Skipper der Yacht hat uns noch nicht mal entdeckt. Aber wenn, dann geht es rund!«

Er sah Buck überrascht an. Mit seiner deutschen Mütze und in der Lederjacke sah er wie ein Fremder aus. Er blickte auf das Deck. Auch dort sah es aus, als sei das Boot wieder in der Hand seiner früheren Besitzer. Warwick stand da mit Mütze und kurzer Hose, eine Luger hing deutlich sichtbar an seiner Hüfte. Die Geschützmannschaft sah ähnlich abenteuerlich aus, die Schwimmwesten leuchteten hell vor dem grauen Stahl und den Panzerplatten.

Als Marshall seinen Blick wieder auf die Yacht richtete, sah er dahinter das gewaltige Dock. Der Dunst über der See teilte es immer noch in zwei Hälften. Doch in den Dunst mischte sich schwerer Rauch. Bei dem sich langsam bewegenden Giganten mußte also irgendwo ein zweiter Schlepper mitlaufen. Er war nötig als Seeanker, falls eine plötzliche Bö oder eine Strömung das Dock packen sollte.

Buck hatte das Kinn fast auf dem Sprachrohr. »Schwimmdock peilt grün-drei-null. Entfernung null-fünf-null.« Er sah zu Marshall hinüber. »Was meinen Sie, Sir, sollen wir gleich eine volle Salve feuern?«

Marshall schüttelte den Kopf und fragte sich, ob die italienischen Ausgucks wohl alle schliefen. »Nein. Wir müssen die Torpedos auf geringster Tiefe laufen lassen. Sonst könnten sie unter dem Dock durchziehen. Wir wissen nicht, wie tief es im Wasser liegt. Wenn wir jetzt feuern, könnten wir die Yacht treffen, und der ganze Angriff wäre erfolglos.«

Hinter sich hörte er den Signalmaat. »Sie haben uns entdeckt, Sir!«

Sekunden später blinkte von der Yacht her ein Signal. Im Sonnenschein war es fast nicht zu erkennen.

Aber Blythe schien zufrieden. »Der gleiche Anruf wie letztesmal, Sir.« Er hob die Signallampe. »Soll ich antworten?«

»Noch nicht. Sie sollen noch ein bißchen schwitzen.«

Marshall versuchte, sich im Geist sein Boot vorzustellen. Wie wirkte es auf die näher kommenden Fahrzeuge? Die Nummer des U-Bootes war schon lange durch ein großes Kreuz ersetzt worden. Das sah durch See und Tang einigermaßen mitgenommen aus, doch es wirkte gerade dadurch vermutlich recht echt. Es hieß, drei oder vier deutsche U-Boote würden im Mittelmeer mit den Italienern operieren. Also nicht genug, um schon sehr bekannt zu sein.

»Wieder der Anruf, Sir!«

»Sehr gut. Jetzt können Sie antworten.«

Durch das Sprachrohr hörte Marshall jemanden aus Bucks Gruppe: »Alle Rohre feuerbereit, Sir!«

Marshall leckte sich die Lippen, schmeckte Salz. »Tiefeneinstellung drei Meter. Aber wir müssen noch dichter ran. Wir müssen ganz sicher gehen.«

Er überhörte Bucks schnelle Anordnungen und konzentrierte sich ganz auf die Yacht. Sie lief immer noch Zickzack. Ihr Generalkurs brachte sie langsam nach Steuerbord voraus. Er konnte an Deck Gestalten in weißen Uniformen entdecken und weitere an einem Geschütz unterhalb der Brücke.

Er sagte: »An Zentrale: Dauernd Luftausguck durch das große Periskop. Stellen Sie den besten Mann dafür ab, keinen, der nur neugierig zuguckt, was wir hier treiben.«

Blythe wollte wissen: »Soll ich die Flagge setzen, Sir?«

Er kicherte. »Das könnte genau richtig sein.«

Marshall nickte. »Ja, wenn schon, denn schon.«

Er hörte das Quietschen der Flaggenleinen und sah den dunklen Schatten der Flagge, die an der Sehrohrführung emporstieg und über der MG-Mannschaft auswehte. Als er auf die rote Flagge mit dem schwarzen Kreuz und dem Hakenkreuz blickte, war er wieder verblüfft, obwohl er genau wußte, was auf ihn zukam.

Die Frau hatte recht gehabt. Er könnte ihre Arbeit zwar nicht leisten, hatte aber auf alles vorbereitet zu sein: auf Täuschung, Verdacht, Schuldzuweisungen.

Buck sagte: »Wir sollten gleich den Kurs nach Steuerbord ändern, Sir.«

»Nichts da.«

Er wischte Schaumspritzer vom Glas und richtete es auf das Dock aus. Es war etwa zwei Meilen entfernt. Devereaux hatte schon recht, ihn zu warnen. Irgendwo an Backbord warteten die Untiefen, aber *U-192* mußte zwischen dem Festland und dem Ziel bleiben. Wenn Sie jetzt den Kurs änderten, könnte der Feind erkennen, was hier vorging. Und wahrscheinlich gab es einen Flugplatz keine zehn Meilen von hier.

Buck zuckte mit den Schultern, das alles ging ihn nichts an. »Brücke an Zentrale. Kurs halten auf zwei-sieben-acht Grad. Beide Motoren langsame Fahrt voraus.«

Marshall hörte, wie sich das dünne Angriffssehrohr in seiner Führung bewegte, und wußte, daß Gerrard die sich nähernden Fahrzeuge ebenfalls beobachtete. Er schätzte sie ein und verglich seine eigenen Kalkulationen mit denen der Angriffsgruppe.

Die bewaffnete Yacht war jetzt weniger als neunhundert Meter entfernt. Marshall sah, wie ein Mann Abfall über die Seite kippte. Hungrig kreisten Möwen und stürzten sich erwartungsvoll auf diese willkommene Beute.

Blythe fluchte: »Verdammt. Sie haben Leichter am Dock festgemacht, Sir.« Er senkte das Glas. »Und jetzt wird der Dunst auch noch dichter. Ich seh' nichts mehr.«

Marshall sah ihn besorgt an. Der Mann litt nicht unter Einbildungen. Es konnte durchaus sein, daß der Feind die Leichter als Extraschutz am Dock festgemacht hatte. Der Gedanke war nicht schlecht. Damit könnten sie Fernschüsse gut abfangen. Ein einzelner Torpedo oder auch zwei würden an den Leichtern explodieren und am eigentlichen Ziel kaum Schaden anrichten.

»Weiter beobachten.« Er lehnte sich über die Brüstung.

»Sub! Erledigen Sie Ihre Aufgabe, wenn sie noch näher kommen. Antworten Sie auf Deutsch. Aber wenn es Probleme gibt, kommen Sie zu mir.«

Er sah Warwick, der sich umdrehte und winkte, und fragte sich, ob den Italienern wohl auffallen würde, wie bleich die Männer aussahen und daß sie keine weißen Uniformen trugen. Aber das war eher unwahrscheinlich. U-Boot-Fahrer richteten sich in allen Marinen der Welt nach ihren eigenen Gewohnheiten.

Neben Marshall gab Buck seinen Leuten einen Befehl nach dem anderen: Peilungen, Entfernungen, Kurse und geschätzte Geschwindigkeiten. Schade, daß sie keinen Fächerschuß anbringen könnten. Aber wenn das Unternehmen erfolgreich sein sollte, dann mußten möglichst viele, wenn nicht sogar alle Torpedos ihr Ziel finden.

Er blickte auf, legte die Hand gegen das scharfe Licht über die Augen. Nirgendwo ein Flugzeug. Nur zwei Möwen flogen in Höhe des Sehrohrs und hofften vielleicht auf bessere Abfälle als bei den Italienern.

»Signale von der Yacht, Sir.« Blythe wischte sich das Gesicht. »Diesmal italienisch.«

»Antworten Sie: *Nicht verstanden.*«

Ein deutscher U-Boot-Kommandant würde sich zwar auf jeden Fall nur korrekt, vielleicht aber auch ein wenig herablassend seinen italienischen Verbündeten gegenüber verhalten.

Die Flagge hob sich und wehte träge in der leichten Brise. Als er wieder aufsah, sah Marshall zum erstenmal das Schwimmdock in ganzer Größe. Im starken Glas sah er das Spiegelbild wie eine helle Klippe. Vor dem Himmel war sein Umriß gezeichnet von Auslegern und Laufkränen. Er entdeckte die Leichter, lange niedrige Fahrzeuge, vier an der Zahl. Wahrscheinlich befanden sich auf der anderen Seite noch einmal so viele. Einer der Schlepper war ein gewaltiges Kaliber, hatte in Friedenszeiten wahrscheinlich in Hochseeeinsätzen gedient. Der zweite war immer noch achtern verborgen, daß er da war, erkannte man nur an einer schlanken Rauchfeder.

Buck murmelte: »Das ist ja gewaltig. So ein Dock braucht man für schwere Kreuzer, vielleicht sogar für Schlachtschiffe.« Er nickte. »Perfekt geeignet.«

Marshall antwortete nicht. Die bewaffnete Yacht würde bald so stehen, daß sie den langsamen Schleppzug nach Steuerbord achteraus führen könnte. Das Ziel lag dann genau richtig vor der klaren, hellen Kimm. Alles müßte perfekt klappen.

»Klar zum Angriff.«

Er trat auf Bucks Gräting und blickte nach unten auf seine Peilungen. Er sah die kleine rotgrüne Flagge vor den Stagen. Und dann hielt er den Atem an. Das gewaltige Schwimmdock schob sich ins Zielfeld.

»Klar Rohr eins bis sechs.«

Er erhob sich langsam und nahm die Mütze ab. Es wäre dumm, Probleme zu schaffen, indem er die ganze Zeit über die Brückenpeilungen gebeugt stand.

Er hörte Buck ärgerlich sagen: »Mist. Die verdammte Yacht fährt eine Wende.«

Was hatte sie vor? Sie fuhr einen scharfen Bogen und würde dem Unterseeboot genau vor den Bug laufen, falls sie den Kurs beibehielt. Waren die dort draußen neugierig geworden oder hatten sie etwas gerochen? Doch eigentlich war es nicht von Bedeutung.

»Warwick soll sich bereithalten«, sagte Marshall kurz.

Er blickte nach achtern, um sicherzugehen, daß die Geschützmannschaft die Yacht auch im Auge behielt. Der Vierling ragte steil in den Himmel, aber Marshall sah die Finger des Richtschützen wie Krallen auf dem Schanzkleid, hinter dem die Mannschaft hockte.

Blythe sagte erregt: »Da ist ein Deutscher an Bord, Sir!«

Marshall drehte sich wie zufällig zu der Yacht um. Der Versuch, dabei Ruhe zu demonstrieren, schmerzte ihn fast. Als er die Yacht im Blick hatte, entdeckte er eine einsame weißgekleidete Gestalt in der Brückentür. Eigentlich war das zu erwarten gewesen. Viele italienische Schiffe hatten auch Deutsche an Bord. Die sollten ihnen wohl Mut machen oder auf sie aufpassen. Wie auch immer – dieser Deutsche da zeigte besonders großes Interesse am U-Boot.

»Zentrale an Brücke«, meldete Gerrard, »erfassen das Ziel jetzt.«

Marshall riß sich von der Gestalt drüben los und beugte sich über die Peilungen. Jetzt oder nie.

»Klar zum Feuern.« Er fühlte, wie der Schweiß ihm unter der Mütze brennend in die Augen lief. »Ganz ruhig.« Er dachte laut, aber er spürte um sich herum nur Spannung. Hinter den Peildrähten schien das Dock sich nicht mehr zu bewegen. Es lag in unveränderter Position.

»Feuer Rohr eins.«

Er spürte die leichte Erschütterung des Rumpfes, als die Druckluft zum Ausstoßen des Torpedos zurück ins Boot geleitet wurde.

»Torpedo läuft, Sir!«

Buck hielt seine Stoppuhr so, als wolle er sie gleich zerschmettern. Seine Gesichtszüge zeichneten sich scharf vor dem blendenden Licht ab.

»Feuer Rohr zwei!«

Blythe meldete heiser: »Die Yacht ruft uns wieder an!«

»Feuer Rohr drei!«

Marshall hörte das Heulen einer Sirene und wußte, daß sie jetzt entdeckt worden waren.

»Feuer frei!«

Der Vierling schwang seine vier Rohre nach unten und nahm dann die drehende Yacht ins Visier. Einer der Schützen am Maschinengewehr auf der Brücke zielte bereits, und der Munitionsgürtel glitzerte im Sonnenlicht, als der Mann das erstemal den Abzug betätigte.

Marshall dachte an nichts, während er sich auf das Stück Wasser vor dem Bug konzentrierte. Aber es geschah nichts. Keine Schaumspur verriet, wo der dritte Torpedo aus dem Rohr gelaufen war.

Er wollte zum Sprachrohr gehen, als er sich zurückgeworfen fühlte und eine betäubende Explosion die Brücke erschütterte. Ein Blitz blendete ihn. Wasser sprühte hoch, und er sah, wie ein Maschinengewehrschütze zusammenbrach und um sich schlug, während seine Waffe nutzlos aufs Meer kickte.

Buck schrie: »Das verdammte Ding muß direkt nach unten getaucht und auf dem Grund explodiert sein.« Er bückte sich, während ein wilder Hagel roter Leuchtspurgeschosse über die Brücke fuhr und auf das Stahl hämmerte.

Marshall zog sich an das Sprachrohr. »Angriff fortsetzen.«

Er erwartete wilde Rufe, Meldungen, daß das Boot tödlich verletzt sei. Doch er hörte statt dessen nur Glas bersten und Rufe, die nach der Notbeleuchtung verlangten.

Dann die Meldung: »Klar, Sir!«

»Feuer Rohr vier.«

Als Marshall die Yacht wieder sah, lief sie quer zu ihrem Kurs. Zwei Maschinengewehre feuerten, und ein Deckgeschütz reichte näher an *U-192*.

Ein dumpfer Knall wehte übers Wasser, wiederholte sich und mündete in eine laute Explosion. Marshall richtete sein Glas auf das Schwimmdock und sah Rauch über der Stelle, wo eben noch zwei Leichter gewesen waren. Eine zweite Explosion krachte über das Wasser. Diesmal stieg Rauch auf, in dem orangefarbene Flammen züngelten. Ihr zweiter Torpedo hatte also auch getroffen.

Endlich feuerte auch Warwick, doch der erste Schuß ging über die Yacht hinweg und schlug eine Meile hinter ihr ins Wasser. Der Vierling hatte mehr Glück. Wie vier aufeinander zulaufende Feuerzungen fuhren die Leuchtspurgeschosse über die Yacht und zogen dann durch den Rumpf mit dem Geräusch einer Bandsäge. Holzstücke und Eisensplitter, Mastteile und Teile des Riggs flogen in alle Richtungen, und über allem heulte immer noch die Sirene. Vielleicht hielt ein toter Mann ihre Reißleine fest.

»Alle Torpedos abgefeuert, Sir!« Buck sah erschöpft aus, doch dann strahlte er, als der nächste Aal das Schwimmdock traf und in einer heftigen Explosion endete. Die Leichter waren verschwunden. Nach der Position des großen Schleppers zu urteilen, hatte er entweder die

Schlepptrosse gekappt, oder er versuchte, das Dock in Richtung Land zu bugsieren.

»Schadensmeldungen!«

Marshall nahm hinter den Stahlplatten Deckung, als weitere Geschosse gefährlich nahe kamen, Funken aus dem Metall schlugen und dann über das Wasser hinweg in wehendem Rauch verschwanden.

»Verdammt noch mal, wir sind nicht erfolgreich genug.« Buck wischte sich über die Augen und starrte auf das ferne Dock im Rauch.

Blythe rief: »Zwei Mann auf dem Deck verwundet, Sir«, und fuhr ohne abzuwarten fort: »Krankenträger auf die Brücke.«

Die Yacht war übel zugerichtet. Die Vierlingsgeschosse hatten den schlanken Rumpf zertrümmert, und aus Dutzenden von Löchern stiegen Flammen und Rauch empor. Ein Maschinengewehr hatte sein Ziel erreicht und hatte die Waffen auf der Yacht zum Schweigen gebracht. Die Geschützmannschaft lag unsichtbar irgendwo zusammengeschossen.

Eine Explosion schleuderte das Deck in die Luft, und noch ehe es zurückfiel, begann die Yacht zur Seite zu rollen. Die Bilge zeigte ein zweites gewaltiges Loch, ein tödlicher Treffer von Warwicks Geschütz.

»Flugzeug, Sir!« brüllte der Ausguck wie ein Verrückter. »Backbord voraus!«

Marshall versuchte, seine Gedanken zusammenzuhalten. Die Maschine war noch weit weg, vielleicht noch über Land, das jetzt hinter einer wirbelnden Rauchwand verborgen war. Sehr klein und sehr fern.

Buck schrie: »Treffer!« Er wedelte mit der Mütze in der Luft. »Sehen Sie sich das an.«

Der letzte Torpedo hatte das Dock an der hohen Seite

jenseits der Mitte getroffen. Eine Rauchwolke stieg nach oben, blieb unbewegt unter dem Himmel stehen und verwandelte sich in eine feste Wolke. Unterhalb der Seite des Docks konnte Marshall kleine weiße Spritzer ausmachen, wo Teile der Aufbauten und der Maschinen in die See gestürzt waren.

Jemand eilte über die Brücke mit einer Sanitäter-Tasche. Marshall konnte durch die dort hockenden Schützen im treibenden Rauch Willard erkennen, den jungen Maschinisten, dessen Mutter auf den Strich ging. Der Junge schaute ihn an, erkannte ihn, grinste kurz, sprang dann auf die Leiter und kletterte auf das Deck. Andere folgten ihm und kniffen die Augen zusammen, als sie das helle Tageslicht erblickten und die Nähe des Todes spürten.

Marshall legte die Hände an den Mund. »Feuer einstellen! Neues Ziel aufnehmen: Schlepper.«

Die Yacht war fast verschwunden, doch die Schützen schienen nicht aufhören zu können und jagten Garbe nach Garbe in den zersplitternden, brennenden Rumpf und machten aus der See einen Mahlstrom mit Schaumfontänen.

Der sechste Torpedo schlug in das Dock nur wenige Meter vom letzten entfernt. Wieder stieg Rauch auf, aber diesmal waren keine Flammen zu sehen. Marshall starrte ungläubig auf den eckigen Umriß, da das Ding trotz der vielen Treffer noch schwamm. Er zuckte zusammen, als das Deckgeschütz das Feuer auf den großen Schlepper eröffnete und die erste Granate dicht unter seinem hohen Heck einschlug.

»Das Flugzeug dreht, Sir!«

Marshall zog das Glas nach vorn und fand im Himmel den kleinen glänzenden Flecken, der dort fast bewegungslos zu hängen schien und nun auf die stumme Schlacht weit unter sich zuflog.

Buck rief: »Soll ich die Brücke räumen lassen?«

Marshall packte ihn am Arm. »Nein. Wir müssen ganz sicher sein wegen des Schwimmdocks. Wir laufen neben das verdammte Ding und nehmen es unter Geschützfeuer.« Er schüttelte ihn heftig. »Sagen Sie den Männern an der Flak, sie sollen gleich das Flugzeug beharken. Bisher ist nur eins in der Luft.«

Blythe blickte vom Sprachrohr auf: »Keine Schäden am Rumpf.«

Marshall nickte, weil er nicht sprechen konnte. Hätte der eigene Torpedo den Rumpf verletzt, hätten sie jetzt sofort an Land gehen können, um sich zu ergeben.

»Flugzeug fliegt an, Sir!«

Buck rief: »Ich werde die beiden Heckrohre nehmen, Sir!« Er klang wütend oder erregt, der Unterschied war schwer auszumachen.

»Nein. Wenn fünf Torpedos es nicht schaffen, dann ...«

Er drehte sich um, als ein dumpfes, plötzliches Grummeln über das Wasser dröhnte. Es wollte nicht aufhören, sondern klang, als liefe unter Wasser eine gewaltige Maschine.

Buck hielt die Luft an. »Wir haben es erwischt!« Er schien es nicht fassen zu können. »Es ist hinüber.«

Das Schwimmdock senkte sich in ihre Richtung, sehr langsam, als sei das Teil eines präzisen Planes. Nur aufquellender Schaum an der Wasserlinie verriet, wieviel Wasser in das Dock lief und wie ein oder der letzte Ballasttank zerbarst. Ein großer Kran stürzte außenbords und hing dann nach unten wie ein toter Storch. Andere Teile brachen und stürzten über die ganze Länge des Docks in die See. Der Schlepper brannte lichterloh, der

Rumpf war auf einmal deutlich zu sehen, während Warwicks letzte Granate eine Wasserfontäne aufspritzen ließ.

Marshall rief: »Das war's. Alle Mann von Deck. Wir tauchen.«

Er suchte das Flugzeug, aber das war im Rauch verschwunden. Es konnte überall sein. Er hörte das Signalhorn heulen. Es hallte laut durch das Luk, nachdem das Feuern aufgehört hatte. Männer kletterten über die Brücke, schleppten Verwundete mit, manche hinkten und fluchten, während sie sich in Sicherheit begaben.

Da heulten plötzlich im Rauch die Motoren des Flugzeugs auf. Es erschien wie ein heller Blitz zwei Kabellängen voraus. Marshall sah das Feuer aus den Bordgeschützen wie Dolche, das Muster, das die Geschosse auf sie zu ins Wasser rissen und über das Deck hinweg auch auf der andere Seite. Das Geschütz verfolgte es. Die krachenden Explosionen und die Leuchtspurgeschosse ließen einige Männer im Luk sich zusammenkauern, unfähig, ihren Weg nach unten fortzusetzen.

Buck brüllte: »Los, nach unten! Bewegt euch, Leute!«

Wieder schlug Eisen auf Stahl, dann war das Flugzeug zu weit weg für die Flak und zog eine neue Schleife.

Marshall packte einen Mann am Arm und riß ihn auf die Brücke. Das Flugzeug trug zwar keine Wasserbomben, aber schon ein zweiter Angriff wie der erste konnte *U-192* tödlich verwunden. Sie würden nicht mehr tauchen können.

Er rief in das Sprachrohr: »Hart Steuerbord. Beide Maschinen an, volle Kraft voraus.«

Buck hing über der Brüstung und rief: »Hier ist der letzte.«

Es war Willard, der Maschinist. Sein rundes Gesicht war kreidebleich. Das Geschützfeuer schien ihn nicht aus der Ruhe zu bringen, ebensowenig wie das Dröhnen der Maschinen.

Ein Ausguck rief laut: »Halt, da hängt noch einer am Geschütz!«

Willard schrie zurück: »Tot. Dem ist nicht mehr zu helfen.«

Doch der Ausguck schrie noch lauter, sah entsetzt und verzweifelt aus: »Aber er bewegt sich noch, verdammt noch mal.«

Marshall rief: »Sie übernehmen den Turm, Nummer Eins.«

Er blickte zu dem Mann. Er lag ausgestreckt unter dem langen Rohr des Geschützes. Marshall registrierte, daß es vom letzten Schuß immer noch rauchte. Aber der Mann müßte tot sein. Willard hatte offenbar recht. Er schien ein Bein verloren zu haben und lag in einer Lache von Blut. Dann sah Marshall, wie sich die Hand des Mannes bewegte, sehr leicht nur, wie etwas, das gar nicht mehr zu ihm gehörte.

Das Flugzeug war nun verschwunden und wendete wahrscheinlich in der großen Qualmwolke. Jetzt war die einzige Chance.

»Feuer einstellen!«

Er sah die Mannschaften auf die Brücke rennen, die Maschinengewehrleute hatten ihre Waffen schon nach unten fallen lassen und sprangen hinterher.

»Brücke klar!«

Buck fluchte und stöhnte dann: »Du Idiot, komm zurück!«

Marshall eilte neben ihn und sah Willard, der schon die halbe Strecke zurückgelegt hatte. Seine Verbandstasche hüpfte wie die Brottasche eines Schülers an seiner Hüfte.

Er zog Buck zur Seite: »Los, nach unten. Das ist ein Befehl!«

Als er wieder hochsah, war die Brücke leer.

Er hörte, wie Gerrard von unten durch das Sprachrohr anfragte: »Was ist denn los, Sir?«

Doch Marshall sah nur den Maschinisten, der gerade den Mann am Geschütz erreicht hatte. Er hielt nur ein paar Sekunden inne und drehte sich dann um in Richtung Turm. Er öffnete den Mund, aber seine Worte wurden durch das Röhren der anfliegenden Maschine übertönt, und doch schien Marshall sie zu hören.

Im rauchigen Sonnenlicht entdeckte er den Glanz in diesen Augen: Furcht, Tränen oder die Bereitschaft, zu sterben.

Der feindliche Pilot hatte seinen Angriff falsch berechnet, wohl weil das U-Boot Kurs und Geschwindigkeit geändert hatte. Als er aus dem Qualm auf die See hinabstieß, war *U-192* weit achteraus, aber die Maschinengewehre feuerten wie wild, und einige Kugeln rissen Löcher in die deutsche Flagge, und andere schlugen in den dichten Rauch, der über dem brennenden Schlepper hing.

Nur wenige trafen das Deck. Doch Marshall sah, wie der Junge stolperte und dann weggerissen wurde und über die Seite glitt.

Marshall schrie: »Tauchen, Nummer Eins!«

Dann sah er die Leiche des Maschinisten auf dem Außenbunker, Arme und Beine bewegten sich wild, er blickte immer noch in Richtung Brücke, und dann zog ihn der Strudel der Schrauben außer Sicht.

Das Deck senkte sich, die Luft war voller Lärm: Flugzeugmotoren, das Fluten der Tanks, die See, die über dem Deck zusammenschlug und den zweiten Toten in Richtung auf die Brücke schwemmte.

Marshall nahm das alles wahr und konnte sich doch nicht bewegen. Er wußte, daß jemand auf der Brücke erschienen war, daß er plötzlich auf der Leiter stand und der Himmel sehr klar durch das Luk zu sehen war.

Dann stand er in der Zentrale, in der es totenstill war, während das Boot in die Tiefe ging. Er beobachtete die Zeiger des Tiefenmessers und hörte die regelmäßigen Meldungen vom Echolot. Er registrierte genau, was geschah, und doch war er weit entfernt.

Dann erreichten ihn plötzlich die Stimmen seiner Männer. War er unten oder immer noch auf der Brücke oder trieb er, jenseits aller Schmerzen, neben Willard her?

»Tiefe halten die nächsten zwanzig Minuten. Kurs null-acht-null«, befahl Gerrard. Er sah Marshall an: »Alles unter Kontrolle, Sir!«

»Danke.« Marshall zuckte vor seiner eigenen Stimme zurück. »Wir sollten jetzt ein bißchen Ruhe finden.«

Er spürte, wie sein Magen sich zusammenzog, wie seine Haut wieder von einem Nässefilm überzogen wurde, als müßte er sich gleich übergeben. Wenn er nur seine Koje erreichte, nur ein paar Augenblicke Ruhe fände, das würde ihm wieder Kraft geben, genug, um wieder zu funktionieren.

Blythe ging an ihm vorbei. Seine Stiefel knirschten auf den Splittern aus zerstörten Lampen und Armaturen. Dieses Geräusch holte Marshall in die Wirklichkeit zurück. Er konnte sich nicht ausblenden, egal, wie er sich fühlte.

»Schadensmeldungen? Sind die Verwundeten versorgt?«

Er hielt sich am eisernen Sitz des Coxswains fest, als das Boot in einer tiefen Querströmung unerwartet schwankte.

Blythe meldete vom Schott her: »Drei Verwundete, Sir. Aber ich höre, sie sind gut versorgt. Nichts Ernstes!«

Marshall nickte: »Gut!«

Brust und Beine des Signalmeisters waren naß von Schaumflocken. Also war er nochmal auf die Brücke geeilt, um ihn nach unten zu holen.

Marshall fuhr fort: »Die zerstörten Birnen ersetzen. Und Bugrohre neu laden.« Er blickte zu Frenzel. »Chief, checken Sie alle Maschinen noch einmal ganz genau. Wir werden morgen die Straße von Otranto passieren. Ich möchte nicht, daß uns eine Ölspur verrät.«

Gerrard trat zu ihm. »Alles in Ordnung, Sir.« Er sprach sehr leise. »Ich habe alles im Griff. Ich würde mich wohler fühlen, wenn Sie sich jetzt etwas ausruhen. Sie haben genug getan.«

Marshall nahm die Mütze ab und fixierte sie ein paar Augenblicke lang. Der Adler hielt das deutsche Hakenkreuz in den Klauen. Die vergangenen Augenblicke zerrten an seinen Nerven. Am liebsten würde er laut schreien.

Gerrard sagte: »Warum haben Sie das getan, Sir? Sie hätten getötet werden können!« Als Marshall schwieg, fuhr er fort: »Es war Willard, nicht wahr?«

Er nickte bedrückt. »In der Art. Er sah mich an, so als wollte er mir etwas beweisen.« Er klemmte sich die Mütze unter den Arm.

»Sie konnten nichts mehr für ihn tun.« Gerrard blickte sich in der Zentrale um, in der jeder mit seiner Aufgabe beschäftigt schien. »Das wußten Sie genau wie jeder andere!«

»Ich glaube schon.« Marshall erinnerte sich an das Gesicht des Jungen, der so allein auf Deck gestanden hatte. Diese letzten Augenblicke, die sie beide verbunden hatten. »Er mußte sehen, daß jemand sich um ihn kümmerte. Auch wenn es zu spät war.«

Gerrard lächelte traurig: »So habe ich mir das gedacht.«

Wieder knirschten Splitter auf dem Boden. Warwick kam über die Süll und lehnte an der Tür.

Frenzel wollte wissen: »Alles in Ordnung mit Ihnen, Sub?«

»Ja. Danke.« Er schaute Marshall an, und ein Schauer überlief ihn. »Ich fühle überhaupt nichts.« Er schien überrascht. »Noch nicht.«

Marshall ging langsam in der Zentrale hin und her, ohne daß ihm das selbst bewußt wurde. Er sah, daß Devereaux über seiner Karte hockte, doch seine Hände und die Geräte bewegten sich nicht. Dann merkte er, daß der Mann die Augen fest geschlossen hielt, wie jemand, der in ein Gebet versunken ist. Buck sprach im Gang jenseits des Schotts mit einigen von seinen Leuten. Sicherlich debattierten sie über die Gründe, warum der Torpedo versagt hatte. Warwick stieg über das Süll und lehnte sich gegen die Tür, in kurzen Hosen und mit der schweren Pistole an der Hüfte. Wie auch immer er sich jetzt fühlen mochte, eben hatte er sich wie ein kampferprobter Veteran verhalten. Marshall versuchte, in seiner Erinnerung die Stücke aneinander zu fügen, um alles auf die Reihe zu bekommen: Buck und Warwick, ein Werkstattbesitzer und ein Student, der mal Pazifist gewesen war.

Er sah Frenzel mit verschränkten Armen am Schaltbrett warten. Einer seiner Männer fummelte mit einem Schraubenzieher herum, um die Schäden zu reparieren, die der schadhafte Torpedo verursacht hatte. Ob er wohl an Willard denkt, fragte er sich. Oder war Willard schon abgeschrieben, vergessen wie ein nutzloser Putzlappen?

Marshall sagte: »Wegtreten von Tauchstation. Wenn hier alles klar ist, soll der Koch uns ein Essen machen.« Befehle zu geben lenkte ihn von seinen belastenden Gedanken ab.

Gerrard begleitete ihn zur Tür. »Ich rufe Sie, wenn irgend etwas anliegt, Sir.« Er versuchte zu lächeln. »Wie immer. Erholen Sie sich ein bißchen.«

Diesmal wehrte Marshall sich nicht. Er antwortete ruhig: »Schrecklich. Es wird jedesmal schrecklicher.«

Gerrard sah ihm nach und kehrte an seinen Platz hinter den Coxswain zurück. Marshall muß relaxen, dachte er grimmig. Nicht nur für sich selbst, sondern um der gesamten Mannschaft willen.

Weit achteraus, wo sie weggetaucht waren, hatte der Schlepper eine sorgfältige Suche nach Überlebenden begonnen. Die Mannschaft hatte außer den Bränden und dem Gewehrfeuer wegen des Dunstes wenig mitbekommen. Mit der fallenden Dämmerung beendete der Schlepper die Suche und lief in Richtung Land.

Marshall lag auf seiner Koje, starrte an die Decke und holte sich die Szene wieder zurück. Es gab keine Überlebenden. Dessen war er ganz sicher. *U-192* hatte in diesem Punkt seine Aufgabe wie immer erfüllt. Natürlich.

Vor seiner Kajüte hörte er jemanden die Glassplitter zusammenfegen. Der Mann pfiff im Takt des kehrenden Besens. Marshall versuchte, sich an den Namen der Melodie zu erinnern. Und sank darüber in einen leeren, traumlosen Schlaf.

Dringender Auftrag

In der kalten Nachtluft biß Marshall die Zähne zusammen und hielt sein Glas ruhig über den vorderen Teil des Brückenschanzkleides hinweg. Die Elektromotoren liefen auf niedriger Stufe, und so war kaum etwas anderes zu hören als das sanfte Rauschen des Wassers an den Außenbunkern entlang und das gelegentliche Knarren von Metall, wenn das Boot in einer unregelmäßigen Dünung vor der Küste schwankte.

Sie liefen zwar schon eine halbe Stunde über Wasser, aber jetzt beherrschte eine eiskalte Nässe das Dunkel. Nach dem Sonnenlicht, das sie am Tage über das Sehrohr beobachtet hatten, zerrte dies an ihrer aller Nerven.

Ein lautes Krachen ertönte unterhalb des Turms, und ein Strom wilder Flüche von Second Coxswain Cain folgte.

Buck stand neben Marshall und senkte sein Glas. »Diese selbstgebaute Tarnung wurde ein bißchen ramponiert, als der defekte Torpedo nach unten fiel.« Er stöhnte leicht, weil aus dem langsam schleichenden Unterseeboot weiteres Krachen und Kratzen nach oben kroch. Nach der Stille verstärkte sich jedes Geräusch zu ohrenbetäubender Lautstärke.

Marshall entgegnete scharf: »Sorgen Sie dafür, daß sie sich beeilen. Und äußerste Ruhe.«

Er schaute nach unten auf den Kreiseltochterkompaß. Sie liefen genau nach Süden, der Bug wies exakt in den Golf von Sidra, also Richtung Küste Libyens. Bucks wütende Bemerkung über den defekten Torpedo erinnerte daran, welche Bedeutung Zeit und Entfernungen immer noch hatten.

Es war sehr dunkel. Nur eine schmale Mondsichel und ein paar hohe, verhangene Sterne spiegelten sich auf dem ruhigen Wasser um sie herum. Eine Woche nachdem sie das große Schwimmdock und die Begleiter versenkt hatten, waren die Männer frustriert und unsicher. Frenzels Treibstoffvorräte nahmen ab, und die Verpflegung war bis auf ein paar Grundnahrungsmittel erschöpft. Es schien, als habe die Welt, die sie ständig über Funk hörten, sie ganz und gar vergessen, oder als habe man *U-192* wegen einer neuen Krise einfach aufgegeben. Doch dann war endlich eine Meldung für sie dabei. Nachdem sie entschlüsselt und die wenigen Angaben auf Devereaux' Karte übertragen worden waren, ließ Marshall sofort Kurs auf die nordafrikanische Küste nehmen. Man rechnete also doch noch mit ihnen. Mit einigem Glück würden sie dort wertvollen Treibstoff bunkern und Verpflegung übernehmen können. Und etwas Ruhe finden.

Es war schon seltsam, daran zu denken, daß auf dem großen Kontinent, der irgendwo an Backbord verborgen lag, die bittersten Kämpfe in Nordafrika stattgefunden hatten. Benghasi und Derna, und weiter östlich das zerschlagene, aber tapfere Tobruk. Als Marshall mit der *Tristram* das letzte Mal hiergewesen und auf der Suche nach feindlichen Schiffen diese Küste entlanggekrochen war, hatte es sogar nachts hier ganz anders ausgesehen. Aus der Ferne hatte man immer das Artilleriefeuer gehört, nur die großen Wüstenflächen dämpften den Donner etwas. Gelegentlich stiegen Leuchtkugeln auf, und dann folgten sofort Gewehrschüsse. Patrouillen waren sich begegnet, und sie kämpften ihr

Treffen mit Gewehr und Bajonett unter dem stillen Nachthimmel aus.

Buck kam zurück und rieb sich die Hände. »Wir haben das Ding aufgetakelt, Sir. Bei diesem Licht könnte man Zweifel haben, aber aus der Ferne wird's wohl funktionieren.«

Die Tarnung aus Blech, die man auf dem Troßschiff in so kurzer Zeit gebastelt hatte, zierte jetzt den hinteren Teil des Turms und verwandelte die knappen Umrisse des deutschen U-Bootes in ein englisches, was sich jedoch nur bei genauem Hinschauen verriet.

Marshall meinte: »Wahrscheinlich ist das reine Zeitverschwendung. Der Feind dürfte uns inzwischen kennen!«

Gerrards Stimme klang aus dem Sprachrohr neben Marshalls Ellbogen. »Wir hätten längst was in Sicht bekommen müssen, Sir. Wir sind zehn Minuten über die Zeit.«

»Verstanden.« Er bewegte sein Glas Richtung Steuerbord. Nichts. Außer ihrer heimlichen Bewegung war nichts auszumachen. »Vielleicht ist irgendwas schiefgegangen.«

Buck meinte: »Das habe ich auch gerade gedacht. Wenn die Deutschen zurückgekehrt sind? Dann rennen wir einer ihrer Patrouillen direkt in die Arme!«

Marshall lächelte. »Ich bin jetzt fast soweit, daß ich nicht mehr weiß, auf welcher Seite ich wirklich stehe!«

Wie konnte er mit Buck nur so reden, als ob ihn das alles hier kalt ließe? Jede Sekunde zerrte an den Nerven, und selbst die friedliche See schien voll schleichender Schatten und drohender Umrisse.

Er sagte kurz: »Sagen Sie dem Horchraum, die Leute sollen ihr Gerät noch mal prüfen. Sie haben sich vielleicht wegen der Wassertiefe oder der Schallreflektion von der Küste vertan.« Dann packte er Buck am Handgelenk. »Kommando zurück. Das machen die sicher schon, auch ohne daß ich sie drängle.«

Buck grinste: »Ich wette, die würden sich zu Hause krumm lachen, wenn sie uns so sehen könnten.«

Marshall setzte das Glas ab und rieb sich die Augen. Diese harmlose Bemerkung brachte die Erinnerung an England zurück. Es war Mai, alle Farben kamen aus der Erde – trotz der Bomben und Zerstörungen.

Er dachte an das Haus in der Nähe von Southampton. Gail in seinen Armen, in der Leidenschaft alle Vorsicht vergessend. Wenn er sie nun geheiratet hätte? Würde seine Welt jetzt anders aussehen?

»Sir!« Buck lehnte sich über die Brüstung. »Ein Boot. Backbord voraus!«

Marshall schob sich an ihm vorbei und hörte, wie die MG-Schützen ihre Waffen in der Dunkelheit ausrichteten, hörte einen Mann tief atmen und spürte sein Herz kräftig schlagen. Er sagte mit belegter Stimme: »Kein Wunder, daß wir sie nicht hören konnten. Sie treiben.«

Es war nur ein dunkler Fleck auf der See. Buck hatte wirklich verdammt gute Augen.

Marshall sah eine Lampe kurz aufblitzen, sehr tief über dem Wasser, und hörte, wie ein MG-Schütze tief und erleichtert aufatmete.

»Antworten Sie, Signalmeister!«

Marshall packte das nasse Metall und wartete ungeduldig, während Blythe ihre Kennung gab. Sofort fing stotternd eine Maschine an zu laufen, und der dunkle Schatten wurde langsam länger, während er neben den Rumpf des U-Bootes trieb. Es war ein sehr altes Fahrzeug, zeigte einen hohen Bug und am Heck den Pfosten eines portugiesischen Fischerbootes. Aber die Stimme, die durch das Megaphon zu hören war, klang eindeutig britisch: »Folgen Sie mir, Commander Marshall. Die Deutschen haben vorausschauend einen Wellenbrecher gebaut, als sie das letzte Mal hier waren – aus gesunkenen Schiffen.« Ein blechernes Kichern erklang. »Es ist ein guter Anleger, Sie müssen nur auf die Ecken und Kanten achten.«

Buck murmelte: »So ein Idiot.«

Ein tanzendes Hecklicht lief vor dem Bug des U-Bootes her, und ohne längeres Zögern folgte *U-192* ihm auf die unsichtbare Küste zu.

Marshall sagte: »Lassen Sie die Festmachertrupps an Deck kommen. Sie sollen anständige Handleuchten mitbringen. Die Sicherheit ist zweitrangig. Ich habe keine Lust, das Boot gerade jetzt aufzuschlitzen.«

Er war von der Heftigkeit seiner Stimme selbst überrascht. Fing er etwa an, dieses Boot zu mögen? Auch Buck hatte sich über den Mann im Motorboot geärgert. Natürlich war das dumm, aber immerhin ...

Er sah etwas an Steuerbord aufragen. Ein Schiff oder den Teil eines Schiffes, eine Art krummes, rostendes Riff, von Menschen gemacht und hier gelassen, um weiter zu rosten. Wenn der Krieg einmal zu Ende war, würde man dann all seine Hinterlassenschaften beseitigen? Oder würde man noch viele Generationen lang mit diesen fürchterlichen Relikten leben müssen, Symbolen für die Opfer und Erinnerungen an die Dummheit der Menschen?

Aus der Dunkelheit stach ein heller Lichtkegel und strich langsam am Rumpf des Bootes entlang. Marshall sah die Männer an Deck, die vom grellen Licht geblendet waren. Sie ähnelten riesigen Statuen, die auf einem Plateau vergessen worden waren. Weitere Scheinwerfer tasteten über die unruhige Dünung, und dann sah er die am nächsten liegende Kante der improvisierten Pier. Das Licht glitzerte auf einer Reihe halb unter Wasser liegender Bullaugen und über einem zackigen Riß, durch den das Wasser ungehindert gurgelte.

»Steuerbord stopp.«

Er sah eine Wurfleine im Licht und hörte den Mann ausrutschen und ins Wasser fallen, der sie auffangen wollte.

»Langsam achteraus an Steuerbord. Stopp Backbord.«

Der Bug des U-Bootes ragte jetzt dicht über den nächstliegenden Lichtreflex, und er sah Gestalten mit dicken Fendern loseilen, um den ersten Anprall abzumildern.

»Stopp Steuerbord.«

Er fühlte den Rumpf sanft rucken und sah, wie Cains Trupp weitere Trossen nach achtern ausbrachte, um das Boot am Wrack zu sichern.

Es tönten kurze Wortwechsel aus der Dunkelheit, und irgendwo lachte ein Mann hell auf. Er klang, als könne er nicht mehr aufhören. Jemand half einer fahlen Gestalt nach oben und über den Außenbunker, und als Marshall Frenzel befahl, die Motoren abzustellen, erschienen Kopf und Schultern eines Mannes über dem Schanzkleid.

Eine Stimme sagte ruhig: »Sie haben's also tatsächlich geschafft, alter Freund. Sehr gut.« Es war Simeon.

Selbst in diesem schlechten Licht konnte man sein blasses Lächeln erkennen und die lässige Art, wie er stets den Kopf zu halten pflegte.

Marshall sagte: »Das ist hier schon ein toller Treffpunkt.« Was sollte er sonst sagen? Alles wirkte irreal und irgendwie absurd. Zwei Männer trafen sich hier in der dunkelsten Wasserwüste. Wie auf einer abgedunkelten Bühne. Gleich würden die Lichter angehen und dann ...

»Gehen wir nach unten«, sagte Simeon. »Ich habe für hier oben nicht die passende Kleidung.«

Als sie in die hell erleuchtete Zentrale stiegen, stellte Marshall wieder einmal Vergleiche an. Hier seine eigenen Männer, müde aussehend und in schmutzigen Pullovern. Sie waren damit beschäftigt, die Luken und die Ventile zu öffnen, um den Treibstoff zu übernehmen. Andere traten mit leeren Boxen und Kisten in den Händen an. Sie waren erschöpft, daß sie Simeon kaum anschauten. Und vor ihnen stand er, perfekt wie immer. Er trug eine helle Khaki-Uniform und hatte seine Pistole umgeschnallt, als wolle er einen Aufstand im Zaum halten.

Er folgte Marshall in die Messe und sah sich in dem Chaos mit kaum verhohlenem Vergnügen um.

»Ihr Burschen habt's wohl ziemlich hart getroffen!«

Marshall öffnete ein Schapp und entnahm ihm eine Flasche und zwei Gläser. Er sagte nur: »Wir haben das Schwimmdock versenkt. Dabei haben wir zwei Mann verloren ...« Er hielt inne, erinnerte sich an Willard, an das Gesicht auf der anderen Seite des Tisches, als er damals von seiner Mutter gesprochen hatte. Und an den Blick über das Deck hinweg, während er auf den Tod wartete. »Ich weiß immer noch nicht ganz genau, welchen Schaden wir genommen haben. Ein Torpedo war fehlerhaft ...« Er hielt inne, als er Simeons desinteressierten Blick bemerkte. Dem war das alles egal. Den berührte es nicht. »Nun, es steht ja alles in meinem Bericht.«

Simeon ergriff das angebotene Glas und antwortete: »Wir haben vom Schwimmdock gehört. Aus anderen Quellen. Gute Arbeit. Doch der Feind scheint von Ihrer Existenz noch immer keine Ahnung zu haben. Ich habe ja immer gesagt, Sie verfügen über die Fähigkeit, Chaos zu schaffen.« Er hob das Glas. »Prost!«

Marshall setzte sich auf eine Bank und fuhr sich mit den Fingern durchs Haar. Es fühlte sich rauh an. Sand von der Küste wahrscheinlich. Er leerte den Whisky in einem Schluck.

Simeon sagte: »Hier müssen Sie sich um nichts kümmern. Dieser Ort hier ist ein Abfallplatz, buchstäblich. Am Ufer sortieren ein paar Männer Waffen aus, die der Feind in der Eile zurückgelassen hat. Die sind ganz nützlich für Partisanen und andere Interessenten. Ich habe zwei alte deutsche Treibstoffleichter hierher beordert. Sie haben also noch vor Tagesbeginn alle Bunker wieder randvoll mit Diesel. Natürlich bekommen Sie auch Wasser und wahrscheinlich fast alles andere, was Sie wünschen.« Er schien mit sich zufrieden.

»Danke.« Marshall zeigte seine Bewunderung für ihn. »Was macht der Krieg?«

Simeon hob die Augenbrauen leicht. »Natürlich, woher sollten Sie das wissen – die Deutschen sind aus Nordafrika so gut wie verschwunden. Es gibt hier noch ein paar Einheiten, aber die meisten sind bei Kap Bon in Tunesien abgehauen. General Rommel wurde schon vor einiger Zeit ausgeflogen, also ist die Sache eigentlich vorbei, das Ende muß nur noch verkündet werden.«

Gerrard erschien am Schott. »Sir, die Männer am Strand haben die Situation im Griff. Also könnte ich doch ein paar von unseren Leuten an Land gehen lassen. Sie könnten die Dinge erledigen, wie Commander Simeon es für unseren Aufenthalt geplant hat.«

Simeon sah ihn kühl an. »So muß es sein, Nummer Eins. Erst an die Männer denken!« Er lächelte. »Aber es haut nicht hin, tut mir leid. Das Boot muß im Morgengrauen verschwunden sein, sonst gibt es Probleme.« Er lächelte immer noch, aber die Kälte in seinen Augen war nicht zu übersehen.

Gerrard starrte erst ihn an und dann Marshall. »Ist das wahr, Sir?«

Simeon fuhr ihn an: »Hören Sie, ich denke nicht daran, meine Pläne mit jedem Janmaaten zu diskutieren, verstanden. Ich werde Ihren Kommandanten informieren und der Sie!« Er lehnte sich zurück, starrte Gerrard ein paar lange Augenblick an und fügte dann hinzu: »Falls er es für richtig hält.«

Marshall erhob sich langsam. Die Wände der Messe verschwanden und zitterten wie eine Fata Morgana. »Machen Sie weiter, Nummer Eins!« Er wartete, bis Gerrard im Gang verschwunden war, und sagte dann: »Haben Sie meine Leute nicht gesehen, als Sie an Bord kamen? Sie sind ausgelaugt. Einige sind seit Tagen ununterbrochen auf den Beinen!« Er spürte, wie er zitterte. In seiner Kehle bildete sich ein Klumpen. »Was zum Teufel verlangen Sie denn jetzt noch?«

»Setzen Sie sich wieder.« Simeon musterte ihn kühl. »Falls Sie mich nicht ganz verstanden haben, will ich es Ihnen erklären. Der Krieg da draußen hat einen Höhepunkt erreicht. Das Heer, die Marine, das Oberkommando und der Feind wissen, daß jetzt alles auf Messers Schneide steht. Deshalb habe ich nicht die Absicht, zu gestatten, daß Sie und Ihre Männer sich auf Ihren Hintern ausruhen.« Seine Stimme veränderte sich. »Alles ist für die Invasion von Sizilien vorbereitet. Wir haben die meisten eroberten Häfen wieder hergerichtet. Sousse konnte schon Tage nach dem Verschwinden des Afrikakorps seine Funktion wieder ausüben. Und von dort habe ich Ihren verdammten Treibstoff.«

Ein Generator fing an zu laufen. Marshall nahm die anderen Geräusche von draußen nur halb wahr. Schwere Kisten wurden über Deck gezogen. Taljen quietschten, während weitere Vorräte durch die vordere Luke ins Boot geladen wurden.

Er setzte sich und starrte auf sein leeres Glas. »Was wollen Sie also?«

Simeon griff über den Tisch und füllte die Gläser noch einmal sehr voll.

»Das klingt schon besser, alter Freund.« Er lächelte. »Es macht wenig Sinn, sich an die Kehle zu gehen.«

»Also, was liegt an?«

»Schön.« Simeon zog ein dickes Notizbuch aus der Tasche und blätterte darin. »Weil die Deutschen sich so schnell zurückziehen, müssen wir auch einen Zahn zulegen. Mit ein bißchen Glück wird die Invasion in zwei Monaten, von heute an gerechnet, stattfinden.« Er sah kurz auf.

»Na und?« Marshall nickte fragend.

»Dabei tauchten neue Informationen auf.« Er hielt das Glas gegen das Licht. »Unsere Abwehr sagt uns, daß die Deutschen eine neue Waffe erfunden haben!«

»Doch nicht noch eine?« Marshall verbarg seine Erbitterung nicht.

»Wir müssen damit rechnen.« Simeon klappte sein Notizbuch laut zu. »Eine Bombe, die durch Funk ferngesteuert wird. Sie wird aus einem Flugzeug abgeworfen und kann dann zu jedem größeren Ziel dirigiert werden.« Er nickte nachdenklich. »Ich merke, Sie stellen sich die Folgen schon vor.«

»Und was haben wir damit zu tun?« wollte Marshall wissen.

Die Antwort war nicht direkt. »Wenn die Invasion

auch nur die leiseste Erfolgsaussicht haben sollte, dann müssen die Truppen von der Marine jede Unterstützung bekommen. Und zwar bis die Flughäfen erobert wurden und wir rund um die Uhr Bomberdeckung haben.«

Marshall erhob sich und bewegte sich wieder nervös um den Tisch. »Diese funkgesteuerte Bombe – kann man die leicht einsetzen?«

»Ein Kind könnte sie abwerfen.« Simeon preßte die Hände auf den Tisch. »Kein großes Schiff, kein Kreuzer wäre mehr sicher. Sie könnten ihren Sektoren keinen Feuerschutz mehr geben. Das Heer müßte auf sich gestellt an Land.«

Marshall hielt an und sah auf ihn herab. »Also, die Geheimnistuerei reichte nicht.«

»Die reicht nie. Aber weil wir jetzt etwas über die Absicht des Gegners wissen, können wir dagegen etwas unternehmen. Doch zuerst ...«

Der Vorhang wurde zur Seite gerissen, und Frenzel trat wütend ein. »Ist das wahr, Sir?« Er wartete die Antwort nicht ab. »Ich übernehme keine Verantwortung für meine Maschinen, wenn wir sie nicht überholen können. Für was, zum Teufel, hält man uns denn?«

Marshall antwortete: »Ich werde Ihnen das Notwendige mitteilen, wenn ich meine Befehle bekommen habe.«

Frenzel sah ihn müde an. »Sie haben also schon akzeptiert?« Er drehte sich um und verließ die Messe ohne ein weiteres Wort.

Simeon seufzte. »Wenn man ihnen den kleinen Finger reicht ...« Und dann fuhr er unbewegt fort. »Ich möchte, daß Sie ein paar Agenten an Bord nehmen. Falls das überhaupt jemand kann, dann werden sie herausfinden, was die Deutschen vorhaben. Für den Erfolg dieser Invasion müssen wir genau wissen, was gegen uns steht.«

»Auf See aufnehmen?« Marshall sah zur Seite. »Oder auf einer der kleinen Inseln vor der Küste?«

»Weder noch. Sie holen sie vom italienischen Festland. Alle werden steckbrieflich gesucht. Vielleicht kommen wir schon zu spät. Aber wie auch immer, wir müssen sichergehen.«

Marshall stand ganz ruhig da. Er hörte einen Motor auf dem improvisierten Anleger anspringen, der den Treibstoff von den eroberten Leichtern herüberpumpte. Volltanken und bis zum Morgengrauen verschwinden – nur das war den Männern an Land wichtig. Es war unfair. Und schlimmer noch: Es war auch gefährlich, das Boot über jede Grenze hinaus zu beanspruchen.

Er hörte Simeon leise sagen: »Eine Agentin ist die Französin, die Sie hierher gebracht haben, erinnern Sie sich?«

Marshall drehte sich abrupt um, doch in den Augen des anderen war nichts Verräterisches zu erkennen. »Natürlich erinnere ich mich!«

»Ich könnte natürlich auch ein ganz gewöhnliches Unterseeboot anfordern. Aber unter diesen Umständen und in Anbetracht der möglichen Folgen halte ich diese Lösung für die beste!«

»Ich verstehe!«

»Das wußte ich.« Simeon erhob sich und griff nach der Mütze. »Sie werden ein paar Abwehrleute mitnehmen – für alle Fälle.« Weiter sagte er dazu nichts. »Aber entscheidend sind Ihre Entscheidungen an Ort und Stelle.«

Marshall sah ihn unbewegt an: »Es ist also wieder mal ganz meine Angelegenheit!«

»Hätten Sie's denn gern anders?« Simeon lächelte. »Ich glaube doch wohl nicht!« Und dann fügte er hinzu: »Ihr Freund Buster ist in Gibraltar. Er fliegt morgen hier raus. Wenn alles klappt, wird man ihm sehr freundlich auf die Schulter klopfen, da bin ich ziemlich sicher.«

»Und wenn nicht?«

»Na ja.« Simeon wischte sich ein paar Sandkörner vom Jackett. »Das ist dann eine ganz andere Musik.«

Marshall folgte ihm aus der Messe und sah Warwick am offenen Luk des Turms stehen. Sein Blick folgte einigen Matrosen, die Dosen aus Netzen in Empfang nahmen, um sie irgendwo in den Ecken des Bootes zu verstauen.

»Offiziersbesprechung in einer Stunde in der Messe, Sub!« Marshall sah zu, wie Simeon über die Leiter verschwand, und ging dann in seine Kajüte zurück. Er starrte auf die Koje und kämpfte verzweifelt gegen den Wunsch, sich hinzulegen und in den Dämmerzustand zu versinken. Dann sah er die kleine Tasche und fühlte wieder dieselbe kühle Erregung wie in dem Augenblick, als Simeon erwähnt hatte, sie warte irgendwo an der feindlichen Küste. Auf Hilfe. Auf ihn.

Als er dann die Messe betrat, fiel ihm sofort die lastende Stille auf. Viele Männer lagen im Halbschlaf oder nur ausgestreckt dort, wo sie gerade eben ihre Arbeit beendet hatten.

Die versammelten Offiziere hörten ihn schweigsam an. Buck lehnte den Kopf gegen das Schott, mit roten Augen, die fast geschlossen waren. Devereaux sah etwas besser aus. Der junge Warwick konnte ein unablässiges Gähnen kaum unterdrücken. Frenzel starrte mit leerem Blick auf sein Logbuch. Er schien nichts zu sehen, während sein

Blick immer wieder über die Kalkulationen glitt, die er dort mit Bleistift hingeschrieben hatte. Nur Gerrard war wie immer.

Als Marshall geendet hatte, sagte Gerrard ruhig: »Wir haben also gar keine andere Wahl, oder?«

»Nein.«

Buck stand auf und begann sein fleckiges Jackett zuzuknöpfen. Sie sahen ihm alle zu, und er sagte mit belegter Stimme: »Ich werde jetzt meine Männer hochjagen, damit sie die Torpedos von achtern nach vorn bringen, solange wir noch an etwas Unbeweglichem festgemacht sind. Das wird schon klappen, denke ich.« Er griff nach seiner schweren Taschenlampe und schaute sich um. »Wenn wir verdammt noch mal auslaufen müssen, dann sollten wir das Beste daraus machen.«

Auch Frenzel stand auf. »Er hat wohl recht.« Er sah Marshall lächelnd an. »Schade, daß Commander Simeon auf diese Reise nicht mitkommt, wenn Sie verstehen, was ich meine, Sir!« Er folgte Buck nach draußen.

Devereaux rieb sich die Augen und murmelte: »Sagen Sie mir nur, wohin die Reise geht. Ich suche dann die richtigen Karten raus.«

»Das tue ich, sobald ich es weiß!«

Marshall blickte zur Seite. Sein Kopf schmerzte, während einer nach dem anderen wie in Trance die Messe verließ.

Dann sagte Gerrard: »Ein guter Haufen, Sir!«

Marshall berührte ihn am Arm, konnte ihn nicht ansehen: »Der beste, Bob, der beste!«

Als Marshall zur Tür ging, schaute Churchill herein und sagte: »Es gibt gleich frischen Kaffee.« Er zog den Vorhang zu und wollte leise wissen: »Wie steht er das nur durch, Sir?«

Gerrard starrte auf die leere Tür und sagte nur: »Ich weiß es auch nicht.«

Churchill verzog das Gesicht. »Aber die Erfahrung wird Ihnen helfen, wenn Sie mal Ihr eigenes Boot haben, Sir!« Er eilte in die Kombüse zurück und pfiff leise vor sich hin.

Gerrard lehnte sich zurück, die Hände hinter dem Kopf gefaltet. Kommandant eines eigenen Bootes! Marshall hatte das oft genug erwähnt. Wie sollte er ihm jetzt bloß verständlich machen, daß er schon allein den Gedanken daran haßte. Jedesmal, wenn die Nadel auf dem Tiefenmesser kreiste, fühlte er so etwas wie Furcht in sich aufsteigen. Er stand auf und streckte sich, sein Kopf berührte dabei wie immer die Decke.

Valerie hatte er davon nichts gesagt. Es war besser so. Mit dem Ende dieser Reise waren Unterseeboote für ihn erledigt.

Starkie schaute durch die Tür, sein verschmitztes Gesicht sah mit grauen Stoppeln am Kinn älter aus. »Haben Sie einen Augenblick, Sir, damit wir das Stauen checken können?«

Gerrard lächelte. »Natürlich. Wir dürfen den Trimm ja nicht vergessen.«

Sie gingen zusammen nach vorn. Männer rappelten sich auf und bereiteten sich zum Auslaufen vor, es war wie ein allgemeines Wecken. Etwas Stärkeres als Fleisch und Blut war zu spüren. Gerrard erinnerte sich an Marshalls Worte: Die Besten. Er lächelte trotz seiner Furcht. Mit Männern wie diesen würde alles gelingen.

Er dachte an Simeon. Der würde genau das für selbstverständlich halten.

*

»Kommandant in Zentrale!«

Marshall legte die Beine über den Kojenrand und eilte dann aus seiner Kajüte. Er konnte sich nicht erinnern, ob er geschlafen oder nur zwischen Nachdenken und reiner Erschöpfung hin- und hergependelt war. Eben noch hatte er auf seinen Wolldecken gelegen, und jetzt stand er schon neben Gerrard.

Gerrard verzog das Gesicht. »Tut mir leid. Ich hielt es für das Beste, Sie zu rufen, Sir. Wir haben gerade ein sich schnell bewegendes Echo auf zwei-sechs-null. Das könnte bedeuten, wir sind gleich am Ort des Geschehens.«

Marshall nickte und ging zur Karte. Vor drei Tagen hatten sie den improvisierten Hafen verlassen. Drei Tage lang war es unnatürlich ruhig gewesen, als erhole sich das ganze Mittelmeer von den Monaten des Kampfes. Doch deswegen war die Anspannung jetzt um so größer, dachte er. Alles andere war unmöglich. Man lag da und starrte an die Decke. Man aß automatisch und ging automatisch auf Wache. Ohne irgendein Gefühl, nur immer mit Vorahnungen.

Oben würde die Morgendämmerung der See wieder Farbe geben. Hier unten blieb alles beim alten. Klamm und feucht, alle überflüssigen Ventilatoren waren abgeschaltet, um Energie zu sparen und um möglichst leise zu laufen. Denn jetzt bewegten sie sich auf den bekannten Flaschenhals zu zwischen Sizilien und Kap Bon an der tunesischen Küste zu. Achtzig Meilen, um deren Herrschaft der Kampf ohne Pause hin und her gewogt hatte. Es gab Luftangriffe auf britische Geleitzüge, die hier Spießruten laufen mußten, um Malta zu versorgen. U-Boote beider Seiten waren ständig auf Jagd. Entweder um Rommels Nachschub in die Wüste abzuschneiden oder um britische Konvois zu vernichten. Beides geschah mit zäher

Verbissenheit. Marshall und andere erfahrene Leute kannten das alles nur zu genau, die Jüngeren lernten es erst noch.

»Wir sehen uns mal um. Sehrohrtiefe.«

Marshall verließ den Kartentisch, und er achtete nicht auf die sorgsam dosierte Druckluft, die in die Tauchtanks eingeblasen wurde, und auch nicht auf die leichte Schrägstellung des ganzen Bootes, als Gerrard das Boot nach oben brachte.

Er konnte jetzt keinen Ärger brauchen, von keiner Seite. Er benötigte noch zwei Tage, um zum Treffpunkt an der italienischen Westküste zu gelangen, wertvolle Zeit, um die Position zu erreichen und sich genau umzuschauen, ehe er die Details für seinen Plan festlegte.

Er dachte an die drei Passagiere in der Messe. Sie schliefen bestimmt, wann immer sie dazu Zeit hatten. Sie hatten sich ganz gut unter Kontrolle und außerdem ein gewaltiges Schlafbedürfnis. Es war ein gemischtes Trio und glich doch allen, die Marshall getroffen hatte und die diesen fernen, geheimen Krieg kämpften.

Der älteste war Major Mark Cowan, leicht gebaut, kurz angebunden. Er sah ganz und gar nicht aus wie ein Soldat. Aus dem wenigen, was er verlauten ließ, konnte man entnehmen, daß er nicht recht an den Erfolg dieses Einsatzes glaubte.

Man hatte den Agenten einen Funkspruch geschickt über die genaue Zeit und den exakten Treffpunkt. Eine Bestätigung hatte man weder erhalten noch erwartet. Cowan hatte berichtet, daß die Deutschen das Agentenversteck entdeckt hatten. Jede Meldung würde also die letzte Chance auf Rettung auslöschen. Das hatte der Major eher angedeutet. Vielleicht wartete er nur ab, bis sie näher am Ziel waren. Geheimnisse behielt er wahrscheinlich immer so lange für sich, bis weitere Einzelheiten zur Erfüllung des Auftrags einfach mitgeteilt werden mußten.

Marshall hob langsam die Hand und hockte sich neben die Führung, die Finger auf den beiden Griffen. Er drehte das Sehrohr auf die letzte Peilung.

Sonnenlicht. Hellgrün, ins Blaue wechselnd, während das Objektiv durch die sanfte Dünung tauchte. Er zitterte. Wie einladend das aussah und wie sauber!

Er packte die Griffe fest und sagte: »Ganz ausfahren!«

Sein Rücken schmerzte, als er sich aufrichtete. Er sah unscharf auf der Kimm einen purpurnen Buckel, der noch im Schatten lag, sich noch nicht vom Morgenhimmel getrennt hatte. Das mußte die Insel Pantellaria sein. Sie waren also genau auf Kurs. Natürlich auf Kurs, wie Devereaux sagen würde.

Weiter suchen. Das Periskop ließ sich lautlos bewegen. Halt, da war etwas. Er sah, wie das erste Morgenlicht sich im Glas der Brücke widerspiegelte, wie am Bug die Welle wie ein Schnurrbart lief. Doch selbst bei voller Schärfe konnte man den Umriß nicht exakt ausmachen. Marshall spannte sich. Backbord achteraus vom ersten vermutlich ein zweites Schiff. Zerstörer.

»Periskop einfahren.« Er blickte Gerrard an. »Wir ändern den Kurs zehn Grad nach Steuerbord. Neuer Kurs drei-zwei-null. Auf dreißig Meter Tiefe gehen.« Er trat wieder an die Karte. »Aber achten Sie auf die Tiefe. Wir überqueren die Adventure Bank. Hier ist es nirgendwo viel tiefer als dreißig Faden.«

Gerrard leckte sich die Lippen. »Verstanden, Sir!« Er drehte sich um und packte den Stuhl des Rudergängers, als suche er dort Halt.

Marshall musterte ihn genau. »Wir werden wenigstens den Bewuchs vom Kiel kratzen können.« Er drehte sich um, sah Major Cowan im Schott, eine Tasse in der Hand.

»Probleme?«

»Nein. Zwei Zerstörer auf Patrouille. Weit weg von uns.«

Cowan sah ihn lange an und sagte dann: »Das habe ich mir anders vorgestellt. Glasen schlagen, eilige Männer. So etwa. Aber hier ist es ja still wie in der Kirche!«

Marshall mußte lächeln. *Wart mal ab, mein lieber Freund.* Laut sagte er: »Ich will gerade Kaffee trinken. Kommen Sie doch mit.« Er folgte ihm in die Messe und sagte dann leise: »Wie wäre es, wenn Sie mir jetzt ein paar Einzelheiten mitteilen?« Er schob die Kaffeekanne über den Tisch. »Ich fahre nicht so gerne blind durch die Gegend!«

Cowan lächelte. »Dachte ich mir.« Er blickte hinter die Vorhänge der Kojen. Schnarchen zeigte ihm, daß sie belegt waren. »Ich verstehe. Jetzt wäre es wohl an der Zeit. Was genau wollen Sie wissen?« Von sich aus bot er nichts an.

»Mrs. Travis. Welche Rolle spielt sie?«

Cowan seufzte. »Ich war dagegen, daß sie mitmachte. Wieder mitmachte.«

Marshall wartete und erinnerte sich an ihre Worte, als er von ihr wissen wollte, ob sie so etwas schon einmal erlebt hatte.

Cowan fuhr fort: »Das letztemal hat sie in Paris gearbeitet. Weil sie Französin ist, war ihr Einsatz sehr wertvoll. Aber man entdeckte sie, und die Milice nahm sie fest. Milice ist zwar eine französische Polizei, aber sie arbeitet für die neuen Herren und ist häufig schlimmer als die Deutschen selber. Ich nehme an, sie sehen in der Resistance Rivalen im Kampf um die Macht. Und ums Überleben.«

»Hat man Mrs. Travis erwischt?«

Cowan nickte: »Man hielt sie zwei Tage vor Paris fest. Die Gestapo sollte sie übernehmen. Die war schon lange hinter ihr her, obwohl sie nicht genau wußten, wen sie eigentlich jagten.«

Marshall erinnerte sich an ihre Bewegungen und wie sie zuhören konnte. Wie ein gejagtes Tier.

»Wie auch immer, unsere Leute haben sie da rausgeholt. Das ging beinahe schief.« Cowan zuckte mit den Schultern. »Aber als man sie dann bei der neuen Aufgabe wieder um Mitarbeit bat, hat sie ohne Zögern angenommen. Ihr Mann ist in Italien. Irgendwo hinter Neapel.«

»Ich verstehe. Also hat er auch für Sie gearbeitet?«

Cowan sah ihn traurig an. »Nein, gar nicht. Er ist Ingenieur. Und Kollaborateur. Er sitzt an derselben Sache wie in Frankreich. Konstruktionsarbeit. Höchste Priorität.«

Marshall war verblüfft. »Und sie war einverstanden, ihn zu treffen? Einfach so?«

Der Major goß sich Kaffee nach. »Hat sie Ihnen von ihren Eltern erzählt? Also, ihr Vater arbeitet für die Resistance. Und zwar bei den französischen Eisenbahnen. Er ist ein sehr wichtiger Kontaktmann. Das muß ich Ihnen sicherlich nicht erklären. Wir hörten, daß Travis kalte Füße bekommt. Er will die Seiten wechseln. Zu uns kommen. Und dann soll alles vergeben und vergessen sein. Sie ist die einzige Person, auf die er hören wird. Er weiß, sie verachtet ihn, aber er vertraut ihr. Und weiß, daß es sich um keine Falle der Gestapo handelt.«

Marshall schaute in seine Tasse. Ihm war plötzlich

übel. »Und Ihre Leute haben sie einfach zu ihm gehen lassen! Wohl wissend, daß die Deutschen hinter ihr her waren. Vielleicht hat Travis sie verraten – oder wie immer er wirklich heißen mag!«

Cowan schüttelte den Kopf. »Das ist unwahrscheinlich. Die Besatzer in Frankreich und in Italien unterhalten wenig Kontakte. Natürlich ist es immer ein Risiko, und unter anderen Umständen hätten wir es wohl auch nicht auf uns genommen. Doch hier, sage ich, lohnt es sich. Sie ist seine Frau und stößt an seiner neuen Wirkungsstätte zu ihm. Sie hat die richtigen Papiere und weiß genau, was sie tun muß.« Und leise fügte er hinzu: »Travis kennt die Bomben. Wenn wir ihn hier lebend raus bekommen, werden wir sicher zahllose eigene Leute retten!«

»Und wenn sie keinen Erfolg hat?«

»Dann müssen wir nehmen, was die Agenten uns anbieten. Falls Sie sie übernehmen können.«

Marshall erhob sich, seine Gedanken rasten. »Aber *jetzt* wissen die Deutschen über sie Bescheid!«

»Vielleicht. Ganz sicher sind wir erst, wenn ...«

Der Rest des Satzes war nicht mehr zu hören. Das Deck hob sich plötzlich, und aus der Zentrale war ein Alarmruf zu hören.

Marshall schwankte und wäre fast gefallen, als das Boot wild geschüttelt wurde. Er hörte ein Geräusch wie eine Säge auf Metall. Es schurrte laut über das Deck und füllte dann die Messe. Er rannte in die Zentrale, kollidierte mit noch halb schlafenden Männern und erschreckte Wachgänger.

Gerrard hing kreidebleich am Sehrohr. »Ballasttanks ausblasen. Auftauchen!« schrie er.

Marshall packte ihn am Arm. »Zurück das Ganze.« Er schaute schnell auf die Tiefenanzeige und den Rücken des Rudergängers, der mit dem Rad kämpfte. »Alarm.« Er konnte wegen des lauten Schurrens kaum klar denken. »Was ist los?« Er packte Gerrard am Arm: »Was ist passiert?«

Gerrard starrte ihn an. »Der Rumpf sprang nach oben. Dann das Geräusch.« Er schaute sich plötzlich um, als der Lärm abrupt endete. »Vielleicht haben wir ein Wrack gerammt, als wir tauchen wollten.«

Männer liefen an ihnen vorbei auf ihre Stationen.

Marshall befahl: »Trimm prüfen.« Und an Frenzel, der gerade eben am Schaltbrett erschienen war: »Schäden am Rumpf melden.«

Einer der Männer am Tiefenruder meldete: »Ich kann es nicht halten, Sir.« Er drehte sich mit wilden Blicken auf seinem Hocker. »Es spielt verrückt.«

Marshall stand bewegungslos in der Mitte der Zentrale. »Irgendwas auf dem Horchgerät?« Wieder blickte er zu Frenzel hinüber: »Die Tiefenruder achtern klemmen. Wir müssen irgendwas eingefangen haben.«

»Das Horchgerät meldet keinen Kontakt, Sir.«

Marshall nickte. Cowan und seine Begleiter standen im Schott, aber er beachtete sie nicht. Alle waren wach und alle auf Station. Sie warteten darauf, daß er etwas tat, daß er ein Wunder vollbrachte, falls nötig.

Frenzels Mann meldete: »Kein Schaden am Rumpf, Sir!«

Er hielt den Hörer wie eine Keule.

Marshall zwang sich, ein paar lange Sekunden zu warten. Als er sprach, fürchtete er, daß seine Stimme kippen könnte. Er schaute zu Gerrard hinüber. Wie dessen Stimme eben.

»Langsam auftauchen, Nummer Eins. Sehrohrtiefe. Wenn wir durchsacken, ausblasen mit allen Mitteln.« Er zwang sich zu einem Lächeln. »Es ist wieder wie in alten Zeiten.«

»Beide Motoren. Langsame Fahrt voraus.« Gerrard packte die Lehne des Stuhls des Coxswains.

Starkie fluchte leise. »Wackelt ziemlich, Sir.« Er ließ die Speichen des Rades los und fing sie dann wieder ein. »Blöde Kuh!«

Der Lärm kam so plötzlich wie vorher. Es klang wie ein kratzendes Wimmern und endete plötzlich nach einem harten Schlag auf den Rumpf.

»Vierzehn Meter, Sir!« Gerrard klang sehr angespannt.

»Sehrohr ausfahren.«

Marshall packte die Griffe. Für Vorsicht blieb keine Zeit. Ein schneller Blick nach vorn zu beiden Seiten und in den Himmel. Wie blaß der war. Fast silbern im frühen Glanz der Sonne.

Er drehte das Periskop zum Heck und senkte sie ein bißchen. Er sah keinen Draht und kein Kabel, doch dicht achteraus tanzte eine Mine.

Sie war mit grünem Tang bedeckt und schwamm sicherlich schon mehrere Monate im Wasser, vielleicht sogar Jahre. Vielleicht war sie von einem entfernten Minenfeld abgetrieben, bis ihr gerissenes Kabel an irgendeinem Hindernis hängen geblieben war. An einem alten Wrack, an irgend etwas anderem. So hatte sie hier gewartet. Marshall sah, wie die Hörner im Schwell des Bootes leicht auf und ab tanzten. Die Mine war heute noch so tödlich wie an jenem Tag, an dem sie Deutschland verlassen hatte. Oder England.

»Sehrohr einfahren!«

Starkie meldete: »Steuert jetzt etwas besser, Sir!«

»Das sollte auch so sein, Coxswain.« Und dann an

alle in der Zentrale gewandt: »Eine Mine. Wir schleppen sie mit, etwa fünfzig Fuß achteraus.«

Man starrte ihn wie betäubt an. Einige schauten nach achtern, als erwarteten sie dort irgend etwas zu sehen.

Major Cowan sprach als erster: »Werden Sie damit fertig, Kommandant?«

Marshall sah ihn plötzlich ganz ruhig an: »Dafür werde ich bezahlt.«

Er trat an die Karte: »Wo stehen wir, Lieutenant Devereaux?«

Devereaux wischte sich mit dem Handrücken über den Mund. »Keine gute Gegend zum Auftauchen, Sir.«

»Ich hab' sie mir nicht ausgesucht.« Marshall lehnte sich über den Kartentisch und verdrängte alles andere aus seinen Gedanken. »Genau mitten in der Strait. Ändern Sie den Kurs und laufen Sie exakt nach Norden.« Er hielt ihn mit einer scharfen Warnung zurück. »Langsam. Lassen Sie sich Zeit. Das Kabel läuft um die achtere Brückenplattform und dann um die Tiefenruder achtern. Ich hätte nicht gern, daß die Mine in die Schrauben gezogen wird.«

Cowan fragte leise: »Könnten wir nicht bis zum Dunkelwerden warten? Wenn Sie auftauchen, könnte man Sie entdecken!«

»Wir haben den ganzen Tag lang Sonne, Major.« Er blickte ihn ernst an. »Es dauert zu lange, wenn wir bis Sonnenuntergang warten. Dann stünden wir genau unter der feindlichen Küste. Und wenn wir die Nummer im Dunkeln versuchen, fliegen wir höchstwahrscheinlich in die Luft.« Er drehte sich um. »Sehrohr ausfahren!«

Wieder der Rundumblick. Der Himmel war leer, doch die Mine hing noch hinter ihnen. Sie glänzte teuflisch im Sonnenlicht.

Ruhig befahl er: »Steuerbord zehn.«

Die Trimmpumpen wummerten ruhig. Gerrard achtete darauf, daß das Boot seine Stabilität behielt. Hatte er an die anderen Boote gedacht? An Bill Wade. Er schwenkte das Sehrohr noch einmal und stellte sich vor, er könnte den Schatten unter der Oberfläche erkennen. »Kurs halten.«

»Kurs liegt an, Sir!« bestätigte Starkie.

Er lehnte sich etwas zurück, um den Tochterkompaß zitternd zur Ruhe kommen zu sehen. Genau Nord.

»Sehrohr einfahren.« Marshall schob die Hände in die Taschen. »Chief, sammeln Sie Ihre Männer und das Werkzeug ein. Ich möchte oben so wenig wie möglich haben.«

Buck meinte: »Ich übernehme das, wenn ich darf, Sir.« Er zwang sich zu einem Grinsen. »Der Chief kennt seine Maschinen in- und auswendig. Aber ich habe bestimmt mehr Autos in meiner Werkstatt in Wandsworth aufgeschnitten, als er zählen kann. Das hier ist genau mein Geschäft.«

Marshall nickte. »Das klingt vernünftig.« Er suchte Warwick mit den Augen. »MG-Mannschaften fertig machen beim Auftauchen.« Er sah auf den Kartentisch, kämpfte gegen Alternativen, die er hinter seinem vagen jetzigen Plan noch nicht erkennen konnte.

Im Hintergrund hörte er Werkzeuge, und er hörte Buck sagen: »Das da will ich und den schweren Schneider da.« Er schien zufrieden. »Wir sind soweit, wenn es Ihnen paßt.«

Cowan wollte wissen: »Kann ich etwas tun?«

Marshall lächelte. »Sie können beten!«

Er schaute auf die Uhr. Verdammter Mist! Mußte die Sache gerade jetzt passieren!

Gerrard kam und sagte leise: »Tut mir leid, Sir, ich hätte einen klaren Kopf behalten sollen!«

Marshall sah ihn nachdenklich an. »Machen Sie sich nichts draus!«

Männer schoben sich an ihm Richtung Leiter vorbei. Hier war es plötzlich sehr voll. Die Deckmannschaft in Schwimmwesten und mit Bucks Werkzeugen. MG-Mannschaften mit Munitionsgürteln. Warwick, der sein Glas mit einem Stück Verbandsstoff abwischte. Sie sahen alle sehr angespannt aus, doch keiner schien Zweifel an dem Befehl zu haben, den er ausführen sollte.

Der Kommandant hatte gesprochen – und das war's.

Marshall fuhr sich mit der Zungenspitze über die Lippen und sah zu Gerrard hinüber. »Stoppen Sie, sobald wir aufgetaucht sind. Wenn das Ding in die Luft fliegt, versuchen Sie alles, um die Männer durch die Ausstiege zu retten.« Er machte eine Pause, weil er Zweifel in Gerrards Gesicht sah. »Wenn Sie durchkommen, aber wir nicht, dann wird Major Cowan Ihnen sagen, wohin es geht und was zu tun ist. Sie müssen die Agenten dann aufpicken.« Er packte ihn am Arm. »Alles klar, Bob?«

»Ja.« Gerrard nickte etwas besorgt. »Aber passen Sie trotzdem auf!«

Marshall trat an die Leiter und sagte Devereaux: »Gehen Sie nach vorn, bevor die Schotten schließen. Falls es schiefgeht, werden Sie hier für alles Weitere gebraucht.«

Devereaux blickt auf die massive Stahltür: »Ja, Sir!«

Marshall sah ihn entschlossen an: »Unterdrücken Sie jede Panik. Sie wissen, wie es ablaufen muß. Wenn Sie springen müssen, sollen Sie auf den Minenabweiser achten, und auf den Geschützlauf, wenn Sie den Notausstieg benutzen.« Dann zwang er sich zu einem Lächeln. »Es hat keinen Sinn, sich jetzt den Kopf zu zerbrechen.«

Der Mannlochdeckel ging auf, und er fing an, sich die Leiter hochzuziehen. Die Sprossen waren schlüpfrig. Vielleicht schwitzte er auch nur kräftig an den Händen. Er packte die Lukspindel und spürte, wie jemand seine Beine festhielt.

Hohl klang seine Stimme im Turm: »Auftauchen!«

In den letzten paar Minuten hatte er viel gelernt. Über sich und über Gerrard. Er hatte auch erfahren, daß Buck aus Wandsworth kam.

Er hörte Gerrard laut pfeifen und drehte dann das Rad über seinem Kopf.

Die Geheimwaffe

Lieutenant Colin Buck zog die Mütze tief über die Augen und starrte auf die Mine. Er stand weit achtern an der engsten Stelle des Decks. Mit dem Rücken zum Turm fühlte er sich seltsam losgelöst vom Boot, so als schwebe er unmittelbar auf dem Wasser, allein mit der algenbewachsenen Mine und ihren spitzen Hörnern.

Was für ein schöner Morgen, keine Wolke am Himmel. Nur eine Spur Dunst hing über der blauen Kimm. Nach der Enge im Rumpf, dem ständigen Kommen und Gehen, dem Ausweichen bei Begegnungen und dem Bücken beim Passieren der wasserdichten Schotten glich dies hier einer Traumwelt.

Ein Maschinist, nackt bis auf ein paar geflickte Shorts, kroch vorsichtig die Kante des Decks entlang. Buck beobachtete ihn und fühlte sich dabei seltsam entspannt. Trotz der Gefahr, in hellstem Sonnenlicht aufgetaucht zu liegen, um sich von der verdammten Mine zu trennen, spürte er keine Unruhe.

»Also, Rigby, was meinen Sie?«

Der Mann sank auf den nassen Stahl und seufzte. »Ein Scheißding ist das, Sir. Ein richtiges Scheißding.«

Buck grinste. »Na ja, das ist ja auch was.«

Der Mann beugte sich über die Kante und deutete auf das sanfte Heckwasser.

»Ich hab' genau gemacht, was Sie gesagt haben, Sir. Ich habe den Verlauf des Drahtes vom Geschützstand aus verfolgt.« Mit seinem schmutzigen Arm deutete er nach achtern und dann nach unten. »Das Kabel läuft um den

Tauchbunker und durch das Tiefenruder an Backbord.« Er blinzelte Buck jetzt an. »Das Problem ist, daß der Draht so einen verdammt großen Kinken hat. Er liegt richtig fest um das Tiefenruder, und darum hängt die Mine genau über dem Seitenruder.«

»Ich verstehe.« Buck hielt sich am Läuferdraht fest und lehnte sich weit über das enge, schmale Heck. Das Wasser war so klar, daß er den Bewuchs auf dem Rumpf erkennen konnte und die Reflexe des Sonnenlichts auf einer sich langsam drehenden Schraube. Er sah die Mündungen des Vierlings und der Maschinengewehre und Marshalls Silhouette am Ende der Plattform. Der beobachtete, was hier weiter geschah.

Buck legte die Hände an den Mund: »Der Draht hat sich ums Tiefenruder geschlungen, Sir. Es bringt nichts, wenn wir ihn hier durchschneiden. Wir müssen dazu unter Wasser.«

Rigby murmelte: »Das ist nichts für mich. Nicht solange sich so eine verdammte Schraube hinter meinem Arsch dreht.«

Buck rief: »Wenn Sie den Motor stoppen, Sir, wird das Gewicht des Kabels die Mine näher ans Heck ziehen.«

»Und was dann?«, wollte Marshall wissen.

Buck zwinkerte Rigby zu und rief: »Uns wird schon was einfallen!«

Marshall winkte mit der Hand. »Brauchen Sie noch mehr Leute achtern?« Er wandte sich zum vorderen Teil der Brücke. Sein widerspenstiges Haar hob sich in einer kleinen Brise.

Buck klatschte in die Hände und schaute auf die kleine Helfergruppe. »Also, Männer. Vier von euch halten die Mine ab, wenn sie näher kommt. Rigby hat hier an Deck das Kommando.« Er zog sich schon das Hemd aus.

»Ich werde den Draht kappen.« Er nahm die Armbanduhr ab und gab sie einem Matrosen. »Passen Sie gut auf sie auf, ich habe sie mal beim Pokern gewonnen.«

Sie waren erst zehn Minuten oben, aber es schien schon eine Ewigkeit vergangen, seit sie ins Sonnenlicht gestolpert waren.

Die Männer legten jetzt die Werkzeuge zurecht, die schwere Drahtzange, und machten in die Sicherungsleine, die um seine Mitte lief, einen Pahlstek.

Rigby grinste: »Achten Sie auf die Strömung, Sir. Unter diesen Booten zieht es einen immer ziemlich nach unten.«

Buck nickte. Rigby klang, als ob er sich Sorgen machte. Er schob sich eine Tauchbrille über die Augen und setzte sich vorsichtig auf das Deck. Das Metall war schön warm, aber es fühlte sich schleimig und abweisend an.

Er dachte plötzlich an die Frau des Kneipenwirts in Schottland, die Leidenschaft ihrer lustvollen Umarmungen. Sie hatten kein Ende gefunden, keiner wollte den Höhepunkt erreichen, jeder den anderen erst überwinden. Einmal hatte sie auf ihm gelegen und hatte sich zur schrägen Melodie des Klaviers aus dem Schankraum unten bewegt. An diesem Tag hatte er als erster aufgegeben.

Buck hielt den Atem an, tauchte unter Wasser und starrte auf den Draht. Er war mit Rost bedeckt und bewachsen, erinnerte an zerfetzte Überreste aus Laufgräben. Sein Vater hatte oft genug über den Ersten Weltkrieg geredet, über die Schrecken nächtlicher Überfälle, die man mit Totschlägern und geschärften Spaten ausführte, Mann gegen Mann, bis zur Hüfte im Morast. Doch oft genug klang darin so etwas wie Heimweh mit, ein Bedauern, daß es vorbei war. Buck war noch sehr jung gewesen, als sein Vater starb. Eben jener Krieg hatte ihn schließlich doch erwischt. Gas, das er mal eingeatmet hatte, fraß seine Lunge auf. Er hörte ihn aus dem kleinen Hinterzimmer immer noch husten. Husten, husten, husten – Tag und Nacht. Doch als es vorbei war, war die Stille noch unerträglicher gewesen.

Buck zog sich wieder in die warme Luft hoch und schob die Brille in die Stirn. »Das schaff' ich mit diesen Werkzeugen nie. Der Chief soll einen elektrischen Schneider rauslegen, und zwar verdammt schnell.«

Er schaute in den Himmel. Er könnte sich vom Rumpf lösen und schwimmen, einfach so, immer weiter weg.

Er hörte, wie Marshall den Mann, der mit der Nachricht zum Turm gekommen war, etwas fragte. Ein guter Mann, keiner dieser Trottel, die er anfangs in der Marine getroffen hatte. Er erinnerte sich an die Zeit, als er im Frieden Reservist geworden war. Das alles, um aus Wandsworth mit seinem Dreck und den schiefen Häusern rauszukommen. Um das ständige Geplärre und Schreien von Kindern nicht mehr zu hören und die lauten Auseinandersetzungen, die an Samstagen ihren Höhepunkt fanden. Die Väter kamen betrunken aus den Kneipen, kotzten in den Flur und machten die Frauen fertig. Die Polizisten, die oben vom Lavender Hill runtergekommen waren, die zugriffen und anpackten, freundlich, aber eisern. Komm her, Kumpel, was soll das? Ein paar Stöße und dann fuhr der Polizeiwagen mit den Kerlen für die Nacht davon in die Ausnüchterungszelle.

Die Reserve war für Buck der einzige Ausweg gewesen. Nachdem sein Vater gestorben war, hatte Buck in der stinkenden Autowerkstatt an einer Nebenstraße in Battersea den Lebensunterhalt für die Familie verdient. Der Besitzer nahm es nicht so genau. Er zerlegte gestohlene Autos, um Ersatzteile zu haben. Oder verkaufte die

Wagen mit gefälschten Nummernschildern an Käufer außerhalb Londons. Aber Arbeitsplätze waren schwer zu bekommen, und Buck hatte für drei Schwestern und seine Mutter zu sorgen.

Als der Krieg begann, war Buck Hauptgefreiter und Torpedomixer. Zwar verdankte er die Ausbildung in seiner Freizeit Instruktoren, von denen die meisten am Krieg seines Vaters teilgenommen hatten, an Geräten, die längst überholt waren – doch er war den meisten anderen Rekruten überlegen. Denn er hatte in der Werkstatt so ziemlich alles gelernt. Nicht nur, wann man besser wegschaute und dafür eine kleine Gewinnbeteiligung einstrich, sondern auch, wie man mit einem Stück Draht Energie oder Wärme erzeugen konnte. Das hatte ihm einen Vorsprung eingebracht vor Männern mit besserer Schulbildung, jetzt und damals im Frieden.

Buck war jetzt achtundzwanzig Jahre alt. Doch mit zwanzig war er schon sein eigener Chef geworden, Boss der Werkstatt. Wenn die Bomben sie verschonten, würde sie auf ihn warten. Als Einstieg in ein neues Leben.

Er hatte selbstverständlich ein dickes Fell. Selbst die kaum verhüllte Ablehnung einiger regulärer Offiziere, als er sein Offizierspatent auf Zeit bekam, hatte ihm nichts ausgemacht. Im Gegenteil, bei verschiedenen Gelegenheiten hatte er sich absichtlich daneben benommen, um sich über sie und ihr Naserümpfen zu amüsieren.

Das alles war lange her. Die Marine hatte jetzt vor allem Offiziere, wie er einer war, Seeleute aus Friedenszeiten. Die alten Knacker waren von den Jungen gezwungen worden, sich in ihre Löcher zu verkriechen. Er grinste. Oder sie waren einfach wegbefördert worden, wie dieser fürchterliche Simeon.

Doch ein paar von der alten Sorte machten das Ganze

erträglich. Marshall gehörte dazu. Und bei den U-Booten war sowieso alles anders. Buck bekam nie genug von der U-Boot-Waffe. Manchmal fragte er sich, ob er nach dem Krieg wohl wirklich gern wieder in seine Werkstatt gehen würde.

Der Matrose meldete: »Schneider kommt, Sir.« Er legte die Hand über die Augen und blickte in den Himmel. »Niemand da.«

Rigby fuhr ihn an: »Wart ab, es ist noch zu früh!«

Buck dachte an die Kneipe in Schottland. Seine mitgebrachten Angelruten hatten ihr Futteral nie verlassen. Was war sie doch für eine Frau, du lieber Himmel! Sie paßte genau zu ihm. Sie schaffte ihn, konnte ihn fix und fertig machen und dabei neue Gier in ihm wecken. Sie hatte geweint, als er ging. Komisch. Tränen hatte er ihr eigentlich nicht zugetraut.

Warwick rief seinen Leuten am Vierling und den Maschinengewehren etwas zu. Der hatte noch nie eine Frau gehabt, wie man deutlich merken konnte. Buck runzelte die Stirn und versuchte, sich an seine erste Eroberung zu erinnern. War es vor der Schule gewesen? Oder beim Ausflug der Kirchengemeinde nach Brighton? Er hob die Schultern und wischte sich den Schaum von der Haut. Er müßte dem jungen Warwick etwas Passendes besorgen, irgendein Häschen ...

Rigby sagte: »Hier ist der Schneider, Sir!«

Zwei Matrosen schleppten das Kabel nach achtern, der kräftige Schneider hing wie der Kopf eines Monstrums zwischen ihnen.

Buck nickte und beugte sich vor, um die Schraube zu sehen. Wenn er jetzt ausrutschte, nur einmal, dann war es das. Aus für ihn für immer!

Besorgt meine Rigby: »Achten Sie auf Ihre Beine, Sir!«

Buck schob sich die Brille zurecht: »Ich mach' mir mehr Sorgen wegen meiner Juwelen im Sack.«

Rigby grinste trotz aller Betroffenheit: »Wenn denen was passiert, sag' ich dem Chief, er soll Ihnen irgendwas aus seinem Laden anpassen. Die Frauen werden den Unterschied gar nicht merken.« Doch Buck war schon unter Wasser verschwunden. Rigby wies die anderen an: »Die Sicherungsleine gut gespannt halten. Und auf das Elektrokabel achten!«

Von seinen Grätings oben beobachtete Marshall, wie Buck unter Wasser verschwand. Er hoffte irgendwie, den Schneider hören zu können. Doch der blieb stumm. So ein Schneider war sehr nützlich. Die meisten U-Boote hatten einen an Bord, damit ein Taucher unter Wasser die Fangnetze zerschneiden oder Bäume lösen konnte, die Hafeneinfahrten sperrten.

Warwick wollte wissen: »Wie lange wird es dauern, Sir?«

Er hob die Schultern. »Eine halbe Stunde vielleicht. Das ist schwer zu sagen.« Trotz des Risikos war er froh, daß Buck selber die Aufgabe übernommen hatte. Wenn es einer schaffen konnte, dann ...

Er drehte sich blitzschnell um, als Warwick meldete: »Von der Zentrale, Sir. Schnell näher kommendes Echo auf eins-fünf-null.«

Marshall lief nach achtern auf der Brücke und richtete sein Glas aus. Es herrschte jetzt etwas mehr Dunst, der sich mit der Sonne weiter erhoben hatte und die Kimm deutlich scheinen ließ.

»Beobachten Sie gut weiter. Vielleicht verschwindet der Dunst bald.«

Warwick fragte: »Soll ich Lieutenant Buck informieren, Sir?«

»Negativ. Ich will nicht, daß er nervös wird. Er hat im Moment genug um die Ohren.« Er blickte auf die Mine und haßte sie, weil er wußte, was sie anrichten konnte.

Warwick folgte seinem Blick und meinte: »Wir wären ohne das Ding da sicher auf unserem Weg, Sir!«

Marshall antwortete nicht. Sie mußten in großer Tiefe laufen, um den Zerstörern auszuweichen. Wäre das nicht der Fall gewesen, hätten sie die Mine getroffen und sich nicht nur in ihr Kabel verwickelt.

»Die Zentrale soll uns auf dem laufenden halten.«

Er sah, wie Buck jetzt keuchend neben dem Rumpf auftauchte, tief Luft holte und wie ein Hund den Kopf schüttelte.

Was konnte er tun, wenn das noch unbekannte Schiff sie entdecken würde? So gut wie sicher war es ein englisches oder ein amerikanisches. Nachdem die Deutschen Nordafrika aufgegeben hatten, würden sie hier kein Schiff mehr halten. Mit der Mine im Tau konnte *U-192* nicht tauchen. Selbst eine schlecht gezielte Wasserbombe konnte die Mine zur Explosion bringen und ihnen damit das Heck wegreißen. Doch selbst wenn er oben bliebe und Signale mit dem Kommandanten des Zerstörers austauschen würde, war es wenig wahrscheinlich, daß der auf einen Angriff verzichtete. *U-192* existierte nicht. Und ein deutsches U-Boot oben auf dem Wasser war ein verlockendes Ziel, das man sich nicht entgehen ließ. Er dachte daran, die Tarnung zu verwenden. Aber auch die würde nichts nützen. Immer noch bestand das Risiko eines Mißverständnisses. Die Tarnung würde auch das Kabel, das um die achtere Plattform lief, wieder vertörnen. Ein heftiger Ruck, eine unerwartete Lockerung, und die Mine könnte auftauchen, sie berühren oder Buck in die wirbelnden Schraubenflügel saugen.

»Horchpeilung steht, Sir. Kommt weiter näher. Entfernung etwa elftausend Meter.« Marshall löste sich vom Sprachrohr. »Zwei Schiffe, Sir. Speke meint, es könnten Zerstörer sein!«

Marshall rieb sich das Kinn, versuchte sich die Karte vorzustellen, ihren Kurswechsel und die Nähe zur Küste Siziliens. Waren es wieder dieselben Zerstörer? Er hatte sie schon verdrängt gehabt. Aber es spielte ohnehin keine Rolle.

Ein Ausguck sagte: »Lieutenant Buck ist wieder getaucht, Sir. Zum fünftenmal.«

Marshall schaute durch das große Sehrohr. Es war auf volle Schärfe gezogen und nach Steuerbord achteraus gedreht. Jetzt würde es also bald soweit sein.

»Der Signalmeister soll auf die Brücke kommen. Vielleicht müssen wir signalisieren.«

Blythe erschien Sekunden später, seine Augen im Sonnenlicht wie schmale Schlitze. Er schaute auf die Mine: »Schade, daß wir nicht einfach auf sie ballern können.« Er seufzte. »Viel zu nahe.«

Marshall blickte zur Seite und dachte an Bill Wade. Wie war es ihm ergangen? Plötzlich eine Explosion, ein Wassereinbruch, der die Männer immer höher hinauf trieb, bis ihre Lippen die letzte Luft einsaugten, während das Boot steil nach unten sackte.

Er hörte Gerrard ganz deutlich von der anderen Seite der Brücke her. »Zentrale an Brücke. Schiffe in Sicht. Peilung Grün eins-vier-fünf.«

Ein Ausguck rief: »Ich habe sie, Sir!« Er hing über seinem Glas wie ein Jäger, der sein Wild näher kommen sieht.

Marshall wartete und hielt den Atem an, während sein Blick sanft über das Wasser strich. Ein grauer Fleck, fast noch eins mit dem Dunst. Aber es gab nun keinen Zweifel mehr.

Warwick meldete mit zusammengebissenen Zähnen: »Sie kommen aus der Sonne. Wir sind die ideale Zielscheibe.«

Marshall hielt sein Glas auf dieser Peilung. Die beiden Schiffe liefen wahrscheinlich hintereinander. Sie hatten das Boot sicher schon in ihrem Funkpeiler oder im neuen Radar, mit dem einige Schiffe bereits ausgerüstet waren.

Er wußte, daß Rigby ihn von ganz achtern beobachtete. Man mußte kein Hellseher sein, um zu wissen, was nun folgen würde.

Er bat Warwick: »Gehen Sie nach achtern und sehen Sie nach, wie weit die sind.« Er packte ihn am Arm. »Gelassen. Wir brauchen keinen Aufstand an Bord.«

Warwick sah ihn mit großen Augen an. Er schien etwas in Marshalls Gesicht zu suchen. Etwas, das er erkennen und mit ihm teilen könnte.

Blythe fuhr dazwischen: »Sie haben das Feuer eröffnet, Sir!«

Marshall spannte sich. Er sah den fernen Dunst wie den Rauch in einem Seeschlachtenbild aus dem 18. Jahrhundert wirbeln. Sekunden später hörte er das Echo von Geschützfeuer krachen. Er drehte sich um und sah zwei Wassersäulen neben dem Rumpf, doch weit genug weg aufsteigen. Das Boot zitterte nur ganz leicht, als die Granaten explodierten.

»Weit weg, aber nicht mehr lange!«

Er setzte das Glas ab und wischte mit dem Hemd über die Linsen. Als er wieder aufblickte, sah er zwei große weiße Ringe dort, wo die Granaten eingeschlagen hatten.

Blythe sagte: »Zwei gleichzeitig. Das nächste Mal versuchen sie einen Gabelschuß!«

Marshall stellte sich den Kommandanten drüben vor, der gerade die Meldungen bekam. Ein U-Boot, aufgetaucht. Verschwindet nicht, ist also beschädigt. Die Chance eines Lebens. Bisher nur Angriffe abgewehrt. Schiffe brannten nach U-Boot-Angriffen aus. Die elenden Überlebenden konnten kaum sprechen. Nein, der gegnerische Kommandant würde keinen Augenblick zögern.

Marshall biß die Zähne zusammen. Genausowenig zögern wie ich.

Wieder stiegen zwei Säulen aus dem blauen Wasser auf, hingen wie glitzernde Kristallvorhänge in der Sonne und sanken dann ebenso zögernd wieder zusammen – wie eben die beiden ersten. Doch sie lagen näher, nur eine halbe Meile entfernt Die Zerstörer würden jetzt gleich volle Fahrt laufen und angreifen, volle Kanne, denn dafür waren sie gebaut worden. Marshall war Lieutenant auf einem Zerstörer gewesen. Er wußte, wie man sich dort fühlte, auch wenn damals Frieden geherrscht hatte.

Warwick kam schweratmend zurück. »Fast geschafft, Sir. Noch ein paar Drähte und dann kann man den Kinken leichter aus dem Tiefenruder entfernen.« Er zuckte, als wieder zwei Granaten einschlugen. Sie lagen weiter auseinander. Die Herren tasteten sich vor und schossen sich ein!

Blythe murmelte: »Und das sind nun unsere eigenen Kameraden da drüben!« Er fluchte, als ein weiteres Paar Granaten explodierte. Diesmal ruckte es scharf im Rumpf. »Das ist einfach nicht fair.«

Marshall senkte das Glas. Es war verrückt, auf den Gabelschuß zu warten. Die Mine würde dabei sowieso explodieren. Sie würden alle sterben.

»Versuchen wir mal ein Erkennungssignal, Signalmeister!«

Er blickte schnell noch einmal durchs Glas, als Blythe die Lampe holte. Beide Zerstörer waren jetzt sichtbar. Der erste zerschnitt das Wasser wie eine mächtige Sense das Korn. Wieder blitzte es, und Marshall hörte das kurze Pfeifen, als die Granaten ganze vier Kabellängen entfernt in die See schlugen. Das führende Schiff hatte gedreht und stand jetzt fast genau achteraus. Zwei Kanonen feuerten gleichzeitig, und so konnten Granaten beiderseits des Rumpfs einschlagen. Wenn das Boot dennoch zu tauchen versuchte, würde der Zerstörer sofort mit Wasserbomben angreifen.

»Flugzeug, Sir!« Der Ausguck schien wie aus einer Narkose erwacht. »Steuerbord voraus.«

Es bewegte sich so verdammt langsam und glänzte im Sonnenlicht so stark, daß man es nicht identifizieren konnte. Marshall hörte, wie der Vierling geschwenkt wurde. Das hatte noch gefehlt. Ein Luftangriff, der ihrer Täuschung ein für alle Mal ein Ende bereiten würde. Was auch immer die da ganz oben meinten, ein Geheimnis wie dieses konnte nie geheim bleiben, auch wenn jemand es überlebte und ihre Sache vertreten könnte.

Warwick keuchte: »Ein Deutscher, Sir. Dornier 17 Z. Fliegt auf uns zu.« Er dachte laut. »Dabei ist doch dieser alte fliegende Bleistift längst überholt.«

Marshall starrte der Dornier entgegen. Sie war zwar noch vier Meilen entfernt, aber er erkannte deutlich die schmalen Linien. Bleistift war die richtige Bezeichnung, dachte er. Als zweimotorige Bomber hatten diese Flugzeuge die ersten Angriffe der Luftwaffe auf das Gebiet der Verbündeten geflogen. Doch jetzt waren sie zu langsam, ihre Bombenladungen waren für diesen fortgeschrittenen Krieg zu klein. Er duckte sich unwillkürlich, als wieder Granaten explodierten. Eine genau voraus. Er hörte Splitter in die See sirren. Sie verletzten niemand und waren doch gefährlich.

Blythe fluchte gotteslästerlich: »Das verdammte Ding will nicht!«

Warwick starrte ihn an. »Ich hab's zu sagen vergessen. Das Kabel des Schneiders hängt an der Leitung. Nur so reichte es überhaupt hin.«

Blythe stöhnte dumpf: »Und das höre ich erst jetzt!«

Marshall beobachtete den fliegenden Bleistift, der zielgenau auf sie zuflog. Durch die beiden Propellerkreise konnte er auf Rumpf und Flügeln die deutschen Hoheitszeichen erkennen und den reflektierenden Glanz aus der herausragenden Nase.

Der Pilot hatte die Situation geprüft. Ein eigenes deutsches U-Boot wurde durch zwei mächtige Zerstörer auf dem Wasser angegriffen. Er würde tun, was er konnte.

Der Vierling drehte sich und erfaßte langsam den Bomber.

»Auf keinen Fall schießen!« Marshall sah auf die Mannschaften. »Er kann uns Zeit verschaffen.«

Blythe meinte: »Das passiert bestimmt nicht, Sir. Mit ihrer Feuerkraft pusten die Zerstörer ihn wie einen Spielzeugdrachen vom Himmel.«

Die Maschine röhrte entschlossen über sie hinweg, die Bombenschächte waren schon geöffnet, und die vorderen Maschinengewehre schwangen von Bug zu Bug, als wolle die Maschine den Gegner ausschnüffeln. Der Pilot versuchte, Höhe zu gewinnen, und als er leicht nach Backbord abdrehte, explodierte die Luft um ihn herum in vielen kleinen schmutzig-braunen Wölkchen. Die Waffen für kurze Entfernungen waren noch tödlicher, dachte Marshall grimmig. Jeder Zerstörer, der im Mittelmeer zu überleben hoffte, war mit allem mehr als ausreichend ausgerüstet, war eine schwimmende, waffenstarrende Plattform. Noch immer kletterte der Bomber, er schien sich dabei sehr anzustrengen, doch er kümmerte sich nicht um die dichter werdenden Flakschüsse um ihn herum.

Von hinten kam der heisere Schrei: »Der Draht ist durch, Sir!«

Als Marshall seinen Blick senkte, sah er, wie die Mine achteraus wegtrieb. Buck wurde wie eine Leiche hochgezerrt und hatte den Schneider immer noch in seinen schleimigen Händen.

»Tauchstation!«

Marshall zuckte zusammen, als wieder eine Granate explodierte, diesmal sehr nahe. Ohne die Dornier, schätzte er, hätte sie noch dichter neben dem Boot gelegen.

Männer fielen die Leiter hinunter, warfen Geräte und Werkzeuge durch das Luk. Andere machten die MGs los. Nur die Mannschaft am Vierling blieb ruhig.

Marshall beobachtete den Bomber. Er zitterte gefährlich. Vielleicht war er von Splittern getroffen. Der deutsche Pilot hatte sich und seine Mannschaft geopfert, um dem U-Boot Zeit zu geben, die Mine loszuwerden.

Doch der Zerstörer würde bestimmt zu einem Wasserbombenangriff anlaufen. Seine dreißig und mehr Knoten gegen die Höchstgeschwindigkeit des U-Boots von neun Knoten unter Wasser würden bald den Ausschlag geben. Doch wenigstens hatten sie eine Chance, wenn auch nur ... Er starrte nach oben. Eine Bombe löste sich vom Rumpf der Dornier und fiel ins Licht.

Blythe meinte trocken: »Der hat die Nerven verloren. Kann man ihm nicht vorwerfen. Er ist viel zu weit weg, um ihnen angst zu machen.«

Marshall sah, wie Buck auf die Brücke gezogen wurde. Hände und Körper bluteten aus zahllosen Schürfwunden und Schnitten vom Bewuchs des Rumpfes.

»Alle Mann nach unten!«

Er spürte den Explosionsdruck einer Granate über sich und sah sie dicht vor dem Bug einschlagen. Die nächste würde den Rumpf treffen.

»Runter von der Brücke. Tauchen, tauchen!«

Aber Warwick hielt seinen Arm fest und zog ihn herum und rief: »Sehen Sie die Bombe, Sir. Das gibt´s doch nicht.« Er klang wie durchgedreht. »Die Bombe verfolgt den Zerstörer, sie folgt ihm!«

Gerade als Marshall die Bombe im Blickfeld seines Glases hatte, traf sie den Zerstörer dicht vor der Brücke. Es gab einen gewaltigen Blitz, dann folgte ein riesiger Rauchpilz, und wie betäubt sah er, wie der Zerstörer zu tauchen anfing. Seine hohe Geschwindigkeit drückte den Bug ins Wasser wie eine Pflugschar in die Erde.

In diesem Augenblick, als das U-Boot in das unruhige Wasser nach dem letzten Granateinschlag absackte, sah er den Rest. Ein Zerstörer sank aus voller Fahrt, der zweite drehte zur Seite, um eine Kollision zu vermeiden, und feuerte mit allem, was er hatte, auf den kreisenden Bomber. Auch der Pilot hatte Probleme. Rauch strömte aus einem Motor, während die Maschine nach Norden, Richtung Land abdrehte.

Dann war Marshall auf der Leiter, zog das Luk über den Kopf nach, er trat auf jemanden unter sich und hörte die See wütend auf den Turm schlagen.

»Auf Sehrohrtiefe halten, Nummer Eins!« befahl er knapp. Seine Augen mußten sich erst wieder an das Licht in der Zentrale gewöhnen. Die Lichter, die hier sonst so hell waren, schienen nach dem Sonnenlicht dunkel.

»Der Zerstörer bricht achteraus auseinander, Sir!«

Der Horcher klang ganz ruhig. Offenbar war ihm noch nicht klar, was da geschah.

»Sehrohrtiefe, Sir!«

Marshall sah auf die überanstrengten Gesichter. »Langsame Fahrt voraus mit einer Maschine.«

Er sah Major Cowan am Kartentisch stehen, als habe er sich nie bewegt. »Ein britisches Schiff, Major!« Er ließ die Worte sinken wie Steine. »Eine von diesen ferngesteuerten Bomben, die eigentlich noch geheim sein sollten, hat der Zerstörer versenkt. Das dauerte eine halbe Minute. Und sie kam aus einem Bomber, der kaum zweihundert Meilen pro Stunde schnell ist.« Er wandte sich dem Sehrohr zu, das er ausfahren ließ. Dann sagte er mit bitterer Stimme: »Sehen Sie sich das mal selbst an.«

»Das Schiff ist gesunken, Sir!« Speke sprach jetzt sehr leise.

Über dem Surren von Motoren und Entlüftern hörten sie Stahl knirschend und stöhnend zerbrechen. Der Zerstörer sank. Bei dem Tempo war es unwahrscheinlich, daß viele Männer entkommen würden.

Marshall schob Cowan von den Griffen weg und blickte lange nach achtern. Da war jetzt nur noch ein Schiff. Es hatte gestoppt, um Boote zu Wasser zu lassen. Von dem Bomber, der *U-192* gerettet hatte, gab es kein Zeichen. Er hatte die erste Verteidigungslinie der Deutschen angezeigt und war wahrscheinlich ein paar Meilen weiter weg ins Meer gestürzt.

»Sehrohr einfahren. Alten Kurs und gleiche Tiefe.« Er wußte, daß die seltsame Ruhe, die er so lange ausgestrahlt hatte, ihn bald verlassen würde. Dann träfe ihn ihrer aller Verachtung. »Schotten auf. Alle Mann von Tauchstation.«

Er nickte Gerrard zu und ging schnell in die Messe.

Was zum Teufel war mit ihm los? Er fühlte sich wie ein Eisklotz. Nichts konnte ihn erreichen. Er sah Buck auf einen Stuhl gesunken. Er hielt die Augen geschlossen, während Churchill ihm mit Watte die Risse und Schürfwunden abtupfte. Er sagte: »Schließen Sie den Schrank auf, Churchill.« Er nahm die Watte und tupfte Buck Dreck von der Schulter. »Whisky für den Torpedo-Reiter!«

Buck wurde klar, wer da neben ihm stand, und er sah ihn schmerzverzerrt an: »Whisky, Sir? Aber ich könnte gebraucht werden!«

»Das werden Sie gerade.« Marshall hielt die Hand so lange hin, bis das Glas fast voll war. »Von mir und von allen anderen. Ich werde dafür sorgen, daß man Ihre Leistung offiziell anerkennt.«

Buck starrte ihn mit offenem Mund an, schien zum ersten Mal hilflos. »Whisky reicht mir«, sagte er. Mehr gelang ihm nicht.

Marshall erhob sich wieder. »Bleiben Sie bei ihm, Churchill.« Er verließ die Messe und ging zu Devereaux' Tisch. Cowan stand noch immer dort und viele Matrosen, die normalerweise längst in ihre Messen verschwunden wären. Als er die italienische Küste studierte, fiel ihm das allgemeine Schweigen auf. Immer noch sah er den angeschlagenen Zerstörer, der tödlich verletzt auf der Seite lag. Simeon hatte klar gesagt, wie wichtig ihr Auftrag war, aber von diesem Zwischenfall hatte er noch nichts erfahren können. Der Gegner hatte nicht nur die neue Waffe, er war auch in der Lage, sie einzusetzen. Er würde damit jede Invasion in ein Blutbad verwandeln.

Marshall machte auf der Karte zwei kleine Zeichen. »Machen Sie einen Kurs mit meinen Änderungen, Lieutenant Devereaux. Wenn wir unsere Gäste absetzen wollen, dann muß es perfekt klappen. Wir haben keine zweite Chance.«

Devereaux schluckt schwer. »Sie verlangen viel, Sir, wenn wir so dicht unter Land sollen!«

»Ich verlange nichts, ich befehle es.« Er dachte an die Frau, die geopfert worden war, um den einen Mann zu bekommen, der sie und das Land verraten hatte und wohl auch immer noch verriet. Kalt sagte er: »Und es wird klappen. Es muß!«

Er dachte an den Mann, den sie zum Verhör abholen würden. Das alles machte keinen Sinn mehr. Ein Engländer, der sein Land verraten hatte! Ein deutscher Bomberpilot, der ihr Leben vor Engländern gerettet hatte. Ohne ein weiteres Wort drehte er sich auf dem Absatz um und verschwand in seiner Kajüte.

Als Buster Browning mit seinem Stab das gekaperte U-Boot wieder in Dienst gestellt hatte, hatte er nicht die geringste Ahnung, was er da begann. Er setzte sich an den Tisch und öffnete das Logbuch des Kommandanten. Hoffentlich wußte Browning wenigstens, wie er die Sache beenden konnte.

Die Luft in der Messe war klamm und bewegte sich nicht. Selbst die Farbe, die an der Decke die Bildung von Kondenswasser verhindern sollte, glänzte naß, und Wasser tropfte auf Marshalls Karte, die er vor sich ausgebreitet hatte.

Die anderen hatten sich um ihn versammelt. Ihr Atem ging laut. Sie starrten auf die Karte mit den vielen Bleistiftlinien von Rechnungen und Peilungen.

Marshall tippte mit dem Zirkel auf die Karte. »Wir sind jetzt hier.« Er sah Cowan an und dann dessen beide Begleiter. Sie blickten skeptisch. »Wir sind im Golf von Gaeta.« Der Zirkel bewegte sich leicht. »Hier unten liegt Neapel, sechzig Meilen südöstlich von uns. Wir stehen etwa drei Meilen südlich von diesem Kap, Kap Circeo.«

Cowan nickte. »Das ist von mir aus in Ordnung. Ein Stückchen landeinwärts liegen Ruinen eines alten Klosters. Das hat mal die Dörfer der Pontinischen Sümpfe betreut.« Er tappte mit dem Finger auf die Stelle. »Da sind unsere Leute, falls alles geklappt hat.«

Marshall wartete einen Augenblick und fragte dann: »Müssen wir noch irgendwas wissen?«

Der Finger fuhr über die Karte. »Der nächstgrößere Ort heißt Terracina. Ungefähr zehn Meilen östlich von unserem Treffpunkt.« Er hob die Schultern. »Bisher hatten wir dort meistens italienische Posten. Aber jetzt, wenn hier so viel los ist, haben die Deutschen vermutlich ihre Panzertruppen aus Neapel hierher verlegt. Wir werden also mal sehen.«

Marshall reckte sich. Nun ja, mal sehen. Das klang so ganz leicht.

Er sah sie nacheinander an. Buck, immer noch erschöpft und hohläugig nach seinem Kampf mit der Mine. Aber er hörte genau zu und beobachtete sie. Seine dünnen Lippen verzogen sich leicht, als der Major redete. Devereaux schien ganz ruhig. Er hatte die schlimmste Aufgabe erwischt. In den zweieinhalb Tagen seit dem Zwischenfall mit der Mine hatte er seine Berechnungen ständig ändern müssen. Hinter der Bucht von Neapel hatten sie einen Umweg machen müssen, um an einer Inselgruppe vorbeizukommen. In den Geheimbefehlen hieß es, daß der Feind dort auf den Meeresgrund ein Unterwasserkabel ausgelegt hatte, um U-Boote auszumachen. Der Bericht konnte falsch sein, aber sie durften kein Risiko eingehen, indem sie den kürzeren Weg wählten. Dann wieder mußten sie tief tauchen, als ihnen Patrouillen auf See und aus der Luft zu nahe gekommen waren. Doch sie machten weiter, immer die Küste hoch, tasten sich vor. Nur wenn sie unbedingt einen Fix brauchten oder der Horcher ein unbekanntes Echo anzeigte, hatten sie schnell das Sehrohr ausgefahren.

Jetzt begann die letzte Runde. Zeichen und Diagramme auf der Karte würden sich in Sand und Felsen verwandeln. Geheimberichte könnten zu wildem Gewehrfeuer und kaltem Stahl werden.

»Nummer Eins gibt Ihnen die Instruktionen zum Anlanden«, sagte Marshall. Er blickte Gerrard an. »Wir tauchen in fünfzehn Minuten auf. Wenn alles ruhig erscheint, laufe ich näher unter Land und warte auf das Signal. Dann, und erst dann, öffnen wir vorn das Luk und bringen das Boot ins Wasser. Noch Fragen?«

Cowan schüttelte den Kopf und nahm eine schwere automatische Pistole aus dem Gürtel. »Nichts für mich.« Auch seine Begleiter schienen damit zufrieden.

Gerrard sagte: »Wenn das Signal stimmt, Sir, drehen wir das Boot mit dem Bug zum Meer. Falls wir fliehen müssen. Sonst kommen wir in diese Untiefen. Und daraus kommt man nur langsam wieder raus. Wenn man oben ist.« Er sprach ruhig, aber sehr schnell, so als rechne er mit Unterbrechungen.

Marshall antwortete: »Das wird nicht gehen. Wenn man von Land her auf uns feuert, kann ich das Geschütz zur Deckung nicht einsetzen. Wir werden versuchen, parallel zu liegen.« Er lächelte und sah Gerrards gespannte Lippen. »Das ist das Beste, was wir schaffen.«

Buck erhob sich. »Ich prüfe nochmal das Dinghy.« Er sah die drei Passagiere an. »Viel Glück. Ich hoffe, man bringt Sie in Sicherheit.«

Die meisten Ventilatoren waren abgeschaltet, um kein Geräusch zu machen. In der schlechten Luft schwitzten alle. Und im gelben Licht sahen sie alle aus wie ein Gruppe verängstigter Männer, dachte Marshall.

Er sagte: »Wir haben an alles gedacht. Also, lassen Sie uns anfangen.«

Sie folgten ihm in die Zentrale. Während Gerrard mit Frenzel und der Wache noch einmal alles durchging, sammelte Warwick seine Geschützmannschaften unten im Turm. Niemand sprach. Man flüsterte nur. Das ging an die Nerven.

Marshall schaute Devereaux an: »Sie haben gute Arbeit geleistet, Lieutenant Devereaux!«

Der Steuermann suchte schon eine neue Karte heraus, hielt den Bleistift zwischen den Zähnen. Doch er versuchte zu lächeln. Er war weder erfreut über den Dank des Kommandanten noch zufrieden damit, daß er die Verantwortung für die nächste Phase jetzt abgeben konnte.

Cowan meinte: »Ich geh' schon mal nach vorn, Kommandant.« Er fuhr sich über die Lippen. »Lieber Gott, dieser Teil macht einen immer fertig.« Dann war er verschwunden.

Marshall schaute auf seine Uhr, dann auf die über dem Schott.

»Alles klar, Nummer Eins?«

Gerrards Augen glitzerten im Halblicht. »Ja, Sir!« Sein Gesicht glänzte vor Schweiß, der ihm in die Stoppeln am Kinn rann.

Marshall nickte ernst. »Wenn man uns heiß begrüßt,

hauen wir ab aufs Meer. Und zwar schnell.« Er versuchte es sich nicht vorzustellen. »Es bringt nichts, dann abzuwarten.«

Er schaute auf die Leiter. »Mannlochdeckel öffnen.« Er blickte über die Versammelten. Er wollte sichergehen, daß sie in der richtigen Reihenfolge an Deck erschienen.

»Es ist so weit, Sir!«
»Sehr gut!«

Er trat ans Sehrohr und wartete, bis es in Augenhöhe war. Er spürte Schweiß auf dem Rücken und in den Händen auf den Griffen. Er konzentrierte sich auf das kleine, stumme Bild. Ein paar Sterne, kleine Schaumspuren, die sich am langsam bewegten Sehrohr zeigten. Ein kleines Licht blinkte in der Dunkelheit, Meilen entfernt.

Devereaux, der den Messingring am Periskop beobachtete, atmete langsam aus. »Die Peilung stimmt, Sir. Das ist die Boje, die die Italiener hier in diesem Frühjahr temporär ausgelegt haben.« Überraschenderweise kicherte er. »Perfekt, muß ich selber zugeben.«

»Sehrohr einfahren.« Marshall blickte ihn an. »Ich dachte, daran hätten Sie nie Zweifel gehabt!«

Er trat an die Leiter, ohne sich umzuschauen.

»Auftauchen, Nummer Eins. Wir laufen an.«

Wie immer schien der Lärm betäubend und endlos. Als Marshall und Warwick auf die Gräting stiegen, war es schwer zu glauben, daß man das nicht hören könnte. Doch beide wußten, daß die Geräusche eines auftauchenden U-Boots kaum eine halbe Kabellänge weit zu hören waren.

Die beiden Ausgucks folgten ihnen durch das Luk, und er wußte, daß Blythe oben auf der Leiter stand und die Geschützmannschaften kommen lassen würde, sobald der Weg frei war.

Warwick ließ sich durch das Sprachrohr vernehmen: »Der Horchraum meldet nichts, Sir!«

»Sehr gut!«

Marschall bewegte sein Glas sehr langsam nach Backbord. Die kleine blitzende Boje hinter dem großen Kap am Eingang des Golfs war verschwunden. Es war sehr dunkel. Doch die Luft schmeckte wie Wein. Nach tagelangem erzwungenen Tauchen wurde sie immer besser, wenn sie auftauchten. Kühl und süß. Der Kopf wurde einem frei. Marshall riß sich zusammen und hielt das Glas auf einen langen schwarzen Schatten gerichtet, doch entspannte er sich genauso schnell, als eine träge Uferdünung den Schatten vertrieb.

Warwick flüsterte: »Die Zentrale meldet noch fünf Minuten, Sir!«

Sie drehten sich beide um und starrten auf ein Licht, das weit weg an Steuerbord blinkte. Vielleicht ein Auto mit Scheinwerfern, die nicht abgeblendet waren. Oder ein Bürger, der seine Verdunklung schon für den nächsten Morgen aufhob.

Wie still es war. Nur das leichte Glucksen an den Außenbunkern und das leise Surren der Motoren unter den Lederstiefeln waren zu hören.

Warwick hob den Kopf: »Wir sind jetzt auf zwanzig Fuß, Sir!«

»Sehr gut.«

Er konnte das Land jetzt ausmachen. Es war ein ungerader Strich unter den Sternen, den jemand mit einem riesigen Pinsel ausgebracht hatte. Hier war es verdammt flach. Doch die Annäherung war so sicherer, als im rechten Winkel anzulaufen. Er dachte an Gerrard. Trieb ihn zu viel Sorge? Furcht war es nicht. Sie alle zeigten bei solchen Gelegenheiten das gleiche Bild.

»Kommen Sie, Blythe.« Er hörte, wie der Signalmaat dankbar tief Luft holte. »Wir können ein paar gute Augen gebrauchen.«

»Achtzehn Faden, Sir.«

»Danke, Sub.« Marshall versuchte, entspannt zu klingen. »Melden Sie weiter.«

Blythe meldete: »Da, Sir. Steuerbord voraus.«

In der pechschwarzen Nacht schien das Licht unglaublich hell N ... N ... N ... N ... N ...

Blythe flüsterte erregt: »Soll ich bestätigen?«

»Nein, sie kennen die Praxis. Sie werden in einer Minute stoppen. Und dann die gegebene Zeit abwarten.«

Er mußte die Zähne aufeinanderpressen, um die plötzliche Panik zu unterdrücken. Das Licht war viel zu hell, obwohl es auf See hinaus gerichtet war. Er entspannte sich, als wieder Dunkelheit herrschte.

»Vordere Luke öffnen. Geschützmannschaften an die Waffen.«

Warwick gab den Befehl weiter und sagte dann: »Lieutenant Devereaux meint, wir sind etwa neunhundert Meter weg vom Land.« Er zögerte. »Er meint, nun sind Sie dran.«

»Nein. Wir müssen näher ran. Mindestens eine Kabellänge.« Er wartete und hörte gedämpfte Schritte über dem Luk und an der Seite der Brücke. »Wir müssen ihnen eine Chance geben, Sub. Stellen Sie sich vor, das verdammte Dinghy hin- und zurückzupaddeln.« Er zuckte zusammen. »Da ist das Signal wieder.« Er berührte Warwick am Arm. »Gehen Sie an Ihr Geschütz, und richten Sie es auf das Licht aus. Seien Sie auf alles vorbereitet.«

»Vierzehn Faden, Sir.« Blythe hatte den leeren Platz am Sprachrohr eingenommen.

Stahl schlug kurz auf Stahl, und im halben Licht sah

Marshall Gestalten vorn an der großen Luke, die das Dinghy auf das Deck holten.

»Zehn Faden, Sir!«

Ein neues Licht. Es war sicher eine Landstraße. Die so sicher schien, daß die Bewohner der Gegend sehr sorglos geworden waren, dachte er.

»Voraus alles klar, Sir!«

»Danke.« Er trat näher an das Sprachrohr. »Steuerbord fünfzehn. Steuerbord Maschine aus.« Er blickte auf den Tochterkompaß. »Ruder mittschiffs. Steuerbord langsam voraus.«

Er sah über die Brüstung. Wie schwarz das Land da lag! Bei Tageslicht würde es ein großartiges Panorama bilden. Er sah das lange Geschützrohr wie einen Finger über die kleinen Wellen ragen, die sie aufwarfen.

»Beide Maschinen aus.« Er tippte Blythe auf die Hand. »Lassen Sie denen vorne sagen, das Dinghy kann ins Wasser.«

»Neun Faden, Sir!«

Marshall überhörte die regelmäßigen Meldungen. Er sah, wie das kleine Boot klarkam. Nur ein Schatten. Die Männer hatten jetzt die Paddel gepackt. Sie waren voll bewaffnet und trugen ihre Kampfuniform. Die Arbeit würde sie zum Schwitzen bringen.

N ... N ... N ... N ... N ...

Blythe fluchte leise. »Verdammt noch mal. Halten die uns für blind?«

Marshall antwortete ihm ruhig: »Die wissen ja noch nicht mal, daß wir hier sind. Daß jemand sie abholt.«

Blythe sah ihn an, ein bleiches Gesicht vor dem Nachthimmel: »Tut mir leid, Sir. Hab' nicht dran gedacht. Dämlich von mir, so was zu sagen.«

Marshall blickte auf seine Armbanduhr mit den

Leuchtziffern. Auf das Signal des Majors hin würde er ablaufen. Nachdem sie einen Kreis geschlagen hätten und wieder zurück waren, würde das Dinghy wieder hier auf sie warten. Er spürte, wie er, plötzlich unsicher geworden, die Fäuste ballte. Chantal Travis mußte hier sein. Nachdem sie so weit gekommen war und so viel durchgestanden hatte, mußte sie es einfach geschafft haben.

»Signal, Sir!« Blythe leckte sich hörbar über die Lippen. »Der Major hat Kontakt aufgenommen.«

Marshall beugte sich dicht über das Sprachrohr. »Mit beiden Motoren langsam voraus. Wir wollen einen Kreis laufen, Lieutenant Devereaux.«

»Aye, aye, Sir.« Und dann konnte Devereaux sich nicht verkneifen zu sagen: »Wir haben sechs Faden Tiefe, Sir!«

Das Deck zitterte leicht, als das Boot langsam in die offene See wendete. Das Geschütz drehte sich, um das Land im Visier zu halten, bis es durch den Turm verdeckt wurde.

Marshall nahm die Mütze ab und fuhr sich mit der Hand durchs Haar. Es war zum Auswringen naß. Doch er fühlte nichts anderes als vorher. Alles sammelte sich in ihm wie Wasser hinter einem Damm. Das steigende Wasser wartete auf seine Zeit. Er prüfte seine Reaktionen, fühlte nichts. Vielleicht war er doch zu einer Maschine geworden.

Dann dachte er wieder an die Frau da drüben in der Dunkelheit, und er wußte, daß er sich etwas vormachte. Und für diese Erkenntnis war er dankbar.

An Land

»Da ist das Dinghy, Sir!«

Blythe deutete über die Brüstung. Seine Stimme klang heiser vor Erregung.

Marshall hielt sein Glas ganz ruhig. Das U-Boot hob und senkte sich träge in einer einzelnen Welle. Blythe hatte recht. Er konnte es gerade eben erkennen, den Umriß und das eifrige Eintauchen der Riemen.

Er hörte Warwick draußen auf Deck seine Befehle geben, und er wußte, daß das Geschütz langsam herum schwenkte, um das Gummiboot zu decken.

»Leinenkommando, sich klar halten.« Marshall senkte das Glas und rieb sich die Augen. Nachdem er so lange in die Nacht gestarrt hatte, fühlten sie sich zwei mal so groß an. Blythe fragte er: »Können Sie erkennen, ob alle an Bord sind?«

Der Signäler antwortete nicht sofort. »Schwer zu erkennen. Aber ich meine, ich sehe zehn Köpfe. Wie haben die bloß alle Platz gefunden?«

Marshall sah die Matrosen, die sich vorn am Luk sammelten. Wir haben es geschafft. Er drehte sich auf dem Absatz um, als eine Rakete am Himmel explodierte – sehr weit weg. Und weit im Binnenland. Vielleicht nur eine Übung. Oder ein Signal, mit dem man das Netz um fliehende Agenten schließen wollte.

»Beide Maschinen stopp!«

Er richtete sein Glas wieder auf das Boot. Es war voller schwarzgekleideter Gestalten. Er erkannte Cain, der im Bug hockte und auf die Wurfleine wartete.

Marshall sah, wie das Dinghy gehorsam drehte, als die Vorleine an Deck festgemacht wurde, und hörte, wie Warwick einem Matrosen zurief, er solle den Passagieren an Bord helfen. Er spürte, wie heftig sein Herz pochte. Seltsam, wie gerade jetzt die Spannung fast sichtbar wurde. Es lag vielleicht an der vollständigen Stille. Oder ... Er richtete sich auf, als eine Gestalt auf das Deck gehoben wurde, ob tot oder verwundet, war auf Anhieb nicht zu erkennen. Andere folgten, und er hörte kurze Fetzen von Fragen und Antworten.

Dann kam Major Cowan nach achtern gelaufen, die Gummisohlen seiner Schuhe quietschten auf der Leiter, als er in den Turm kletterte.

Er sagte knapp: »Es gab ein paar Probleme, Kommandant.« Er zeigte aufs Ufer. »Sie waren seit Tagen auf der Flucht von einem Versteck zum anderen. Die Gegend da wimmelt von Patrouillen.« Er holte tief Luft. »Aber wir haben Travis.« Er machte eine Pause. »Den Verräter.«

»Und die anderen?« Marshall wußte, daß sie nicht dabei war. »Ich dachte, das Dinghy war ganz voll!«

»Ja, wir haben ein paar von unsern Leuten mitgenommen. Einen Lieutenant der S.A.S., Special Air Service, der mit einer italienischen Sabotagegruppe zusammengearbeitet hat. Und einen verwundeten Italiener, Kommunist, da bin ich sicher. Und dann Moss, den einzigen aus der ursprünglichen Gruppe.«

»Und die anderen?«

»Major Carter und Mrs. Travis sind weiter ins Land vorgedrungen in Richtung Kanal. Nur so konnten sie die nächste Patrouille auf sich lenken. Moss hatte einen Schuß im Schenkel abbekommen, also konnte er nichts tun.« Er seufzte. »Tut mir leid, daß wir die anderen nicht retten konnten.«

Warwicks Kopf erschien auf der Brücke. »Lieutenant Buck möchte wissen, ob er die vordere Luke schließen kann?«

Marshall sagte: »Was glauben Sie, Major, sind die beiden gefangengenommen worden?«

Cowan nickte.

»Das war ihre Absicht. Nichts anderes hätte den Feind überzeugt. Wenn man Travis auch erwischt hätte, würden wir nie erfahren, was wir wissen wollen.«

Marshall dachte an die Leuchtrakete. Sie hatte sicher das Ende der Jagd angezeigt. Hatte den Suchenden gesagt: Wir haben die feindlichen Agenten gefangen.

Er sagte schnell: »Lassen Sie sofort den Ersten Offizier kommen. Ich gehe nach vorn.«

Er schwang sich über das Brückenschanzkleid und eilte auf dem nassen Deck nach vorn, Warwick und den Major dicht hinter sich.

Das Dinghy lag noch im Wasser, so als hätten sie seine Absicht vorausgeahnt.

Buck sagte: »Das ist eine verdammte Scheiße, Sir!«

Marshall suchte den Mann, der gerade mit Cain gesprochen hatte. »Sind Sie der S.A.S.-Offizier?«

»Ja, Sir. Ich heiße Smith.« Er war sehr klein.

»Kennen Sie die Gegend hier gut?«

Der Lieutenant sah zu Cowan hinüber, der ihm zunickte und knapp sagte: »Sagen Sie ihm alles.«

»Ziemlich gut. Obwohl ich mit dieser Sache hier nichts zu tun hatte.« Verbittert meinte er: »Ich hätte diesen Travis sofort erschossen.«

Marshall versuchte, seine rasenden Gedanken zu ordnen. »Ich gehe an Land!«

Der kleine Mann erstarrte, den Arm halb in der Luft.

Marshall fuhr fort: »Meinen Sie, wir können Mrs. Travis finden? Und sie rausholen?«

Smith hob die Schultern.

»Die Chance ist nicht groß. Die Italiener kontrollieren diesen Sektor. Sie haben den strikten Befehl, Gefangene so lange zu halten, bis die Deutschen da sind. Die Gestapo, nehme ich an.« Er nickte bedächtig. »Ich komme mit.« Und dann drehte er sich leicht zur Seite: »Und Sie, Major?«

Cowan antwortete bedrückt: »Ich muß sofort Travis verhören. Ich habe meine Befehle. Tut mir leid.« Er trat näher. »Hören Sie, Marshall, ich kenne Ihre Motive nicht, und ich will sie lieber auch nicht genauer erfahren. Aber ich bin überzeugt, daß Sie sie auf der Stelle und jetzt vergessen sollten. In diesem Spiel muß man ein Risiko eingehen und es aushalten. Heute trifft es die einen. Und morgen – nun, wer weiß?«

Gerrard erschien an Deck, kam vornüber gebeugt, weil er sich an der Reling festhielt.

Marshall sagte: »Ich gehe an Land, Nummer Eins. Sie übernehmen das Kommando und holen mich in vier Stunden wieder an dieser Stelle ab.«

Smith murmelte: »So lange werden wir aber auch brauchen, Kommandant.«

Marshall ignorierte ihn: »Sind wir dann nicht zurück, warten Sie draußen in sicherem Abstand. Das wird kein Problem sein. Nehmen Sie den Kurs, den Sie für richtig halten. Wenn Sie aus allem raus sind, senden Sie unser Signal. Simeon wird Ihnen dann mitteilen, welchen Hafen Sie anlaufen sollen.«

Gerrard antwortete laut: »Das ist Wahnsinn, Sir. Sie haben keine Chance. Ich kann das nicht erlauben!«

Sanft fragte Second Coxswain Cain: »Reichen Ihnen fünf Freiwillige, Sir?«

Marshall sah ihn an: »Danke. Maschinenpistolen und Handgranaten. Genau, wie wir es in Schottland gelernt haben.«

Er wandte sich an Lieutenant Smith: »Schaffen Sie ganz bestimmt auch diese zweite Runde?«

Der kleine Mann kicherte. »Also ich habe in den Trümmern der Abtei da oben eine ganz Woche Ruhe gehabt. Ich habe den Wein dort genossen und es mir gut gehen lassen, bis Ihre Männer kamen. Aber ich glaube, das Versteck ist jetzt nicht mehr sicher.«

Gerrard fuhr scharf dazwischen: »Um Himmels willen, Sir, was soll ich sagen, wenn man Sie gefangennimmt?«

»Entschuldigen Sie sich, Bob. Sagen Sie, daß ich es bedaure.« Er packte ihn am Arm. »Die Angelegenheit ist wichtig. Für mich wichtig!«

»Ich habe die Männer ausgesucht, Sir.« Cain saß schon wieder im Dinghy. »Ich dachte mir schon, daß Sie irgendwas in der Richtung vorhaben!«

Marshall schaute die schweigenden Gestalten an. »Schließen Sie das Luk, und halten Sie sich gut von der Küste frei.« Und dann an Gerrard. »Tauchen Sie, wenn Sie wollen. Es ist Ihre Entscheidung.« Er sah ihn verspannt nicken. »Nehmen Sie's leicht, Bob.«

Dann sah er, wie Warwick sich das schwere Holster umlegte, und hörte ihn heftig sagen: »Nehmen Sie mich mit, Sir!«

»Nein, Sub!« Er glitt über die Seite und spürte an Füssen und Beinen Spritzwasser. »Dies ist meine Landpartie!« Er packte die Riemen. »Ablegen. Wollen mal sehen, wie schnell wir dieses Ding hier bewegen können.«

Als er sich umdrehte, sah er das Unterseeboot hoch über sich und fühlte sich plötzlich sehr allein. Während es als dunkler Schatten verschwand, sagte er: »Es tut uns allen gut, uns mal die Beine zu vertreten.« Er hörte einen der Männer kichern und war froh, daß er ihn mit solch einfachen Scherzen erheitern konnte.

Smith sagte: »Ich kenne wahrscheinlich den Ort, an dem die Patrouillen ihre Gefangenen festhalten, bis die Deutschen kommen. Wenn ich mich irre, können wir das Ganze allerdings vergessen. In vier Stunden wird es hell. Und dann ...« Er ließ den Rest unausgesprochen.

Während die Küste langsam Gestalt gewann, sprach niemand. Marshall spürte die Spannung um sich herum. Nur wenn er auf die Männer im Dinghy sah, überfielen ihn Zweifel. Mit welchem Recht brachte er ihr Leben in Gefahr?

Cain sagte plötzlich: »Wir sind schon am Strand, Sir. Den Rest müssen wir durchs Wasser waten.«

Alle ließen sich ins Wasser gleiten, und Marshall spürte, wie eine Strömung seine Füße wie in einer Umarmung packte. Doch das Gefühl, an Land zu sein, hielt ihn aufrecht – endlich kein Stahl mehr und keine sirrenden Maschinen. Er sagte: »Zwei bleiben am Dinghy. Wenn wir anderen nicht zurückkommen, kehren Sie zu Lieutenant Gerrard zurück. Sie wählen die Männer aus, Mr. Cain.«

Smith murmelte: »Ein toller Haufen, Sir. Die haben's eilig, sich den Kopf wegschießen zu lassen.« Aber er schien beeindruckt.

Cain ging durch den klebenden, nassen Sand. »Ich hab's ihnen gesagt, Sir. Wir sind soweit, wenn Sie soweit sind.« Er nahm die schwere Maschinenpistole aus dem Holster und hielt sie schußbereit.

Smith schob sich den Kompaß vor die Augen. »Folgen Sie mir. Und ruhig bleiben. Keine Bewegung, wenn ich stehenbleibe.« Zwischen den Seeleuten erschien er sogar noch kleiner. »Wenn Sie kämpfen müssen, dann kämpfen Sie richtig. Nix Verrücktes, sonst sind Sie tot, ehe Sie angefangen haben. Greifen Sie an, und bringen Sie den Kerl um.« Er grinste. »Stellen Sie sich den Feind als höhere Offiziere vor. Das macht die Sache einfacher.« Er drehte sich auf dem Absatz um und kletterte eine steile Böschung empor und ließ das Meer hinter sich zurück.

Er hielt nur einmal an und flüsterte Marshall zu: »Wissen Sie, Kommandant, das könnte hinhauen. Die alte Geschichte: nur ein Verrückter kann auf solch einen Gedanken kommen.«

*

»Wir legen besser eine Pause ein.« Smith ließ sich auf die Erde nieder, die Maschinenpistole auf dem Schoß. »Und dann peilen wir mal die Lage!«

Marshall kniete neben ihm, jeder Muskel schrie vor Schmerz. Sie waren eine Stunde ohne Pause gelaufen. Smith kannte die Gegend hier wirklich. Er führte die Gruppe eine schmale Küstenstraße entlang und bog dann in rauhes, verlassenes Land ab. Manchmal deutete er in die Dunkelheit und beschrieb ein unsichtbares Dorf oder zeigte auf einen Pfad, der zu einzeln stehenden Gehöften führte. Er hatte sich das alles wie auf einer Karte eingeprägt.

Er sagte: »Ich habe nördlich von Terracina gearbeitet. Es gibt da in den Hügeln eine Schlucht für die Eisenbahn. Die örtliche Guerilla wollte sie in die Luft jagen. Ich mußte ihr das ausreden.« Er kicherte. »Ich mußte ihnen erklären, daß wir vielleicht eines Tages eine intakte Eisenbahnlinie brauchen könnten.« Er rollte sich zur Seite. »Alle anhalten!«

Sie sanken sofort ins Gras und hörten das dumpfe Rumpeln von Fahrzeugen, das schnell näher kam und ebenso schnell verschwand. Es war wieder still.

Leise sagte er: »Sie haben die andere Straße benutzt. Vielleicht sind es Truppen, die von der Jagd zurückkehren.« Neugierig sah er Marshall an. »Das ist eine seltsame Art für einen Seemann, Krieg zu führen, wenn ich mir den Kommentar erlauben darf.«

»Es ist auch ein seltsamer Krieg.«

Smith erhob sich wieder. »Stimmt. Also weiter, Männer. Etwa zwei Meilen von hier gibt es an der Straßenkreuzung eine Polizeistation. Zwei Stockwerke und ein paar Gebäude drum herum. Das alles hat mal den Carabinieri gehört. Jetzt ist dort ständig ein Zug Soldaten stationiert.«

Sie gingen schweigend weiter, ließen Staub aufsteigen und brachten kleine Steine an der Straße ins Rollen. Ihre Waffen ragten in die Dunkelheit.

»Da ist Licht, Sir.« Cain stand auf einem Stapel Abfallholz. Er klang aufgeregt.

Smith nickte. »Stimmt exakt.« Er sah die drei Matrosen an. »Los! Zum Polizeiposten auf der Straßenseite gegenüber!« Er blickte in den Himmel. »Irgendwo hier muß es Telefondrähte geben. Die müssen gekappt werden. Nur für den Fall, daß alles doch etwas länger dauert, als wir annehmen.«

Die Männer bewegten sich jetzt noch vorsichtiger vorwärts. Jeder hielt sich tief geduckt, als wolle er kein Gewehrfeuer auf sich ziehen.

Die Polizeistation war leicht auszumachen. Das Gebäude war von einem weißen Zaun umgeben, so daß auch die Tore leicht zu erkennen waren – wie Zahnlücken.

Smith gab Marshall ein Zeichen. »Ein Posten. Gleich drinnen. Erkennen Sie seine Zigarette?« Er wartete und sagte dann geduldig: »So etwas machen Sie zum ersten Mal, oder?« Er seufzte. »Sie sind sicher ein verdammt guter U-Boot-Kommandant, aber das hier ist etwas ganz anderes.« Er duckte sich ganz zusammen.

»Der Wachraum liegt genau dem Tor gegenüber. Normalerweise sind da meistens ungefähr zehn Mann und ein Offizier. Er wohnt im Dorf, aber ich wette, heute nacht ist er hier, um vor den Deutschen zu prahlen!«

»Auto nähert sich, Sir.«

»Hinlegen!«

Sie warfen sich in das hohe rauhe Gras, als das Motorengeräusch auf der Straße lauter wurde.

Smith sagte: »Klein und schnell!«

Marshall fühlte Staub im Gesicht, das Gras kitzelte sein Kinn. Dann sah er, wie die Scheinwerfer über die weiße Mauer glitten, hörte einen überraschten Ruf, der sofort mit einem Schwall deutscher Worte beantwortet wurde, die wütend klangen.

Smith murmelte: »Mist! Die Krauts sind da, das macht die Sache etwas unangenehmer.«

Türen schlugen, und nach weiteren Rufen erschien die glimmende Zigarette wieder am Tor. Der italienische Soldat war nach der Unterbrechung auf seinen Posten zurückgekehrt.

Smith sagte knapp: »Also los!« Er tippte den nächsten Mann an. »Einer von euch an jede Ecke des Zauns, aber auf unserer Seite. Das gibt ein gutes Kreuzfeuer.« Er gab dem dritten Mann etwas. »Los, den Telegraphenpfahl hoch und die Drähte durchschneiden. Und dann halten

Sie sich bereit.« Er hielt ihn mit hartem Griff zurück. »Noch nicht, Mann. Wo bleiben Ihre Manieren?«

Cain flüsterte unruhig: »Also bleiben nur wir übrig, Sir!«

»Stimmt.« Smith prüfte seine Handgranaten. »Auf sie nach Wildwestmanier! Nichts Raffiniertes! Sie gehen einfach rein und ballern los.« Er schien gelassen und bückte sich, um ein Messer aus seinem Stiefel zu ziehen. »Alles in Ordnung?«

Alle nickten.

Smith rollte leise über die Straße, als treibe ihn ein leichter Wind. An der Hauswand war seine gedrungene Gestalt zu erkennen, aber sie erinnerte mehr an einen verrutschten Schatten als an einen Menschen.

Marshall griff an seine schwere Maschinenpistole und versuchte sich zu erinnern, was er über den Sicherungshebel gelernt hatte. Als er wieder aufsah, war Smith weg. Einen Augenblick lang glaubte er, er sei wieder über die Straße zurückgekehrt und einfach verschwunden.

Cain sagte: »Lieber Gott, den hat er erledigt.«

Es hatte nicht den kleinsten Laut gegeben. Doch sehr langsam bewegte sich die glühende Zigarette immer tiefer und tiefer, bis sie nur noch als kleiner roter Punkt auf der Erde landete.

Marshall sprang auf: »Die Drähte kappen!«

Neben Cain rannte er über die Straße und stolperte fast über den dort liegenden toten Posten. Smith kniete neben dem Mann und wischte sein Messer sorgfältig am Uniformrock des Toten ab, ehe er es in seinen Stiefel zurückschob.

Er stand wieder auf und deutete auf das Hauptgebäude. Sie folgten ihm sehr langsam, hörten Stimmengewirr und rochen das Benzin des kleinen Autos, das gerade angekommen war. Es hatte ein Hakenkreuz auf dem Dach und war schnell gefahren.

Smiths Kopf war kurz vor dem erhellten Schlitz eines Fensterladens zu erkennen. Er flüsterte: »Etwa ein Dutzend. Trinken Wein.« Er rieb sich das Kinn. »Keine Deutschen und auch keine italienischen Offiziere.« Er griff nach oben und prüfte sanft die Ecken des Ladens. »Leichtsinnige Idioten.« Er zog zwei Handgranaten aus seinem Beutel und flüsterte: »Jeder nimmt zwei. Ziehen Sie den Stift raus, lassen Sie den Hebel los, zählen Sie bis zwei, und dann werfen Sie sie durchs Fenster.« Er hing sich seine Pistole über die Schulter. »Beten wir, daß es kein Sicherheitsglas ist. Falls doch, dann brauchen wir sechs Granaten.«

Marshall zog den Stift, hielt den Hebel mit dem Finger fest und zog einer zweiten Granate ebenfalls den Stift heraus. Er sah, wie Cain dasselbe tat, und fragte sich, ob die Männer wohl sein Herz schlagen hörten. Smith hatte nur einen Stift gezogen. Mit seiner freien Hand packte er den Laden.

»Klar? Also, loslassen.«

Die fünf Hebel fielen auf die Erde, und Smith riß mit aller Kraft den Laden auf.

»Jetzt!«

Glas klirrte, überraschte Schreie waren zu hören, und dann übertönte Cain alle: »Gott, ich habe eine fallen lassen.«

Smith bückte sich, hob die Handgranate auf und warf sie hinter den anderen her. Er fand kaum Zeit, seine eigene Granate zu entsichern, sie zu werfen und sich neben Cain und Marshall fallenzulassen, als die Vorderseite des Gebäudes in einer gewaltigen Flamme und mit betäubendem Lärm zusammenstürzte. Glas, Holz und Steine flogen über den Hof, krachten gegen die Wand und auf die Straße draußen, und von oben kamen ein Regen zerbrochener Dachziegel und riesige Gipsbrocken.

Smith schrie: »Rein!«

Er stieß die in ihren Angeln hängende Tür auf und stürmte in den Raum. Die Lampe war zersplittert, doch aus einem Flur strömte genügend Licht, um erkennen zu lassen, was die Granaten an Tod und Zerstörung gebracht hatten. In einer dunklen Ecke schrie jemand gurgelnd, es klang unmenschlich. Smith schoß kurz mit seiner automatischen Waffe, die Blitze erleuchteten entsetzte Augen und glänzende Wunden. Dann wurde es wieder dunkel, die Schreie waren verstummt.

Smith war schon im Gang, seine Pistole legte einen entsetzten Mann in einer Kochschürze um, der aus einer fernen Ecke herangestürzt kam. Er warf sich mit vollem Gewicht gegen eine weitere Tür, fiel fast, als sie nachgab und Licht in den rauchgefüllten Korridor strömte und sie alle für einen Augenblick fast blendete.

Ein einzelner Schuß kam aus dem Raum und riß den Gips aus der Wand über Marshalls Schulter. Er sah, wie ihn ein italienischer Offizier entgeistert anstarrte. Der Mann hielt eine automatische Pistole in der Hand und zielte auf ihn.

Smith schrie: »Schießen!«

Marshall fühlte keinen Druck, die Maschinenpistole ruckte nur in seinem Griff, und der Mann wirbelte wie eine Puppe herum. An der Wand hinter ihm hingen scharlachrote Flecken.

Cain schrie: »Hier liegt der Major, Sir!«

Der Major trug immer noch seinen schäbigen Straßenanzug, aber er war über und über beschmutzt und hatte einen Schuh verloren. Er mußte bei seiner Gefangennahme durch viele Schüsse getötet worden sein, sein Gesicht war kaum zu erkennen.

Smith bellte: »Die Tür. Decken Sie die!«

Die betreffende Tür befand sich auf der anderen Seite des Raums, war schmal und schwer befestigt. Sie ließ sich nur langsam öffnen, und nach dem entsetzlichen Handgranatengemetzel und dem Blick auf den zerschossenen Major war das entnervend. Marshall spürte, wie er die Zähne aufeinanderpreßte und wie ein wildes Tier atmete, seine Augen funkelten, so sehr strengte er sich an. Sie öffnete sich langsam weiter, und dann fiel das Licht durch den Raum, über den toten Italiener und auf Cains Stiefel. Nach einer winzigen Pause erschien eine Hand. Sie hielt ein weißes Taschentuch.

Smith sagte knapp: »Waffenstillstand, was?« Er grinste, aber sein Gesicht verriet, wozu er eiskalt entschlossen war. Er brüllte: »Raus, mit den Händen über dem Kopf.« Und leiser sagte er: »Wenn die auch nur zucken, halten Sie drauf.«

Es waren zwei. Beide in schwarzen Uniformen und sie waren einander so ähnlich, daß sie Brüder hätten sein können.

Smith zeigte auf den Boden. »Hinlegen. Hände hinter den Kopf.«

Die Deutschen verstanden ihn und legten sich ohne ein weiteres Wort neben den toten Offizier.

Smith sagte ruhig: »Sie bewachen sie, Cain.« Dann schob er sehr sanft die Tür ganz auf und sprang leichtfüßig in das Zimmer.

Marshall folgte ihm, und die Maschinenpistole fiel ihm fast aus der Hand, als er die Frau sah. Sie lag auf einem großen, schweren Tisch, ihre Arme und Beine an seine Ecken gefesselt. Sie war nackt und sah im Licht von der Decke wie eine kleine zerborstene Statue aus.

Smith fuhr ihn an: »Nichts anfassen.«

Er trat schnell an den Tisch, Marshall blieb bewegungslos in der Tür stehen. Drähte waren mit den Brüsten und den Schenkeln der Frau verbunden und führten zu einer kleinen Metallkiste neben dem Tisch. Die Kiste summte sanft wie etwas Lebendiges.

Smith senkte seine Pistole und fuhr mit den Fingern über ein paar Schalterdrähte. Das Summen hörte auf, und er sagte leise: »Helfen Sie mir, um Himmels willen.«

Marshall nahm ihren Kopf in seine Hände. Seine Augen schmerzten, als er die schrecklichen Spuren auf ihrem Körper sah und das Blut in ihrem Mund, auf den sie jemand geschlagen hatte.

Atemlos löste Smith einen Draht nach dem anderen. Erst dann öffnete sie die Augen, fuhr sich mit der Zunge über die Lippen, und ihr Magen zog sich zusammen, als erwarte sie neue Foltern.

Marshall flüsterte: »Es ist alles in Ordnung, wirklich. Bitte!«

Smith schlüpfte aus seinem langen Ledermantel. »Hier, helfen Sie ihr rein.« Er sah Marshall an. »So schnell Sie können.« Er rief Cain zu: »Alles in Ordnung bei Ihnen?«

»Ja.« Eine Pause. »Aber ich habe hinten Stimmen gehört.«

»Sicherlich Posten!«

Smith sah zu, wie Marshall der Frau vom Tisch helfen wollte. Die erste Bewegung ließ sie aufschreien, und sie sackte hilflos gegen ihn.

»Tragen Sie sie.« Smith schob ein neues Magazin in seine Waffe. »Lassen Sie uns abhauen.«

Während Marshall die Frau in den nächsten Raum trug, rief Smith: »Ihr beiden da, los rein. Schnell.«

Die beiden SS-Männer erhoben sich schwankend. Einer starrte kurz auf Marshall. Smith bewegte sich rückwärts aus der Zelle und hielt nur einen Augenblick inne, um die Deutschen anzuschauen, die verstört neben dem Tisch mit der Elektrokiste standen.

Er nahm die letzte Handgranate aus seinem Beutel, warf sie ihnen vor die Füße, sprang aus dem Zimmer und zog die schwere Tür hinter sich zu. Er hörte sie schreien, mit Fäusten gegen die Tür trommeln, und dann explodierte die Granate. Er sah, wie Staub und Rauch durch die Ritzen drangen. »Gute Nacht, ihr Schweine.«

Auf der Straße schien es kühl, ja kalt zu sein.

Smith rief: »Los, helfen Sie Ihrem Kommandanten.« Er sah, wie die Gestalten eins mit dem Dunkel wurden, und sagte dann zu Cain: »Ein letzter Gruß!« Er zielte mit seiner MP auf die linke Ecke der Wand. »Dann kommen wir nach.«

Tief gebückt kamen die beiden Posten, die das Gebäude auf der Rückseite bewacht hatten, nach vorn, groteske Schatten an der weißen Wand. Sie wollten nicht über den Hof. Die Explosionen, die Schüsse, der Geruch zerschossener Leiber sagte ihnen deutlich, was da abgelaufen war. Aber sie wollten vermutlich wenigstens mal nachsehen, um sicherzugehen.

Smith zielte und feuerte ein volles Magazin ab, das Rasseln der Schüsse schlug wie ein Echo fremden Feuers von der Wand zurück.

Unbewegt sah er auf die zwei stummen Haufen am Fuß der Wand und kommentierte: »Das war's.« Er schob ein neues Magazin nach. »Wir haben etwa eine Stunde Vorsprung.«

Cain stolperte hinter ihm her. »Hier ist eine Zigarette.« Er entzündete seine ganz ruhig, bückte sich und hob einen kleinen runden Stein auf. Ehe er ihn Cain in die Tasche schob, sagte er: »Hier haben Sie ein Stück Feindesland ganz für sich allein. Das ist mehr, als die meisten je haben werden.«

Cain zog an seiner Zigarette und hustete. Er dachte an Major Carter, verblutet und zerschlagen. Kein Mensch mehr, nur noch eine Sache. Ein Nichts. Und die arme junge Frau. Was hatten sie ihr angetan! Er dachte an Marshall, und wie er sie aus dem Haus getragen hatte. Kein Zeichen von Erschöpfung. Marshall war aus dem Haus getreten, als trüge er die wertvollste Last der Welt.

Cain dachte an seine eigene Frau in Harwich. Was hätte er wohl getan, wenn sie auf dem Tisch gelegen hätte?

Smith hielt an und wartete, bis Cain sich an der Straße übergeben hatte. »Geht's wieder, Cain?«

Cain wischte sich mit dem Ärmel über den Mund. »Klar. Man muß sich aber erst an so etwas gewöhnen.«

Smith lächelte und schaute in den Himmel. Es wurde schon hell. »Man gewöhnt sich nie daran, mein Lieber. Nicht in tausend Jahren!«

*

Lieutenant Victor Frenzel stand locker neben seinem Schaltbrett und sah, wie der Spezialist zum xtenmal die Meßgeräte prüfte. Um ihn herum schien es in der Zentrale besonders still. *U-192* zog vor der Küste auf Sehrohrtiefe große Kreise. Tauchfahrt. Die Männer schienen auf alles vorbereitet. Die abgedunkelte Deckenleuchte ließ überall Schatten von gekrümmten Gestalten tanzen, die mit ausgestreckten Armen die üblichen Korrekturen eingaben.

Buck stand am Sehrohr. Ein Arm hing über einem Griff. Langsam machte er seine Rundumsuche. Auch der I WO und Devereaux waren in der Messe.

Frenzel sah ungeduldig auf die Uhr am Schott. Oben müßte es jetzt langsam hell werden. Also, verdammt noch mal Zeit abzuhauen.

Warwick flüsterte mit dem ältesten Richtschützen. Sie standen unter dem Luk im Turm. Immer mal wieder nickte Warwick, während der Matrose ihm die eine oder andere technische Einzelheit erläuterte. So verging die Zeit auch. Und so konnte man Furcht abtöten.

Frenzel haßte solche Momente. Das war früher anders gewesen. Aber dann hatte Captain Browning ihn kommen lassen und ihm die schlimme Nachricht mitgeteilt. Der arme alte Buster. Er hatte kaum gewußt, wie er es ihm beibringen sollte. Er schien nicht einmal zu ahnen, daß es für so eine Mitteilung kein Muster gab, damals nicht und auch in Zukunft nicht.

Er ballte die Fäuste, als er ihr Bild wieder vor Augen hatte. Und das Kind sah. So klein noch und ihr so ähnlich.

Sie waren glücklich gewesen. Sie hatten früh geheiratet, sofort nachdem er Hauptgefreiter in der Maschine geworden war. Ohne sie hätte er sich wahrscheinlich nie über Bücher gebeugt und hätte nie in sich entdeckt, was sie in ihm weckte. Als er sein Offizierspatent erhielt, hatte sie seine Freude ehrlich geteilt. Alle anderen waren ihm distanziert vorgekommen. Und so war es geblieben.

Nachdenklich sah er sich in der Zentrale um. Er war jetzt fünfzehn Jahre in der Marine, seit seiner Jugend. Abgesehen von Starkie und ein paar anderen war er der

Dienstälteste an Bord. Doch in anderen U-Booten hatte er sich nie so gefühlt. Ihn schauderte. Wie lange würde es so bleiben?

Buck murmelte: »Periskop einfahren.« Er ging zu Frenzel. »Nichts.«

»Ist es schon hell?«

»Ich kann die Landspitze erkennen. Es wird ein bißchen unruhig.« Er trat von einem Fuß auf den anderen. »Es ist irgendwie ganz anders ohne den Skipper.«

»Stimmt.«

»Meinen Sie, er hatte recht?« Buck schien reden zu wollen, und das war sehr ungewöhnlich.

Frenzel sah zur Seite. »Was heißt hier schon recht haben?« Er seufzte. »Der ist immer für eine Überraschung gut.«

»Die werden ihn dafür kreuzigen.«

Frenzel mußte an die Männer denken, die an Bord gekommen waren. »Das werden die Deutschen tun, falls sie ihn erwischen.«

Bucks Bemerkung hatte ihn getroffen. Es war in der Tat anders ohne Marshall. Der Kommandant war immer da, bereit, sich um alles zu kümmern und zu entscheiden, was richtig, was falsch war. Jetzt war es, als hätten sie ein Glied verloren oder einen wichtigen Teil des Bootes.

Keville, der Fachmann, drehte sich um. »Alle Anzeigen geprüft, Sir.« Er grinste. »Diese Deutschen bauen gute Boote.«

Buck flüsterte: »Wir können nicht länger warten. Was zum Teufel sollen wir machen?«

Churchill trat leise zu ihnen. »Entschuldigung, Sir. Nummer Eins hätte Sie gern in der Messe.« Das galt Frenzel.

Buck grinste: »Das klingt nach einer Entscheidung.«

»Kann sein.« Frenzel wandte sich um. »Aber wohl eher nach Abwarten.«

Er fand Gerrard und Devereux am Tisch sitzend unter einer einsamen Lampe. Hinter dem geschlossenen Vorhang hörte er jemanden leise stöhnen. Er nahm an, es war Moss, der verwundete Agent.

Es stank nach irgendeinem Desinfektionsmittel. In der zweiten Koje lag der Italiener und schnarchte erbärmlich. Frenzel wußte, daß Travis und die drei Agenten in Marshalls Kajüte waren. Sie redeten mit dem Mann oder setzten ihn unter Druck, Frenzel war das egal.

Devereaux sah hoch, sein Schädel glänzte im Licht. »Ah, Chief, wir brauchen Sie!«

Gerrard sagte: »Lieutenant Devereaux meint, wir müßten verschwinden.« Er sah schrecklich aus. Hager und voller Sorgenfalten. In den letzten paar Stunden schien er um Jahre gealtert.

Frenzel setzte sich, behielt aber Gerrard im Auge. Er konnte es nicht glauben und antwortete nur trocken: »Sie haben hier das Kommando. Was ist *Ihre* Meinung?«

Devereaux unterbrach ihn: »Also, die Sache ist so, Chief. Ich glaube, wir sollten hier keinen Augenblick länger warten. Der Entschluß vom Kommandanten lag jenseits aller Befehle, auch wenn man sie ganz weit auslegt. Das ist wohl klar!«

Frenzel meinte: »Mir nicht.« Er sah wieder Gerrard an. »Und Ihnen?«

»Ich begreife es gut. Der Kommandant tat, was er für richtig hielt, aber ...«

Frenzel nahm eine Zigarette und änderte seine Ansicht. Immer wieder diese Worte. *Richtig, aber.*

Gerrard wandte sich ihm frontal zu: »Was ist der Stand in Ihrer Abteilung, Chief?« Er klang, als wolle er eine Entscheidung erzwingen. »Haben Sie genügend Treibstoff und was Sie sonst so brauchen?«

Frenzel erhob sich abrupt. »Ein guter Chief hat niemals genügend.« Er sah sie nacheinander an. »Lieber Gott, ich glaube, ich werde alt. Ich hätte es ahnen können. Sie wollten, daß ich es Ihnen leicht mache. Ihnen einen Ausweg zeige!«

Devereaux sagte: »So ist es nun nicht. Der Erste weiß nicht recht ...«

Gerrard fuhr dazwischen: »Wenn ich Ihre Meinung hören will, darf ich ja wohl noch danach fragen.« Er wandte sich an Frenzel »Sie kapieren es offenbar nicht. Ich will meine Verantwortung nicht loswerden!«

Frenzel starrte ihn an: »Was hat denn Verantwortung damit zu tun?« Er ging um den Tisch. »Er ist Ihr Freund, nicht wahr? Würde er das gleiche nicht für Sie tun? Geben Sie ihm also wenigstens eine Chance!«

Gerrard schaute auf den Tisch. »Ich weiß. Aber darum geht es nicht.«

Frenzel sagte leise: »Ich dachte, Sie hätten mehr Charakter.«

»Was wissen Sie schon?« Jetzt stand auch Gerrard auf. »Sie haben keine Frau. Sie können leicht etwas entscheiden, das uns alle hopsgehen läßt.« Dann bemerkte er Frenzels Gesichtsausdruck und sagte betroffen: »Lieber Gott, Chief, das war eben unmöglich. Das war unverzeihlich.«

Aus der Zentrale hörten sie in der plötzlichen Stille Buck rufen: »Dinghy in Sicht. Ich habe eben das Signal gesehen!«

Gerrard schob sich zwischen ihnen durch und rannte automatisch an seine Station beim Auftauchen.

Frenzel schob einen Arm vor und hinderte Devereaux

daran, ihm zu folgen. »Ich dachte immer, Sie seien ein ordentlicher Kerl. Ich habe nie geglaubt, daß Sie so ein Scheißkerl sind.«

Devereaux sah ihn mit dünnem Lächeln an: »Ich nehme an, Sie wissen, was Sie da sagen!«

»Und Sie wohl auch!« Er ließ den Arm sinken. »Sie wollen ihn kaputtmachen, damit Sie sich dann ins rechte Licht setzen können.«

Er folgte ihm in die Zentrale. Wenn Buck mit seinem Ruf die gespannte Atmosphäre nicht aufgelöst hätte, hätte er vermutlich etwas gesagt oder getan, was ihre Welt für immer ruiniert hätte.

Er sah, wie Gerrard sich das Glas um den Hals hängte, als das untere Luk geöffnet wurde. Devereaux war jetzt Erster Offizier und ganz und gar damit befaßt, die Skalen über Starkies Kopf zu beobachten.

»Hauptballasttank ausblasen!«

Frenzel zog den Hebel nach unten und hörte, wie die Luft in die Außenbunker röhrte.

Marshall kam zurück, weiß Gott, keinen Augenblick zu früh.

Wo keine Vögel singen

»Wenn Sie hier bitte warten würden, Sir!« Die Ordonnanz öffnete die Tür und ließ Marshall in den großen Raum eintreten. »Der Captain hat sofort Zeit für Sie!«

Marshall ging langsam an das einzige große Fenster und sah auf den Hafen. Draußen war es drückend heiß. Das Sonnenlicht glitzerte über den vielen ankernden Schiffen und den großen leeren Wasserflächen. Alexandria. Er lächelte leicht. »Alex.« Bis auf die Tarnbemalung einiger Schiffe und die geraden Reihen von kleinen Bojen und Flößen, die Unterwasserbäume und Netze bezeichneten, hätte man meinen können, es herrsche Frieden. Auf den meisten Fahrzeugen waren Sonnensegel gespannt. Auf dem Deck eines gewaltigen Schlachtschiffes sah er eine Marinekapelle auf und ab marschieren. Der Kapellmeister mußte ein wahrer Tyrann sein, jetzt exerzieren zu lassen.

Er drehte sich um und blickte in den Raum. Ein feiner Mosaikboden und gewölbte Decken gaben ihm eine Aura der Ruhe. Nach der Passage vom Troßschiff, an dem *U-192* vor genau einer Stunde festmacht hatte, war es hier kühl wie in einem Grab. Es gab einen einzigen Tisch mit einer Marmorplatte. Auf ihm lagen nur ein altes Heft des *Tatler* und eine Karte mit Eselsohren über *Verhalten bei Luftangriffen*. Jemand, der wie er hier gewartet hatte, hatte sie mit einer Notiz verziert: »Suchen Sie Deckung in einer Flasche Gin.«

Obwohl das Gebäude offiziell zum Kommandozentrum der Marine gehörte, zeigte kaum etwas den Besitzerwechsel an. Es hatte irgendeinem ägyptischen Regierungsbeamten gehört, doch es hieß, der König habe es sehr viel häufiger zur Unterhaltung seiner Freunde benutzt. Marshall sah sich die großen Wandgemälde an. Lustvolle Tänzerinnen in jeder Pose. Selbst die Beine des Tisches waren in Form nackter Frauen geschnitzt.

Er wandte sich ab. Ihm wurde schlecht bei der Erinnerung an die junge Frau, die auf einen Tisch gefesselt war. Vor genau einer Woche. Es hätte gestern sein können. Er erinnerte sich, wie sie sich in seinen Armen gewunden, gegen ihn ohne Sinn und Absicht gekämpft hatte. Er konnte zeitweise nicht unterscheiden, ob sie noch lebte oder tot war. Als sie das auftauchende Unterseeboot gesehen hatten und Cain sich im Dinghy aufrichtete und wie wild mit den Armen winkte, hatte es bei ihr kein Zeichen gegeben, daß sie begriff, wo sie waren. An Bord hatte Marshall dann, als das Boot getaucht war und in die offene See lief, dafür gesorgt, daß sie in seiner Kajüte gut gepflegt wurde.

Major Cowan hatte protestiert: »Ich muß Travis dort verhören!«

Marshall hatte ihm knapp geantwortet: »Machen Sie das irgendwo anders. Stecken Sie ihn ein Torpedorohr, von mir aus.«

Er hatte, wenige Minuten nachdem er wieder das Kommando übernommen hatte, noch etwas anderes über Travis erfahren. Der Mann war nicht freiwillig an Bord, im Dienst seines Landes. Es hatte dort, wo er arbeitete, einen kleineren Sabotageversuch gegeben. Und ohne daß Travis es wußte, hatten die Räder sich zu drehen begonnen. Die Italiener waren aufgeschreckt worden und hatten die deutsche Abwehr informiert, und die hatte sofort das Gestapo-Hauptquartier angerufen. Die meisten Männer, die in der Anlage arbeiteten, lebten am Ort, aber es gab auch schwerbewachte Häftlinge aus einem weiter nördlich gelegenen Konzentrationslager. Die Gestapo hatte angefangen, die Papiere der Angestellten zu überprüfen und natürlich auch die von Travis. Aus Paris erfuhren sie Einzelheiten über Travis' Frau und den Verdacht, sie arbeite mit der Resistance zusammen.

Die unerwartete Ankunft seiner Frau hätte Travis fast das Leben gekostet. Er war nach draußen geschmuggelt worden, wenige Minuten ehe sich alle Tore schlossen. Dann hatte die kleine Gruppe sich über Land bewegt, hatte kurz in sicheren Häusern Rast gemacht oder unter freiem Himmel auf Feldern genächtigt. Dabei hatte Travis seine Frau für den Auslöser der Jagd auf ihn gehalten. Ohne sie würde er sicherlich immer noch für die Deutschen arbeiten. Er hatte viel Geld dabei verdient und sollte bald weitere Aufgaben übernehmen. Vor dem Krieg war er weit gereist. Ihm war klargewesen, daß er sich klugerweise in ein neutrales Land absetzen müßte, sollte Deutschland den Krieg verlieren, was er aber nicht annahm. Im Ausland wollte er warten, bis er wieder in Sicherheit heimkehren könnte. Man brauchte immer gute Ingenieure, besonders in Nachkriegszeiten. Und er war ein sehr guter Fachmann.

Immer wieder versuchte Marshall, sich den Mann vorzustellen, der wissentlich seine Frau der Gestapo in die Hände fallen ließ – egal was sich zwischen ihnen geändert haben mochte. Und das, um selber davonzukommen! Und Männern wie Cowan und Simeon Gelegenheit zu geben, die Strategie des Feindes vollständig zu erfahren ...

Weil sie keinen Arzt an Bord hatten, hatte Marshall alles getan, damit sie sich sicher fühlte, obwohl er ihre

Gefühle nicht erraten konnte. Churchill erwies sich als wahrer Fels in der Brandung. Er versorgte sie. Hielt jede Störung von ihr fern und behütete sie wie ein Wachhund.

Jeden Tag und jede Stunde während das Boot die vom Feind kontrollierten Gebiete verließ, hatte Marshall auf ein Zeichen gewartet. Aber sie war in der Kajüte geblieben, und das Licht über der Koje brannte meistens.

Der Lieutenant von der S.A.S. hatte gemeint: »Lassen Sie ihr Zeit, Captain. Sie braucht Zeit. Und noch mehr!«

U-192 war aufgetaucht, hatte das vereinbarte Signal gegeben und sofort Antwort erhalten. Neues Ziel war Alexandria. Höchste Geheimhaltung – wie bereits gewohnt.

An diesem Morgen waren sie exakt zur vereinbarten Zeit aufgetaucht. Ein Kanonenboot einer Spezialeinheit der Marine hatte auf sie gewartet und in den Hafen eskortiert. Wieder hatten sie die Tarnung am Turm geriggt und legten an einem Troßschiff an. Nur Minuten später, so schien es Marshall jedenfalls, waren sie zusätzlich getarnt mit Leinwand und Malgerüsten und anderem, das sie vor neugierigen Blicken verbarg. Es gab keinen Anlaß anzunehmen, daß sich jemand besonders für sie interessieren würde. Im Hafen wurde viel repariert oder eilig überholt. Ein Veteran mehr oder weniger würde keine Aufmerksamkeit erregen.

Marshall erinnerte sich an das erste Mal, als sie wieder mit ihm gesprochen hatte. Er hatte in der Tür gestanden, Churchill hielt ihr eine Tasse Suppe an den Mund. Sie sah so klein aus. Verloren in einem Pullover für U-Boot-Fahrer und in den besten Klapphosen eines Matrosen.

Chantal Travis schob die Tasse plötzlich weg und sagte heiser: »Wo waren Sie?« Sie sah ihn erschreckt wie ein gefangenes Tier an. »Sie sind nicht gekommen!« Und damit war sie zurück auf das Kissen gesunken.

Churchill sagte: »Sie weiß noch nicht, wo sie ist, Sir.« Er wahr ehrlich betroffen. »Aber wo ich herkomme, geben wir so leicht nicht auf.«

Marshall mußte an ihren Körper denken, als sie an Bord gebracht worden war. Die schmerzenden Wundmale auf der Haut, das Blut um den Mund. Solche Wut wie in diesem Augenblick hatte er noch nie gefühlt. Wenn er Hand an Travis hätte legen können, hätte er ihn in diesem Augenblick erwürgt.

Als sie dann neben dem Troßschiff lagen, ging alles sehr schnell. Grimmig dreinschauende Offiziere hatten Travis und die drei Agenten abgeholt. Sanitäter und Ärzte hatten sich um die Frau und den verwundeten Agenten Moss gekümmert. Der Italiener, der offenbar die Reise nach Alexandria sehr genossen hatte, war ohne Hilfe über den Steg gegangen und hatte den Seeleuten, die ihm nachsahen, wie ein König auf Besuch zugewinkt.

Smith ging als letzter. In der sengenden Hitze, in seinen schmutzigen Stiefeln und in seinem Ledermantel hatte er alle an Peter Lorre erinnert.

»Alles Gute, Commander.« Er hielt ihm die Hand hin. »Sie sind ein tapferer Mann.« Er tippte sich ernst an die Brust. »Aber von dem da lassen Sie sich zu sehr leiten.«

Die Tür öffnete sich jetzt leise. »Der Captain möchte Sie jetzt sprechen.«

Marshall folgte der Ordonnanz in einen leeren Korridor. Mit weißem Hemd und kurzen Hosen fühlte er sich hier völlig deplaziert. Lange Hosen, der Geruch nach starkem Kaffee und das Kichern junger Mädchen hätten besser hierhergepaßt.

Er betrat einen Raum, der dem ähnelte, in dem er gewartet hatte. Doch dieser stand voller Schränke, voller Tische mit Papieren und Telefonen. Selbst die Gemälde mit den Tänzerinnen waren von Landkarten und Seekarten verdeckt, die an allen Wänden hingen.

Captain Browning stand vor dem Fenster, sein Schädel glänzte im Licht wie eine Kastanie.

Er drehte sich um und sagte: »Lieber Gott, Marshall, Sie überraschen mich immer wieder.« Er reichte ihm die Hand und schüttelte sie langsam. »Sie sehen gut aus, trotz allem, was Sie unternommen haben.«

Marshall legte seine Mütze auf einen Tisch und setzte sich. Brownings Händedruck war diesmal anders. Er hatte gezittert wie jemand, der Fieber hatte.

»Mehr will ich nicht sagen.« Browning ließ sich in einen Sessel fallen. »Sie lieben offenbar Gefahren!«

Er bot ihm nichts zu trinken an. Es schien in diesem Raum auch nichts zu trinken zu geben.

»Commander Simeon möchte gleich mit Ihnen reden.« Sein Blick senkte sich. »Er ist gerade bei unseren Leuten von der Abwehr. Prüft, was Cowan von Travis rausbekommen hat. Ich habe natürlich Ihren Bericht schon gelesen. Über den Zerstörer, den eine ferngelenkte Bombe versenkt hat.« Er schüttelte seinen schweren Kopf. »Schrecklich. Ich begreife das kaum noch.«

»Wie hieß der Zerstörer, Sir?« Er sah ihn wieder vor sich, wie er mit seinem Begleiter zum tödlichen Angriff anlief. Auf sein Boot zu.

»Die *Dundee*.« Browning drehte sich um, als wolle er aus dem Fenster sehen. Der Drehsessel knarrte unter seinem Gewicht. »Mein Sohn fuhr auf ihr als Fähnrich.«

Marshall starrte ihn an. So war es, und so blieb es immer. Als sie auf See gewesen waren und Smith ihren Angriff auf die Polizeistation geführt hatte, hatten andere gelitten.

»Es tut mir sehr leid, Sir. Hat es Überlebende gegeben?«

Browning holte tief Luft. »Ein paar. Mein Sohn gehörte leider nicht dazu.« Er blickte Marshall an, doch seine Augen schienen ihn nicht wirklich zu sehen. »Der Junge wird mir fehlen, verstehen Sie!«

Er räusperte sich laut und kümmerte sich um ein paar Papiere auf seinem Schreibtisch. Dann sagte er: »Es wird leider keinen Urlaub für Ihre Leute geben. Ich habe dem Troßschiff gesagt, sie sollen es ihnen so gemütlich wie möglich machen. Heiße Bäder, Kinofilme und so weiter.« Er sah jetzt wieder Marshall an. »Tut mir leid, mehr kann ich nicht machen. Geheimhaltung.« Er ließ das Wort nachklingen, als prüfe er dessen Sinn ganz genau.

»Ich möchte mich nach der Frau erkundigen, Sir.« Marshall erwartete eine Reaktion. »Was wird jetzt aus ihr?«

»Sie wird wahrscheinlich zurück nach England gehen. Ihre Abteilung wird sich um sie kümmern. Tapfere Frau. Ich hätte sie gern getroffen.« Etwas wie ein Lächeln lief um seine Lippen. »Lieber Gott, das war eine tolle Sache, die Sie da gemacht haben. Aber ein paar Leute werden es anders beurteilen.« Er hob die Schultern. »Wie auch immer, so oder so. Entweder sind wir hier die ganz normale Marine oder eine besondere Abteilung. Manchmal frage ich mich, was wir hier eigentlich machen!«

Die Tür öffnete sich einen Spalt. »Commander Simeon ist da, Sir!«

Browning nickte. Dann sagte er schnell: »Überlassen Sie mir das.« Er lehnte sich in seinem Sessel vor. »Ich bin vielleicht alt, aber ich habe noch ein paar Karten auszuspielen!«

Simeon trat ein und warf seine Mütze auf einen Stuhl. Er trug die perfekte weiße Tropenuniform. Sein Gesicht wirkte noch geröteter, als er Marshall anfuhr: »Ich hörte, daß Sie hier sind. Verdammt noch mal, Marshall, ich habe von Ihnen langsam die Nase voll!«

Browning sagte: »Nehmen Sie Platz. Ich will hier keinen Stunk in meinem Büro!«

Simeon setzte sich und zupfte die Bügelfalte seiner Hose zurecht, ehe er ruhiger fortfuhr: »Als ich hörte, was Sie getan haben, konnte ich es kaum glauben. Sie haben Ihren Auftrag, Ihr Boot, ja, alles gefährdet um Ihrer persönlichen Belange willen!«

Marshall antwortete: »Sie haben mir selber gesagt, daß ich vor Ort zu entscheiden habe. Das Boot wartete exakt bis zu dem festgelegten Augenblick. Genau wie es in Ihren Befehlen stand.« Er sah ihn ruhig an. »Sir.«

»Ich habe Ihnen nicht befohlen, daß Sie wie ein Verrückter auf eigene Faust abhauen sollten.« Simeons Gesicht wurde noch dunkler vor Erregung. »Mrs. Travis hatte ihren Auftrag. Wir haben jeder unseren eigenen in diesem Krieg!«

Marshall stand plötzlich auf, und die anderen sahen ihn überrascht an.

»Sie wurde gefoltert«, sagte er. »Sie saß nicht hinter irgendeinem Schreibtisch. Sie und Major Carter oder wie immer er in Wirklichkeit heißen mag, haben sich landeinwärts abgesetzt, wohl wissend, daß man sie gefangennehmen wird. Sie haben den Feind dazu geradezu herausgefordert, nur um diesen feigen Verräter zu retten, den Ihre Leute gerade verhören.« Er drehte sich um und sah ihn sehr kühl an. »Ihre Leute haben sie in diese Sache reinschliddern lassen. Sie hatte keine Ahnung, was alles schiefgehen könnte. Und Ihnen war das wahrscheinlich ganz egal.«

Simeon antwortete wütend: »Und wenn man Sie gefangengenommen hätte? Man hätte alles aus Ihnen rausgepreßt. Über Ihren Auftrag, über das U-Boot, über alles, was die wissen wollen.«

Marshall lächelte sanft. Dies war Simeons einzige Schwachstelle, Kritik, daß in seiner Planung ein Fehler war.

»Das betrifft jeden in dieser Abteilung, Sir, soweit ich das beurteilen kann!«

Browning erhob sich und sagte: »Nun werde ich auch etwas dazu sagen, meine Herren. Ich war bei den Stabschefs, den britischen und den amerikanischen. Wir haben in den letzten Tagen verdammt viel Arbeit gehabt.«

Simeon schien Marshall vergessen zu haben: »Was soll das heißen, Sir? Ich habe darüber keinerlei Informationen!«

Browning sah im direkt ins Gesicht. »Ich informiere Sie jetzt, wie Sie merken.« Er fuhr fort. »Alle Einzelheiten liegen fast schon fest. Wir werden in den ersten beiden Wochen im Juli auf Sizilien landen. Das ist der große Plan, und der steht mehr oder weniger endgültig!«

Simeon griff nach seinem Zigarettenetui. »Ach das, Sir.« Seine Hand zitterte, als er die Zigarette anzündete. »Darüber bin ich natürlich informiert.«

»Gut.« Browning lächelte. »Aber davor gibt es für uns noch etwas zu tun. Wir vermeiden damit Verzögerungen und werden, wenn wir Glück haben, Leben retten!«

Simeon saß kerzengerade und schwieg.

Browning fuhr ganz ruhig fort: »Diese ferngesteuerten

Bomben werden durch Italien transportiert und an dem Ort zusammengebaut, wo Travis arbeitete. Von da gehen sie per Bahn oder LKW zu verschiedenen Flughäfen. Meistens in den Osten oder an die Adriaküste, und zwar als Folge unserer durchgesickerten Falschmeldung, daß die Invasion über Griechenland und den Balkan erfolgen wird. Aber einige dieser Bomben gehen auch nach Sizilien und sollen dort der Luftwaffe übergeben werden.« Er zuckte mit den Schultern. »Die haben auf Sizilien schon reichlich davon, aber natürlich lange nicht so viele, wie sie anfordern würden, wenn sie unsere eigentlichen Absichten kennen würden.«

Simeon meinte brummig: »Das ist ja wohl klar, Sir!«

»Freut mich. Aber was Sie vielleicht noch nicht wissen, Commander: Den sizilianischen Stützpunkt kommandiert ein italienischer General. Ich habe doch recht, oder?« Er deutete auf eine Karte. »Ich kannte ihn vor diesem Krieg ganz gut und auch schon im letzten. Wir waren beide an der Front. Auf der gleichen Seite.« Er sah Marshall an. »Wenn die politische Situation eine andere wäre, wären wir immer noch gute Freunde.«

Simeon hatte sich gefangen. »Darüber würde ich nicht so laut reden, Sir!« Er lachte.

»Wirklich? Ich habe aber darüber geredet. Mit den Stabschefs.« Er ließ seine Worte wirken. »Sie sind alle der Meinung, daß die Italiener auf unsere Seite wechseln werden, sobald die Invasion begonnen hat. Die Italiener, die heute schon auf unserer Seite sind, sozusagen. Der General, von dem ich spreche, ist ein intelligenter Mann. Er ist auch intelligent genug, um zu wissen, daß er eine sichere Zukunft haben wird und man aus ihm und seinen Männern kein Hackfleisch macht, wenn er schon vor der Invasion mit uns zusammenarbeitet.«

Simeon erhob sich und nahm wieder Platz: »Vor der Invasion, sagten Sie, Sir?«

»Genau das. Wenn man ihm eine feste Zusage macht, könnte er das ganze Bunkersystem übernehmen. Er könnte alle Anlagen einfach dichtmachen. Ehe die Deutschen dann neue Bomben bekommen, woher auch immer ...« Er zog seine schwere Hand über die Karte. »Bum. John Bull und Yankee Doodle nehmen dann bereits ein Sonnenbad in Palermo und Syrakus.« Er wandte sich an Marshall, der bisher geschwiegen hatte: »Nun, was meinen Sie?«

Marshall nickte bedächtig. »Wenn das möglich sein sollte, stimme ich Ihnen zu!«

Simeon explodierte: »Wenn, wenn...! Und wer sollte den Auftrag ausführen, wenn ich das bitte erfahren dürfte, Sir?«

Browning lächelte, und dabei glätteten sich die Falten in seinem Gesicht: »Ich.«

»Aber ...« Simeon sah sich erregt um. »Aber Sie haben keine Erfahrung in solchen Dingen, Sir!«

»Nein? Sie meinen, ich bin zu alt, oder?« Browning seufzte verächtlich. »Nun, das sehen andere anders.« Er musterte ihn kühl. »Wenn Sie eben mal zum Oberbefehlshaber rübergehen, wird sein Kommandant des Flaggschiffes Ihnen die Einzelheiten der Operation nennen.«

Simeon griff nach seiner Mütze und erhob sich steif. »Sehr gut, Sir. Wenn dann soweit alles schon feststeht, dann ...«

»Es steht fest.« Browning lächelte. »Endgültig.«

Nachdem die Tür zugefallen war, ging er an einen Schrank und holte eine ungeöffnete Flasche.

»Bourbon. Den hat mir jemand aus Eisenhowers Stab geschenkt. Ich habe so was noch nie getrunken. Aber heute wäre mir alles recht.« Etwas schwappte auf die Tischplatte. »Ich habe lange genug darauf gewartet. Seine Miene! Diese verdammte Impertinenz!«

»Sie werden mein Boot brauchen, Sir!«

Er nickte. »Wessen sonst?« Er schaute weg. »Ich mag Sie. Sie sind so, wie David hätte werden können. Jedenfalls stelle ich mir das so vor.«

Marshall antwortete leise: »Danke, Sir. Ich verstehe das. Vielleicht mehr, als Sie ahnen.«

Browning strahlte ihn an: »Schön. Danach, denke ich, können wir *U-192* außer Dienst stellen. Dann kriegt das Boot einen richtigen Namen und führt die üblichen Befehle aus.«

»Und Sie, Sir?«

»Nun, Simeon hat natürlich recht. Ich bin nicht mehr der jüngste.« Das klang lässig. »Es gibt Gerüchte, nur Gerüchte, also behalten Sie sie unter Ihrer Mütze. Ich soll Konteradmiral werden. Und irgendwo eine U-Boot-Basis übernehmen.«

»Das freut mich für Sie, Sir. Sie haben das wirklich mehr als verdient!«

»Ich gehe immer genau auf mein Ziel los, Marshall. Also nehmen Sie mir das jetzt nicht übel. Sie hatten bisher verdammt schwere Einsätze. Zu viele in zu kurzer Zeit. Man merkt Ihnen die Belastung an, aber Sie wissen das sicher selber ganz genau!«

Normalerweise hätte sich alles in Marshall zu seiner Verteidigung aufgerichtet. Aber diesmal geschah nichts dergleichen. Ihm schien fast, als löse sich eine schwere Last aus seiner Brust.

»Ich brauche einen guten Mann, der für mich die Basis führt, bis ich sie so habe, wie sie sein soll. Einen Mann von der Front, keinen Affen mit steifem Hemd aus der

Admiralität. Und anschließend, denke ich, übernehmen Sie eine Begleitschutzgruppe. Kämpfen Sie zur Abwechslung mal ein bißchen über Wasser. Bringen Sie den anderen bei, wie man U-Boote erledigt und nicht von ihnen erledigt wird. Denken Sie darüber nach. Im Augenblick haben wir beide noch alle Hände voll zu tun.«

Marshall fühlte sich schwindelig. »Das werde ich, Sir!«

»Es wird ein bißchen dauern, bis ich meine Pläne realisieren kann. Ich habe jetzt erst mal dafür gesorgt, daß Sie und Ihr Erster an Land Quartier beziehen. Weil Sie beide schon so lange ununterbrochen im Einsatz sind, ist es ja wohl das mindeste, was ich für Sie tun kann. Ach übrigens, wie geht es ihm?«

Marshall zwang sich, an Gerrard und das Boot zu denken. Er hatte die Anspannung auf der Rückfahrt deutlich gespürt. Eine Barriere stand zwischen Gerrard und Devereaux. Auch Frenzel war irgendwie involviert. Ohne die Frau an Bord hätte er die Sache vermutlich zur Sprache gebracht. Aber so sicher war er sich jetzt dann doch nicht.

»Es geht ihm gut.«

»Schön. Er hat gute Arbeit geleistet, Sie abzusetzen. Ich habe ihn für eine Auszeichnung vorgeschlagen.« Er grinste. »Ihn *auch*.«

Ehe Marshall antworten konnte, sagte er: »Ziehen Sie los. Ich werde noch einen Drink nehmen oder ein paar mehr und meinen kleinen Triumph gebührend feiern.«

Als Marshall den Raum verließ, sah er, wie Browning wieder aus dem Fenster schaute. Seine Augen waren feucht. Das mochte an der grellen Sonne liegen. Aber so sicher war Marshall sich nicht.

*

Der Fünfzehntonner des Heeres hielt ruckend, gelber Staub umgab die Fahrerkabine. Der Fahrer, ein braungebrannter junger Mann, der nur Shorts und einen Stahlhelm trug, deutete auf das Gebäude hinter weißen Mauern neben der Straße.

»Das haben Sie gesucht, Sir. Tut mir leid, daß ich nicht warten kann, um Sie nach Alex zurückzubringen.«

Marshall kletterte aus dem Fahrerhaus und wischte sich den Staub vom Hemd. Der Soldat war irgendwie typisch, dachte er. Gemütlich und verläßlich. Jung und doch nicht mehr so jung. Auf der eingebeulten Tür war eine Wüstenratte abgebildet, das Symbol der 8. Armee, und das sprach Bände. Der Mann würde bald neben anderen an der Küste Siziliens kämpfen, wenn Brownings Information sich bestätigen sollte.

Marshall warf ihm ein Päckchen Zigaretten zu. »Danke, Soldat. Ich werde dann wohl zu Fuß zurechtkommen.«

Der Mann grinste. »Zollfreie! Vielen Dank.« Er blickte in den Himmel. »Die Fliegen werden Sie bei lebendigem Leib auffressen, Sir, ehe Sie auch nur fünfzig Schritte weiter sind.«

Er legte den Gang ein und donnerte die Straße weiter, Staub und Sand wirbelten wie aus einem Miniaturtornado unter den Reifen hervor.

Die Straße lief ganz gerade. Das abseitsliegende Gebäude sah also noch einsamer aus. Marshall starrte nachdenklich hinüber. Irgendwie glich es der Polizeistation, war allerdings größer. Er erinnerte sich an Cains plötzlichen Aufschrei, als er damals die Granate hatte fallen lassen. Die toten Augen, das Blitzen aus dem Maschinengewehren. Smith, der ihn angeschrien hatte, zu schießen. Und die Frau. Gefesselt unter der Lampe.

Ein Militärpolizist trat durch das Tor und salutierte:

»Kann ich etwas für Sie tun, Sir?« Sein Blick glitt über Marshalls Schulterstücke.

Er glich dem Polizisten auf jenem trostlosen Landstreifen oben in Schottland, dachte Marshall. Wie lange war das her? Nicht sehr lange, und so viel war inzwischen passiert.

Marshall zeigte ihm ein Blatt Papier. »Ich habe Erlaubnis, eine Patientin im Lazarett zu besuchen!«

»Das ist was anderes, Sir!« Der Mann trat wieder in den Schatten der Mauer. »Wir bekommen hier draußen nicht so häufig Besuch. Man ermutigt dazu niemanden, wenn ich das mal so sagen darf.« Er deutete auf die Zufahrt. »Hinter dem großen Doppeltor. Fragen Sie da noch mal.«

Als Marshall sich umschaute, sah er, daß der Militärpolizist am Telefon neben der Einfahrt hing. Sicherheitsüberprüfung. Wie sollte es auch anders sein?

Innerhalb des kühlen Eingangsbereichs geschah fast das gleiche. Das Papier, der Dienstausweis. Höflich, und doch irgendwie aufgebracht, daß jemand hier die Einsamkeit zu stören wagte.

Es war kein gewöhnliches Lazarett. Er hatte es auch nicht anders erwartet. Es war eingerichtet worden für die, die physisch oder seelisch in diesem unsichtbaren Krieg der Spione verletzt worden waren.

»Folgen Sie mir, bitte, Sir!« Der Mann ging vor ihm her durch einen glänzend gebohnerten Korridor, in dem ein paar ägyptische Ordonnanzen noch mit ihren Besen hantierten.

»Sehen Sie sich das an«, sagte er, »die bearbeiten das Stückchen seit einer Stunde.« Er öffnete eine Tür. »Hier ist der Arzt, Sir!«

»Was kann ich für Sie tun?«

Der Arzt war wie ein winziger, sauberer Vogel. Wie er

unter dem rotierenden Ventilator seinen weißen Kittel öffnete und schloß, hätte er auch ein Vogel sein können, der seine Federn glattstreicht.

»Ich würde gern Mrs. Travis besuchen, wenn es möglich ist!«

»Ach so.« Er deutete auf einen Stuhl. »Sie müssen der U-Boot-Kommandant sein, der ...« Er verzog sein Gesicht. »Nun, darüber wollen wir nicht reden!«

»Wird sie wieder gesund werden?«

Der Doktor sah auf den Ventilator. »Wir können das nur hoffen. Es ist ja nichts Körperliches, wie man es kennt. Ich will Sie nicht mit ärztlichen Fachausdrücken verwirren, das meiste ist sowieso nur hypothetisch, also kann ich nur so viel sagen: Man hätte sie nie dorthin schicken dürfen. Aber das ist Vergangenheit, und Vorwürfe bringen jetzt auch nichts mehr.«

»Sie meinen, sie braucht Ruhe? Damit sie sich erholen kann?«

Der Arzt sah ihn forschend an. »Das ist doch sicher kein reiner Pflichtbesuch, oder? Ich dachte es mir. Aber man kann sich da nie sicher sein!« Er hob die Schultern. »Um ehrlich zu sein, weiß ich nicht, was sie braucht. Sie könnte jederzeit durchdrehen. Sie könnte einfach ausflippen, wie so viele, die wir hier behandelt haben.« Er erhob sich und trat an das Fenster. »Kommen Sie bitte.« Er zog an der Schnur der Sichtblende. Unten lag ein kleiner Hof, halb im Schatten. Ein paar Steinkrüge mit Blumen gaben ihm Farbe. Eine einsame Gestalt stand neben einem der Krüge und starrte ihn mit größter Konzentration an. Der Mann trug die Jacke einer Kampfuniform und Schlafanzughosen. Er mochte etwa zwanzig Jahre alt sein.

»Lieutenant ... der Name spielt keine Rolle. Spezialtruppe für Einsätze hinter den feindlichen Linien in der Wüste. Ein toller Kopf. Begann vor dem Krieg gerade seine Karriere als Architekt. Jetzt redet er nicht mehr und reagiert auf nichts, das ich ihm über sein Zuhause erzähle oder über seine Vergangenheit. Er scheint innerlich alles zu blockieren. Als habe er aufgehört zu sein.«

Marshall beobachtete den Mann mit so etwas wie Hoffnungslosigkeit: »Wäre es nicht besser, man würde ihn nach England ausfliegen, weg von dem allen hier?«

Der Arzt sah ihn an und ließ die Blende wieder fallen. »Ich wage es nicht. Die Blumen sind die einzige Verbindung, die ich noch mit ihm habe. Ich weiß nicht, was sie ihm bedeuten und ob er sie überhaupt wahrnimmt. Aber es ist ein Anfang. Weiter bin ich nicht – nach drei Monaten.« Ein Telefon meldete sich ungeduldig, und er sagte: »Ich warne Sie nur vor. Mit so etwas muß man rechnen.« Er nahm den Hörer ab: »Das Zimmer ganz hinten, Nummer zwanzig!«

Marshall ging zum Ende des Korridors. Als er draußen einen Augenblick zögerte, öffnete sich leise die Tür, und eine ernst blickende Schwester sah ihn ein paar Augenblicke prüfend an.

»Ich bin Lieutenant Commander Marshall«, begann er.

Sie nickte. »Ich weiß. Wir sind informiert worden. Eine tolle Sache.« Sie sah auf ihre Armbanduhr. »Bleiben Sie nicht allzu lange. Vielleicht will sie auch, daß Sie sofort gehen. So etwas passiert manchmal.«

Marshall starrte die Schwester an, haßte sie. So etwas passiert manchmal ... Das klang so, als sei sie bereits verdammt wie der Mann unten auf dem Hof. Der Mann, der auf die Blumen sah.

Die Schwester sagte noch: »Ich bin hier draußen, falls Sie irgend etwas brauchen.« Sie trat zur Seite und schloß hinter ihm die Tür.

Sie lag auf einem weißen Ruhebett, Kopf und Schultern waren durch Kissen gestützt, ihre Arme lagen ausgestreckt auf dem Deckbett. Sie wandte sich langsam zu ihm, doch ihre Augen waren vollständig durch dunkle Sonnengläser verdeckt.

Wie ein blindes Kind, dachte er.

»Sie sind es.« Eine Hand bewegte sich, zog das Deckbett höher an den Hals. »Man sagte mir, Sie seien gekommen.« In ihrer Stimme klang nichts von Gefühlen mit, auch ihr Mund verriet nichts.

Marshall trat an das Bett und setzte sich auf einen Stuhl, der daneben stand. Er war noch warm von der Schwester.

»Ich hätte so gern Zeit gehabt, Ihnen ein Geschenk auszusuchen. Aber ich hatte wie verrückt zu tun, eine Erlaubnis zu bekommen und eine Transportmöglichkeit zu finden.« Er wollte die Hand ausstrecken und sie berühren. »Wie geht es Ihnen?«

»Ich kann von hier aus dem Fenster sehen.« Sie tat, als wolle sie quer durch das Zimmer zeigen und ließ dann doch ihre Hand sinken. »Da steht ein Baum. Ich versuche immer herauszufinden, ob da auch Vögel sind, aber ...« Sie versank in Schweigen.

Er lehnte sich vor und sah sie zusammenzucken. Wie damals.

Er sagte: »Sie sehen gut aus. Selbst im Schlafanzug der Streitkräfte.« Aber sie lächelte nicht. »Draußen ist es glühend heiß wie in einem Ofen.« Er fühlte Verzweiflung in sich aufsteigen. Er erreichte nichts. Er war unbeholfen und nutzlos. *Eine Maschine.*

»Wie geht es den anderen?« Sie drehte sich zu ihm. »Dieser nette Matrose. Der aus London!«

»Churchill?« Er zwang sich zu einem Lächeln. »Er beschwert sich immer noch. Er vermißt Sie. Hat niemanden mehr, um den er sich kümmern kann. Ich glaube, von jetzt an werden es die Offiziere nicht leicht haben.«

Sie nickte langsam. »Das alles scheint so weit zurückzuliegen.«

Marshall dachte an die Warnung des Arztes und sagte schnell: »Ich würde Sie hier gern rausholen. Und zwar jetzt.«

In den Gläsern ihrer Sonnenbrille spiegelte sich das Licht, und einen Moment lag sie ganz still.

»Aber das ist unmöglich.« Sie zuckte leicht mit den Schultern. »Und wohin würden Sie mich bringen?«

Marshall sah, daß sie sich wieder zur Seite drehte, um auf das Fenster zu blicken.

»Irgendwohin weit weg von hier. Wo Sie vom Krieg nichts mehr spüren.« Er wußte nicht, ob sie überhaupt zuhörte. »Wir könnten uns die Pyramiden von Gizeh ansehen. Könnten am Nil zu Abend essen. Sie könnten auf einem Kamel reiten, wenn Sie wollen. Was Touristen eben so tun.« Er lehnte sich vor und legte seine Hand auf ihre. »Es könnte helfen ...«

Sie zog die Hand weg und steckte sie unter die Decke. »Es ist nur ein Traum.« Sie schien erschöpft, und er fragte sich, ob ihr Medikamente verabreicht worden waren. »Pyramiden!«

Er versuchte es weiter: »Ja, im Mondlicht!«

Sie drehte sich wieder zu ihm. »Sie waren schon mal da? Vielleicht mit einer Ihrer Freundinnen?« Ihr französischer Akzent klang jetzt deutlicher durch.

Er schüttelte den Kopf. »Ich habe sie auch noch nie gesehen!« Das klang wie das Eingeständnis einer Niederlage.

Vor der Tür auf dem Korridor waren Stimmen zu hören und Schritte.

Sie sagte: »Die übliche Visite.« Sie zitterte. »Sie fassen mich an.«

»Sie versuchen nur, Ihnen zu helfen, Chantal.« Er hatte ohne darauf zu achten, ihren Vornamen gebraucht.

»Sie haben also die Pyramiden wirklich noch nicht gesehen?«

Er grinste. »Nein, nur im Film!«

Fasziniert sah er, wie ihre Hand sich von der Decke löste. Sie zögerte wie ein kleines Tier, das aus seinem Versteck kam. Sie flüsterte: »Aber das würde man nie erlauben.« Ihre Hand lag neben seiner. »So sind eben Vorschriften!«

»Kann sein!« Marshall sah ihre Hand. Der Ehering war verschwunden. »Aber ich könnte es versuchen. Ich weiß, ich bin kein guter Gesellschafter, aber...«

Sie legte ihre Hand auf seine, preßte sie fest. »Das dürfen Sie nie sagen! Sie sind ein guter Mann. Wenn ich daran denke, wie ich Sie früher behandelt habe. Und was Sie für mich getan haben, wie wir ...« Zwei Tränen flossen ungehindert unter den Gläsern hervor, und sie sagte: »Nein, das ist alles in Ordnung. Regen Sie sich bitte nicht auf. Ich weine hier viel!«

Sie zog sich nicht zurück, als er ihre Wangen mit dem Taschentuch abtupfte.

Er sagte: »Ich werde mit dem Arzt reden.« Er stand sehr langsam auf, wollte die kostbare Verbindung nicht verlieren.

»Sie versprechen das?« Ihre Lippen zitterten. »Sie haben eben meinen Vornamen benutzt.«

»Natürlich«, sagte er, »er ist ja auch schön!«

»Und Sie heißen Steven.« Sie runzelte die Stirn. »Steven.« Dann nickte sie. »Klingt gut!«

Die Tür ging auf, und die Schwester sagte: »Tut mir leid, das reicht. Wie geht es uns?«

Marshall hielt die Hand der Frau in seiner und sah die Schwester an: »Uns beiden geht es gut, danke!« Und er fügte hinzu: »Ich komme wieder.«

Die Schwester sah ihm immer noch nach, als er schon das Zimmer des Arztes erreicht hatte.

Der hörte sich schweigend Marshalls hervorgesprudelte Erklärung und seine Bitte an. Und dann sagte er: »Wieviel Zeit haben Sie noch?«

»Ich bin nicht sicher. Ein paar Tage vielleicht.«

»Es könnte klappen. Es spricht eigentlich kaum etwas dagegen. Es sei denn ...«

»Es sei denn – was?«

»Wenn Sie die Wiederherstellung zu schnell vorantreiben, könnte sie vollständig zusammenbrechen. Jede Art von echten menschlichen Kontakten könnte im Augenblick bei ihr das Tor zur Hölle öffnen. Sie haben ja gesehen, was man mit ihr gemacht hat. Also wissen Sie auch besser als andere, was los ist. Es ist ein Risiko. Aber es lohnt sich.« Er streckte ihm die Hand entgegen. »Bringen Sie Ihre Seite in Ordnung. Den Rest erledigen wir hier!«

Marshall öffnete die Tür, seine Gedanken wirbelten durcheinander. »Ich habe, glaube ich, recht, Doktor. Sie muß mal vollständig weg von all dem hier.«

Der Arzt wartete, bis die Tür zugefallen war, und griff dann zum Hörer. Sie ist nicht die einzige, dachte er bedrückt. Aber der Seemann könnte recht haben. Sie könnten sich gegenseitig helfen.

Er erledigte sein Gespräch und trat dann ans Fenster. Der Mann stand immer noch neben den Blumen. Nur sein Schatten hatte sich bewegt.

Hoffnung

Captain Browning tupfte sich sein Genick mit einem Taschentuch. »Verdammt heiß!« Er deutete vage auf den Haufen Bücher und die Meldungen, die von Klammern zusammengehalten wurden. »Wenn das so weitergeht, platzt mir bald der Schädel.«

Marshall saß ihm gegenüber und dachte an den gestrigen Besuch in dem so weit entfernten Lazarett. Er hatte sofort nach seiner Rückkehr mit Browning seine Überlegungen besprochen, doch der Kapitän hatte offensichtlich viel um die Ohren. Marshalls Vorhaben war ihm heute sicherlich nicht wichtig.

Browning fuhr fort: »Ich muß nur noch ein paar lose Enden zusammenknüpfen. Dann hoffe ich, daß Sie mich mitnehmen können.« Er grinste. »Da ist ein Treffen angesetzt worden. Doch das Ganze sieht eher nach einer Versammlung von Aktionären aus.« Dann wurde er wieder ernst. »Aber es könnte ungeheuer wichtig werden. Eine verbindliche Vereinbarung im Lager des Feindes, wenn ich das mal so sagen darf. Würde zahllose Leben retten. Und Zeit sparen!«

Marshall nickte. Er war auf dem Troßschiff gewesen und hatte zu seiner Überraschung entdeckt, daß die meisten seiner Männer sich in ihrer erzwungenen Isolation sehr wohl zu fühlen schienen. Vielleicht nutzten sie die Zeit, um mit sich klarzukommen und ihr Leben wieder im richtigen Zusammenhang zu sehen.

Gerrard fand er in einer Kajüte beim Briefschreiben.

»Ich dachte, Sie haben ein Quartier an Land, Bob?«

Er hatte aber nicht damit gerechnet, daß Gerrard auf dem Troßschiff blieb, während das U-Boot mit allem, was zur Verfügung stand, gecheckt wurde.

Gerrard antwortete: »Ich habe gerade einen Brief von Valerie bekommen.« Er schien besorgt. »Sie erwartet ein Baby!«

»Das ist doch eine gute Nachricht.«

»Sie scheint zufrieden.« Gerrard starrte auf den Brief, den er zu Ende schreiben wollte. »Wir freuen uns natürlich beide!«

»Viel Glück. Nach unserem nächsten Einsatz sieht es so aus, als ob wir außer Dienst gestellt werden. Das ist natürlich noch inoffiziell, also behalten Sie's unter Ihrer Mütze.«

Aber das änderte nichts.

»Glauben Sie, es wird schlimmer als beim letzten Mal?«

»Um Himmels willen, Bob, Sie haben mir gesagt, ich soll das alles leichter nehmen. Sagen Sie bloß nicht, Sie kriegen jetzt Fracksausen.«

Er hatte eine schnelle Entgegnung erwartet, irgendeinen oft strapazierten Witz. So war es immer gewesen.

Doch Gerrard sagte nur: »Bei unserem letzten Einsatz hätte ich fast aufgegeben. Die anderen haben dazu nichts gesagt, aber sie wundern sich sicher. Sie fürchten sicher, ich lasse sie hopsgehen, wenn es das nächstemal wieder drauf ankommt.«

So schlimm war es also! Marshall setzte sich neben ihn und fragte: »Möchten Sie, daß ich Sie ablösen lasse, Bob? Ich mache Ihnen keinen Vorwurf. Sie haben vor allem meinetwegen diese Sache durchgestanden. Sie haben längst eine Pause und noch mehr verdient.« Er versuchte, Gerrards Abwehr zu unterlaufen: »Jetzt, da

Valerie ein Baby erwartet. Ich kann Ihre Gefühle gut verstehen.«

»Nein. Wenn es sich nur noch um einen Einsatz handelt, mache ich weiter mit. Ich könnte mich nicht mehr im Spiegel ansehen, wenn ich unsere Mannschaft jetzt aufbräche.«

Marshall vergaß Gerrards unausgesprochene Ängste, als Browning sagte: »Ich kann Ihnen vier Tage geben. Wenn Sie wollen!«

Marshall starrte ihn an: »Vier Tage?«

Browning strahlte. »Ich sehe Ihnen an, wie sehr Sie die wollen.« Er deutete auf das Fenster. »Doktor Williams, der Bursche, mit dem Sie im Lazarett sprachen, hat alles getan, was in seiner Macht stand. Er hat irgendein Haus in Kairo. Ich habe eben gerade mit ihm telefoniert. Er ist mit Mrs. Travis vor einer Stunde losgefahren.« Er grinste. »Ich wollte der Abteilung die Ehre nicht überlassen, also habe ich mich selbst um eine Transportgelegenheit für Sie gekümmert.«

»Ich weiß nicht, was ich dazu sagen soll, Sir. Ich weiß noch nicht mal, ob es ihr guttun wird!«

»Man muß es mindestens versuchen.« Brown stand aus seinem quietschenden Sessel auf und kam um den Tisch herum. »Ihnen wird es auf jeden Fall guttun!«

»Wenn Sie mich also nicht mehr brauchen ...«

Browning führte ihn zur Tür. »Ich habe den Fahrer des Stabschefs für Sie requiriert. Wenn er sich beeilt, sind Sie heute abend schon in Kairo.« Er legte den Kopf zur Seite. »Vier Tage. Weniger, wenn hier was schiefgeht. Also machen Sie das Beste draus!«

In weniger als dreißig Minuten hatte Marshall das Auto gefunden und warf seine Reisetasche auf den Rücksitz.

Der Fahrer fragte: »Alles klar, Sir?« Er zeigte auf eine verdeckte Stabsflagge auf der Motorhaube. »Verdeckt oder nicht, Sir, die Herren hier werden davonspritzen, wenn sie uns sehen. Sie glauben immer, hier werden nur große Tiere gefahren.« Er kicherte und lenkte das Auto auf die geschäftige Straße. »Also, halten Sie sich fest, Sir!«

Marshall lehnte sich im Sitz zurück. Er sah Menschen und kleine Gefährte links und rechts vorbeigleiten. Was der Stabschef wohl sagen würde, wenn er bei dieser halsbrecherischen Tour sein Fahrzeug verlöre und wie Browning ihm das erklären würde, schien ihm ganz und gar unwichtig.

*

Es war ein kleines, sehr hübsch aussehendes Haus in den Außenbezirken Kairos, das nahe genug am Nil lag, um die vielen Masten mit den aufgetuchten Segeln der örtlichen Boote zu erkennen. Es lag in tiefem Schatten und war ganz ruhig. Marshall stand neben dem Auto und sah es sich an. Es schien zeitlos, wie die Schiffe auf dem Fluß und die Wüste, die zu spüren war.

Der Fahrer lächelte. »Ich fahre jetzt zur N.A.A.F.I., um etwas einzukaufen, Sir. Ich nehme an, Captain Browning wird irgendwas für Ihre Rückfahrt arrangieren.« Er schlug aufs Lenkrad. »Mein Vorgesetzter mag es vielleicht nicht, wenn wir das hier allzu oft tun!«

Marshall sah ihm nach und drehte sich um. Der Arzt, der ihn an einen Vogel erinnert hatte, kam die Treppe herunter, ihn zu begrüßen.

»Mein Hausboy wird Ihnen die Tasche abnehmen. Er hat ein Bad vorbereitet.« Ohne weißen Kittel und die ärztliche Umgebung sah Williams eher aus wie der Sekretär eines angesehenen Anwalts als jemand, der zerbrochene Gemüter wieder zu heilen versuchte. »Aber erst mal einen Drink.« Er führte ihn in ein kühles Zimmer voller Bücher. »Gin, nehme ich an!«

Marshall nahm in einem Rohrsessel Platz und fühlte sich seltsam entspannt. So als ob er gerade einen Angriff startete. Es gab keine Umwege mehr und kein Zögern.

Williams lächelte. »Zum Wohl! Ich möchte Sie erst mal ins Bild setzen, wie es bei Ihnen in der Marine ja wohl heißt. Sie ist übrigens oben. Bei Megan, meiner Frau. Es ist schön hier, nicht wahr? Ich werde mich ungern von dem Haus trennen, wenn ich wieder nach England versetzt werde.«

Er schien seine Gedanken sammeln zu wollen, wollte sicherlich herausbekommen, wie weit Marshall ihn verstand.

»Chantal hat ihren Mann kurz vor dem Krieg in England getroffen. Sie war Studentin, und er war schon irgendwer Wichtiges an der Universität. Er ist ein erstklassiger Ingenieur.« Er blickte zu Seite. »Ich kann mir vorstellen, daß er für jede Frau sehr attraktiv war. Wie auch immer, sie heirateten und gingen sofort nach Frankreich. Er arbeitete dort, als Frankreich zusammenbrach. Dünkirchen, der Fall von Paris, Sie kennen das alles.« Jetzt sah er Marshall genau an. »Um die Zeit war Chantal in Nantes bei ihrer Familie.«

»Sie hatte ihn also verlassen?« fragte Marshall.

»Ja. Sie hatte erkannt, daß er nicht der Mann war, für den sie ihn gehalten hatte. Ich weiß nicht, wie weit seine Überzeugung ging, aber er benahm sich wie ein in der Wolle gefärbter Nazi. Natürlich waren die deutschen Militärbehörden anfangs mißtrauisch, aber dann war er ihnen sehr willkommen. Wenn unsere Armeen in Nordeuropa landen, werden sich einige durch schwere Verteidigungsanlagen durchkämpfen müssen, die unser Freund Travis entwickelte.«

»Ich verstehe«, sagte Marshall leise. »Und warum ist sie dann zu ihm nach Paris zurückgekehrt?«

»Vor allem, weil sie sich um ihren Vater Sorgen machte. Er ist ein wichtiger Mann der Resistance in Nantes. Ein guter Mann. Ich glaube, daß sie fürchtete, Travis könnte sie wegen ihres Vaters unter Druck setzen. Oder ihn gar den Deutschen verraten.« Er holte tief Luft. »Sie begann also, für unsere Abwehr zu arbeiten, und dann verriet Travis zehn Franzosen an die Gestapo. Er hatte irgend etwas über sie herausbekommen. Ich weiß noch nicht mal, ob sie wirklich zur Resistance gehörten. Aber es spielt keine Rolle. Sie wurden von der Gestapo gefoltert, die glücklicheren wurden erschossen. Von dem Moment an war Chantal entschlossen, alles in Erfahrung zu bringen, was sie konnte. Sie wollte die Resistance vorwarnen oder sie informieren, wann immer es eine Möglichkeit zur Sabotage gab. Travis wurde an immer wichtigere Aufgaben gesetzt. Nachdem er Franzosen verraten hatte, traute man ihm. Denn er hatte den Nazis ja seine Loyalität bewiesen.«

»Vielen Dank für diese Informationen.«

»Den Rest kennen Sie. Sie wurde nach England rausgeschmuggelt, als die Gestapo gerade zupacken wollte. Travis wußte davon nichts, dachte wohl, sie besuche nur ihre Eltern. Als die Abwehr dann von dieser ferngelenkten Bombe erfuhr und daß Travis die Produktion in Italien unter sich hatte, war sie natürlich erste Wahl, um Kontakt zu ihm aufzunehmen. Es war ein enormes Risiko für sie. Aber diese gesichtslosen Herren da ganz oben sind vor allem an der Information interessiert und an den Leben, die sie aufgrund der Informationen nicht opfern müssen.«

Marshall schaute auf seine Hände. Sie wirkten ganz entspannt, doch ihm war, als zitterten sie.

Wäre sie nicht Passagier auf seinem Boot gewesen, hätte er nie etwas über sie erfahren, nichts von ihrem Ziel, ihrer Bedeutung. Sie wäre auf grausame Weise gestorben, entweder auf jenem Tisch oder in einer anderen schrecklichen Folterkammer. Wenn er jetzt zurückblickte, schien es fast unglaublich, daß sie sich begegnet waren.

»Ah, da kommen sie.« Williams erhob sich. »Nicht vergessen, benehmen Sie sich ganz normal. Aber seien Sie auf der Hut. Irgendein erzwungener Kontakt, und Sie haben sie für immer verloren.«

Die beiden Damen betraten das Zimmer, und Marshall hielt den Atem an. Die junge Frau trug ein einfaches weißes Kleid, das ihre Arme unbedeckt und ihre Haut goldbraun aussehen ließ. Ihr kurzes dunkles Haar war teilweise von einem roten Tuch verdeckt, und sie trug immer noch die Sonnenbrille.

Megan, die Frau des Arztes, strahlte Marshall an: »Eine richtige Party. Schade nur, daß wir Sie nicht so bewirten können, wie wir Waliser das zu tun pflegen!«

Die junge Frau streckte ihm die Hand entgegen. »Ich freue mich, daß Sie kommen konnten.« Ihr Stimme war leise, klang etwas rauh.

Williams sagte: »Wir machen morgen die Rundfahrt. Und sehen uns die Pyramiden an.« Er zwinkerte ihm zu. »Ich habe gehört, Sie haben sie auch noch nie gesehen, Commander?«

Marshall sah die junge Frau an. Sie hatte also von ihm

gesprochen. Hatte sich an seinen unbeholfenen Versuch erinnert, sie zum Lächeln zu bringen.

Sie sagte: »Ich hoffe, daß Ihnen Urlaub guttut nach all dem, was Sie ...« Sie unterbrach sich auf der Stelle und sagte: »Tut mir leid. Wir reden nicht über den Krieg.«

Er sah, wie das Ehepaar einen Blick wechselte und antwortete: »Ganze vier Tage, leider nur. Aber viel mehr, als ich zu hoffen wagte.«

Zum ersten Mal lächelte sie. »Sie klingen, als ob Sie das wirklich meinen!«

»Das tut er auch.« Williams ging zum Barschrank. »Jetzt werden wir etwas trinken, während er ein Bad nimmt und irgend etwas Staubfreies anzieht.«

Marshall folgte einem beeindruckenden Hausboy zur Treppe und hörte hinter sich Megans sagen: »Was für ein netter Kerl, aber er sieht so fürchterlich erschöpft aus, der arme.«

Dann hörte er Chantal: »Er heißt Steven. Versuchen wir mal, dies zu einem angenehmen Urlaub für ihn zu machen.«

Er suchte seinen Weg nach oben. *Versuchen wir mal. Für ihn.* Es war ein Anfang.

*

Die ersten beiden Tage vergingen viel zu schnell. Sie waren voller neuer Eindrücke in angenehmer Gesellschaft, und nur ganz selten mal gab es einen gespannten Augenblick. Er lebte wie in einem kleinen Privathotel und teilte jede Stunde mit Gästen, die wie er hier Urlaub zu machen schienen.

Williams hielt sein Wort und führte sie über den Fluß zu den Pyramiden von Gizeh. Hinter einem leichtfüßigen

Führer kletterten sie keuchend zur Spitze der Cheopspyramide, vierhundertfünfzig Fuß hoch. Williams und seine Frau hatten auf halber Strecke aufgegeben, weil es ihnen in ihrem Alter denn doch zuviel würde. Marshall vermutete allerdings andere Gründe, und er war dankbar.

Oben auf der Spitze hatten sie den Ausblick mit Staunen und Schauder genossen. Auf der anderen Seite des Flusses dehnte sich Kairo aus, und westlich lag das weite Afrika mit seinen Wüsten. Weit unten zeigten die bunten Segel der Feluken ihnen, wie die Zeit stehengeblieben schien und wie hoch sie hier über der Erde waren.

Sie sagte: »Hier oben fühle ich mich frei. Wirklich ganz frei.« Sie trug einen Hut mit einem großen weichen Rand, der ihr Gesicht im Schatten hielt. Sie wollte wissen: »Und Sie? Sind Sie glücklich?«

Er legte seine Hand auf ihren Arm: »Sehr!«

Sie hatte ihn nicht weggezogen, doch auf seine Hand geschaut, als wolle sie ihre eigenen Reaktionen prüfen.

Williams beschäftigte sich mit seiner Kamera, als sie wieder unten waren und noch einen Kamelritt unternehmen wollten. Marshall verstand, warum man die Tiere Wüstenschiffe nannte. Es war leicht, auf ihren Rücken zu kommen, aber während das Tier durch vier verschiedene Rucke auf die Füße kam, konnte man sich nur an ihm festklammern. Grinsende Händler sahen zu, und Williams rief: »Zurücklehnen, Steven. Jetzt vorlehnen. Wieder zurück.«

Marshall meinte, seine Wirbelsäule würde brechen.

Als er wieder Luft schnappen konnte und sich nach der jungen Frau umsah, die ihn beobachtete, klatschte sie wie ein lächelndes Schulmädchen in die Hände.

Er dachte kaum noch an das, was sie früher gemeinsam erlebt hatten, und stemmte sich dagegen, je wieder in diese Welt aus nassem Stahl zurückzukehren. Hier war, was er wollte. Diese Welt und diese Frau. Chantal.

Am dritten Tag war Williams mit Megan zu einem Besuch im Krankenhaus in die Stadt gefahren. Ohne ihre laute Gegenwart schien das Haus stumm. Als Marshall beim Frühstück der jungen Frau gegenübersaß, fühlte er, daß sich etwas wie eine Barriere zwischen sie schob. Schuldbewußtsein. Oder Unsicherheit.

»Darf ich wissen, ob Sie einige Zeit in Ägypten bleiben werden?« fragte er.

Sie schob sich eine Locke aus der Stirn. »Das könnte sein, denke ich.« Sie schaute ihn suchend an. »Und was werden Sie machen? Als nächstes?«

»Ein neuer Einsatz.« Er spürte, wie er kaum daran denken konnte. »Und danach? Wer weiß?« Er zögerte, spielte mit der Gabel. »Irgendwann werden Sie nach England zurückkehren. Ich möchte ...« Er suchte ein besseres Wort: »Ich will Sie wiedersehen. Unbedingt.«

»Sie kennen mich doch kaum!«

Er sah sie ernst an, sah, wie ihre Brüste sich unter dem Kleid hoben. Gefiel ihr das oder sträubte sie sich dagegen? War es der Anfang zu einer neuen Richtung?

Er sagte: »Ich möchte Sie kennenlernen, Chantal. Ich muß es.«

Sie erhob sich und ging ans Fenster. »Das könnte schiefgehen. Ich könnte Ihnen Unglück bringen, wie so manchem anderen!«

Er trat schnell neben sie. »Das dürfen Sie nicht sagen. Es ist nicht wahr. Jeder Mann würde sein Leben für Sie geben. Ich weiß, ich würde es.«

Er ließ seine Hand auf ihrer Schulter ruhen, doch sie trat zur Seite.

»Aber verstehen Sie, Steven?« Ihre Stimme zitterte vor

plötzlicher Erregung. »Ich könnte Sie verletzen. Ich bin vielleicht nie mehr in der Lage ...« Sie schaute wieder aus dem Fenster. »Ich kann vielleicht nie mehr etwas fühlen.«

»Ich kann warten.« Er beobachtete sie voller Verzweiflung. »So lange, wie Sie wollen.«

Sie entspannte sich leicht und wandte sich ihm wieder zu. »Ich weiß das.« Sie legte ihm einen Finger auf den Mund. »Aber es wäre grausam. Ich möchte Sie nie absichtlich verletzen!«

»Also dann.« Er zwang sich zu einem Lächeln. »Vertrauen Sie mir!«

»Das tue ich.«

Er legte ihr wieder beide Hände auf die Schultern und zog sie sanft an seine Brust. Er spürte sein Herz so klopfen wie ihres, als er sein Kinn auf ihr Haar legte.

»Ich darf dich nicht verlieren, Chantal. Nicht nach all dem. Ich würde nicht weitermachen können.«

Sie bewegte sich nicht, schwieg, aber er fühlte ihre Brüste, die sich an ihn preßten, und spürte, wie sie schneller atmete.

Leise fragte sie: »Und mein Mann?«

»Der ist mir egal.« Etwas in seiner Stimme ließ sie aufblicken. Er sagte: »Wir werden einen Weg finden. Er soll nie wieder versuchen, dich zu sehen!«

Sie flüsterte: »Oh, Steven, ich habe an das hier nie geglaubt. Ich weiß noch, wie wir uns das erstemal begegnet sind. Ich dachte, du hättest etwas mit Simeons Frau. Wärst vielleicht ihr Liebhaber!«

Er nickte. »Ich habe sie mal geliebt, aber das ist sehr lange her. Ich lasse mir mit solchen Sachen offensichtlich viel Zeit.«

Sie zitterte, und erschrocken fürchtete er, sie würde gleich weinen.

Aber sie lachte lautlos und zitterte am ganzen Leib, als sie atemlos flüsterte: »Das tust du nicht, Steven!« Sie streichelte sein Gesicht. »Manchmal sagst du schreckliche Sachen.«

Er grinste. Es war ihm jetzt, als verlasse ihn körperlicher Schmerz. »Kann sein. Immer mal!«

Vor dem Fenster kam ein Auto zum Stehen. Williams trat ein und sah beide an.

Marshall sagte: »Alles in Ordnung, Doc. Wir haben nichts angestellt.«

Er schaute zu der jungen Frau hinüber, und dann lachten beide wie zwei Verschwörer.

»Prima.« Williams nickte. »Das gefällt mir. Wegen Ihnen beiden.« Er biß sich auf die Lippe. »Aber ...«

Marshall entdeckte das Papier in seiner Hand und fragte dumpf: »Muß ich zurück?«

»Tut mir leid. Es klingt sehr dringend. Man schickt Ihnen ein Auto.« Zum erstenmal schien der Arzt völlig hilflos. Er sagte jetzt: »Ich muß Megan trösten. Das hat sie sehr mitgenommen. Sie will nicht, daß Sie gehen. Keiner von Ihnen.«

Sie blieben allein zurück und sahen sich an.

Sie sagte leise: »O Steven. Wie du aussiehst.« Sie kam auf ihn zu und legte ihm die Hände um den Hals. »Ich habe das gar nicht bemerkt. Ich habe so viele eigene Probleme.« Sie schüttelte den Kopf. »Du mußt also zurück. Und ich kann nicht mal ein bißchen daran teilnehmen. Ich habe dich einmal so ganz richtig gesehen. Das war, ehe wir zu dem Fischerboot gepaddelt wurden. Da standst du am Sehrohr. Alle Männer um dich herum. Sie vertrauten dir, verließen sich auf dich.« Sie ließ die Stirn gegen seine Brust sinken. »Ich möchte das auch. Aber so ...« Sie zitterte wieder. »Das ist einfach nicht fair.

Nur noch einen Tag. Der kann doch für die anderen nicht entscheidend sein!«

Er hob ihr Kinn mit den Händen und nahm ihr sanft die Sonnenbrille ab. »Ich komme wieder.«

Tränen rannen ihr über die Wangen.

»Wir werden dann viele Tage ganz für uns haben.«

Sie weinte jetzt ganz ungehindert. »Ich werde mich an alles erinnern. Die kleinen Boote. Den Markt. Die große Pyramide.« Sie richtete sich auf und berührte sein Haar. »Und wie du auf dem Kamel ausgesehen hast. Ich werde nichts vergessen.«

Marshall hörte draußen das zweite Auto. Es war vorbei.

Williams und seine Frau begleiteten ihn zur Tür und warteten, während er den Inhalt seiner Reisetasche schnell überprüfte.

»Wir werden uns gut um Chantal kümmern.« Die Frau des Arztes begann zu weinen. »Bis Sie wieder da sind.«

»Das reicht, Megan.« William nahm die Tasche. »Augenblick.« Er sah Marshall an. »Ich bringe Sie eben zum Auto.«

Marshall bückte sich und küßte Chantal sanft auf die Stirn. Dann folgte er dem Arzt in das gleißende Sonnenlicht.

Hinter dem Auto fragte er leise: »Nun? Können Sie ihr helfen?«

William gab ihm die Hand. »Das werden Sie jetzt schaffen, Steven. Und zwar ganz allein.« Er öffnete die Tür. »Passen Sie gut auf sich auf. Wir werden an Sie und Ihre Männer denken.«

Das Auto rumpelte über die Straße, und als Marshall sich noch einmal umdrehte, sah er, wie sie ihm zuwinkte.

Sie winkte noch, als das Auto um eine Kurve fuhr und er das Haus nicht mehr sehen konnte.

*

Frenzel wartete am Türschott, während Marshall ein paar Papiere abzeichnete. Über ihnen waren viele Schritte an Deck zu hören, und aus der Zentrale drang ununterbrochenes Palaver.

Marshall sah hoch: »Alles klar zum Auslaufen, Chief?«

Frenzel lächelte. »Die Maschinisten vom Troßschiff sind gerade von Bord gegangen, Sir. Die haben verdammt gute Arbeit in der Kürze der Zeit geleistet.«

Marshall erhob sich und sah auf seine Uhr. Es war sieben Uhr abends. Browning hatte Auslaufen für 2100 Uhr angesetzt.

Gerrard schaute herein und meldete: »Ich habe alles für unsere Passagiere klar, Sir.« Er sah gespannt aus. »Captain Browning hat ausrichten lassen, er würde seine Koje gern in der Messe haben.«

»Ach ja.« Marshall lächelte trotz seiner anderen Gedanken. »Das hat er mir auch gesagt. Ich habe ihm meine Kajüte angeboten, aber er möchte es wohl so richtig genießen.«

Frenzel kicherte. »Der wird wieder jung. Und ich kann das sogar verstehen!«

Buck war jetzt in der Tür zu sehen. »Die große Stelling ist schon eingenommen worden, Sir. Die letzte Post ist zensiert an das Feldpostamt weitergeleitet worden.« Er schien sehr entspannt, sehr viel besser als früher.

Marshall nickte. »Danke. Ihnen scheint es sehr wohl zu gehen!«

Buck lächelte strahlend: »Nun, die Latrinenparole redet von dieser als unserer letzten Reise. Danach geht's zurück ins normale Leben?« Sein Grinsen wurde breiter. »Ich werde dem hier nicht nachweinen. Wir hatten ja oft genug Glück.«

Er verschwand im Gang, und sie hörten ihn einen seiner Torpedomänner rufen.

Gerrard sagte leise: »Ich begreife nicht, wie er das geschafft hat. Er kommt mit seinen Aufgaben hier besser klar als mancher Berufssoldat.«

Ein Mann stellte sich auf Zehenspitzen, um über Gerrards Schulter blicken zu können.

»Entschuldigung, Sir, aber der erste Passagier ist an Bord gekommen.« Und dann als Ergänzung: »Commander Simeon.«

Er eilte davon, und Gerrard äußerte bitter: »Verdammter Mist. Auf den könnten wir weiß Gott verzichten.«

Frenzel trat zur Seite und zog seine schmutzigen Arbeitshandschuhe an.

»Ich verschwinde. Sehe mich noch einmal genau um.« Er zwinkerte ihm zu. »Daß da bloß kein Putzlappen in irgend etwas Wichtigem steckt.«

Gerrard wartete und schloß die Tür.

»Tut mir leid wegen damals, Sir. Es geht mir gut. Es ist nur der Gedanke an Valerie und das Baby. Sie sind so weit weg.« Er versuchte zu lächeln. »Aber ich werde mich wohl daran gewöhnen müssen.«

»Ich verstehe das, Bob.« Marstall dachte an die Frau, die sich an ihn gepreßt hatte. Und wie sie ihn angeschaut hatte. Er sagte: »Ich geh' besser Simeon begrüßen.« Er sah Gerrard kurz an. »Nehmen Sie's leicht, bitte!«

Gerrard duckte sich beim Rausgehen. »Ja. Ich werde

mich jetzt mal um unser Schild am Turm kümmern. Das ist wahrscheinlich total verrostet.«

Marshall fand Simeon in der Messe bei einer Tasse Kaffee.

»Sind Ihre Sachen verstaut, Sir?« Er sprach ihn bewußt ganz formell an.

Simeon gab kühl zurück: »Ja. Captain Browning wird mit den anderen in etwa einer Stunde an Bord sein.«

»Und wer sind die anderen?«

Simeon verzog keine Miene: »Jemand von der Abwehr aus dem Hauptquartier der Armee und natürlich, hm, Travis.« Seine Augenlider flatterten leicht, als er den Namen erwähnte. »Alles klar?«

»Travis?« Marshall starrte ihn an. »Warum der denn, zum Teufel?«

»Browning konnte sich durchsetzen, seinen alten Freund zu treffen. Aber wir brauchen noch etwas mehr als die alte Kriegskameradschaft, um den Drücker in der Hand zu haben. Und um diesen wankelmütigen italienischen General zu beeindrucken.«

»Sie haben also den Stab überredet, uns Travis mitzugeben? Ist das wahr?«

»Nur zur Sicherheit.« Simeon entspannte sich. »Travis ist genau der richtige, um diesem italienischen Herrn klarzumachen, was passieren wird, wenn er bei der Invasion gegen uns kämpft oder sich nur neutral verhält. Travis weiß immerhin, was die Bombe kann und wie die Deutschen sie einsetzen werden. Also gibt es keinen besseren.«

»Ich verstehe.«

Marshall wandte sich ab. Er erinnerte sich an den Mann von ihrem letzten Treffen. Dunkel, mit tiefliegenden Augen. Man konnte sich ihn leicht als Fanatiker vorstellen, so wie Dr. Williams ihn charakterisiert hatte. Und der würde nun wieder an Bord sein! Alles vergeben. Und er würde wieder eine Rolle spielen. Marshall wurde übel bei der Vorstellung.

Simeon sagte: »Man kann im Krieg nicht allzu wählerisch sein, wissen Sie. Der Freund von heute ist der Feind von morgen. So war es schon immer.«

Das Deck erzitterte kurz, als Frenzel irgend etwas an der Maschine testete. Marshall beobachtete Simeons Reaktionen. Nur ein nervöses Zucken des Unterkiefers – aber es verriet etwas. Es tat ihm fast leid, daß dieser Einsatz so fest umrissen war. Browning hatte ihn erst heute morgen in groben Umrissen über das Ganze informiert. Britische Agenten auf Sizilien hatten Kontakt mit dem General aufgenommen. Er hatte eine persönliche Nachricht von Browning erhalten und war weder explodiert, noch hatte er Alarm ausgelöst. Phase zwei war ein Treffen auf See, das der General mit einem entsprechenden Fahrzeug arrangieren würde. Wenn er zustimmte. Wenn nicht, würde nichts passieren, und sie würden dann Entsprechendes an die Stabschefs melden.

Es war eine seltsame Art, Krieg zu führen, aber es hatte sich so vieles geändert, warum also nicht auch dies hier?

Marshall wollte wissen: »Wird Travis bewacht, Sir?«

Simeon lächelte. »Nicht bewacht. Beobachtet.« Er machte eine vage Geste. »Er wird bei uns logieren. Dann hat er das Gefühl, wieder dazuzugehören.«

Marshall sah ihn ernst an. Du Schuft, du weißt alles. Über Chantal. Und das macht dir Spaß. So rächst du dich. Laut sagte er: »Was mich angeht, kann er sich zum Teufel scheren.«

Simeon nickte und sah dabei sehr ernst aus: »Natürlich, mein Lieber. Sie führen das Boot und überlassen das Verhandeln uns.«

»Danke.« Marshall ging an ihm vorbei. »Ich muß an Deck!«

Als er auf der Brücke stand, war er viel ruhiger. Es war klar, daß Simeon und ihn keine Freundschaft verband. Wenn Simeon ihn aber seine Feindschaft spüren lassen wollte, dann war dies kaum der richtige Augenblick. Niemand in seiner Position würde jetzt an so etwas denken und schon gar nicht, wenn so viel auf dem Spiel stand.

Er lehnte sich über das Schanzkleid und sah, wie der Festmachertrupp unter Cains wachsamen Blicken einige Laschings von den Festmachertrossen abschlugen. Warwick war in der Nähe, hatte locker einen Fuß auf die kleine Reling gestützt und redete mit Frenzel. Im warmen bronzefarbenen Abendlicht sah alles sehr friedlich aus. In diesem seltsamen Licht glänzten Kriegsschiffe und Hafenbarkassen stumpf. Das Wachboot rührte beim Drehen um die Boje des Troßschiffes eine Bugwelle auf, wie aus flüssigem Metall.

Der Hafen war voll. Marshall fielen eine Menge Landungsboote auf. Niedrige, eckige Rümpfe, keine Schönheiten, nichts, auf das Schiffbauer stolz sein würden. Sie waren für eine einzige Aufgabe gebaut: Männer und Panzer auf den Strand zu setzen. Solche Landungsboote würden sich überall an der nordafrikanischen Küste sammeln. Sie hatten lange auf die Gelegenheit gewartet. Doch jetzt, da der Anfang des Weges zum Sieg vor ihnen lag, konnte man sich schwer mit ihm abfinden.

Devereaux zog sich durch das Luk hoch und trat neben ihn.

»Ich habe die Karten markiert, Sir, so wie Sie es wollten.« Er beobachtete mit der Hand über den Augen das Wachboot. »Es dürfte nicht allzu schwierig sein.«

»Das will ich hoffen.«

Marshall wartete. Devereaux verschwendete selten Worte. Er mußte über die Karten nicht sprechen, denn sie gehörten zu seinem Aufgabenbereich.

Devereaux lächelte leicht. »Ich dachte gerade, Sir, wenn das hier vorüber ist, Sir, besteht dann die Chance, daß ich für einen Lehrgang in Fort Blockhouse empfohlen werde?«

»Einen Lehrgang zum I WO?« Marshall nickte. »Und ob. Ich habe Sie bereits vorgeschlagen!«

Devereaux atmete hörbar aus. »Das ist gut so, Sir. Ich bin ja nun ziemlich lange auf U-Booten, Sir. Ich war diensttuender Erster auf meinem letzten Boot, als der arme Kerl sich das Bein gebrochen hatte. Ganz praktische Arbeit und Erfahrung.«

»Aber den Lehrgang müssen Sie trotzdem machen!«

Devereaux fuhr fort: »Und ich habe auf diesem Boot auch mehr als einmal als Erster Dienst getan, Sir.« Er holte tief Luft. »Ich hatte gehofft, ich könnte gleich auf einen Kommandantenlehrgang gehen, Sir!«

Marshall schaute weg. Das also war's. Er verstand Devereaux' Ungeduld. Ohne diesen unerwarteten Einsatz auf *U-192* hätte er sein Ziel sicher schon halb erreicht.

»Sie wissen doch, wie die Dinge liegen, Lieutenant Devereaux. Es muß in der Marine alles seine Ordnung haben!« Er lächelte. »Selbst dann, wenn Sie Admiral werden sollten!«

»Ich kann das nicht so leicht nehmen, Sir!«

Marshall sah ihn an: »Nun kommen Sie mir nicht komisch.«

Devereaux blieb beharrlich. »Das ist nicht fair, Sir. Ich wollte mich offiziell beschweren, aber ...«

»Worüber?«

Die Schärfe ließ Devereaux nur einen Augenblick zögern. »Der Erste hat Probleme, Sir. Beim letzten Einsatz hat er fast die Nerven verloren.« Er fuhr schnell fort: »Sie waren nicht da. Aber so war es.«

»Das reicht!« Marshall starrte ihn an und sah die Szene, als wäre er dabeigewesen. »Ich habe Sie für anständiger gehalten. Nicht für einen, der sich über einen Kameraden hinter dessen Rücken beschwert!«

»Ich halte es für meine Pflicht, für meine Aufgabe, Sir!«

»Belassen Sie's dabei, und kümmern Sie sich um Ihre anderen Aufgaben!«

Devereaux wollte gehen. »Das ist wohl das Ende für alle weiteren Empfehlungen, Sir.« Damit verschwand er nach unten.

Marshall sah auf seine Hände, die er zu Fäusten geballt hatte. Er hatte den Steuermann völlig falsch eingeschätzt. Wenn er jetzt seine Empfehlung zerriß, würde Devereaux alle Welt wissen lassen, es sei nur geschehen, weil er gewagt hatte, Gerrard zu kritisieren, den Freund des Kommandanten. Doch wenn er nichts tat, würde Devereaux vermutlich ein eigenes Kommando bekommen. In den wenigen Sätzen hatte er seinen wirklichen Wert verraten, beziehungsweise die Tatsache, daß ihm das Bewußtsein für die richtigen Werte fehlte. Er hatte gezeigt, daß er Verantwortung oder Kameradschaft ganz und gar mißverstand. Beide bildeten das Rückgrat jedes U-Bootes – das überleben wollte.

Ein Seemann in Gamaschen und mit einem leeren Sack über der Schulter kletterte die Leiter außen am Turm empor und salutierte.

»Ich habe gerade die Post an Land gebracht, Sir.« Er

hielt ihm einen Umschlag entgegen. »Für Sie. Durch Boten von Doktor Williams.«

Marshall nickte und riß dem Mann den Brief fast aus der Hand. Irgend etwas war geschehen. Sie war zusammengebrochen. Er schrieb ihm wahrscheinlich, daß ...

Er starrte auf das Foto, das er aus dem Umschlag gezogen hatte, seine Gedanken rasten. Eine kurze Notiz war dabei, die Adresse des Lazaretts stand in einer Ecke. Williams hatte darauf geschrieben: »Habe es, so schnell es ging, entwickeln lassen. Dachte mir, es hilft!«

Das Foto zeigte sie, wie sie wirklich war. Sie sah so aus wie in den Stunden, die sie allein miteinander verbracht hatten. Traurig, glücklich, nachdenklich. Sie hatte sicher nicht gemerkt, daß sie fotografiert wurde. Er starrte auf das Foto und erinnerte sich an ihre Stimme, als sie gesagt hatte: »Ich könnte dich verletzen.« Nach allem, was sie ausgehalten hatte, nach Erlebnissen, die er sich nur ungefähr vorstellen konnte, hatte sie vor allem an ihn gedacht. Hatte befürchtet, sie könnte seine Umarmungen und seine Liebe nicht ertragen.

Sorgfältig schob er das Foto in seine Brieftasche. Der kleine Arzt hatte mehr für ihn getan, als er ahnen mochte. Er war jetzt sicher wieder im Lazarett. Sah vielleicht wieder aus dem Fenster auf den einsamen Soldaten bei den Blumen.

Er schluckte und mußte sich zusammenreißen, um das Foto nicht sofort wieder aus der Brieftasche zu holen.

Warwick rief: »Der Gefangene und seine Bewachung kommen an Bord, Sir!«

Marshall schüttelte den Kopf, als er die kleine Gruppe vom Troßschiff herabsteigen sah. »Kein Gefangener, Sub.« Warwick sah ihn erstaunt an. »Mr. Travis ist Passagier, sonst nichts!«

»Aye, aye, Sir.« Warwick sah Blythe an. »Ich werde mich um ihn und die anderen sofort kümmern.«

Travis trug eine Khaki-Uniform und schleppte eine Aktentasche mit. Ein Lieutenant des Heeres begleitete ihn und sah mit einigem Entsetzen auf das Unterseeboot. Travis kletterte die Leiter empor und grüßte Marshall mit kurzem Nicken.

»Begegnen wir uns also noch einmal.« Er blickt durch das offene Luk und rümpfte die Nase. »O je. Es kommt alles wieder!«

Der Soldat antwortete: »Ich habe nichts übrig für Schiffe, Sir!«

»Es wird ziemlich ruhig sein«, antwortete Marshall. Er sah Travis' tiefliegende Augen. Doch unten im Rumpf sicher nicht, dachte er. »Ich habe Sie in der Messe unterbringen lassen.«

Er wandte sich um und sah wieder über den Hafen. Die Schatten krochen jetzt von den Schiffen weg, die vor Anker lagen, und ruhten auf dem tiefen Blau der See. Er stand noch auf der Brücke, als Captain Browning kam. Er war außer Atem, aber offensichtlich erfreut, daß er jetzt auf einem Unterseeboot fahren würde.

Marshall grüßte: »Willkommen an Bord, Sir!« Und fügte er hinzu: »Ich habe Sie in der Messe untergebracht, Sir, wie Sie es wünschten. Ich hoffe, Sie fühlen sich dort wohl!«

Browning strahlte ihn an. »Ich freue mich drauf.« Er tippte auf eine Ledertasche, die er an sein Koppel gehängt hatte. »Hier drin ist alles. Ich habe so ein Gefühl, daß wir Glück haben werden. Die Fahrt wird sich lohnen, für mich bedeutet sie viel.«

»Natürlich, Sir!«

Marshall beobachtete ihn, wie er die Sprachrohre berührte und durch das ovale Luk nach unten sah.

Browning wollte wissen: »Sonst auch alles klar, hoffe ich? Ich seh's Ihnen an, mein Lieber.« Das Grinsen lief über das ganze Gesicht. »Freut mich. Sie haben also endlich jemand, für den es sich zu leben lohnt.«

Später, als das Deck unter Frenzels Motoren zu zittern begann und die Festmachertrupps vorn und achtern an Deck standen, rief Blythe: »Zentrale, Sir.« Er lächelte. »Captain Browning bittet um Erlaubnis, auf die Brücke zu kommen.«

Marshall nickte und sah die Männer, die an der Reling des Troßschiffs standen. Das Geheimnis von *U-192* würde nicht mehr lange gewahrt bleiben. Zu viele Leute wußten von ihm. Das war ganz unvermeidlich.

Browning schob sich durch das Luk. Sein Bauch füllte die Öffnung ganz. Er sagte: »Ich werde Ihnen nicht reinreden, Marshall. Ich werd' mich schon zurückhalten.«

Marshall justierte das Glas, das er um den Hals trug. »Das ist ganz in Ordnung, Sir!«

Er sah, wie die Brise das Wasser kräuselte und die Vorleine aufgenommen wurde.

»Achtung!«

Er sah eine Signallampe auf dem Troßschiff blinken und hörte Blythe melden: »Von drüben: *Auslaufen*, Sir!«

»Vorne Leinen los.«

Er spürte Browning dicht hinter sich, hörte ihn schwer atmen, so als gäbe er selber jeden Befehl.

»Alles klar vorn, Sir!«

»Langsam voraus Backbord. Leinen los achtern.«

»Alles klar achtern, Sir!«

Jetzt war Starkie zu hören: »Backbordmaschine läuft langsame Fahrt voraus, Sir. Ruder mittschiffs.«

»Steuerbordmaschine langsam voraus.« Er blickt auf den Tochterkompaß. »Ruder zehn Grad Backbord.«

»Da ist unser Geleit, Sir«, meldete Blythe.

»Gut. Geben Sie ihm unsere Kennung.« Es war wieder das schnelle Kanonenboot, das sehr elegant im schwächer werdenden Licht vor ihnen lief.

»Ruder mittschiffs!«

Er sah, wie das Geleit sich mit einer großen Welle vor sie setzte.

Buck meldete: »Alles seeklar, Sir!«

»Sehr gut. Lassen Sie die Männer antreten beim Auslaufen.«

Er blickte auf die beiden schwankenden Reihen von Matrosen auf dem Deck, Buck stand ganz vorn im Bug. Er bemerkte das Glänzen in Brownings Augen und wußte, was ihm das hier bedeutete.

Er grüßte und sagte: »Übernehmen Sie, Sir!« Er zögerte. »Wenn Sie das wollen!«

Browning starrte ihn einen Augenblick an, als habe er ihn mißverstanden. Dann trat er auf die Gräting nach vorn und zog sich die Mütze tiefer in die Stirn.

Marshall trat zur Seite und war froh, daß er ihm das Angebot gemacht hatte.

Eine Stimme war zu hören: »Zentrale an Brücke.«

Der massive Schädel Brownings war dicht am Sprachrohr: »Brücke hier.«

Die Stimme unten klang überrascht.

»Commander Simeons bittet um Erlaubnis, nach oben kommen zu dürfen, Sir.«

Browning sah sich nach den Ausguckleuten um, und dann ruhte sein Blick kurz auf Marshall. Er beugte sich wieder über das Sprachrohr.

»Erlaubnis verweigert«, sagte er nur.

Der Funke

Marshall blickte auf die Uhr in der Zentrale und dann zu Gerrard hinüber.

»Bringen Sie das Boot nach oben. Auf vierzehn Meter.«

Er zitterte leicht in der feuchten Luft und fragte, warum er sich so angespannt fühlte. Sie hatten sechs Tage gebraucht, um ihre jetzige Position vor der Nordwestküste Siziliens zu erreichen. Es war eine vorsichtige, gleichmäßige Fahrt gewesen, bei der sie allem Schiffsverkehr auswichen und nur nachts kurz auftauchten, um die Batterien aufzuladen. Und doch war die Anspannung ringsum fühlbar. Wie etwa, als sie die Minenfelder zwischen Sizilien und der nordafrikanischen Küste durchquerten. Er hatte dabei Gerrard im Turm beobachtet, der sehr konzentriert war. Er mußte an den letzten Einsatz denken.

»Vierzehn Meter, Sir!«

Das Zischen der Druckluft erstarb, und das Boot war so still wie immer.

»Periskop ausfahren!«

Er bückte sich und klappte die Griffe aus, gerade als das Objektiv die Wasseroberfläche durchbrach.

Es war Abend, die See lag dunkel da wie Samt, der sich im vergehenden Licht bewegt. Marshall drehte einen Vollkreis, suchte nach einem Licht oder aufspritzendem Schaum. Nichts. Er richtete das Sehrohr auf den Himmel aus, sah die ersten blassen Sterne und eine einzige kleine Wolke wie einen Metallsplitter. In ihr hing noch etwas vom Licht der Sonne, die der Horizont bereits verdeckt hatte.

Er richtete das Sehrohr nun Richtung Land aus und stellte die Optik auf volle Vergrößerung. Die Küste war nicht mehr als ein grau-blauer flacher Schatten, nur das nächste Kap war deutlich erkennbar und vertraut. Wie ein alter Freund oder wie ein Feind.

»Peilung jetzt?«

»Eins-fünf-null, Sir«, antwortete Devereaux.

»Kap St. Vito. Ein guter Fix.«

Er hörte Devereaux schneller atmen. Doch er sagte nichts weiter. Der Steuermann hielt sich jetzt sehr zurück – nach dem Gespräch im Turm.

»Periskop einfahren. Auf neunzig Meter tauchen.«

Er trat zurück, als das Wasser in die Tauchtanks rauschte, und sah, wie Browning ihn beobachtete. Er stand neben Frenzels Armaturen. Trotz der fast weißen Stoppeln in seinen dicken Wangen sah er zehn Jahre jünger aus. Wie versprochen, hatte er sich daran gehalten, allen aus dem Weg zu gehen. Doch wenn es um Routineaufgaben ging, war er immer hilfsbereit. Der Hauptmann von der Abwehr hatte während der Reise bisher nur gestöhnt und gewürgt; Simeon tat ständig sehr wichtig, indem er unentwegt seine geheimen Unterlagen durchging; von allen hatte nur Browning seinen Spaß.

Falls ihm die Spannung zwischen einigen Offizieren und besonders Simeons Feindseligkeit aufgefallen war, kommentierte er sie nicht. Statt dessen gab er in der Messe den Ton an, aß jedes Mal gewaltige Portionen und weckte das Interesse der Männer mit Berichten von seinem Krieg, wie er sagte.

Marshall meldete: »Wenn es so weitergeht, werden wir morgen pünktlich den vereinbarten Treffpunkt erreichen, Sir!«

Browning seufzte: »Ich hoffe, der olle Kerl hält sein

Versprechen.« Er lächelte. »Man muß ganz schön Mumm zeigen, um das zu tun, worum wir ihn gebeten haben.« Er trat an den Kartentisch und zog eine Brille mit Stahlgestell aus der Tasche. »General Capello wird uns in irgendeinem Kahn treffen – mit nur einigen engen und verläßlichen Freunden. Das geht sicher klar. Die meisten seiner Offiziere und die Truppen stammen aus seiner Heimatstadt oder der Umgebung. Die trauen ihm eher als den verdammten Deutschen.« Er fuhr mit dem Finger über die Karte. »Ich sehe, Sie haben den Treffpunkt eingezeichnet.«

Marshall nickte. »Sie sagten, wir sollten den General an Bord nehmen. Daher denke ich, es ist besser, wenn wir uns dem Land von Norden nähern. Dabei können wir uns dann sehr genau umschauen.« Er lächelte ernst. »Man sollte auch nicht zu vertrauensselig sein.«

»Macht Sinn.« Browning sah auf die Zeiger der Tiefenmesser. »Ein angenehmes Boot.« Er klang ein bißchen verunsichert, vielleicht weil er dem Feind solche gute Arbeit nicht zugestehen wollte. Doch dann war er wieder ganz der alte. »Wir sollten Kaffee trinken!«

Sie fanden Simeon am Messetisch. Er machte sich auf seiner eigenen Karte Notizen. Hart, der Heeresoffizier, saß am anderen Ende des Tisches. Sein Gesicht hatte die Farbe von Käse, und er stierte auf eine Tasse heißen Kaffee.

Marshall sah Travis, der sich in einer Ecke mit einer Illustrierten auf dem Schoß lümmelte.

Simeon fragte: »Zufrieden, Sir?«

»Ja, danke.« Browning ließ sich in einen Sessel fallen und beobachtete Churchill mit seiner Kaffeekanne. »Morgen nacht, so Gott will.«

Travis meinte: »Wird auch Zeit.« Er war völlig unbeeindruckt von der Haltung der Männer ihm gegenüber. Es erschien Marshall, als könne er sie alle einfach so ausblenden wie er das bei seiner Frau tat.

Simeon sah ihn nachdenklich an: »Was werden Sie nach dem Krieg machen?«

»Weiter arbeiten, nehme ich an.« Travis musterte ihn unbewegt. »Warum fragen Sie?«

»Nur so«, sagte Simeon und blickte weg, als wolle er keine Diskussion aufkommen lassen.

Marshall sah von einem zum andern.

Travis versetzte barsch: »Ich weiß, was Sie denken. Das ist mir völlig egal. Ihre Vorgesetzten kennen offenbar meinen Wert. Was immer Sie von mir zu halten belieben, berührt mich nicht im geringsten.«

»Das freut mich«, lächelte Simeon. »Ich fragte mehr mit Bezug auf Ihre Frau.«

»Die geht Sie gar nichts an.« Travis' Haltung bröckelte plötzlich. »Ich werde das ganz ohne Ihre Hilfe entscheiden.«

»Ja.« Simeon sah zu Marshall hinüber. »Wie ging es ihr, als Sie sie in Kairo trafen? Wieder einigermaßen gut?«

Browning fuhr dazwischen: »Das reicht. Wir haben die nächsten paar Tage so viel um die Ohren, daß wir uns nicht noch gegenseitig an die Kehle fahren müssen.«

Entschuldigend hob Simeon beide Hände. »Tut mir leid, Sir, wenn ich da in ein Fettnäpfchen getreten bin.« Er schaute Marshall an, und seine Augen verrieten nichts. »Ich wußte gar nicht, was sich da tut, mein Lieber.«

Marshall spürte heiße Wut in sich aufsteigen, doch er sah Brownings Gesicht, warnend, bittend.

Also sagte er nur leise: »Nun wissen Sie's, Sir.« Und an Churchill gewandt: »Ich trinke meinen Kaffee in meiner Kajüte.«

Aber der Kaffee stand lange unberührt, und er brauchte einige Minuten, um seine Wut verfliegen zu lassen. Simeon hatte also mehr als ein paar Vorbehalte gegen ihn. Er benutzte Travis, um an ihn ranzukommen. Um ihn zu reizen, irgend etwas Dummes zu sagen oder zu tun. Es ging um Gail, wen sonst. Nach all den Jahren ärgerte Simeon wohl immer noch die Tatsache, daß Marshall und Gail sich mal geliebt hatten. Zwar hatte er sie Bill weggenommen, aber das war aus seiner Sicht natürlich etwas ganz anderes. Daß Marshall der erste gewesen war, hieß für ihn, er hatte etwas zerstört, das nur ihm gehören dürfte. Sein Stolz war verletzt.

Marshall erinnerte sich an den Augenblick, als Gail ihn auf dem Troßschiff angerufen hatte. Willard hatte geknickt vor ihm gestanden und seine Strafe wegen Desertion erwartet. Vielleicht hatte Simeon geahnt, daß sie anrief. Vielleicht hatte er ihren Anruf sogar geplant, um irgendeinen geheimen Verdacht zu beweisen oder zu widerlegen.

Marshall lehnte sich in seinem Sessel zurück und zog vorsichtig das Foto aus der Brieftasche. Es tat gut, sie nur zu sehen. Zu wissen, daß sie in Sicherheit war. Daß sie nie wieder leiden mußte. Er dachte an Travis' plötzliche Wut und schob das Bild zurück in die Brieftasche. Travis würde sie nie wieder anfassen – dessen war er sich ganz sicher.

In dieser Nacht lief das *U-192* auf nordöstlichem Kurs um die Ecke Siziliens ins Tyrrhenische Meer. Sie ließen sich Zeit und änderten erst nach genügender Distanz den Kurs wieder Richtung Süden, um sich langsam dem vereinbarten Treffpunkt zu nähern. Ein- oder zweimal hörten sie Schraubengeräusche. Weit weg patrouillierten Kriegsschiffe. Doch sonst waren sie mit sich allein.

In der Morgenwache stand Devereaux am eingefahrenen Sehrohr und schaute auf die Schultern des Rudergängers. Er dachte an Marshall und Gerrard. Und an Simeon. Zuerst hatte er Simeon ganz und gar nicht gemocht, aber jetzt sah er in ihm den einzigen, der ihm helfen konnte. Nach diesem Einsatz würde Browning wahrscheinlich abgelöst werden und wieder Schreibtischarbeiten übernehmen. Und so gut wie sicher würde Marshall zum Commander befördert. Er würde also allein zurückbleiben. Vielleicht würde er auf ein anderes Boot versetzt, auf dem irgend ein idiotischer Kommandant seinen Wert wieder nicht erkennen wollte. Simeon schien ihm für bedeutende Aufgaben ausersehen. Mit seiner Hilfe könnte er ... Er sah, wie die Kompaßnadel einen Augenblick eine Kursabweichung anzeigte, und fuhr den Rudergänger an: »Achten Sie verdammt noch mal auf den Kurs. Halten Sie die Augen offen.«

Der Mann knirschte mit den Zähnen und antwortete nur: »Tut mir leid, Sir.« Im geheimen stellte er sich vor, daß er Devereaux so kräftig in den Hintern trat, daß der durchs nächste Schott flog.

Im Maschinenraum lehnte Frenzel mit dem Rücken an den Torpedos, beobachtete die rasenden Motoren und hielt sich mit einer behandschuhten Hand am nächsten vibrierenden Teil fest. Was würde er nach diesem Einsatz tun? Zurück nach Fort Blockhouse? Ein neuer Lehrgang. Ein neues Boot. Urlaub. Urlaub. Angenommen, man würde ihn in Urlaub schicken. Er spürte den Schmerz wiederkehren. Was würde er tun? Nach Hause fahren und auf ein Massengrab blicken? Sich zu erinnern versuchen, wie sie in seinen Armen gelegen hatte? Wie sein Kind gelacht hatte, wenn er einen Scherz machte?

Laut sagte er: »O Gott, warum gerade sie?«

Der Maschinist, der keine zwei Schritte entfernt stand, hörte nichts. Selbst lärmgedämpfte Maschinen liefen noch so laut, daß sie Frenzels Schmerzen ein Geheimnis bleiben ließen.

In seiner Koje starrte Warwick, die Hände hinter dem Kopf gefaltet, an die Decke. Sie liefen wieder einmal auf einen Treffpunkt zu. Neue Gefahren. Er spürte, daß ihn der Gedanke jetzt kalt ließ. Dabei erinnerte er sich noch sehr gut an das würgende Erschrecken, als seine Männer den winkenden Deutschen zusammengeschossen hatten. Es schien erst gestern gewesen zu sein. Er hatte sich seither sehr verändert – doch ob zum Guten oder zum Schlechten wußte er selber nicht. Ein schwerer Tropfen Kondenswasser fiel ihm ins Gesicht, und knurrend drehte er sich auf seinen feuchten Decken um und schlief ein.

In der schwach erleuchteten Messe hing Hauptmann Hart von der Abwehr mit halb geschlossenen Augen in seinem Sessel und beobachtete Travis, der am Tisch saß. Er wußte alles über ihn, wahrscheinlich mehr als jeder andere an Bord. In früheren Zeiten hatte Hart für solche Männer nur Abscheu empfunden. Für Verräter, Doppelagenten, Lügner und Männer, die ohne Skrupel töteten und nie nach den Gründen für ihre Befehle fragten. Die alles hinnahmen. Doch als der Krieg fortschritt, wurde er gezwungen, sein Leben mit solchen Leuten zu teilen. Sie zu benutzen. Sie für sich arbeiten zu lassen. Und sie dann wegzuwerfen.

Hart kannte Travis' Frau. Er wußte auch, was die Deutschen mit Agenten machten, die ihnen in die Hände fielen.

Doch trotz all dem war ihm jetzt nur eins deutlich: Er mußte ausruhen. Er müßte sich langlegen und den ersten

Tag nutzen, an dem er auf diesem schrecklichen Boot sich nicht mehr erbrach. Er spürte zwar immer noch ein innerliches Grummeln, und er mußte kräftig schlucken, damit der Kloß in seiner Kehle nicht höher stieg. Und morgen würde es wieder so ein fürchterliches Frühstück geben: fetten Schinken, Dosenwürstchen. Er schluckte noch immer bedrückt und wischte sich mit der Hand übers Gesicht.

Travis legte die Illustrierte weg und sagte: »Warum zum Teufel legen Sie sich nicht hin? In diesem Zustand sind Sie morgen zu nichts in der Lage. Und nützen niemandem!«

Hart erhob sich und zog sich an den Kojen mit den Vorhängen vorbei. Er wagte nicht einmal zu antworten.

Travis sah, wie er hinter seinem Vorhang verschwand, und stand dann in der leeren Messe auf.

In seiner Koje gegenüber der Tür lag Buck auf der Seite und beobachtete Travis durch ein kleines Loch, das eine Zigarette in den Vorhang gebrannt hatte. Irgend etwas hatte ihn geweckt. Vermutlich dieser verdammte Soldat, dachte er ärgerlich. Als er ihn zum letztenmal gesehen hatte, war er bei Travis gewesen. Jetzt sah er Travis, der in der Messe stand, seine Hände schloß und öffnete und auf nichts Bestimmtes starrte. Der Mann war plötzlich völlig verändert, nicht mürrisch oder arrogant wie bisher. Irgend etwas Bedrohliches ging von ihm aus. Der Mann war gefährlich.

Buck wartete, bis Travis in seine Koje geklettert war, und entspannte sich dann leicht. Man mußte Travis im Auge behalten. Hart hatte gesagt, er kenne solche Typen. Buck dachte an Harts Augen. Die zeigten, wie haushoch überlegen er Hart war. Jemand mit seiner Vergangenheit würde sich nicht über Nacht ändern.

Ein Hand fuhr hinter den Vorhang, und ein bärtiger Matrose meldete freundlich: »Ihre Wache, Sir!«

»Ich bin doch gerade erst eingeschlafen, verdammt noch mal.«

Der Mann wartete, bis Buck aus der Koje geklettert war. »Schlimm, nicht wahr, Sir?« Dann verschwand er summend.

Buck grinste. Gefühlloser Bursche. Dann ging er ruhig in die Zentrale, wo schon die anderen aus seiner Wache auf Station waren.

Devereaux übergab die Wache und beschränkte sich auf das Allernotwendigste: Kurs, Tiefe, Umdrehungszahl und Trimm.

Buck brummte noch immer müde: »Die reinste Grabesstille, Lieutenant Devereaux.«

Devereaux blieb am Schott stehen und sah ihn verschlafen an: »Und das in einem verdammt teuren Sarg, wenn Sie mich fragen!«

Buck schüttelte den Kopf. Dann wandte er sich an die Männer in der Zentrale und sagte: »Also denn. Ohne Umsteigen bis zur Blackfriars Bridge. Gut festhalten.«

Ein paar kicherten, und Buck fühlte sich etwas besser. Er dachte an den Kommandanten. Marshall hatte ihm kürzlich gesagt, er habe ihn für einen Orden, das D. S. C., vorgeschlagen, weil er das Boot von der Mine befreit hatte. Sein stoppliges Gesicht verzog sich zu einem Grinsen. Was würde man wohl in Wandsworth über ihn sagen, wenn man das erfuhr?

Dann begann er seufzend, alle Abteilungen zu prüfen. Orden waren gut, aber Maschinen gingen vor.

*

Marshall wartete neben der Sehrohrführung und beobachtete, was um ihn herum vorbereitet wurde. Wie oft hatte er hier schon gestanden? In diesem Boot, in der *Tristram* und davor in anderen. Man gewöhnte sich nie so ganz daran. Und verließ sich besser nie auf die Routine.

Sie waren den ganzen Tag auf und ab patrouilliert. Als es Abend wurde, wurde der Kurs geändert. Der neue südliche Kurs würde das U-Boot genau auf den Treffpunkt bringen.

Es war ein langer Tag gewesen. Lang und gespannt, und selbst Browning hatte an ihm nicht viel Freude gezeigt. Letzte Besprechungen, aber es gab nichts Neues, das zu bedenken war. Pläne für einen schnellen Rückzug, wenn irgend etwas schiefgehen sollte. Alternativen beim Rückzug, falls sie auf unerwartete Patrouillen stießen.

Doch nach allen vorliegenden Meldungen hatten sie wenig zu befürchten.

Nördlich vom Gebiet ihres Treffpunkts fanden ständig Patrouillen auf U-Boote statt. Tagsüber waren genügend Flugzeuge in der Luft. Glücklicherweise schienen die Italiener nicht gerne etwas in der Nacht zu unternehmen.

Er blickt auf die Uhr: fast Mitternacht.

Gerrard sprach leise mit dem Coxswain am Ruder, und Frenzel prüfte noch einmal in ungewohnter Sorge alle Skalen und Manometeranzeiger. Dabei runzelte er die Stirn.

Unten im Turm warteten die Ausguckleute. Sie trugen dunkle Gläser, damit ihre Augen durch das Licht in der Zentrale nicht geblendet würden. Sie sahen wie blinde Kriegsveteranen aus.

»Keine Geräusche, Sir!«

»Sehr gut.«

Er drehte sich um, als Browning ins gedämpfte Licht trat. Er trug eine neue Khaki-Uniform und seine Mütze mit dem Goldlaub in einem verwegenen Winkel. Er hatte sich sogar rasiert und sah verglichen mit den anderen wie ein Fremdkörper aus.

Er grinste und meinte entschuldigend: »Ich darf mich nicht gehen lassen, ich muß schon anständig aussehen!«

Der Mann an der Leiter lächelte breit. Alle schienen Browning zu mögen, und das war nicht überraschend, dachte Marshall.

»Wir sind soweit, wenn Sie es sind, Sir!«

»Ja.« Browning fummelte am Gürtel. Wollte den Augenblick hinausschieben und sagte dann: »Also los, bringen wir's hinter uns.«

Marshall nickte. »Bringen Sie das Boot nach oben. Sehrohrtiefe!«

Er wußte, daß Simeon und seine Leute in der Messe saßen, ihm aus dem Weg gingen. Das war Teil der Vereinbarung. Sie würden später ihre Rolle spielen.

»Vierzehn Meter, Sir!«

Im ersten schnellen Rundblick stellte Marshall erfreut fest, daß seit dem letzten Auftauchen der Himmel sich bezogen hatte. Das Boot bewegte sich unruhig, und er dachte kurz an Captain Hart und dessen Seekrankheit. Das Ganze noch einmal langsam absuchen. Ein paar weiße Kämme, die in der Linse sehr groß aussahen. Und zwischen den Wolkenbänken hier und da ein einsamer Stern.

Er befahl: »Auftauchen und Turmluke auf.« Er trat zur Seite, als das Sehrohr eingefahren wurde, und sagte dann: »Lassen Sie den General ja nicht in den Bach fallen. Das wäre ein katastrophaler Anfang.«

Das Lachen wurde durch das Rauschen der Luft übertönt, die in die Tanks strömte. Marshall stand schon oben auf der Leiter und drehte das Handrad, ehe ihm überhaupt klar wurde, daß er sich bewegt hatte. Automatische Handlungen. Wie eine Maschine. Die Nachtluft schlug ihm wie ein nasses Handtuch ins Gesicht. Er hielt sich am nassen Metall fest, um nicht zu fallen.

Blythe drückte sich an ihm vorbei und beugte sich über die Sprachrohre.

»Es bläst ein bißchen, Sir. Die Gegend hier ändert ihre Stimmung auch nach Lust und Laune!«

Marshall drückte seine Hüfte gegen den nassen Stahl, fand sein Gleichgewicht und hob das Nachtglas an die Augen. Er konnte Ketten unregelmäßiger, kräftiger Wellen erkennen, deren Schaum in schmalen Streifen über den Bug geweht wurde.

»Zentrale an Brücke, Sir!« Gerrard klang ruhig. Zu ruhig. »Mitternacht, Sir!«

»Sehr gut!«

Marshall suchte mit dem Glas weiter und fragte sich, wieviel wohl der Bericht des Agenten über den italienischen General wert war. Dann entdeckte er ein aufblitzendes Licht, dicht über der Wasseroberfläche, fast vom Schaum verborgen.

Blythe meldete: »Es ist das richtige Signal!«

»Bestätigen. Captain Hart auf die Brücke.«

Er hörte das kurze Knattern einer Maschine und nahm an, das Boot des Generals habe bis zum vereinbarten Augenblick unbewegt gewartet. In diesen kurzen Wellen herumzurollen war sicher alles andere als gemütlich. Dann stand Hart neben ihm auf der Brücke. Marshall konnte seinen Magen sogar über den Geräuschen der See und der Gischt rumpeln hören.

»Boot nähert sich von Backbord, Sir.« Blythe klang

warnend. »Es wird in Stücke geschlagen, wenn die nicht sehr aufpassen.«

»Lassen Sie Cain und sein Leinenkommando an Deck kommen. Sie werden Fender brauchen. Kümmern Sie sich drum.« Er sah Harts Silhouette auf der schwankenden Brücke. »Alles in Ordnung mit Ihnen?«

Der Soldat nickte. »Mir geht's an der frischen Luft besser. Etwas!«

»Gut. Sie müssen für mich übersetzen!«

Marshall sah wie das Boot sich auf einem schrägen Anlaufkurs hob und senkte und rollte. Was für ein Boot! Seine sanften italienischen Linien verrieten, daß einige Geschwindigkeit in ihm steckte.

Irgend jemand rief etwas durch ein Megaphon, und Hart meinte ärgerlich: »Der General will nicht zu uns rüber kommen, Sir. Er möchte, daß wir zu ihm an Bord kommen.«

Marshall richtete sein Glas auf das Boot aus. »Fragen Sie, warum er das will?«

Wieder die verzerrte Stimme, die immer wieder eine Pause machte, um Harts Antwort zu hören.

»Er sagt, zwei Patrouillenboote kreuzen nördlich von hier, Sir. Sie kommen vom Festland. Und das geht so seit zwei Tagen.«

Marshall nickte. Er konnte dem General kaum einen Vorwurf daraus machen, daß er nicht auf ein getauchtes feindliches U-Boot wechseln wollte, falls sein eigenes Fahrzeug aufgebracht würde.

Er wartete ungeduldig auf Cain und seine Männer, die durch das Luk stiegen, und sagte dann: »Gehen Sie nach unten, Blythe, und informieren Sie Browning!«

Blythe starrte ihn an: »Ich, Sir?«

Marshall lächelte: »Wollen Sie oben bleiben?«

Er beobachtete, wie eine Wurfleine nach drüben flog und wie eine Gruppe von Männern, auf den Außenbunkern stehend, mit massiven Fendern den ersten Anprall abfedern wollte.

Als das Fahrzeug gegen die Fender schwojte und es laut knarrte, sah Marshall den Rudergänger drüben im Widerschein der Kompaßleuchte. Er legte gerade hart Ruder. Ein paar Gestalten, aber nicht viele. Der General ging kein Risiko ein.

»Browning hier.« Marshall hörte seine Stimme im Sprachrohr neben seinem Ellbogen. »Es scheint, ich muß rüber. Travis und Hart werden mich begleiten, einverstanden?«

Marshall antwortete: »Wir haben wohl kaum eine Wahl, Sir!«

Hart stöhnte: »O Gott, und ich soll auf das Ding da!«

Browning kam schweratmend auf die Brücke. »Ich bin soweit.«

Marshall sagte: »Ich gebe Ihnen ein paar bewaffnete Männer mit, Sir.«

»Auf gar keinen Fall.« Browning zog sich seine Mütze fest in die Stirn. »Ich nehme nicht mal Simeon mit. Es dauert lange genug, überzusetzen, ohne daß wir die halbe Marine bewegen!«

Marshall führte ihn an die Leiter. Natürlich hatte Browning recht. Und das italienische Boot lag jetzt sicherlich längsseits. Sie könnten es mit ein paar Handgranaten versenken, wenn die da irgendeinen Trick vorhatten. Marshall gefiel nur die Idee nicht, daß Browning ausschließlich von Hart und Travis begleitet wurde.

Browning hob sein Bein über den Rand und murmelte: »Ich habe auf jeden Fall meinen Revolver bei mir.« Sein Gesicht hing vor dem dunklen, marmorierten Wasser wie ein große Frucht. »Und danke, mein Junge. Sie wissen, wofür.« Dann war er verschwunden.

Marshall hielt den Atem an, als die Männer über den dünnen Streifen aus Wasser und Schaum zwischen den beiden Booten halb hoben und halb geschoben wurden. Er meinte Brownings Hand erhoben zu sehen, ehe der Captain im kleinen Ruderhaus verschwand. Vielleicht war es auch Hart gewesen.

Er hörte Simeon im Sprachrohr: »Erlaubnis, auf die Brücke zu kommen?«

Marshall gelang ein Lächeln. Er dachte an das letztemal. »Erlaubnis erteilt.«

Simeon trug keine Mütze. Der Kragen seines Ölzeugs war hochgeschlagen und reichte bis an die Ohren.

»Ist er drüben?« Er klang verbittert.

»Ja.« Marshall bemerkte, wie Simeon nach unten auf das tanzende Fahrzeug starrte.

»Unnötiger Zeitverlust.« Er schien ein Gegenargument zu erwarten. Als Marshall schwieg, fuhr er bissig fort: »Aber er wollte ja nicht auf mich hören!«

»Zentrale an Brücke. Schnelle Geräusche nördlich von uns, Sir. Noch sehr schwach, und wir haben viele Interferenzen.« Eine Pause. »Noch kein Grund zur Sorge!«

Blythe war auf die Brücke zurückgekehrt und ging nach achtern und schob ein paar Augenblicke lang die Hände wie Trichter hinter die Ohren. »Vielleicht die Patrouillenboote, Sir.«

Simeon fragte irritiert: »Die werden doch wohl nicht in unsere Richtung laufen. Wahrscheinlich werden sie bis zur Insel Ustica alles absuchen, wie schon früher.«

Marshall meinte: »Der Signalmeister hat nur seine Meinung gesagt, Sir.«

Ruhiger antwortete Simeon: »Wenn Sie das so sehen.«

Marshall mußte an die fernen Schiffe denken, die das Horchgerät entdeckt hatte. Schnell und wahrscheinlich klein. Vermutlich hatten sie keine Ausrüstung, um auf solch große Entfernung ein Boot auszumachen. In der unruhigen See so dicht unter Land lagen sie im Augenblick sicher genug.

Wahrscheinlich hatte der Feind jetzt in seinen Flugzeugen auch Radar, wie ihn die Royal Air Force benutzte. Es hatte manchem U-Boot, das in totaler Dunkelheit aufgetaucht lag, ein unerwartetes Ende bereitet. Wenn der Feind Radar hatte, dann würde er es in Süditalien auch einsetzen, und zwar an der erwarteten Position der Invasion.

Ein Ausguck sagte: »Ich kann sie gerade hören, Sir!«

Alle drehten sich um, Marshall benutzte die Hände immer noch als Trichter und brummte: »Sie sind noch weit weg.«

Es klang wie das Summen in einem Bienenkorb. Er hatte das Geräusch oft genug gehört, wenn britische Schnellboote aus den Häfen ausgelaufen waren, um nächtliche Überfälle an der feindlichen Küste zu starten.

Simeon sagte: »Ich würde gern wissen, was die da machen.«

Niemand antwortete.

Wieder war Gerrards Stimme zu hören: »Das Geräusch wandert aus. Von Ost nach West. Und wird schwächer, Sir.«

»Danke.«

Simeon hatte die Wahrheit erraten. Die Patrouillenboote liefen auf festgelegten Kursen. Routine. Sie würden vor überraschenden Problemen nicht davonlaufen. Aber sie suchten nichts und niemanden im speziellen.

Simeon starrte wieder auf das andere Boot. »Ich wette, die schwätzen da über alte Zeiten.« Er konnte seine Ablehnung nicht verbergen. »Ich wünschte, ich könnte mit diesem verdammten General selber reden!«

»Zentrale an Brücke.«

»Ja.« Marshall richtete sein Glas über das Brückenschanzkleid auf eine ungebrochene Kette weißen Schaums.

»Torpedo-Offizier möchte auf die Brücke, Sir?«

»Probleme?«

Gerrard zögerte: »Sie sollten ihn besser selbst hören, Sir.«

»Soll kommen.«

Buck tappte die Leiter hoch und fiel auf der nassen Gräting fast hin. »Die Signalpistole, Sir. Sie ist nicht mehr in der Messe.« Er atmete schnell. »Mir fiel es gerade eben auf.«

Simeon fuhr ihn an: »Können Sie Ihre verdammten Verpflegungsübernahmen nicht im Hafen machen.«

Buck antwortete scharf: »Wir sind nie in einem verdammten Hafen, Sir!«

Der Ausguck an Backbord schrie: »Sir! Da wird an Bord gekämpft!«

Marshall schob die anderen zur Seite und stieg auf das Schanzkleid. Er sah, wie ein paar Gestalten im Ruderhaus herumwirbelten, während ein Mann von außen gegen die Tür hämmerte. Glas brach, Schreie waren zu hören, und dann lief ein Mann auf der anderen Seite ins Freie und winkte wie betrunken mit dem Arm.

Es gab einen dumpfen Krach, und Sekunden später stieg ein Leuchtsignal auf und tönte wie Mondlicht die Wolken in helles Silber

»Travis.« Marshall brüllte seinen Namen. »Cain, erschießen Sie den Hund.«

Auf dem engen Deck erschienen weitere Gestalten, und Marshall sah Brownings kahlen Kopf im Licht glänzen, als er sich dem Mann im Heck näherte.

Travis beugte sich vor, lud die Signalpistole nach. Sein Haar wehte wild im Wind.

Cain schrie: »Ich kann nicht schießen, Sir. Die anderen sind in der Schußlinie!«

Marshall sah, wie Browning anhielt und sich an einem Ventilator festhielt. Er zog einen Revolver aus der Tasche. Travis schrie ihn an, doch in all dem Lärm verstand man ihn nicht. Er hob wieder die Pistole, und seine Zähne blitzten auf, als lachte er. Oder schrie er?

»Zentrale an Brücke. Geräusche in null-eins-null. Näher kommend.«

Blythe fluchte: »Die müßten blind sein, wenn sie das verdammte Leuchtsignal nicht sehen!«

Travis drückte ab, als Browning sich auf ein Knie niederließ und feuerte.

Es war wie ein Stilleben des Grauens. Gestalten schienen in ihren verschiedenen Positionen in Furcht und Angst wie festgenagelt. Als Brownings Kugel Travis niederstreckte, explodierte die Signalrakete hinter dem Steuerhäuschen in einem gewaltigen Feuerball.

Im nächsten Augenblick schien das ganze Deck zu brennen. Loderndes Benzin lief wie flüssiges Feuer durch die Ablauflöcher und Marshall sah, daß zwei Männer ins Wasser sprangen. Sie brannten wie Fackeln, ihre Schreie waren über dem Krachen des Holzes laut zu hören.

Gerrard brüllte jetzt: »Geräusch kommt sehr schnell näher, Sir. Wir müssen hier abhauen.«

Marshall mußte hilflos zusehen, wie Cain und ein paar seiner Männer über die Außenbunker rutschen wollten, doch von lodernden Flammen zurückgetrieben wurden.

Er hörte, wie in der Hitze das Glas des Steuerhauses zersplitterte, und sah, wie der Rudergänger tanzte wie ein wilder Derwisch. Seine Qualen mußten entsetzlich sein.

Ein kleine Explosion, und dann brannte noch mehr Benzin. Das Feuer lief das Deck entlang und züngelte in Richtung *U-192*. Es erreichte die Festmacherleinen, lief an ihnen entlang, und dann zerrissen sie wie dünne Bändel.

Blythe schrie entsetzt: »Der Captain, Sir, da!«

Er deutete wild auf Browning, der wieder auf die Füße gekommen war, zögerte und dann rückwärts in die Flammen fiel. Er schien in eines der Löcher gestürzt zu sein, das ein explodierender Treibstofftank ins Deck gerissen hatte. Er verschwand mit einem Schlag, nicht einmal ein Schrei war von ihm zu hören.

Wind und See trieben das brennende Fahrzeug ab, der Rumpf lag bereits schräg im Wasser, und alles weitere verbarg ein Vorhang aus Dampf. Eine einzelne Gestalt war im Bug von den sich nähernden Flammen gefangen. Marshall wußte, es konnte nur Hart sein. Dann war auch der letzte Mann verschwunden und von den Flammen aufgefressen. Mit einem gewaltigen Stöhnen versank das Fahrzeug im Wasser.

Marshall hörte sich sagen: »Leinenkommando unter Deck. Brücke räumen.«

Er drehte sich um, als Simeon ihm ins Ohr rief: »Warum hat er das getan?« Seine Stimme kippte fast: »Warum?«

Marshall schob ihn zum Luk. »Vielleicht haben Sie ihn dazu verleitet, Mann. Los, runter jetzt!«

Männer sprangen an ihm vorbei, von dem schrecklichen Anblick noch so benommen, daß sie nichts sagen konnten.

Marshall blickte nach vorn. Ein Flecken Dampf war noch vor der dunklen See zu erkennen.

Dann hörte er das ferne Dröhnen von Motoren und brüllte ins Sprachrohr: »Alarm. Tauchen!«

Er rannte zum Luk. Immer noch sah er Browning in die Flammen stürzen. Seine Stiefel klangen laut in der Zentrale. Er sagte mit kalter Stimme und ohne erkennbare Gefühle: »Auf einhundertachtzig Meter tauchen. Neuer Kurs zwei-acht-null.«

Er sah, wie Starkies Schultern sich spannten, als er Ruder legte. Es gab ein kurzes, scharfes Krachen, als das Boot weiter tauchte. Immer tiefer, die Zeiger am Tiefenmesser liefen gnadenlos rund.

»Kurs zwei-acht-null, Sir.«

»Schleichfahrt und klarhalten für Wasserbomben.«

Er hörte die regelmäßigen Meldungen aus dem Horchgerät, doch er kümmerte sich nicht darum. Er konnte die schnell umdrehenden Maschinen spüren, obwohl er sie nicht hörte.

»Einhundertachtzig Meter, Sir!«

Marshall blickte zum erstenmal Gerrard ins Gesicht. »Beide Maschinen langsame Fahrt voraus.«

Er starrte in die helle Seite der Zentrale, von den dicht an dicht angebrachten Instrumenten und Zifferblättern bis zur Außenhaut. Draußen mußte immer noch Browning im Wrack des Bootes sterbend auf dem Weg in die Tiefe sein. Er ballte die Fäuste, kämpfte gegen die Wut an und gegen den Schmerz dieses Verlustes.

»Geräusch kommt näher, Sir. Zwei Fahrzeuge. Vermutlich Schnellboote.«

»Ja.« Marshall fixierte den seelenlosen Kompaß. »Sie werden gleich langsamer werden. Sie werden die Geräusche in ihrem Horchgerät nicht mit den eigenen Geräuschen übertönen wollen.« Er sagte das ohne jede Gemütsbewegung.

Wieder blickte er Gerrard an, sein Profil, das das Licht der Glühlampen betonte. Er war in diesem Augenblick tief in Gedanken. Dies war nicht die letzte Aufgabe. Marshall hörte das ferne Rattern von Motoren. Nicht jedenfalls bis ...

Marshall drehte sich um, als Simeon bedrückt herauspreßte: »Um Gottes willen.«

»Sir?« Er musterte ihn kühl. »Wünschen Sie etwas?«

Devereaux sagte: »Sie können dort Platz nehmen, Sir, an dem Kartentisch.«

Simeon sah durch ihn hindurch: »Seien Sie still. Sie haben mir keine Orders zu geben!«

Marshall hielt sich an der Sehrohrführung fest und schaute zu ihm hinüber. *Nein, dir haben wir nichts zu sagen, aber wenn wir hier rauskommen, dann werde ich dir was sagen.*

Drei Minuten später explodierten die ersten Wasserbomben.

Morgen

Marshall spürte, wie der Rumpf in einer scharfen Bewegung auswich, als die ersten Bomben explodierten. Er sah, wie einige Männer erschreckte Blicke tauschten, und hörte, wie jemand tief Luft holte. Doch Marshall fixierte seine Blicke auf den Tiefenmesser. *U-192* sank immer noch, tiefer und tiefer. Tiefer, als das Boot je unter seinem Befehl getaucht war.

Das Metall stöhnte an der Außenhaut, als der Druck weiter stieg. Marshall hörte, wie Devereaux mit seinem Zirkel auf das Papier trommelte.

Der erste Angriff war von einem einzelnen Schiff gefahren worden. Das zweite hatte wohl zunächst das Ergebnis abwarten wollen. Es ließ sein Horchgerät durch die Geräusche des Begleitschiffes nicht zudröhnen.

»Geräusch nähert sich von achtern, Sir.«

Wie anders alles in dieser großen Tiefe klang! Derumm! Derumm! Derumm! Er hielt sich an der Halterung fest, stellte sich vor, wie die Bomben aus ihrer Halterung rollten und langsam fielen, zehn Fuß pro Sekunde.

»Ruder hart Steuerbord. Beide Maschinen. Volle Fahrt voraus.«

Das Boot reagierte sofort. Er sah Frenzels Hände wie die eines Organisten über die Hebel fahren.

»Ruder mittschiffs. Kurs halten.«

»Kurs liegt an. Zwei-zwei-null, Sir!« Starkie klang ganz unbewegt.

Die Bomben explodierten wie eine einzige. Das Echo der Detonation drosch gleich zweimal auf den Rumpf ein. Das Boot wurde zur Seite geworfen, schüttelte sich und richtete sich wieder auf. Farbflocken trieben im Lampenlicht, und ein Mann begann zu husten.

Marshall hörte ein leises Motorengeräusch, während das angreifende Schiff ablief, um einen zweiten Anlauf zu fahren.

Er sah Devereaux. Der starrte an die Decke, als erwarte er, daß irgend etwas von oben auf sie einschlagen würde.

Er sagte: »Plotten Sie ständig weiter. Verlassen Sie sich nicht aufs Horchgerät oder das Echolot.« Er sah, wie jeder Satz wirkte. »Wenn wir hier auf Grund laufen, werde ich Ihnen das nie verzeihen.«

Devereaux' Adamsapfel hüpfte über seinem Pullover, und er nickte.

Simeon fragte kurz: »Was haben Sie vor?« Seine Augen fixierten Marshall. »Wäre es nicht besser, einfach liegen zu bleiben, bis die da oben aufgeben?«

Marshall neigte den Kopf zur Seite, als der Horcher meldete: »Geräusch von Backbord. Kommt schnell näher, Sir!«

Er antwortete: »Ich glaube nicht, daß Sie recht haben, Sir. Es sind höchstwahrscheinlich Schnellboote oder irgendsowas. Ihre Aufgabe ist es, uns bis zum Morgengrauen festzunageln. Dann bekommen sie jede Hilfe.« Er sah Simeon unbewegt an. »Und darauf werde ich nicht warten!«

Blythe hielt sich am Schrank mit den Signalflaggen fest und murmelte nur: »Und schon geht es wieder los!«

Die Motorengeräusche wurden lauter, ratterten über *U-192* hinweg, wurden wieder leiser. Diesmal explodierten die Wasserbomben sehr viel näher. Der Rumpf stampfte und rollte, und Gerrard kämpfte darum, das Boot auf ebenem Kiel zu halten.

Marshall sagte: »Auf neunzig Meter gehen. Langsame voraus.«

Gerrard schluckte schwer. »Beide Maschinen langsame Fahrt voraus.« Er sah ihn schnell an. »Nach oben, Sir?«

»Ja. Sie nageln uns sonst fest.« Er wartete und lauschte auf die Druckluft. Sie übertönte die Geräusche des Gegners.

»Neunzig Meter, Sir.«

»Tiefe halten.«

Marshall trat schnell an die Karte. Er fühlte, wie Devereaux gegen ihn gepreßt wurde, und roch dessen Angst.

Das Deck ruckte sanft, als eine einzelne Wasserbombe explodierte. Sie schien weit weg zu liegen, und jemand stieß einen ungläubigen Pfiff aus.

Marshall konzentrierte sich auf die Karte. »Steuerbord zwanzig. Neuer Kurs drei-null-null.« Er sah Lieutenant Devereaux an, als der Rudergänger seine Arbeit tat. »Wir wollen freies Wasser erreichen!«

Er trat an das Sehrohr, wartete und zählte die Sekunden. Ein Doppelschlag, näher, aber immer noch weit genug weg. Als die Echos am Rumpf vorbeirauschten, hörte er, daß zu den Geräuschen ein neues gekommen war. Aber er brauchte keine Horcher-Meldung, um zu wissen, daß der Gegner seine Methode änderte.

»Was meinen Sie, Nummer Eins, wie viele Wasserbomben haben die alle zusammen?« wollte er von Gerrard wissen.

Gerrard starrte voraus, seine Lippen bildeten eine schmale Linie. Es schien eine Ewigkeit zu dauern, bis er antwortete: »Ein Dutzend, jeder, Sir. Viel mehr Platz haben sie nicht an Bord.« Er drehte sich um, als ein neues Geräusch zu hören war. Es klang, als kratze ein Kind mit einem Stück Draht einen Zaun entlang, locker, aber beharrlich.

Gerrard sagte: »Lieber Gott, die haben uns jetzt eingefangen.«

Marshall sah an ihm vorbei: »Wieder auf hundertachtzig Meter.«

Er wandte sich erneut an Devereaux und sah, wie ihm Angst deutlich ins Gesicht geschrieben stand. »Ruhe, Lieutenant Devereaux.« Er lächelte. »Und machen Sie weiter mit Plotten!«

Die angreifenden Schiffe mußten schräg zum Kurs von U-192 gelaufen sein. Nun liefen sie nebeneinander her wie angreifende Terrier auf Hasenjagd.

In langen und unregelmäßigen Abständen explodierten jetzt sechs Wasserbomben. Das letzte Paar krachte mit solcher Gewalt, daß das Boot sich steil aufrichtete und Gerrards Männer das Durchsacken nicht verhindern konnten. Marshall sah, wie die Nadeln des Tiefenmessers rasten. Das Boot schien zu schreien und zuckte wie unter physischen Schmerzen. Wieder lösten sich Farbflocken. Als ein Signalgast die Leiter im Turm packte, um sich festzuhalten, rief er entsetzt: »Das Ding verbiegt sich!«

Gerrard stand ihm in der Zentrale gegenüber, schlug dem Mann am Tiefenruder auf die Schulter und rief: »Los, Kennan. Halten!«

Gerrard drehte sich um, als die Anzeigen standen. Die Tiefenmesser zeigten volle zweihundert Meter. Selbst die Luft zum Atmen fühlte sich anders an, als sei sie durch den enormen Druck, der auf dem Rumpf lastete, zusammengequetscht worden.

Marshall lächelte Gerrard quer durch die Zentrale zu: »Das ist doch etwas anderes als unser erster Tieftauchversuch, oder?«

Das war alles, was er so locker sagen konnte. Er fühlte seine Nerven zum Bersten gespannt, als der Rumpf laut und scharf aufquietschte.

Devereaux räusperte sich so laut, daß mehr als ein Mann wie alarmiert aufblickte.

»Hier sind sechshundert Faden Wassertiefe, Sir.« Wieder räusperte er sich. »Soweit ich sehe, haben wir jetzt endlich freies Wasser erreicht.«

Marshall blickte sich nach Simeon um und war überrascht, ihn auf den Flurplatten sitzend zu finden, den Rücken am Hauptschott. Simeon starrte auf eine Stelle zwischen seinen Schuhen wie ein Mann, der unter dem Bann eines Zauberspruchs steht.

»Geräusche achtern, näher kommend, Sir!«

Marshall wandte sich an Simeon. »Ich schlage vor, Sie stehen auf. Wenn die Bomben jetzt zu nahe fallen, kann der Schock Ihre Wirbelsäule brechen.«

Er wandte sich an Gerrard, der meldete: »Dieser läuft langsamer an!«

Sie schauten alle nach oben, als könnten sie durch den Stahl blicken, stellten sich die enormen Wassermassen über sich und die drohende Dunkelheit unter sich vor.

Doch dann war das Kratzen des Asdics des Patrouillenbootes plötzlich verschwunden. Nur das monotone Drum-Drum-Drum schien nicht aufhören zu wollen.

»Geräusch nähert sich schneller, Sir!«

Marshall sah sich schnell in der Zentrale um und fragte sich, wie seine Männer in den verschiedenen Abteilungen hinter den geschlossenen Schotten mit dem Angriff fertig würden. Sie wußten alle, warum die Maschinen Fahrt aufnahmen. Die Wasserbomben sanken nach unten ... Der Feind jagte davon, damit sein eigenes Heck durch die Bomben nicht weggerissen wurde.

Es waren insgesamt drei. Doch für die, die sich da unten in dem wild tanzenden Rumpf duckten und Halt zu finden suchten, klang es wie eine Lawine, die um sie herum in die Tiefe donnerte. Glühbirnen zerbrachen, Glas flog in alle Richtungen, und loses Gerät regnete auf die schluchzenden, nach Luft schnappenden Männer nieder, so als beginne der Rumpf zu zerbrechen.

»Notbeleuchtung an!«

Marshall rutschte auf Glasscherben aus und hörte jemanden um Hilfe rufen. Er sah, wie das Notlicht flackerte, und starrte wie betäubt auf den Tiefenmesser, dessen Zeiger langsam arbeiteten. Sie waren jetzt über siebenhundert Fuß unter dem Meeresspiegel. Es war unglaublich. Unglaublich, daß das Boot den Druck der See und den der Wasserbombenexplosionen weiter aushielt.

Marshall sah auf die Uhr. Kurz nach drei Uhr morgens. Der Angriff lief jetzt über zwei Stunden, doch ihm schienen seltsamerweise nur wenige Minuten vergangen zu sein.

Gerrard sagte heiser: »Wir können die Kiste halten, Sir.« Er klang, als würde er gleich zusammenbrechen.

»Halten Sie sie.« Marshall stolperte durch das Chaos, packte ihn am Arm. »Das schaffen Sie, Bob!«

Gerrard nickte wie betäubt und wandte sich wieder der Armaturentafel zu, als Marshall befahl: »Alle Abteilungen checken.«

Ein Mann erhob sich und griff zu einem Telefonhörer. Auch andere rappelten sich wieder auf und gingen auf Station – wie alte Männer, die sich ihrer Schritte und der Richtung nicht mehr sicher waren.

Ein Mechaniker meldete: »Kein Schaden und keine Ausfälle im Maschinen- und im Motorenraum, Sir.« Er gab einem Kumpel ein Zeichen mit erhobenem Daumen.

»Lieutenant Buck meldet vom Bug keine Schäden, Sir. Aber ein Mann hat sich das Handgelenk gebrochen.«

Und so ging es weiter.

Dann hörten sie die fernen Schraubengeräusche wieder, als irgendwo an Steuerbord der Feind einen neuen, langsamen Anlauf fuhr.

Simeon trat zu Marshall, als sei sonst niemand in der Nähe.

»Bringen Sie uns hier raus«, flüsterte er wild. »Laufen Sie schneller, machen Sie, was Sie wollen, aber bringen Sie mich hier weg!«

Marshall sah ihn kühl an, immer noch das ferne Geräusch von Schiffsmotoren im Ohr.

»Beim ersten Mal sagten Sie uns, Sir!«

»Geräusche von Steuerbord, näher kommend, Sir!«

Marshall drehte sich nicht um. »Ich werde gleich schneller laufen. Wenn wir auftauchen, aber nicht vorher!«

»Geräusche haben aufgehört, Sir!«

Auch der Horchposten drehte sich in seinem Sessel um, als Simeon laut rief: »Auftauchen? Sind Sie verrückt geworden? Sie werden uns alle umbringen. Haben Sie das vor?«

Ruhig antwortete Marshall: »Der Feind hat gestoppt. Das heißt, die sitzen da oben wie Enten. Vielleicht benutzen sie Scheinwerfer und suchen nach Treibgut oder Ölflecken, vielleicht auch nach Leichen.« Er trat zur Seite. »Also bleiben wir zunächst hier unten. Äußerste Ruhe an Bord. Bis sie ablaufen!«

Simeon schrie jetzt mit wildem Blick: »Und wenn sie das nicht tun?«

»Dann werden wir eben bis morgen nacht hier unten bleiben.«

Simeon starrte auf die Flurplatten. »Morgen nacht. Noch mal so einen Tag wie diesen?«

Frenzel sagte gelassen: »Sie führen jetzt ihre schweren Einheiten heran.« Er sah Simeon fast verächtlich an. »Also haben wir enorm viel Gesellschaft.«

Marshall schaute kopfschüttelnd hinüber zu ihm. Dann sagte er zu Simeon: »Ich schlage vor, Sie reißen sich zusammen, und ich werde ...«

Gerrard rief: »Sie haben ihre Maschinen wieder gestartet.«

Sie schauten sich alle an, als das gleichmäßige Brummeln erst lauter wurde, dann aber wieder leiser und schließlich ganz und gar verschwand.

Marshall atmete sehr langsam aus. »Auftauchen in zehn Minuten. Wir müssen sehen, was da oben los ist.«

Er lehnte sich gegen die Leiter im Turm und merkte, daß seine Beine gefährlich zitterten. Ein Blick nach oben. Der Signäler hatte recht. Die Leiter bog sich wegen des gewaltigen Wasserdrucks.

Die zehn Minuten schienen zwanzigmal so lang wie der ganze Angriff. Niemand sprach, und bis auf das Surren der Motoren und das gelegentliche Krachen protestierenden Stahls herrschte hier unten Stille.

Marshall sah auf die Uhr. Die Anstrengung hatte seinen Blick unscharf werden lassen. Er wußte, nach dem Auftauchen würde es noch schlimmer werden. Doch jetzt kam es erst einmal auf das Auftauchen an. Er mußte plötzlich an Brownings Gesicht denken, als der übersetzte: »*Danke, mein Junge. Sie wissen, wofür!*« Was hatte er damit gemeint? Vielleicht, weil Marshall den Platz seines gefallenen Sohnes eingenommen hatte? Er wünschte es sich.

Dann befahl er: »Klar zum Auftauchen, Nummer

Eins. Sehrohrtiefe. Aber warnen Sie alle Abteilungen vor, falls man oben auf uns wartet.«

Doch als sie endlich auf Sehrohrtiefe lagen, fand Marshall die See leer vor. Nichts bewegte sich.

Er befahl Buck, an das Sehrohr zu gehen, und trat dann an die Sprechanlage. Er drückte den Daumen auf den Knopf und wußte weder, was er sagen wollte, noch was er sagen könnte.

»Hier spricht der Kommandant. Das war ein Angriff. Und eine laute Nacht.« Darüber würde vielleicht einer lächeln. »Einige von Ihnen wissen noch nichts über den Einsatz von Captain Browning.« Er biß sich auf die Lippen und fuhr fort: »Buster – wie die meisten von Ihnen ihn nennen. Nun, er ist gefallen. Er tat, was er, wie ich übrigens auch, für richtig hielt. Ich verfolge seinen Plan weiter.« Er wandte sich um, damit niemand sein Gesicht sehen konnte. »Wenn er noch an Bord wäre, würde er Sie alle sicherlich belobigen, wie gut Sie das durchgestanden haben. Ich werde es an seiner Stelle tun. Danke.« Er setzte noch einmal an: »Vielen Dank Ihnen allen.«

Er ließ den Knopf los und sagte ruhig: »Unteres Luk auf. Wir schmeißen die Diesel an und laden die Batterien, sobald ich mich umgesehen habe.« Er sah, daß Frenzel zu ihm herübersah. »Stimmt was nicht, Chief?«

Frenzel sah ihn ernst an. »Ich wollte mich nur bei Ihnen bedanken, Sir. Im Namen von uns«, er versuchte ein Grinsen, »im Namen von uns allen.«

Marshall stieg langsam auf die unterste Sprosse der Leiter. Er sah die glatten Seiten des Turms hinauf und fragte sich, ob er wohl wirklich damit gerechnet hatte, hier lebend wieder rauszukommen.

*

Der Raum sah wie damals aus und doch ganz anders, weil Browning hinter dem großen Schreibtisch fehlte.

Marshall versuchte sich in einem Rattansessel zu entspannen und war überrascht, daß er sich nicht mehr müde fühlte. Er hatte U-192 in den frühen Morgenstunden neben dem Versorger festgemacht. Jetzt war es Abend. Was für ein langer Tag.

Es waren noch vier Männer im Raum. Der Stabschef, zwei eifrige Lieutenants und ein sehr wichtiger Besucher, Konteradmiral Dundas, der höchste Verbindungsoffizier zur britischen und amerikanischen Abwehr. In seinem unauffälligen leichten grauen Anzug sah er eher wie ein pensionierter Lehrer aus.

Marshall hatte seinen vorläufigen Bericht erstattet, sobald er das Boot dem Troßschiff übergeben hatte. Jetzt war eine zweite Besprechung angesetzt.

Der Konteradmiral preßte die Fingerspitzen beider Hände aufeinander und sah ihn durch eine Brille mit massiven Rändern an.

»Es hätte auch gut ausgehen können, wissen Sie. Captain Browning war ein Mann mit großer Umsicht. Und das schon seit seiner Jugend.« Er wiegte den Kopf.

Der Stabschef sah ihn an. Sein Gesicht war bedrückt. Es schien, als sei er seit Marshalls Rückmeldung und dem Bericht über den Fehlschlag nicht zur Ruhe gekommen.

Er sagte: »Wir haben seit unserem letzten Treffen sehr viel genauere Informationen. Die Deutschen legen große Vorräte von ferngesteuerten Bomben an, einige noch größer und besser als die, die Marshall im Einsatz gesehen hat.« Grimmig fuhr er fort: »Was auch immer in naher Zukunft passiert, wir müssen fortan diese Bomben in unsere Pläne einbeziehen.« Dann sah er Marshall an: »Wenn wir erst mal gelandet sind, genügend Truppen angelandet und Feldflughäfen haben, wenn der Nachschub klappt und die Luftwaffe und die Artillerie ihr Bestes geben, dann werden wir schon damit fertig ...«

Er hielt inne, als Dundas ihn scharf unterbrach: »Aber wenn unsere Invasion Siziliens auch nur die geringste Chance haben soll, dann müssen wir den Einsatz der neuen Waffe so begrenzt wie möglich halten!«

Marshall antwortete: »Das hat auch Captain Browning so gesehen, Sir!«

Dundas sah ihn unbewegt an: »Sie sind sicherlich informiert. Es ist Ihr Geheimnis genauso wie unseres: Die Invasion, Operation Husky, wird in drei Wochen und vier Tagen, von morgen früh an gerechnet, stattfinden.«

Marshall sah auf die Karten, die an den Wänden die ägyptischen Tänzerinnen verdeckten. In diesem Augenblick sah er alles: Den Zerstörer, der mit Brownings Sohn an Bord explodierte und im Handumdrehen kenterte. Das brennende Fahrzeug. Browning, der sich rasiert hatte, ehe er seinen alten Freund traf, den italienischen General.

Dundas sagte: »Wegen der Bomben auf Sizilien brauchen wir uns nicht aufzuregen. Die erste Welle unserer Landungstruppen muß dieses Lager ausschalten. Kopfschmerzen macht uns das Hauptquartier auf dem Festland. Wenn wir da nicht erfolgreich sind, müssen wir die Invasion verschieben. Vielleicht für immer.«

Marshall erhob sich und trat an die nächste Karte an der Wand. Er sagte ruhig: »Sie haben also genaue Informationen?«

»Natürlich. Dieser Idiot Travis hat uns viel verraten, und unsere Agenten haben das meiste bestätigt. Es ist ein neuer Hafen, Nestore im Golf von Policastro. Er hat hervorragende Straßen- und Eisenbahnverbindungen, um die Bomben, die weiter nördlich zusammengebaut werden, abzutransportieren. Im Norden hat Travis ja zuletzt gearbeitet. Auf dem Seeweg ist der Ort hundertsechzig Seemeilen von Palermo auf Sizilien entfernt. Also nicht weit. Mit massiver Luftunterstützung wird der Feind so viele Bomben wie möglich nach Sizilien bringen, wenn er erst mal unsere wirkliche Absicht erkannt hat. Alle unsere Fehlinformationen und verschiedene andere Tücken, die wir angewandt haben, um die Deutschen und ihre Verbündeten an eine Invasion Griechenlands glauben zu lassen, wären dann nichts mehr wert.«

Marshall studierte schweigend die Karte. Nestore. Er hatte noch nie von diesem Ort gehört. Auf der Karte war lediglich ein kleines Fischerdorf zu sehen.

Als habe er seine Gedanken gelesen, trat der Stabschef neben ihn und fuhr fort: »Die Deutschen haben daraus einen gut befestigten Hafen gemacht. Er wird ausschließlich für militärische Zwecke benutzt, und bis auf ganz wenige Ausnahmen sind die meisten Bewohner aus der Gegend evakuiert worden. Wir wissen, daß die Bomben auf einer einspurigen Eisenbahn zur Pier gebracht und dort verladen werden – auf jeweils ganz unterschiedliche Schiffe. Wir wissen wenig über Unterwasser-Verteidigungsanlagen, aber es gibt eine Sperre, einige Wachtürme. Und auf See unterhalten die Italiener Tag und Nacht eine ununterbrochene U-Jagd-Barriere.« Er verzog das Gesicht. »Lästig!«

Dundas sagte bedrückt: »Wenn Brownings Plan geklappt hätte, stünden wir besser da. Ohne die Bomben auf Sizilien hätten es die Deutschen verdammt schwer, ihre Verteidigung zu ändern, wenn unsere Jungs erfolgreich vorstoßen.«

»Und was ist mit einem Bombenangriff, Sir?«

Marshall wandte sich um, um seine Reaktion zu beobachten. Draußen spielte auf einem ankernden Schlachtschiff eine Kapelle der Marinesoldaten »Sunset«. Das hätten sie auch für Browning gespielt, dachte er.

»Kommt gar nicht in Frage, meiner Meinung nach. Zunächst würde ein Bombenangriff anfangs nicht viel anrichten. Aber wesentlich ist: Wir würden dem Feind signalisieren, wovor wir uns wirklich fürchten. Und drittens würden wir ihm damit auch Tag und Stunde der Invasion verraten.«

Marshall ging zu seinem Sessel zurück und verkrampfte seine Finger um die Lehne. Er mußte plötzlich an Simeon denken und fragte sich, warum dieser in seinem Bericht nichts von dem Vorfall erwähnt hatte. Bis heute hatte Marshall geglaubt, sein Urteil über Simeon sei zu hart, weil er den Mann nicht mochte oder ihn sogar verachtete. Aber jetzt fiel ihm etwas anderes ein. Wenn Travis von Anfang an vorgehabt hatte, sie zu hintergehen, dann würde er natürlich nichts über den geheimen neuen Hafen verraten. Nestore. Simeons Anspielungen auf Travis' Frau, das schnelle Eingeständnis eines Fehlers, das alles hatte Browning letztlich das Leben gekostet. An die Leben, die es noch kosten würde, dachte man besser nicht.

»Ich bin der Ansicht, wir können es schaffen, Sir.« Er sprach, ohne es eigentlich zu wollen. Vielleicht hatte er von Anfang an gewußt, was er zu tun hatte. Ebenso wie die beiden anderen, die ebenfalls zögerten, es auszusprechen.

Dundas sah ihn ernst an: »Wissen Sie genau, was Sie da sagen?«

Marshall antwortete nicht direkt. »Wir sind jetzt im Besitz von *U-192*. Aber bisher hat eigentlich keiner von uns gewußt, wie wir das Boot optimal einsetzen.« Alle schwiegen und sahen ihm zu, wie er vor dem Schreibtisch ruhelos auf- und abging. Vor Brownings Schreibtisch. »Dieser letzte Einsatz würde unsere wirklichen Möglichkeiten fordern.«

Dundas ergänzte: »Und damit beweisen, daß Browning von Anfang an den rechten Glauben hatte.«

»Ja, Sir, das denke ich auch. Ich meine, das alles macht ja Sinn. Wir verlieren nicht, was wir gewonnen haben!«

Der Stabschef sah auf den kleinen Admiral. »Was meinen Sie, Sir?«

»Meinen?« Er rieb sich heftig das Kinn. »Ich meine, uns bleibt keine Wahl.« Er schaute Marshall an. »Was kann ich tun, um Ihnen zu helfen?«

»Ich möchte freie Hand haben, wenn wir vor Ort sind. Ich entscheide, ob ich angreife oder abdrehe und verschwinde, falls die Lage hoffnungslos ist.«

Die Augenbrauen des Stabschefs gingen leicht nach oben, aber sanken sofort wieder, als Dundas nur sagte: »Einverstanden«, und an einen der Lieutenants gewandt: »Rufen Sie Saunders an, und sagen Sie ihm, ich brauche innerhalb der nächsten zwei Tage ein Gespräch mit General Eisenhower.«

Während der Mann davoneilte, sagte er ruhig: »Eine tolle Idee, Marshall. Natürlich kriegen Sie dazu einen Landungstrupp. Meine Leute kümmern sich darum. Ein Kommando von dreißig Marinesoldaten. Sie müssen sie eben reinpferchen, so gut es geht.«

Marshall starrte vor sich hin. Dundas dachte wahrscheinlich, die Marineinfanterie würde nicht zurückkehren, also hielten sich die Unbequemlichkeiten in Grenzen.

Dundas sagte: »Sie können immer noch aufstecken, verstehen Sie. Aber nach heute abend hieße das, ich müßte dafür jemand anderen gewinnen. Ich akzeptiere natürlich jede Entscheidung.«

Marshall lächelte langsam: »Ich bin Ihr Mann. Meiner Meinung nach ist es die einzige Möglichkeit.«

Der Admiral erhob sich und streckte ihm die Hand entgegen. »Ich weiß nicht, wie ich mich ausdrücken soll: Ich dachte, ich kenne Tapferkeit in all ihren Formen. Ihre ist eine neue Variante. Ich bin stolz auf Sie.« Er zog die Hand zurück, als schäme er sich seiner Gefühle, und sagte nur knapp: »Ich brauche alles, Charles!«

Der Stabschef lächelte. »Meine Leute werden sofort loslegen, Sir.« Er sah Marshall an. »Ihre Leute können an Land gehen. Aber aus Sicherheitsgründen dürfen Sie das Marinegelände nicht verlassen. Mein Stab kümmert sich um die notwendigen Reparaturen. Ihr Chief hat gemeldet, daß die Steuerbordschraube beim letzten Angriff Schaden genommen hat.«

»Ja, ein Flügel ist beschädigt. Das könnte böse Folgen haben!«

Der Admiral hob die Hand. »Ihr Problem, Charles. Machen Sie, was Sie können. Wenn Sie irgend etwas brauchen, rufen Sie mich an.«

Er sah ihn scharf an: »Ich möchte, daß Sie jetzt einmal ausspannen, Marshall. Machen Sie Ihren Kopf frei für die große Aufgabe.« Er lächelte. »Mehr als drei Tage Urlaub kann ich Ihnen aber leider nicht geben, tut mir leid. Wenn Sie hierbleiben würden, würden Sie Ihre Nase in alles stecken, auf dem Boot und dem Troßschiff, und dem Stab die Hölle heiß machen. Ich kenne doch meine U-Boot-Kommandanten. Ich möchte aber, daß Sie gut erholt sind, wenn Sie wieder auslaufen. Wenn hier in Alex irgend etwas nicht richtig läuft, ist der Stabschef dafür verantwortlich, nicht Sie.«

»Danke, Sir!«

Marshall fühlte sich in diesem Moment belastet. Eigentlich müßte Chantal jetzt wissen, was mit ihrem Mann passiert war. Das meiste jedenfalls. Würde sie ihm einen Vorwurf machen? Würde sie für Travis noch irgend etwas empfinden, jetzt, da er tot war?

»Vielen Dank«, wiederholte er.

»Noch was«, der Admiral sagte es so nebenher, »Sie sind zum Commander befördert worden. Herzlichen Glückwunsch. Wenn natürlich morgen der Krieg zu Ende sein sollte, würden Sie den neuen Kolbenring sofort wieder verlieren.« Er lächelte breit. »Also, hauen Sie ab. Mein Stab kann Ihre Offiziere irgendwo gemütlich unterbringen. Aber Sie reden mit niemandem über den geplanten Einsatz, bis ich grünes Licht gebe. Ist das klar?«

»Natürlich, Sir!« Der Admiral klang wie Browning. »Und vielen Dank.«

Das Lächeln verschwand. »Ich muß Ihnen danken. Und es werden Ihnen noch viele andere danken, wenn Sie die Sache erst hinter sich gebracht haben.«

Gott sei Dank hatte er nicht gesagt, *falls Sie die Sache hinter sich gebracht haben.*

Marshall nahm seine Mütze und ging zur Tür. Er hielt inne und schaute sich in dem großen Raum um. Er erinnerte sich an Brownings Freude, an seinen Stolz, als sein Plan akzeptiert worden war. Hier hatte er von seinem Sohn erzählt.

Dundas sagte: »Er war ein großartiger Mann. Ich habe mal unter ihm gedient, ich weiß also, was ich sage. Ihr Einsatz ist von der Sorte, wie er ihn in seiner Jugend willkommen geheißen hätte. Er hat für einen ähnlichen das Victoria Cross bekommen, aber kein Orden der Welt ist seinem Mut angemessen.« Er senkte den Blick. »Oder seiner Integrität.«

»Ich weiß, Sir. Ich werde ihn auch nie vergessen!«

Marshall schloß die Tür und eilte den Gang entlang der sinkenden Sonne entgegen.

In dem großen Raum herrschte völliges Schweigen, das nach einiger Zeit der Lieutenant brach: »Aber, Sir, das wird er nicht schaffen können.«

Dundas drehte sich vor der Karte um und sah ihn mit leerem Blick an: »Vor einer Stunde hätte ich das auch noch gesagt. Aber nach der Besprechung heute morgen und nach dem, was wir eben gehört haben, bin ich mir nicht mehr so sicher.« Sein Blick wurde hinter der Brille schärfer: »Ich weiß jedenfalls: Wenn es einer schaffen kann, dann er. Also, hören wir mit den trüben Gedanken auf, und bringen wir diesen verdammten Krieg zu Ende.«

*

Um ein Uhr morgens stand Marshall vor dem Haus am Fluß. Die Nacht war warm und ruhig. Nach der schnellen Fahrt im Wagen des Stabschefs, während Staub wie Kielwasser aufgewirbelt wurde, war der Gegensatz fühlbar.

Marshall sah dem Auto nach, das auf der schattigen Straße verschwand, und ging dann auf die Haustür zu. Während der ganzen Fahrt von Alexandria hatte er an diesen Augenblick denken müssen. Wie würde sie ihm begegnen? Was würde sie sagen? Er hatte nicht erwartet, daß er alle Gedanken an den neuen Einsatz verdrängen könnte. Doch genau das war geschehen.

Die Tür öffnete sich, noch ehe er die Klinke in die

Hand nahm. Er hatte Doktor Williams oder dessen Frau erwartet, aber vor ihm stand Chantal. Vor dem Licht stehend sah sie sehr schmal aus. Er konnte den Duft ihres Haares spüren und wollte sie umarmen. Sie festhalten. Sie nicht mehr gehen lassen.

Doch er sagte nur leise: »Da bin ich wieder. Du hättest nicht so lange aufbleiben sollen.« Er fühlte, was er sagte. Er hatte verloren.

Sie schloß die Tür und nahm seinen Arm. Das Licht spielte in ihrem Gesicht, und ihre Augen glänzten hell.

»Die anderen schlafen schon.« Sie lächelte. »Sie sind wahrscheinlich nur taktvoll.«

Ein Teller mit kaltem Fleisch und Salat stand auf dem Tisch. Daneben lehnte in einem Eiseimer eine Flasche Wein.

Marshall beobachtete die junge Frau, wie sie die Flasche im Eis drehte. Sein Herz schmerzte von ihrem Anblick.

Sie sagte: »Das Eis ist fast geschmolzen. Ich werde dir trotzdem ein Glas einschenken, ja?«

Er setzte sich und nickte. »Dein Mann, Chantal, ich weiß nicht, was du gehört hast, aber ...«

Sie drehte sich nicht um, nur ihre Hand packte den Flaschenhals fester. »Sie haben mir alles erklärt. Ich hatte befürchtet, daß etwas passieren würde. Von Anfang an hatte ich eine solche Vorahnung.«

Er antwortete: »Es tut mir leid. Ich verstehe deine Gefühle.« Er wußte nicht weiter.

Sie drehte sich schnell um, ihr Blick war sehr betroffen. »Nein, nein, doch das nicht.« Die Flasche rutschte in den Eimer zurück, und sie lief durch den Raum auf ihn zu. »Ich hatte deinetwegen Angst.« Sie sank neben seinem Stuhl nieder und suchte mit den Augen sein Gesicht ab. »Ich wußte immer Bescheid über Travis, ich meine, ich kannte ihn wirklich, Steven. Als ich hörte, er war mit dir im selben Boot ...« Sie hob die Schultern. »Aber das ist jetzt vorbei. Du bist wieder da. Nur darum habe ich gebetet. Ich habe täglich an all das gedacht, was wir zusammen erlebt haben.«

Marshall sah seine Hand auf ihrer Schulter und fühlte sich zufrieden wie nie zuvor. »Daß du das sagst! Ich weiß jetzt ...«

Sie versuchte zu lächeln. »Schau nicht so traurig drein, bitte! Du bist wieder da. Nur das ist wichtig für mich. Als Doktor Williams mir sagte, es sei vorbei, da habe ich ...« Ihre Hand packte überraschend kräftig sein Handgelenk. »Steven, es ist doch vorbei? Oder?«

Er sagte dumpf: »Es hat nicht geklappt, Chantal. Irgend etwas ging schief.«

Sie stand jetzt neben seinem Stuhl und sah ihn stumm an. Und dann sagte sie sanft: »Du fährst also einen neuen Einsatz. Willst du mir das sagen?«

Er nickte. »Ja.«

»Aber es muß doch noch andere Kommandanten geben.«

Sie trat an den Tisch und kam wieder zurück. Durch das leichte Kleid konnte er ihren Körper erkennen, ihre Brüste sich deutlich abheben sehen. Er wußte, was sie dachte und daß ihre ruhige Stimme trog.

»Warum immer du?« Ihr Widerstand brach, sie ließ sich fallen und umfing mit ihren Armen seine Knie. »Warum? Du hast schon so viel getan. Jetzt soll jemand anders weiter machen. Ich kann nicht mehr ansehen, was aus dir wird.«

Er strich mit der Hand durch ihr Haar und spürte am Bein ihre Tränen.

»Ich muß es tun, Liebling. Du kannst als einzige verstehen, daß ich es muß.«

Sie sah hoch, verzweifelt und verletzt. »Ja, Steven. Das macht es ja gerade so unerträglich.«

Er versuchte ein Grinsen. »Ich habe drei Tage. Sie wollen mich während dieser Zeit nicht in der Nähe haben.«

Sie wischte sich mit dem Handgelenk ihre Augen. »Drei Tage. Warum denken die Briten bloß immer, daß drei Tage ausreichen?« Sie versuchte, so tapfer zu sein wie er, und doch liefen ihr immer noch Tränen über die Wangen. Dann sagte sie: »Du mußt hundemüde sein, ich werde dich erst einmal in Ruhe essen lassen.« Sie erhob sich.

»Den Wein, bitte.« Er legte den Arm um ihre Taille und spürte ihre Reaktion.

Sie flüsterte: »Tut mir leid, entschuldige bitte.«

Er nahm ihre Hände und sagte: »Du mußt dich für nichts entschuldigen.« Dann hob er das Glas gegen das Licht und fügte hinzu: »Rheinwein. Mit freundlichen Grüßen vom Afrikakorps, ganz sicher.«

Sie tranken schweigend, jeder beobachtete den anderen, bis Marshall plötzlich sagte: »Wenn ich wiederkomme ...«

Da war sie wieder, die Trennung, die Gefahr, deutlich erkennbar.

Sie nickte und biß sich auf die Lippe. »Du wirst wiederkommen, Steven. Ich weiß es. Du mußt!«

Er lächelte: »Wenn ich wiederkomme, würdest du mich dann bitte heiraten?«

Sie starrte ihn einige Augenblick an, als habe sie nicht richtig verstanden.

Er sagte: »Du mußt wissen, was ich für dich empfinde.« Er erhob sich halb und bat: »Bitte, denk darüber nach!«

Sie nahm die Flasche: »Noch ein Glas?«

Sie warf den Kopf zurück, das Haar fiel ihr aus der Stirn. Ihre Hände berührten es nicht. Sie drehte sich um und sah ihn mit großen Augen an.

»Du mußt nicht bitten, Steven.« Sie beugte sich über ihn und strich ihm durchs Haar. »Wenn du so sicher bist. Ich habe nur Angst, daß ...«

Der Rest war nicht zu hören, weil er sie an sich zog. Das war alles, was er wollte: eine Antwort. Zu wissen, daß sie das gleiche empfand wie er, was auch immer geschehen mochte. Alles, was früher gewesen war, schien bedeutungslos. Er begehrte sie. Der Gedanke, er könnte sie verlieren, schmerzte ihn fast körperlich.

Sie sagte: »Drei Tage also!«

»Ja. Wir können weg von hier. Ich kann dich an Orte bringen, an denen man noch nie etwas vom Krieg gehört hat.«

Sie schüttelte den Kopf: »Können wir auch hierbleiben?«

Er hielt sie leicht von sich ab und sah sie besorgt an: »Natürlich, wenn das dein Wunsch ist.«

»Ja.« Sie lächelte. »Danke.«

Ein Hausboy ging unter dem offenen Fenster vorbei und prüfte Schlösser und Fenster mit großem Aufwand.

»Er hofft, daß wir endlich verschwinden«, sagte sie.

Er nickte. »Morgen ...«

Sie legte ihm einen Finger auf die Lippen. »Sprich jetzt nicht davon.«

Sie gingen die Treppe hinauf, und sie verließ ihn vor seiner Tür.

Sie sagte: »Ich freue mich, daß ich auf dich gewartet habe ... Vielleicht hättest du sonst etwas ganz anderes gedacht und gesagt.«

Als er später im Bett lag und eine leichte Brise in den Vorhängen rascheln hörte, ließ er seinen Gedanken freien Lauf. Was lag vor ihm? Er ballte die Fäuste, als ihm klar wurde, was sich geändert hatte. Jetzt, da er so viel zu verlieren hatte, mußte er sehr auf sich achten. Eine falsche Einschätzung, ein unbedachter Augenblick, und er würde ihrer beider Leben zerstören. Wie Bill, als sie in das Minenfeld einliefen und er vor allem an Gail dachte.

Sein ganzer Körper spannte sich, als die Tür aufging und dann leise geschlossen wurde. Es war Chantal, er wußte es. Sie stand bewegungslos neben dem Bett, wie ein weißes Gespenst in der Dunkelheit.

Als er zur Seite rückte, sagte sie schnell: »Bitte. Ich mußte kommen. Ich kann nicht länger auf dich warten.« Es klang, als zittere sie. »Aber faß mich nicht an, Liebling. Bitte hab' Verständnis.«

Er blieb auf der Seite liegen und wagte kaum zu atmen, während sie in das Bett schlüpfte. Er konnte ihr Haar und ihren Körper riechen, ihre spürbare Unsicherheit, und wollte nichts weiter als ihr helfen.

Wie lange sie so lagen, wußte er nicht. Er lauschte ihrem Atem, bis er sich wieder beruhigte, und wußte, daß sie ihn beobachtete, auch wenn es viel zu dunkel war, um etwas zu sehen.

Ganz plötzlich griff sie nach seiner Hand. »Steven.« Sie zog sie näher und legte sie auf ihre Brust. »Steven.« Sie wiederholte den Namen, als wolle sie ihn nie vergessen. Als suche sie innere Kraft.

Er fühlte die Brust unter seiner Hand, die wilden Herzschläge, ihre feuchte Haut.

Sie nahm die Hand weg und küßte sie. Dann flüsterte sie: »Umarme mich, Steven. Liebe mich. Egal, was ich sage. Liebe mich. Ich muß dir gehören.«

Sehr zärtlich kniete er neben ihr und spürte, wie sich ihre Muskeln verspannten, als er sich über ihr bewegte. Er wußte, daß sie gegen alles ankämpfte, was sie erlitten hatte, und wie eine Narbe in der Erinnerung trug. Er sah ihren Kopf, der sich auf dem Kissen hin und her wendete. Er fühlte ihre Beine sich gegen ihn stemmen. Eine Hand packte seine Schulter so heftig und grub sich so fest ein, daß die Haut riß.

Er zögerte noch immer. Sein Begehren war so groß wie seine Sorge und sein Mitleid.

Als er niedersank, brach ihr Widerstand zusammen, nicht sofort, sondern nach und nach. Aber ihr Körper verweigerte sich ihm noch. Dann legte sie ihm die Arme um den Hals, um die Schultern, und er spürte ihren Mund, der den seinen suchte, und sie flüsterte atemlos: »Jetzt.«

Es war, als stürze er in eine große Tiefe. Immer weiter und weiter, und ihr Körper fing ihn auf, sie hielt ihn, und dann erreichten sie gleichzeitig den Höhepunkt ihrer Leidenschaft.

Als sie wieder ruhten, flüsterte sie: »Nicht wegbewegen. Bleib hier. Ich will dich so festhalten.«

Er küßte ihre Schulter und wußte, er begehrte sie wieder. Und immer wieder.

Sie sagte leise: »Das ist unser Morgen, Liebster.«

Er berührte ihre Brust. »Und er wird nie enden.«

Sie bewegte sich unter ihm, der Alptraum war verschwunden.

Mit aller Kraft

Die Operationszentrale auf dem Troßschiff war ungewöhnlich ruhig und leer, trotz der Gruppe von Offizieren, die um den großen Kartentisch stand oder saß. Die Oberlichter waren trotz des frühen Abends schon geschlossen, und nur das Deckenlicht schien auf die Männer, die Schreibmaschinen und die Schränke. Neben einem Schott saß an einem Tisch ein einsamer Unteroffizier unter seinen Kopfhörern. Auf diese Weise konnte er Kontakt halten mit der Fernmeldeecke auf der anderen Seite, ohne die Besprechung zu stören, die gerade begann.

Marshall folgte dem kleinen Admiral an den ersten Tisch und nickte seinen Offizieren zu und den Marinesoldaten, die an diesem Einsatz teilnehmen würden.

Es standen auch noch andere Offiziere herum. Der leitende Operationsoffizier, Experten vom Nachrichtendienst, der Chef des Stabes und, wie er mit Erstaunen feststellte, dieser winzige Lieutenant Smith vom S.A.S. Der Mann, der wie Peter Lorre aussah.

Dundas betrachtete die Karte, die im großen Maßstab ihr Einsatzziel zeigte. Dann sagte er: »Es ist gestattet zu rauchen. Sie könnten dafür ohnehin bald zuviel um die Ohren haben.«

Marshall beobachtete die Reaktionen seiner Offiziere. Warwick grinste über Dundas trockene Bemerkung. Buck zeigte wie immer nur eine Maske. Frenzel runzelte die Stirn, weil er in Gedanken schon dabei war, seine Leute für die Aufgabe einzuteilen. Gerrard starrte ihn mit dunklen Augen über den Tisch hinweg an. Resigniert, furchtsam – alles war dabei. Auch Devereaux sah aus, als habe er während der vier Hafentage wenig Ruhe gefunden.

Dundas sagte gerade mit lauter Stimme: »Die Einzelheiten des Einsatzes kennen Sie. Sie werden in den neuen Hafen von Nestore einlaufen und die Bomben des Feindes zerstören. Bis zu diesem Morgen war den meisten von Ihnen bekannt, daß Ihnen ein weiterer Einsatz bevorsteht. Bis zu diesem Morgen wußte ich auch nicht, ob wir den Einsatz tatsächlich fahren werden. Aber mittlerweile ist alles vom Oberbefehlshaber der Alliierten Streitkräfte abgesegnet.« Er lächelte kurz. »Dieses Unternehmen ist von enormer Bedeutung. Der große Schlag. Captain Lambert führt ein Kommando von dreißig Marinesoldaten mit voller Ausrüstung. Paddelboot inklusive, mit Muscheln also, wie Sie sie nennen.« Er lächelte den Captain kurz an. »Lieutenant – äh – Smith ist der Sprengstoffexperte, und er wird auch als Berater für Selbstverteidigung und Erkennungsdienst fungieren.«

Einige Offiziere machten sich eifrig Notizen.

Frenzel nickte, als Dundas sagte: »Treibstoff und Wasser des U-Bootes halten wir auf dem Minimum, um die Extraladung aufnehmen zu können.«

Der Stabschef hüstelte höflich, und der Admiral fragte knapp: »Ja, Charles?«

»Wir sollten noch das Eindringen in den Hafen ansprechen, Sir!«

Der Admiral winkte ungeduldig ab. »Finden Sie alles in meinen Befehlen. Commander Marshalls Entscheidung vor Ort ist unbedingt Folge zu leisten. Wir haben die neuesten Erkenntnisse über Netze und Patrouillen zusammengestellt. Doch mehr wissen wir auch nicht.« Er sah Marshall fest an. »Haben Sie noch etwas hinzuzufügen?«

Marshall sagte: »Die Geheimhaltung, Sir, ich würde ...«

»Richtig, mein Junge.« Dundas holte tief Luft. »Wir tun, was wir können. Der Oberbefehlshaber und die amerikanische Abwehr halten engsten Kontakt zu uns. Wir haben diese Geheimoperation so eng begrenzt gehalten wie möglich. Wenn alles abgelaufen ist, informiere ich Gibraltar. Die sollen uns dann Deckung schicken oder einen Scheinangriff irgendwo starten. Aber was auch immer«, das Wort blieb in der Luft, »es hängt vor allem von Ihnen ab.«

Marshall lächelte ernst. Vor der Besprechung hatte er dem Admiral noch mal dafür gedankt, die letzte Entscheidung vor Ort treffen zu können. Dundas hatte dazu nur gemeint: »Vielleicht haben Sie später wenig Grund, mir zu danken. Es ist oft sicherer, auf Befehl zu handeln, ob er nun richtig oder falsch ist.«

Dundas fuhr fort: »Mein Stab steht Ihnen zur Seite, bis Sie vom Troßschiff ablegen.« Er schaute auf die Uhr. »In ungefähr acht Stunden. Sie werden die Marinesoldaten an Bord nehmen, sobald es dunkel genug ist, und sie im Schiff unterbringen.« Er schaute Frenzel an: »Noch eine Frage?«

»Die beschädigte Schraube, Sir? Kann man den Defekt nicht beseitigen?«

»Keine Zeit. Mein Experte für Schiffbau und der Kommandant der hiesigen Basis sagen beide, es würde zu lange dauern. Muß in einer Werft ausgeführt werden.« Er lächelte verkniffen. »Da Sie nun kurz vor dem Aufbruch sind, kann ich Sie informieren. Die alliierten Streitkräfte werden in einem Monat, von heute an gerechnet, die Invasion von Sizilien beginnen. Ich kann Ihnen das mitteilen, denn falls es Ihnen nicht gelingt, die unmittelbare Versorgung des Feindes mit den ferngesteuerten

Bomben zu unterbrechen oder alle zu zerstören, dann könnte es keine Invasion geben ... Punktum.«

Marshall hörte einige Männer überrascht den Atem laut einziehen. Die beiden Lieutenants der Marineinfanteristen tauschten Blicke und grinsten sich an, als habe man ihnen gerade ein Jahresgehalt ausgezahlt statt sie in diesen möglicherweise selbstmörderischen Einsatz zu schicken.

Marshall verdrängte den Gedanken an einen Fehlschlag. Er erinnerte sich an Chantals Gesicht, als er sie verlassen hatte. Obwohl sie beide wußten, was ihn in den nächsten Tagen erwartete, waren sie seltsam ruhig geblieben. Sie lebten in einer eigenen Welt, fern der realen.

Die Stimmen im Raum befaßten sich jetzt mit feindlichen Versorgungslinien und der Küstenverteidigung, und so konnte er in seine Erinnerungen abtauchen. Die Tage und Nächte, in denen sie ihre Leidenschaft aneinandergekettet hatte.

Nichts anderes war wichtig. Auch darin hatte Dundas recht behalten. Marshalls Emotionen hatten sich völlig verändert, und wie auch immer ihn die Operation jetzt schon einforderte – er wußte, daß es Chantal gab.

Er merkte, daß Stille eingetreten war und daß Dundas seine Tasche schloß.

Plötzlich sagte der Admiral. »Ich habe vergessen zu sagen, daß Commander Simeon an diesem Einsatz teilnimmt und verantwortlich ist für alle Einsätze an Land.«

Alle schauten Marshall an, doch der zeigte keine Regung. Er kannte den zusätzlichen Druck bereits und war auch darüber informiert, warum Simeon an dieser Einsatzbesprechung nicht teilgenommen hatte.

Marshall hatte sein Gepäck in einer Kajüte auf dem Troßschiff gerade ausgepackt, als Simeon eintrat, weiß vor Wut. Er hatte die Tür hinter sich zugeschlagen und gesagt: »Sie haben also Ihren Willen bekommen. Sie haben das Kommando! Der liebe Junge des Admirals.«

Marshall hatte geschwiegen, er sah die Wut des Mannes und hörte ihm kaum zu. Er blieb neben einem offenen Bullauge stehen, so daß Simeon seine Mimik im hellen Sonnenlicht nicht erkennen konnte.

Simeon sagte gerade: »Ich habe Ihre Nummer einige Zeit beobachtet. Ich weiß, was zwischen Ihnen und meiner Frau gelaufen ist ...«

Marshall unterbrach ihn: »Ehe Sie sie kennenlernten!«

»Unterbrechen Sie mich nicht.« Simeons Gesicht lief rot an. »Und jetzt sind Sie Travis' Nachfolger geworden – sicher auch im Bett.«

Marshall blieb ganz ruhig. Er war zuversichtlich, daß Simeon ihn mit solchen verbalen Attacken nicht packen konnte. Als das Licht auf seine Schulter fiel und als er sah, wie Simeons Augen noch größer wurden, sagte er ruhig: »Natürlich, ich hätte Sie über meine Beförderung informieren sollen. Mir war sie eigentlich unwichtig gewesen, bis jetzt jedenfalls.«

Simeon starrte ihn an. »Darauf wette ich. Wie ich Sie kenne, haben Sie ...«

Marshall ging durch die Kajüte und sagte ruhig: »Aber jetzt, mein lieber Freund, kann mir keiner mehr vorwerfen, ich hätte einen höheren Offizier attackiert.«

Der Schmerz durchzuckte seinen Arm. Simeon lag rücklings auf dem Bett, und Blut rann stetig über sein Kinn auf sein fleckenlos weißes Hemd.

Er sprang auf die Füße, entsetzt und mit schmerzverzerrtem Gesicht. Er konnte nur stammeln: »Sie haben mich geschlagen. Mich!« Und dann war er draußen. Sein Blut hinterließ kleine Flecken auf dem Teppich.

Als der Admiral Marshall mitteilte, welche Rolle Simeon bei dem Einsatz hatte, hätte er am liebsten protestiert. Aber Dundas meinte: »Wenn Ihnen etwas passiert, wer übernimmt dann das Kommando? Ihre Nummer Eins? Wer sonst?« Er hatte kurz mit dem Kopf geschüttelt. »Simeon war bei solchen Aufgaben bisher immer ganz gut. Wenn die Männer an Land sind, wird er in der Lage sein, den Einsatz erfolgreich zu Ende zu bringen. Aber er weiß, Sie haben das Kommando, das letzte Wort. Es geht um mehr als um persönliche Vorlieben oder Animositäten.«

Es dämmerte, als die Einsatzbesprechung schließlich zu Ende war. Marshall ging zusammen mit Gerrard und Frenzel aufs Deck und blieb stehen, um auf sein Boot zu blicken. Die Marineinfanteristen waren bereits an Bord, und ihre Waffen und Ausrüstung wurden von einer Kette von Männern durch die vordere Luke nach unten befördert.

»Die Boote brauchen viel Platz, Bob. Sagen Sie Buck, er soll sie in den achteren druckfesten Behältern unterbringen. Die sind leer, seit er die Reservetorpedos an Land geschafft hat.«

Als Gerrard verschwand, sagte Frenzel: »Das ist jetzt der große Tag.«

»Ich glaube, wir haben eine gute Chance, Chief.«

»Ja.« Er lachte leise. »Nur ein Idiot kann hoffen, daß wir bei diesem Bluff mit einem blauen Auge davonkommen.«

Der Captain erschien, salutierte und meldete: »Wir sind klar zum Einschiffen, Sir!«

Er war groß und dünn und trug einen buschigen roten Schnurrbart, der seinem Rang wohl eine gewisse Würde verleihen sollte. Dabei erinnerte er eher an einen Jungen in einem Schultheaterstück.

»Schön, Sie an Bord zu haben.« Marshall sah, wie die ersten kleinen Boote vom Troßschiff herabgelassen wurden.

Der Marineinfanterist meinte: »Ich habe mit denen schon zwei Einsätze hinter mich gebracht. Sehr gute Dinger.« Er ging und bellte seinen Lieutenants Befehle zu.

Frenzel grinste. »Lieber Gott, an Bord wird es eng werden.«

Marshall sah auf die Uhr. Gleich würde er alle Hände voll zu tun haben. Er mußte Chantal noch einen Brief schreiben, ehe sie ablegten. Für den Fall aller Fälle.

Frenzel meinte abrupt: »Glückwunsch übrigens. Ich freue mich für Sie, Sir.« Er sah zur Seite. »Und ich meine damit nicht nur Ihre Beförderung. Die haben Sie längst verdient.«

Marshall sah, wie seine Finger sich um die Reling krampften und wieder lockerten. Frenzel dachte vermutlich an seine Frau. Erinnerte sich, wie es hätte sein können.

»Danke, Chief. Ich wußte nicht, daß alle Bescheid wissen.«

Frenzel sah ihn wieder an. »Das weiß auch sonst niemand. Ich habe Sie nur gesehen, als Sie von Land kamen. Das reichte. Sie passen zueinander. Eine sehr gute Frau. Und tapfer außerdem.«

»Ja. Ich habe Glück.«

Er wollte sich abwenden, doch Frenzel fügte noch etwas hinzu: »Bleiben Sie so, Sir. Ich denke, wir können alles Glück der Welt gebrauchen.«

Marshall ging langsam über das Deck und nickte gelegentlich seinen Männern auf dem Weg zur Gangway zu. Er sah Starkie und Blythe, die jeder einen Wäschebeutel schleppten, ihre Pfeifen rauchten und sich so ruhig unterhielten wie zwei alte Blaujacken, die zu einer Routinefahrt aufbrechen.

Der Coxswain sagte: »Bis gleich an Bord, Sir!«

Der Signäler fragte: »Was heißt: Leckt mich am Arsch auf Deutsch? Ich würde denen das beim Auslaufen gern zufunken.«

Marshall lächelte: »Da fragen Sie besser den Sub.«

Er trat in seine Kajüte. Der Schreibblock lag auf seinem Tisch. Erst jetzt spürte er eine Gänsehaut, kalt wie Eis. Es wurde immer schlimmer. Als er das Datum zu schreiben versuchte, konnte er den Füller kaum halten. Er starrte auf das Schott, und die Verzweiflung überfiel ihn wie ein Fieber.

Nicht jetzt. Doch bloß nicht jetzt.

Er schloß fest die Augen. Klammerte sich an seine Vorstellung von ihrem Gesicht. Ihre Umarmung. Ihre Wärme. Bis er wieder ganz ruhig war.

Erst dann begann er zu schreiben.

*

Marshall trat über einen schlafenden Marineinfanteristen und ging in die Zentrale. Über das sanfte Summen der Maschinen hörte er das stete Kommen und Gehen von Besatzung und Passagieren. Das Boot war übervoll. Wohin man blickte, sah man Marineinfanteristen und Seeleute, die nach irgendeiner verborgenen Ordnung arbeiteten, aßen oder zu schlafen versuchten.

Und das ging eine ganze Woche so. *U-192* kroch mit geringer Geschwindigkeit dahin, umfuhr Gebiete, die von den Patrouillen des Feindes beherrscht wurden, und wichen allem aus, das ihre geheime Existenz hätte verraten können.

Er beugte sich über die Karte und verglich Devereaux' Berechnungen mit seinen eigenen. Das Boot lief immer noch nach Westen. Das nächste Minenfeld vor Malta lag zwanzig Meilen an Steuerbord voraus.

Er sah Frenzel am Kontrollstand. Er war zwar dienstfrei, aber er blieb dort. Vielleicht fand er bei seinen vertrauten Meßgeräten und Skalen auch so etwas wie ein Privatleben. Und das war hier an Bord sehr wertvoll.

Marshall hatte Simeon und den Offizieren der Marineinfanterie seine eigene Kajüte überlassen. Selbst mit zwei Faltbetten hatten die beiden Lieutenants auf den Flurplatten kaum Platz. Die Messe schien immer überfüllt zu sein, und Churchill hatte alle Hände voll zu tun, Kaffee, Kakao oder Tee zu machen und genügend Essen für die vielen Männer an Bord zu kochen.

Marshall hörte jemanden lachen und sah im Schott einen deutschen Unteroffizier stehen. Er trug einen Helm und eine tödlich aussehende Schmeisser. Marshall erkannte Captain Lamberts Spieß.

Ein Maschinist rief: »Hände hoch! Wir haben unseren ersten deutschen Gefangenen.«

Der Infanterist erklärte Marshall: »Wir probieren das gerade mal aus, Sir.« Er blitzte den Matrosen an. »Wär ein ganzer schöner Mist, wenn die Klamotten nicht passen, wenn wir an Land gehen.« Er schritt dann still und würdevoll davon.

Marshall lächelte. Browning würde sich köstlich amüsiert haben. Ein Mantel- und Degen-Theater. Der spürbare Ärger des Marineinfanteristen, der sich mehr über sein äußeres Bild als über das Risiko zu fallen erregte.

Er ging zu Frenzel: »Immer noch Probleme, Chief?«

»Ein paar.« Er schob die Mütze zurück. »Dieser Defekt an der Schraube. Wir können unter Wasser nicht mehr als sechs Knoten laufen, ohne wie wild zu vibrieren. Jeder gute Asdic findet uns sofort.«

»Dann sind es eben nur sechs Knoten, Chief. Im Notfall müssen wir eben noch mal neu nachdenken.« Er lächelte. »Oder die kleinen Boote nehmen.«

Buck, der Wachhabende, rief: »Wir laufen heute nacht durch das Hauptminenfeld vor Sizilien. Ist das in Ordnung?«

»Ja, das ist es.« Er ballte die Faust in der Tasche. »Danach laufen wir nördlich und dann weiter aufs Festland zu. In vier Tagen müßten wir am Ziel sein, am Sonntag.«

Buck grinste: »O Mist, ich wollte eigentlich zur Kirche gehen.«

Marshall sah Frenzel an. Fühlten sie alle sich wirklich so sicher, oder machten sie ihm das nur vor? Um ihm Kraft zu geben, sie sicher hinzubringen? Und rauszuholen!

Er sagte: »Wenn wir die Küste hinter uns haben, gehen wir alle zusammen noch mal den Plan durch. Dann legen wir auch den genauen Zeitablauf fest. Vielleicht können wir ein paar Umwege sparen.«

Er zwang sich, wieder an die unmittelbare Zukunft zu denken. Er versuchte, sich den Hafen vorzustellen, wie er wirklich war, nicht nur in Linien und Skizzen auf dem Papier. Wenn der Wind zunahm oder das Wetter sich verschlechterte, könnte er die Boote nicht allzu weit draußen absetzen. Das bedeutete, Zeit zu verlieren, die *U-192* brauchte, um in seinen eigenen Angriffssektor zurückzulaufen. Verspätung also. Er schüttelte sich ärgerlich. Wenn, wenn, wenn. Er mußte abwarten und dann entscheiden.

Frenzel sagte: »Ich hoffe nur, daß sich jeder an Bord voll mit dem Einsatz identifiziert.«

Buck grinste, zeigte seine scharfen Zähne: »Man wird uns alle zu Rittern schlagen, warten Sie mal ab.«

Marshall trat wieder an die Karte. Ihnen zuzuhören war fast unerträglich. Es zeigte ihm, was auf dem Spiel stand. Und wohin er sie geführt hatte.

Ein Mann vom Maschinenpersonal sagte: »Zeit zur Wachablösung, Sir.«

Gerrard erschien in der Zentrale und hörte Buck sehr genau zu, der ihm die Wache übergab. Dann ging er an den Tisch und sagte: »Also wieder mal durch ein Minenfeld.«

»Heute nacht.« Er wartete und sah, wie es nervös um Gerrards Mund zuckte. »Geht klar.«

»Ja.« Gerrards Blick ruhte einen Augenblick auf Marshalls Schulterstücken. »Das scheint so, Sir!«

Marshall sah ihn an, überrascht, verletzt. »Halten Sie mich für einen, der nur auf Lametta aus ist? Ich dachte, wir kennen uns besser!«

Gerrard wandte sich ab. »Tut mir leid. Hätte ich nicht sagen sollen.« Er trat an den Kompaß und schwieg.

Marshall sagte kurz: »Ich gehe was essen.«

Als er die helle Zentrale verließ, hörte er Frenzel zischen: »Das war eine verdammt blöde Bemerkung.«

Er hörte Gerrards Antwort nicht und wollte sie auch nicht hören. Unter so angespannten Verhältnissen müßte er mit Bemerkungen dieser Art rechnen. Von Simeon oder Devereaux. Von fast jedem, nur nicht von Gerrard. Er war ein Freund.

Er sah Warwick mit dem S. A. S.-Lieutenant Schach spielen. Buck saß am anderen Ende des Tisches und verschlang Dosenwürstchen, als seien sie das letzte, was es auf der Welt zu essen gäbe. Er wollte gehen, sich irgendwohin zurückziehen, aber es gab keinen solchen Ort an

Bord. Also sagte er: »Rücken Sie bitte mal etwas zusammen.«

Smith sah ihn gelassen an und zwinkerte ihm dann zu. »Der Sub hier ist sicher ein guter Geschützmann, aber als Schachspieler taugt er nichts.«

Marshall lehnte sich zurück, während Churchill ihm Kaffee einschenkte. Es war wahrscheinlich ganz gut, daß Simeon in seiner Kajüte hauste. Marshall wäre sonst vielleicht versucht gewesen, einen Whisky zu trinken, nicht nur Kaffee.

Churchill fragte: »Wollen Sie die Koje vom Ersten Offizier haben, Sir? Er hat Wache. Ein bißchen Ruhe tut jedem gut.«

»Nein.« Vielleicht war die Antwort etwas zu laut ausgefallen, denn er sah, wie Buck und Warwick Blicke tauschten. »Noch nicht.«

Smith meinte sanft: »Als ich mal in Südfrankreich einen kleinen Auftrag auszuführen hatte, habe ich drei Tage und Nächte nicht geschlafen. Ich habe so viel an Taktik in mich reingefressen, daß ich bald geplatzt bin. Danach habe ich dann eine ganze Woche durchgehend gepennt. So sollte man´s machen.«

Marshall nickte: »Sie haben sicherlich recht.«

»Und darum lebe ich noch.« Er schob das Schachbrett zur Seite. »Und darum bin ich nur von Amateuren umgeben.«

Marshall lächelte: »Danke!«

»Wofür?« fragte er mit sanft lauerndem Blick.

»Sie wissen schon.«

»Gibt es noch Kaffee?« Simeon stand in der Tür, sein Gesicht noch gezeichnet vom Schlaf. Er fragte: »Besprechen Sie den Einsatz?«

Smith sah ihn ruhig an. »Eine feine Sache, Sir.«

Simeon setzte sich und schaute Marshall an. Die Verletzung an seinem Kinn war immer noch zu sehen. Er sagte: »Und was meinen Sie?«

Marshall erhob sich und ging zur Tür. »Sie wissen, was ich denke.«

Gerrard wartete auf ihn, sein Gesicht arbeitete im harten Licht. »Ich möchte mich entschuldigen, Sir!«

Marshall sah ihn an. »Vergessen.« Er wollte weitergehen, aber Gerrard stand noch immer da, und so sagte er: »Vergessen Sie's. Sie sind nicht der einzige, der Probleme hat. Wenn das hier vorbei ist, können wir darüber wieder reden. Dann werde ich auch zuhören. Aber jetzt muß ich an anderes denken, also lassen wir es bitte dabei!«

»Ich möchte gern, daß Sie mich verstehen«, sagte Gerrard verzweifelt. »Ich bin vielleicht zu lange im Einsatz. Ich weiß nicht recht.«

Marshall packte ihn am Arm, zog ihn an den Kartentisch und antwortete leise: »Das sind wir alle, Bob. Selbst ein einziger Tag ist manchmal zu lange. Ich weiß, daß Sie sich wegen Valerie und den Kindern Sorgen machen, aber denken Sie an all die anderen, die in ein paar Wochen den Strand von Sizilien erstürmen müssen. Haben die keine Frauen?« Er sah, wie Gerrard die Lippen zusammenpreßte, und fuhr brutal fort: »Wenn das nicht reicht, denken Sie an Browning. Er hat seinen Sohn verloren und fiel, als er andere retten wollte. Oder fragen Sie den Chief nach seiner Familie und warum er nicht zusammenbricht.« Er sah, wie der Mann zusammenzuckte, als sei er geschlagen worden. Er sagte müde: »Ich weiß, das wir dies hier nicht für uns vorgesehen hatten. Ich weiß auch, daß es kein Zuckerlecken wird. Der Hauptmann denkt das auch nicht. Aber sprechen Sie das niemals aus. Wenn Sie noch Wert auf das zwischen uns legen, dann tun Sie mir bitte den Gefallen.«

Als er durch das Hauptschott stieg, wußte er, daß Gerrard ihm immer noch hinterherblickte.

*

Marshall schaute sich in der vollen Messe um und wartete, bis jeder sich so eingerichtet hatte, daß er den großformatig präsentierten Plan sehen konnte.

Da nur die unentbehrlichsten Ventilatoren und Maschinen liefen, war die Luft fett und feucht und klebte im Gesicht wie eine zweite Haut. Und seit *U-192* durch das letzte Minenfeld gekrochen und durch offenes Wasser nördlich von Sizilien auf das Festland zu gelaufen war, zeigten alle Männer Zeichen von Erschöpfung. Nur ihre Augen glänzten noch, die alte Erregung, die Marshall so gut kannte, ließ sie strahlen. Dazu kamen Furcht, Spannung, Sorge, der Zwang, weiterzumachen und das letzte Unternehmen hinter sich zu bringen.

Marshall begann: »Die meisten von Ihnen wissen, daß der Wettergott sich entschlossen hat, uns nicht zu unterstützen.«

Marshall erinnerte sich an seine Enttäuschung, als sie am Abend zuvor auf Sehrohrtiefe gegangen waren und die Antenne für einen letzten Funkkontakt ausgefahren hatten. Randall, der Funkmaat, meldete bedrückt, daß der Wetterbericht überhaupt nicht gut war. Starke Winde aus Südwest. Mit allem, was zu rauher See gehörte. Marshall spürte die Desillusionierung, doch er wußte, er hatte sie vor den anderen zu verbergen.

Er setzte erneut an: »Gerade schlechte Nachrichten für uns sind gute für die Invasionsvorbereitungen. Feindliche Erkundungsflieger werden so nicht allzuviel zu sehen bekommen von dem, was wir vorhaben.«

Er schaute langsam in die Runde. Die Offiziere der Marineinfanterie und Smith, seine eigene kleine Mannschaft, ausgenommen Gerrard, der Wache hatte, die Bootsleute und Maaten standen auf den Sitzen und hielten sich an Rohren an der Decke fest, um besser sehen zu können. Simeon dagegen saß am anderen Ende des Tisches, die Arme vor der Brust verschränkt. Sein Gesicht verriet nichts.

Marshall fuhr fort: »Nun also zu den Details.«

Alle beugten sich vor. Ihre Gesichter glänzten im Licht der einzelnen Deckenlampen vor Schweiß.

Der Hafen von Nestore sah ganz wie ein großer Sack aus. An der engsten Stelle im Süden lag die Einfahrt – knapp eine Viertelmeile breit.

Marshall erläuterte: »Wir wissen, daß hier eine Hafensperre ist.« Er deutete mit einem Messingzirkel auf die Karte. »Ein einzelnes Fahrzeug kontrolliert sie und schließt und öffnet sie nach Bedarf. Links von der Einfahrt fällt der Hafen fast steil ab. Rechts stand früher das Fischerdorf. Das ist jetzt verschwunden.« Er tippte auf kleine, farbige Kreise. »Dort stehen jetzt Bunkerhäuschen mit gutem Schußfeld. Aber ich bezweifle, ob man sie jemals wirklich einsetzen wollte.«

»Die werden wir bald abstellen.« Der junge Lieutenant schwieg unter dem strafenden Blick seines Captain.

Marshall lächelte: »Es wird vermutlich nicht zu einer Feldschlacht kommen.«

Captain Lambert antwortete besorgt: »Wenn wir die Boote nicht dicht unter Land aussetzen können, müssen wir doppelt so schnell einsteigen und ablegen, um nicht aufzufallen!«

»Ja. Ich werde auftauchen und die Boote so nahe an der Sperre zu Wasser bringen, wie es geht.«

Sie gingen kurz noch einmal durch, wie sie den Angriff um zwei Tage vorverlegen konnten, als sie mit einer unangenehmen Tatsache konfrontiert wurden. Zwar waren die Boote leicht und gut zu bewegen. Aber wenn sie erst mit Sprengstoff, Waffen und anderem Gerät beladen waren, würden sie zerbrechen, wenn man sie bei schlechtem Wetter per Hand zu Wasser ließ.

Buck entwickelte eine einfache Lösung. Der Lauf des Deckgeschützes mußte als Kranarm eingesetzt werden, von dem aus die Boote zu Wasser gelassen wurden. Er bereitete einen hölzernen Sparren vor, der wie ein Bajonett ans Rohr gelascht werden konnte. Mit Blöcken und Taljen würde man so einen einigermaßen verläßlichen Kran bekommen. Als jemand Zweifel äußerte, fuhr Lambert ihn an: »Das ist alles, was wir haben. Also machen wir auch das Beste draus, ist das klar!«

»Und was ist mit den Patrouillen, Sir?« wollte Devereaux wissen.

»Wir haben einige Informationen, und gestern konnten wir vor Ort die Zeiten eines der Boote bestimmen.« Er lächelte. »Sie haben vermutlich deutsche Berater an Bord, vielleicht sogar deutsche Mannschaften. Sie fahren in einem pünktlichen Turnus, also kann man alles vorhersagen.« Doch dann scharf: »Aber wir verlassen uns auf nichts!« Er sah Simeon an. »Übernehmen Sie jetzt!«

Es war nicht zu übersehen, wie sie einander aus dem Weg gingen. Nur die gemeinsame Pflicht verband sie noch.

Simeon gähnte und begann dann: »Das Ziel des Unternehmens heißt: zerstören und ertappen. Aber wir müssen sicherstellen, daß der Feind nicht unsere wahre Absicht erkennt, nämlich seine Unterstützung der eigenen Truppen in Sizilien zu verhindern.« Er nahm den Zirkel vom Tisch. »Da ist die Eisenbahnlinie, die nach Nordosten läuft, quer durch Italien nach Bari. Von dort wird Nachschub nach Griechenland und Jugoslawien auf den Weg gebracht. Also ist dieses Ziel hier von besonderer Bedeutung, wenn wir dort die Invasion planen würden. Captain Lambert führt die eine Hälfte der Landungstruppen und ist für die Sprengungen zuständig. Lieutenant Smith erledigt unseren Teil der Aufgabe oberhalb des Dorfes.« Sein Blick wanderte kurz zu Marshall. »Unser Commander wird natürlich die Ladepier und den gesamten Hafen angreifen. Er wird sich dort mit einem Bunker aus Beton konfrontiert sehen. Die Bomben werden dort per Schiff verladen und kommen so nur dort ein einziges Mal ans Tageslicht.« Er blinzelte nicht, als er fortfuhr: »Travis, der Ingenieur, meinte, die Konstruktion sei ziemlich stabil. Aber wenn man sie zerstört, dann legt man den ganzen Hafen auf Wochen, wenn nicht noch länger, lahm.«

Lambert sagte: »Nun, wir sind soweit.« Er zupfte an seinem Bart. »Uhrenvergleich.«

Marshall sah auf die Uhr. Es war zwei Uhr nachmittags.

»Die Zeitplanung ist von enormer Bedeutung. Die nächste bedeutendere deutsche Garnison liegt sechzehn Meilen nordöstlich des Hafens in Lagonegro. Also denken Sie stets an die drei wesentlichen Punkte.« Er zählte sie an den Fingern auf: »Erstens die Küstenpatrouille. Zweitens die Hafensperre und im Hafen vermutlich ein zweites Patrouillenboot, ein Patrouillenboot gibt es auf jeden Fall. Der dritte wesentliche Faktor ist, wie schnell die Verteidiger des Hafens aufwachen und von der Landseite Hilfe anfordern.« Er blickte in ihre angespannten Gesichter. »Noch Fragen?«

Warwick wollte wissen: »Können wir die Sperre nicht einfach kappen und ungesehen einlaufen, Sir?«

»Geht nicht, Sub, der Hafen ist nur tief genug für Kümos und mittelgroße Schiffe.«

Devereaux ergänzte bedrückt: »Ganze sechs Faden.«

Buck rieb sich laut die Hände: »Das wäre, als ob man auf Fische in einem Faß losballert.«

Marshall nickte. »Wir nähern uns der Sperre zur festgelegten Zeit. Wir feuern unsere Torpedos in den Hafen und lassen dann die Landungstrupps los, die dem Feind auf ihre Weise die Hölle heiß machen.«

Simeon stand auf und streckte sich. »Steht dieser Angriffsplan fest?« Es hörte sich wie eine Anklage an.

Sie sahen sich an.

»Ja, das ist er.« Pause. »Wollen Sie uns einen anderen anbieten?«

Simeon schnipste sich Staub vom Ärmel. »Ich? Natürlich nicht. Ich denke nicht dran.« Er sah Marshall über den Tisch hinweg an, lächelte. »Das ist Ihr Plan. Und allein Ihre Verantwortung, oder?«

Marshall lächelte zurück. »Stimmt ganz genau!« Er faltete den Plan zusammen. »In vier Stunden ist jeder auf seiner Station. Dann werden deutsche Uniformen und Waffen ausgegeben. Aber ich wünsche, daß jeder Mann vor dem Angriff richtig gut gegessen hat. Bitte, sorgen Sie dafür.«

Die Runde löste sich auf.

Der Captain rückte seine Uhr zurecht und bemerkte gelassen: »Wir greifen also morgen früh wie geplant an. Sehr gut!«

Buck grinste: »Am Sonntag, am Ruhetag.«

Marshall ging in die Zentrale, Frenzel neben sich.

Der meinte leise: »Schade, daß wir sie nicht im Dunkeln angreifen können.«

»Ich weiß. Aber wir operieren schon am Rande des Möglichen. Unsere Männer hätten es in der Nacht viel schwerer als der Feind.«

Marshall stand immer noch am Kartentisch, als Buck meldete, daß die Vorbereitungen abgeschlossen waren. Die Mannschaft und die Landungstrupps waren verköstigt, und jeder kannte jede Einzelheit seines jeweiligen Einsatzplans.

»Danke.« Er blickte auf die Uhr. »Äußerste Ruhe im Schiff, wie bisher.« Er sah Gerrards gebeugten Rücken. »Achten Sie auf den Trimm, Nummer Eins. Warten Sie, bis die Marineinfanteristen ihren Platz gefunden haben, ehe Sie an den Tauchzellen irgend etwas ändern.«

Minuten vergingen. Er spürte, wie der Schweiß seinen Rücken hinabrann und sich wie Eiswasser über dem Gürtel sammelte.

Frenzel meldete: »Alle Anlagen sind in Ordnung, Sir!«

»Sehr gut.«

Er blickte auf die Anzeigen. Sie zeigten immer noch an, daß das Boot unterhalb der zugelassenen Tauchtiefe lief, der Rumpf lag still, zitterte nur manchmal.

»Alles klar, Nummer Eins?« Er versuchte herauszubekommen, was Gerrard dachte, wie er die Sache nahm.

»Augenblick noch, Sir!« Er beobachtete den älteren Horcher.

Der meldete: »Kein Geräusch, Sir.« Er deutete auf die Uhr. »Die nächste Patrouille kommt in zwanzig Minuten, mehr oder weniger.«

Das klang kühl, lässig, fast nebensächlich.

Gerrard sagte: »Wir sind also soweit, Sir!«

»Auf zwanzig Meter steigen.« Er sah Frenzels Hände an den Hebeln, der Maschinist neben ihm trug die Daten ein.

Lange ehe das Boot die gewünschte Tiefe erreicht hatte, konnte Marshall die zunehmende Bewegung spüren. Ein Bleistift rollte vom Tisch, und Blythe streckte die Arme aus, um sich festzuhalten, als es unruhig wurde.

»Zwanzig Meter, Sir.« Gerrard griff nach der Lehne des Sessels des Rudergängers und schaute auf die Skalen. »Eine beträchtliche Seitenströmung.«

Devereaux sagte dazu: »Weniger als erwartet!«

»Immer noch keine Geräusche.«

»Sehr gut.« Marshall rieb sich die Hände. Sie waren schweißnaß. »Sehrohrtiefe.«

Er wartete, zählte die Sekunden und hörte immer wieder Gerrards Stimme, der anordnete, daß der Trimm entsprechend korrigiert wurde. Die Bewegung nahm zu, das Boot arbeitete so schwer, daß Marshall fürchtete, *U-192* könne auftauchen.

»Sehrohr ausfahren!«

Er klappte die Griffe runter und hielt sich fest, während das Sehrohr in heftiger Bewegung zu schwanken schien.

Eine ganze Weile sah er gar nichts außer sprühender Gischt und den Kamm eines langen Brechers. Dann, als das Sehrohr auf ganze Länge ausgefahren war, sah er niedrige Wolkenbänke und ein Panorama kleiner, steiler Wellen, die wie eine böse, tanzende Armee auf *U-192* zumarschierten.

Er hielt die Griffe ruhig und zog das Objektiv auf volle Schärfe. Zwischen fliegendem Schaum betrachtete er die Küste zum ersten Mal, knapp über der wütenden See.

Noch immer schien die Sonne, sie stand hoch über den Hügeln. Einige Fensterscheiben reflektierten ihr Licht.

»Geräusch an Steuerbord, Sir.«

Er drehte die Griffe und versuchte, das Fahrzeug auszumachen. Eigentlich sollte es als Patrouille gut erkennbar auf sie zulaufen. Doch er entdeckte nichts, und es schien auch unwahrscheinlich, daß es seinerseits bei diesem Wellengang ein Unterseeboot ausmachen würde. Auch das Sehrohr würde vermutlich als Schaumkrone durchgehen, falls ein neugieriges Flugzeug die Wolkendecke durchbrach.

Einer der Männer lachte nervös. Marshall wußte, daß alle ihn genau beobachteten. Sie versuchten, ihre Zukunft vom Glanz seiner Augen abzulesen.

Marshall wurde aufmerksam, als ein Strahl aus bleichem Sonnenlicht auf die Küste zulief.

Da also lag das Ziel. Im Abendlicht bot die Hafeneinfahrt nichts als ein blaugraues, verschwommenes Bild. Aber Marshall konnte den fernen Umriß eines vertäuten Schiffes erkennen. Die Sperre. Und dahinter der schmale Hafen, diffus und unscharf. Er meinte, am fernen Ende etwas Bleiches zu erkennen, doch er war sich nicht sicher. Es konnte sich um die Vorderseite eines massiven Betonblocks handeln, der die Pier und die Bunker schützte.

»Sehrohr einfahren.« Er richtete sich auf und sah, wie Simeon ihn von der anderen Seite der Zentrale her beobachtete. »Wir sind auf Station.«

»Geräusch wandert aus, Sir!«

Der Kommandant des Patrouillenbootes würde auf das Wetter fluchen. Auf diese Zumutung und die Sturheit der Deutschen, die keine Sekunde von ihrer Routine abwichen.

Marshall lehnte sich mit dem Rücken gegen den Tisch.

Er spürte seine Beine zittern. »Wir geben dem Patrouillenboot eine halbe Stunde und nehmen dann unsere Position und die bisherige Tiefe wieder ein.« Er sah Captain Lambert, der ihm in der Uniform des Afrikakorps ganz fremd vorkam. »Ich werde nach Mitternacht so dicht unter Land laufen, wie ich kann. Und dann sehen wir weiter.«

Lambert hatte seine Luger geprüft, schob sie in die Pistolentasche zurück und sagte nur: »Und morgen ...«

Den Rest hört Marshall schon nicht mehr. Er dachte daran, wie Chantal von morgen gesprochen hatte.

Er beugte sich über die Karte und hielt sich mit aller Kraft am vibrierenden Tisch fest. Lieber Gott, laß uns alle das Morgen erleben.

Die Sieger

Marshall hielt sich mit schmerzenden Ellenbogen am Schanzkleid fest und richtete sein Glas auf das Festland aus. Das Wetter war unerfreulich. Mit einer achterlichen See war es ihm, als könne er das Boot gar nicht mehr kontrollieren. Der Turm schwankte in betäubenden Bögen hin und her, und immer wieder zitterten die Grätings unter seinen gegrätschten Beinen, wenn Gerrard mit Hilfe der Schrauben das Ruder stabilisierte.

Blythe schrie über den Lärm von Gischt und Wind: »Nichts zu hören im Horchgerät, Sir.« Er spuckte, als eine Welle über der Brücke explodierte. »Zum Teufel, was ist das für eine Nacht.«

U-192 war vor zehn Minuten aufgetaucht, doch es kam den Männern vor wie eine Stunde. Marshall starrte nach vorn über den Bug und sah die weißen Kämme der Wellen auf den noch nicht sichtbaren Strand zulaufen. Wenn sie die Boote ohne Pannen ins Wasser bekämen, würde der Wind ihnen wenigstens helfen, das Land leichter zu erreichen.

Entschlossen rief Marshall: »Erster Landungstrupp klarmachen zum Ablegen.«

Die vordere Luke öffnete sich laut, und er sah Gestalten, die wie Geister aus einem Grab stiegen und Halt suchten.

Warwick und seine Geschützmannschaft waren schon an Deck. Er hörte Buck Befehle geben, als die ersten kleinen Boote in Richtung des zum improvisierten Kran veränderten Deckgeschützes geschleppt wurden.

Von achtern war immer wieder mal ein dumpfes Wummern zu hören, als die abgeschotteten Abteilungen geöffnet wurden.

Captain Lambert erschien neben ihm am Schanzkleid und rief: »Endlich wieder Land!« Er bewegte sich in Richtung Leiter. »U-Boote sind doch nichts für mich!«

Marshall lächelte. »Die Maschine soll die Umdrehungen so niedrig wie möglich halten. Die ersten Boote legen jetzt ab!«

Er beugte sich vor, um Warwicks Mannschaft zu beobachten. Sie schwenkten das Geschützrohr langsam zur Seite. Ein kleines Boot, voll besetzt und voll beladen, hing wie ein übervoller Korb an der Talje.

»Achtung und langsam fieren, Männer.« Buck war laut zu hören.

Das Boot setzte fast sanft auf dem Wasser auf, wie ein schwarzer Schatten auf den weißen Schaumkämmen. Es war im Handumdrehen frei und verschwunden, nur die Riemen blitzten auf, als die Marineinfanteristen das Boot frei vom Lee des Bootes bewegten.

»Der nächste.« Buck hielt sich an der kleinen Reling fest, erschien schwarz über den Wellenkämmen. »Einhaken. Dichtholen. Klar? Ausschwenken und absetzen!«

Blythe flüsterte: »Beeilung, Männer. Laßt uns hier um Himmels willen verschwinden.«

Ein Ausguck rief: »Lichtschein, Sir. Steuerbord voraus.«

Aber er war wieder verschwunden, ehe die anderen ihn ausmachen konnten. Es war meilenweit weg, kam wahrscheinlich aus dem Hafen. Das Wachboot oder vielleicht ein unachtsamer Soldat, der seine Taschenlampe angeknipst hatte.

»Weitermachen.« Marshall fragte sich, ob er auch nichts übersehen hatte.

»Boot Nummer drei ist abgesetzt, Sir«, sagte Blythe. »Zwei kommen noch.«

Die kleinen Boote verschwanden schnell in der Nacht. Eine gut ausgebildete Mannschaft. Kurz bevor *U-192* aufgetaucht war, hatte Lambert geunkt: »Wenn sie uns gefangennehmen, werden uns die Deutschen schlimmstenfalls erschießen, weil wir ihre Uniformen tragen.«

Marshall hatte an den toten Major damals in der Polizeistation gedacht. Die nackte Frau rücklings auf den Tisch gefesselt. *Das Schlimmste, das uns passieren kann?* Aber er sagte nichts. Lambert war kein Narr trotz seiner äußerlichen Ruhe. Er war der beste Mann für diese Aufgabe.

Laute Schreie und Flüche ließen Marshall herumfahren.

»Nummer vier ist abgerutscht, Sir!« rief Blythe.

Das Boot sank schon unter seinem Eigengewicht, und die atemlosen Marineinfanteristen hielten sich am Bug fest und griffen nach den Leinen von Bucks Leuten.

»Nummer fünf an die Talje.«

Marshall sagte: »Lambert hat damit gerechnet, daß er die meisten Leute verlieren könnte, ehe sie an Land kommen.«

Blythe zog tief den Atem ein. »Es ist frei, Sir, sehen Sie. Die Riemen fliegen wie die Flaschen in der Kantine am Samstagabend.«

»Sehr gut. Vordere Luke schließen. Geschützmannschaft unter Deck.«

Marshall wischte sich über das nasse Gesicht. Die Haut war gereizt, die Augen schmerzten vor Anstrengung.

»Alles gesichert, Sir!«

»Brücke räumen.« Er ging an das Sprachrohr. »Bringen Sie uns auf den neuen Kurs.«

Jemand keuchte an ihm vorbei und kletterte durch das offene Luk.

Er hörte Gerrards Meldung: »Kurs drei-null-null, Sir, liegt an. Lieutenant Devereaux schätzt, daß die Ostseite des Hafens etwa zehn Meilen Steuerbord voraus liegt.«

»Sehr gut«, antwortete er. »Tauchen auf neunzig Meter.« Er sah Blythe am Rand des Luks sitzen.

Der Signäler meldete: »Alle Mann sind unten, Sir!«

Marshall wendete sich vom Sprachrohr ab und fragte sich, ob Blythe sich wohl so wie er jetzt an jenes Tauchmanöver erinnerte, als er seinen Kommandanten nach unten gezerrt hatte, um zu verhindern, daß dieser dem toten Heizer ins Meer folgte. Das war Wochen, ja Ewigkeiten her.

Er verdrängte die Gedanken und folgte Blythe nach unten.

Es war eine Erholung, in tieferem Wasser zu laufen. Die Bewegungen wurden gleichmäßiger, und Marshall spürte, wie seine Wangen von Wind und Salzwasser brannten.

Simeon beobachtete ihn vom Kartentisch her, seine Augen lagen im Schatten: »Wie lange noch?«

Marshall trat neben ihn und studierte die Karte. »Lambert braucht mit seinen Leuten drei Stunden, um an Land zu kommen. Dann muß er seine Entscheidungen treffen. Aber er kennt das Gebiet und wird allen Problemen aus dem Weg gehen.«

Simeon kräuselte leicht die Lippen: »Noch.« Dann sagte er: »Mistwetter.« Er hob seine Stimme, als legte er Wert darauf, von den Wachgängern gehört zu werden:

»Einen Tag später, und wir hätten vielleicht mehr Glück gehabt.«

»Ich weiß.« Marshall prüfte Devereaux' exakte Berechnungen. »Aber Sonntag ist der geeignetere Tag. Es schien uns vernünftiger, den Einsatz auf diesen Tag zu legen.«

Simeon hob die Schultern: »Mich hat man nicht gefragt.«

Marshall ignorierte diese Bemerkung und trat zu Lieutenant Smith und dem letzten noch an Bord befindlichen Sergeant der Marineinfanteristen. Er sagte: »Ich werde nah an die Sperre laufen und Sie dort absetzen. Sie dürften nicht allzu viele Probleme bekommen.«

Der kleine Lieutenant grinste. »Ich habe alle instruiert, Sir. Ich kenne diesen Teil der Küste ganz gut von früher. Als die Bewohner von Nestore noch Fische fingen.«

Marshall lächelte: »Sehr gut!«

Er konnte kaum ruhig stehen. So also fing es an. Er konnte sich die kleinen Boote auf den Wellen vorstellen. Lambert und seine Leute starrten angestrengt in die Dunkelheit, um den ersten Schatten der Küste zu erspähen. Und dann ... Er sagte: »Halten Sie sich strikt an unsere Vereinbarungen, wie wir Sie wieder an Bord nehmen, auch wenn Sie alles andere vergessen.«

Die Zeiger auf den Armaturen der Zentrale bewegten sich langsamer, als er es in Erinnerung hatte. Eine Stunde, zwei. Die Männer bewegten sich automatisch, um Wachhabende abzulösen. Ein paar Worte wurden gewechselt. Gelegentlich fiel ein Witz. Knapp und trocken.

»Wir nähern uns dem Ziel, Sir!« In kurzen nervösen Bewegungen fingerte Devereaux an seinem Bleistift.

»Sehr gut. Informieren Sie die zweite Gruppe. Klar, machen zum Auftauchen.« Marshall tupfte sich mit seinem Taschentuch über Hals und Gesicht. »Wir wollen uns umsehen.«

»Sir!« Speke meldete sich, der erfahrenere der beiden Horcher. »Ich bekomme ungewöhnliche Echos aus Grün-vier-fünf.« Er drehte sehr langsam den Zeiger. »Da ist es wieder.«

Marshall schob Blythe zur Seite und hielt einen Kopfhörer ans Ohr. Einen Augenblick lang identifizierte er nur die üblichen Geräusche: irgendein Quietschen, das Ächzen des Bootes, Seegeräusche. Dann hörte er es. Es klang wie Wasser, das in einen Brunnen plätscherte. Oder als würde jemand regelmäßig an ein feines Glas klopfen.

Er eilte an den Kartentisch. »Wo stehen wir, Lieutenant Devereaux? Exakt!«

Der Zirkel zeigte auf ein Bleistiftkreuz. »Das ist so genau wie nur möglich, Sir.« Er klang, als müsse er sich verteidigen.

Marshall blickte auf den gebeugt dasitzenden Speke. »Noch zu hören?«

»Kommt und geht, Sir. Aber die Peilung steht ziemlich fest.«

Marshall schob die Hände in die Tasche, damit sie nicht zitterten. »Neuer Kurs zwei-acht-null. Langsame Fahrt voraus.«

Er ging bis zur Leiter und zurück, bis Starkie das Boot auf dem neuen Kurs hatte. Dann sagte er ruhig: »Sie müssen irgend etwas Neues auf dem Meeresboden installiert haben, mit dem sie Schiffe orten.« Er dachte laut und hörte, wie jemand entsetzt Luft holte.

Warwick schlug vor: »Die Patrouille Ort läuft jeden Morgen in den Hafen ein. Könnten wir ihr nicht durch die Sperre folgen?«

»Nein.« Es kostete Marshall Kraft, ihm zu antworten.

»Das Patrouillenboot ist schnell. Wir müßten volle Kraft fahren, um dranzubleiben. Und selbst dann ...«

Frenzel sagte ruhig: »Das haut nicht hin, Sub. Selbst wenn das Wachboot alle Geräusche übertönt, werden wir mit unserer defekten Schraube von diesem neuen Gerät auf dem Meeresboden sicherlich entdeckt. Die hätten uns in Minuten festgenagelt.« Er sah Marshall an. »Man weiß nie. So haben wir eben Pech.«

Smith meinte bedrückt: »Ich denke immer noch, daß wir an Land gehen sollten. Wir könnten wenigstens einigen Schaden anrichten.«

Zum ersten Mal meldete sich auch Simeon: »Aber nicht genug, Commander!«

Marshall sah ihn an: »Nein.«

»Also gut.« Er sprach jetzt sanft. »Sie haben Ihre Marke gesetzt. Sie können das Ganze abblasen. In allen Ehren. Ich begreife jetzt, warum Sie sich die volle Entscheidungsfreiheit während des Einsatzes vorbehalten haben.«

Die anderen hörten interessiert zu.

»Ist das wirklich Ihre Meinung?« fragte Marshall. Er sah Gerrard an. »Sie stehen offenbar nicht allein«, ergänzte er dann.

Er drehte den Männern den Rücken zu und trat an die Karte. Er versuchte, sich über seine wahren Gefühle klarzuwerden. Ihm war, als erwache er aus einem Traum, um herauszufinden, daß alles in der Realität stattfand.

Devereaux sagte: »Es scheint sich um ein netzartiges Gitterschema zu handeln, ein Koordinatensystem, das jedes Schiff meldet.« Er tippte mit dem Bleistift auf die Karte. »Und zwar bis zwei Meilen vor der Küste, Sir.«

Marshall sah ihn an. Falls Devereaux darauf aus war, sein Entsetzen zu entdecken, so zeigte er es jetzt nicht.

»Sie haben recht.«

Doch das brachte sie nicht weiter. Um eine Position zu errechnen, um die Hafeninstallationen nach Plan anzugreifen, müßten sie sich bis zu der Sperre nähern. Er spürte ohnmächtige Wut.

Vergebens. Die ganze Sache war vergebens gewesen.

Simeon starrte voller Interesse auf seine Handfläche und sagte dann: »Wenn ich meine Leute rechtzeitig am richtigen Ort hätte einsetzen können – wer weiß, was wir dann erreicht hätten.« Er zuckte mit den Schultern. »Aber so, wie es jetzt aussieht, haben wir den Anschluß verpaßt, wenn Sie mir den Ausdruck erlauben.«

Marshall sah auf die Uhr. »Wann wird es hell?«

Devereaux antwortete lustlos: »In ein paar Stunden. Vorausgesetzt, der Sturm hat sich ausgeblasen!«

Simeon lächelte fein: »Ich bin sicher, daß Captain Lambert sich über den schönen Tag freuen wird, der vor ihm liegt.«

Marshall sah ihn ruhig an. Innerlich zerbarst er fast. Er spürte den Drang, Simeon an der Gurgel zu packen und seinen Schädel so lange gegen den tropfnassen Stahl zu schlagen, bis das Lächeln auf diesem Gesicht für immer verschwunden war. So wie damals, als er ihn mit Gail angetroffen hatte.

Er antwortete: »Wir laufen über Wasser an.« Er blickte auf die Uhr. »Wir halten den Landungstrupp so lange an Bord, bis wir innerhalb der Sperre sind.«

Es schien eine Ewigkeit zu vergehen, ehe jemand antwortete. Und dann waren es mehrere Stimmen auf einmal.

Devereaux sagte: »Aber sie werden die Sperre niemals für uns öffnen, Sir. Selbst wenn wir ein echtes deutsches U-Boot wären, würden sie zuerst unsere Identität prüfen.«

Frenzel meinte dumpf: »Wenn die Sperre geschlossen bleibt, haben wir keinerlei Möglichkeiten!«

»Richtig«, sagte Marshall und sah ihn unbeeindruckt an, »aber auf diese Weise kommen wir nahe genug ran.«

»Und dann wollen Sie mit schönen Worten um die Erlaubnis zum Einlaufen bitten?« Simeon konnte sein Lächeln nicht mehr unterdrücken. »Das glauben Sie doch selbst nicht, daß Sie damit durchkommen.«

»Vielleicht. Aber genau so werden wir es versuchen. Also informieren Sie bitte sofort alle.« Er schaute Gerrard an. »Der Feind wird höchstwahrscheinlich die Sperre geschlossen halten und ein Boot schicken, das den Auftrag hat, uns zu überprüfen.«

Er hatte die Szene so klar vor Augen, als läge sie bereits hinter ihm. Ein Wachboot, dessen Mannschaft verblüfft war ... Ein Unterseeboot, das aufgetaucht und wehrlos vor den Geschützen einer Küstenbatterie lag ... Der Skipper des Wachboots würde auf die Brücke gerufen. Das würde einige Zeit in Anspruch nehmen, nicht sehr viel, aber mehr Zeit stand ihnen nicht zur Verfügung.

Er hörte sich auf die übliche kühle Weise erläutern: »Wir müssen einfach Erfolg haben. Es ist zu spät, eine Alternative in die Tat umzusetzen, selbst wenn wir einen Plan hätten. Der Wert dieses Bootes und unser aller Leben steht gegen das, was in zehn Tagen auf dem Spiel stehen wird.« Er machte eine Pause, sah in alle Gesichter und merkte, daß manchem die Zusammenhänge wohl erst jetzt zum ersten Mal richtig klar wurden.

»Ich werde gleich zu allen an Bord sprechen. Aber meine Entscheidung steht.«

Starkie nickte bedächtig zustimmend und hielt dabei seinen Blick auf dem Kompaß. Er sah, wie Blythe seinen Signäler anschaute und grimmig lächelte.

Der kleine Lieutenant Smith sagte: »Direkt vor die Haustür!« Er pfiff. »Einen Versuch ist es wert.«

Simeon löste sich vom Schott, gegen das er sich gelehnt hatte, und stand Marshall gegenüber, mit verzerrtem Gesicht und sehr bleich.

»Wenn Sie das Boot hier hopsgehen lassen, mein Freund, werde ich dafür sorgen, daß Sie in Ihrem ganzen Leben niemals wieder auch nur einen Fährkahn kommandieren dürfen!«

Marshall sah ihm gerade ins Gesicht: »Wenn wir *U-192* hopsgehen lassen, bleibt wohl keiner von uns am Leben, oder?« Er drehte sich auf dem Absatz um und sagte: »Also, Lieutenant Devereaux, geben Sie mir den Kurs für den direkten Weg.« Er blickte Warwick an. »Und Sie polieren schon mal Ihr Deutsch!«

Zehn Minuten später nahm er das Mikrofon in die Hand und versuchte sich zu konzentrieren. Dann sagte er: »Hier spricht der Kommandant ...«

*

Als Marshall aus dem Luk stieg, sah er, daß das Wetter besser geworden war. Die Ausguckleute folgten ihm auf dem Fuße. Die Wellen liefen viel glatter, und obwohl der Wind nicht abgenommen hatte, hob und senkte die See sich vor dem Bug nur noch in rundrückigen Wellen.

Meldungen kamen aus dem Sprachrohr, Metall klang gegen Metall, für die Maschinengewehre wurde Feuererlaubnis gegeben. Doch er konzentrierte sich ganz auf Himmel und Meer.

Achteraus sah er eine Spur helleren Lichts, doch voraus war es noch sehr dunkel. Keine Linie trennte hier Himmel und Erde.

»Kurs zwei Strich nach Steuerbord«, befahl er knapp. Er rieb den Schleim und das Salz vom Tochterkompaß auf der Brücke und sah, wie der Richtungsanzeiger langsam folgte.

Starkie meldete: »Neuer Kurs liegt an, Sir. Drei-vier-null.«

Warwick erschien neben ihm. Vor dem winzigen Stück hellen Himmels sah er, wie er das Fernglas anhob.

Blythe meinte nur: »Schwarz wie die Hölle da vorn, Sir!«

Warwick schien zufrieden. »Aber man weiß doch, wie es hier im Mittelmeer ist. Stockdunkel und im nächsten Augenblick strahlend hell.«

Marshall drehte sich um und sah, wie Blythe hinter Warwicks Rücken grinste. Er mußte daran denken, wie sehr Warwick sich verändert hatte. Er sprach jetzt wie ein alter Salzbuckel.

»Zentrale, Sir.« Blythe vergaß seine Bemerkung. »Der Steuermann schätzt die Reichweite dieses neuen Koordinatensystems auf sechstausend Yards.«

»Sehr gut.«

Er bewegte sein Glas und wartete, bis der Bug eine steile Welle durchschnitten hatte. Während er mit den Augen die langsame Annäherung an das Ziel verfolgte, war er mit seinen Gedanken ganz woanders, er überlegte und rechnete. Geschwindigkeit. Die Entfernung dieses seltsamen, tickenden Ortungsnetzes. Wieviel Zeit hatten sie noch, bis sie gesichtet wurden? Wieviel Zeit, bis man auf sie feuerte?

Er hörte Schritte auf dem achteren Deck, kratzendes Eisen und ein Klatschen. Augenblicke später erschien Bucks kahler Schädel über dem Schanzkleid. Er grinste.

»Ich habe diese verdammte Tarnung über Bord gehen

lassen, Sir. Ich hoffe, das Troßschiff hat nichts dagegen, daß wir dieses Monstrum endlich los sind.«

Warwick fragte: »Brauchen wir es denn nicht mehr?«

Marshall antwortete nicht. Warum sollte er Warwicks neue Entschlossenheit ankratzen? Statt dessen fragte er: »Fragen Sie Lieutenant Devereaux, ob er für uns eine Nummer rausgedeutet hat. Wir haben nicht mehr viel Zeit.«

»Zentrale, Sir. Commander Simeons bittet, nach oben kommen zu dürfen.«

»In Ordnung.«

Er mußte wieder an Browning denken. Seine Aura war immer noch da, und seine Antwort »Abgelehnt« hing immer noch hier in der Luft.

Blythe meldete: »Der Lieutenant Devereaux sagt, *U-178* ist das Beste, was er uns bieten kann.«

»Also dann ist es *U-178*.« Er sah zu Warwick und dem Signäler. »Daran denken. Wir wissen, daß *U-178* eins von mehreren Booten ist, die mit der italienischen Marine zusammenarbeiten. *U-178* kann nach unseren Informationen eigentlich nicht in dieser Gegend operieren, aber sicher sind wir nicht. Aber wenn man uns anruft, bleiben wir dabei und vertrauen auf unser Glück.«

Er sah ihre Gesichter. Die Schatten waren schon schärfer, obwohl das Meer immer noch dunkel glänzte.

Simeon war aus der Dunkelheit zu hören: »Ganz schön kalt!«

Marshall sagte: »Der Chief soll die Hauptmaschinen umschalten, wenn ich den Befehl gebe. Kein befreundetes Boot läuft einen Hafen an und verschwendet dabei wertvolle Batteriekraft.«

Simeon kicherte: »Wir werden ja langsam richtige Profis.«

Marshall trat ein paar Schritte auf ihn zu: »Wollen Sie hier oben bleiben?«

»Natürlich, verdammt noch mal!« Simeon funkelte ihn an.

»Gut. Dann denken Sie dran. Noch eine Bemerkung dieser Art, und Sie verschwinden nach unten.«

»Fünftausend Yards, Sir.«

Eine steile Welle baute sich auf und zerfiel in viele Schaumflocken. Marshall sah genau hin. Sie waren nicht mehr dunkelgrau, sondern gelb. Und als er nach achtern sah, blinkte der Vierling auch schon im ersten schwachen Tageslicht.

Er sah die Schützen an ihren Maschinengewehren stehen. Sie trugen deutsche Stahlhelme. Auch Warwick zeigte sich in der Uniform des Feindes.

Er sah, wie Marshall sie musterte, und meinte grinsend: »In dieser Marine bin ich jedenfalls schon ein echter Leutnant, Sir!«

Marshall blickte auf die Uhr. Sie waren nahe dran. Zeit also, das volle Täuschungsmanöver zu beginnen.

»Der Chief soll auf Diesel gehen.«

Er wartete und erschrak doch, als die schweren Diesel eingeschaltet wurden und die Absauger husteten und röhrten, bis ein rundlaufendes Geräusch entstand.

»Beide Maschinen halbe Kraft voraus!«

Er versuchte, Details herauszuhören, Änderungen im Schraubengeräusch. Aber er entdeckte nichts. Er hob das Glas und sah nach vorne. Der feindliche Horcher, der irgendwo in einem Bunker an Land saß, würde sie früh genug hören. Wahrscheinlich noch ehe das Ortungsnetz auf dem Meeresboden sie meldete. Der ungleiche Lauf der Schraube. Der Fehler könnte ihnen aber vielleicht noch nützen.

Buck stand über dem offenen Luk, einen Fuß auf jeder Seite. Das Haar hing ihm in die Stirn, gierig saugten die Diesel frische Luft an.

Er fragte: »Sollen wir, Sir?«

»Ja. Ihre Leute sollen einen vollen Fächer laden. Alle sechs Rohre. Wir werden keine Gelegenheit zum Nachladen bekommen.«

Buck verschwand nach unten.

Marshall sah nach oben in die schwankenden Führungen der Sehrohre. Sie waren jetzt dunkler als der Himmel, und er konnte die Stahltrosse des Netzabweisers erkennen und selbst die dünne Antenne, die in der Morgenluft wippte.

Gerrard würde regelmäßig durch das Sehrohr blicken und den Kurs ändern, sobald sie das Wachboot an der Sperre ausgemacht hatten. Aber was würde er jetzt sehen? Seine Frau? Das ungeborene Kind? Den Tod?

Er rief: »Setzen Sie die deutsche Flagge, Blythe.«

Simeon war fast zusammengesunken und fummelte an einer deutschen Maschinenpistole herum. »Hoffentlich glaubt man uns das«, sagte er nervös.

Die Flagge stieg, entfaltete sich und wehte dann im Wind über ihren Köpfen aus. Marshall sah hoch, haßte sie, und doch hing alles von ihr ab.

»Die andere Flagge klarmachen!«

Blythe nickte. »Aye, aye, Sir.« Und mehr zu sich selbst meinte er: »Unter der lass' ich mich nicht umlegen!«

»Horchraum meldet Geräusche exakt voraus, Sir!«

Marshall holte tief Luft. Kontakt also.

»Geschützmannschaft klarmachen, Sub. Einen Schuß laden, die andere Munition außer Sicht halten.«

Ein Mann lief über das Deck, sein Stahlhelm hüpfte wie ein Topf.

»Und sagen Sie ihm, er soll den verdammten Deckel vorne abnehmen. Sie sollen die Dinger feuerbereit machen.«

Er brauchte einen klaren Kopf. *Sollten eigentlich, müßten, es wäre besser, wenn.* Alles kam ihm jetzt wie ein verrücktes Puzzle vor.

»Echos werden stärker, Sir.«

»Sehr gut.«

Ein ganzer Streifen Wasser war an Backbord plötzlich hell. Er sah, wie das Vordeck das erste Licht auffing und erkannte sogar eine Tätowierung auf dem Arm des Schützen, der sich mit der Munition beschäftigte.

»Ihre Mütze, Sir.«

Marshall nahm sie und drückte sie auf sein wirres Haar. Er wollte nach unten gehen, sein Boot noch einmal von vorn bis hinten inspizieren. Das war natürlich Unsinn, reine Selbstquälerei.

Er sagte: »Jeden Augenblick kann es losgehen.«

Das Morgenlicht wurde mit jeder Umdrehung der Schraube heller und dehnte sich aus. Es war, als höben sich beiderseits des Bugs zwei Vorhänge, die das Boot nackt und verletzlich zeigten. Hinter dem scharfen Bug erkannte er jetzt den ersten Umriß der Küste. Er beugte sich über den Kompaß und verglich die aktuelle Peilung mit der gewünschten. Sie stimmten überein. Der dunklere Streifen an Backbord gehörte zur westlichen Seite des Hafens. In einer halben Stunde hätten sie keinen Raum mehr für irgendein Manöver, falls ihr Plan aufflog. Vielleicht visierte sie schon jetzt ein Batteriekommandant an und zählte die Augenblicke, bis er sie in die Luft pusten konnte.

Durchdringend blitzte es blau über das Wasser. Der Sonnenschein glitzerte auf der Dünung vor der Küste wie der Schweif eines Kometen.

»Das Erkennungssignal, Sir.« Er leckte sich die Lippen. »Ich mache mich besser fertig.« Er hob die Lampe, aber schien nicht in der Lage, sie zu halten.

Marshall drehte sich langsam um, stand mit dem Rücken zum Land. »Alle herhören. Jetzt nicht nervös werden. Hinter uns liegt eine Feindfahrt, und wir versuchen gerade, den ersten *befreundeten* Hafen anzulaufen. Ist das allen klar?«

Bis auf Simeon nickten alle. Wie Puppen.

Er berührte Warwicks Hand. Sie war eiskalt. »Sie haben die Meldung klar? Buchstabieren Sie sie dem Signäler.« Er schaute über das Schanzkleid. »Alles klar?«

Der versuchte ein Grinsen. »So wie immer, Sir.« Dann wurde er ernst und hob die Lampe über das Schanzkleid.

Marshall drehte sich wieder um und beobachtete das Land. Es wuchs und nahm Formen an. Tiefe Klüfte, hier und da durch weiße Spritzer bezeichnet. Der Wind drückte die Seen aufs Land. Marshall hörte neben sich die Lampe klappern und hoffte, daß Warwick alles richtig übersetzt hatte.

Das Signal lautete: »*Wir brauchen Hilfe.*« Mehr nicht.

So etwa würde jeder Kommandant signalisieren, wenn er nach einer Unterwasserjagd oder nach einem Wasserbombenangriff mit seinem Boot endlich vor einem sicheren Hafen stand.

Wieder blinkte das blaue Licht.

Es gab eine Pause, und Warwick sagte: »Sie wollen unsere Nummer wissen, Sir.«

»Dann teilen Sie sie mit. *U-178.*«

Dies war der entscheidende Augenblick. Der erste. Oder der letzte.

»Der Horcher meldet, die Echos sind verschwunden, Sir.«

»Danke.« Er sah kurzes Blitzen aus der Dunkelheit.
»Bestätigt, Sir.«

Marshall biß sich auf die Lippen. Da vorne traf jetzt jemand eine Entscheidung. Würde der Mann höheren Ortes um Rat fragen? An einem Sonntagmorgen zu dieser frühen Stunde verlangte das von einem Mann viel Mut, dachte er grimmig.

Als er wieder sein Glas hob, sah er die ganze Breite der Hafenöffnung wie eine schwarze Linie zwischen den Landvorsprüngen. An Steuerbord voraus lag das Wachboot, seine Brückenfenster spiegelten das wäßrige Morgenlicht wider. Langsam bewegte er sein Glas. Er sah die Punkte, die Bojen, die das Ortungsnetz gegen Unterseeboote festhielten. Gegen den Himmel konnte er einen dünnen Faden Rauch aus dem Schornstein des Bootes ausmachen. Also lief die Maschinerie schon. Wahrscheinlich wartete jemand bereits darauf, die Sperre für das erste rückkehrende Patrouillenboot zu öffnen. Marshall sah auf die Uhr. Das würde in etwa einer Stunde der Fall sein. Er spürte, wie ein Schweißtropfen auf sein Handgelenk fiel, und versuchte erneut, sich nichts anmerken zu lassen.

»Lieutenant Buck soll alles klarmachen. Rohre eins bis sechs. Geringste Tiefe.«

Er sah sich gerade das Wachfahrzeug an der Sperre noch mal an, als Gerrard sich am Sprachrohr neben ihm meldete.

»Brücke? Da hat ein Schiff im Hafen festgemacht, ich habe es gerade im Hauptsehrohr.« Er schrie fast. »Wir werden das Land nicht unter Feuer nehmen können.«

Blythe sagte: »Du lieber Gott!«

Simeon war in drei Schritten bei ihm. »Sonntag? Und Sie meinten, das wäre ein ruhiger Tag?« Er flüsterte wütend dicht vor Marshalls Gesicht. »Und jetzt können Sie nicht schießen, oder? Das Schiff nimmt die Salve, und die Deutschen haben es in einer Woche abgewrackt.« Er schüttelte den Kopf. »Diesmal machen Sie lauter Mist!«

»Signal, Sir!« Warwick hörte Blythe genau zu, der langsam sprach: »Sie möchten, daß wir beidrehen. Sie schicken uns jemanden.«

»Beide Maschinen langsame Fahrt voraus. Aber Kurs halten.«

Marschall mußte sich zu den Worten zwingen. Simeon hatte recht, er hatte die Lage falsch eingeschätzt. Er hätte an dieses letzte Detail denken müssen. Ein Schiff könnte im Hafen liegen – vor allem am Sonntag! Es schien gewaltig zu wachsen und alles zu überschatten.

»Boot läuft über die Sperre. Kleines Ding. Hafenbarkasse.«

Aufgeregt meldete Simeon sich wieder: »Wollen Sie hier jetzt warten und sich versenken lassen? Lassen Sie uns abhauen, Mann, solange wir noch können.«

Warwick meinte: »Captain Lambert und seine Leute werden jetzt zurückkommen, falls man sie nicht gefangengenommen hat, Sir.« Er hielt das Handgelenk hoch. »Die Ladungen an der Eisenbahnlinie gehen in einer Stunde hoch. Wir können die Männer nicht im Stich lassen...«

»Halten Sie die Klappe.« Simeon deutete auf das Land. »Wollen Sie dem Boot da etwa erklären, was wir hier wollen?«

Marshall sagte nur: »Er hat dennoch recht.« Er schaute zu Warwick hinüber. »Danke, Sub.«

Er drehte sich um, ehe Warwick antworten konnte.

»Sagen Sie Smith, er soll vorne aufs Deck gehen. Er weiß, warum.«

Blythe ließ das Boot nicht aus den Augen, das sich auf

das langsam anlaufende U-Boot zubewegte. Alle Gläser folgten ihm.

»Ein Itaker-Boot, Sir, aber ein Deutscher hat das Kommando.«

Simeon fuhr ihn an: »Was erwarten Sie? Einen Priester?«

Marshall fühlte sich jetzt seltsam gelassen, als habe man ihm eine Beruhigungsspritze verabreicht. Er beobachtete das Boot und tippte mit der Stiefelspitze langsam auf die Gräting, während er das Kielwasser musterte. Wenn die Deutschen auf Steuerbord anliefen, hatte er verloren. Aber wenn sie neugierig waren, würden sie erst einmal das U-Boot umkreisen. Und dann mußten sie zwischen ihm und dem beobachtenden Wachboot an der Sperre und wer weiß noch wie vielen anderen passieren.

Einige deutsche Matrosen auf dem Deck des U-Bootes winkten der Barkasse zu, doch unterhalb der Brücke sah Marshall einen unbekannten Mann. Natürlich – Smith! Der hatte keine Zeit gehabt, eine richtige Uniform anzuziehen, also lief er nur in kurzer Hose mit Gürtel herum und trug ein deutsches Käppi schräg über einem Ohr. Auch er winkte. Als das Boot drehte, um am Heck des U-Bootes vorbeizulaufen, rief er sogar etwas auf Deutsch.

Blythe murmelte: »Barkasse läuft auf die andere Seite, Sir.«

Marshall wartete, bis die Bugwelle verschwunden war, und sah einen weiß gekleideten Leutnant, der sich am Steuerhäuschen festhielt, ein Megaphon in der Hand. Es war soweit.

»*Was ist los, Herr Kapitän?*«

Marshall nahm Warwicks Arm. »Sagen Sie ihm, wir haben Maschinenprobleme. Wir wollten eigentlich Taranto anlaufen.« Er leckte sich die Lippen, als Smith auf den Außenbunker kletterte.

»Bitten Sie ihn auf einen Schnaps an Bord. Das wird er gern annehmen!«

Simeon murmelte: »Das klappt nie!«

Aber es klappte.

Willige Hände ergriffen die Festmacher der Barkasse, und der deutsche Leutnant kletterte die schlüpfrige Rundung des Außenbunkers hoch. Dort traf er Smith. Ein paar Augenblicke waren sie durch den Turm verdeckt. Smith legte die Arme um den verdutzten Deutschen, preßte ihn gegen den Stahl des Turms, redete immer noch freundlich auf ihn ein, zog ein Messer aus dem Gürtel, jagte es dem Deutschen in den Bauch und hielt ihn immer noch wie ein erlegtes Tier.

Andere sprangen bereits in die Barkasse, und in Minuten war alles erledigt.

Marshall sagte heiser: »Schnell jetzt. Zweiter Landungstrupp in die Barkasse. Nehmen Sie Deckung, bis wir durch die Sperre sind. Sagen Sie den Italienern, wir lassen sie nur am Leben, wenn sie unsere Befehle minutiös ausführen.«

Er hörte Männer über das Deck rennen, Waffen klirrten.

Simeon sah ihn an: »Ich nehme jetzt die Barkasse. Wir werden das Schiff verholen und uns dann davonmachen, so gut wir können.«

Sie wichen sich mit den Blicken nicht aus.

»Ich hol' Sie raus, wenn die Arbeit getan ist.« Ohne sich dessen bewußt zu sein, streckte Marshall ihm die Hand entgegen. »Viel Glück.«

Simeon sah die Hand, aber er ergriff sie nicht. Er sagte nur: »Zur Hölle mit Ihnen!«

Marshall sah ihn verschwinden. Es dauerte nur Minuten. Es war unglaublich. Er fühlte sich sehr leicht. Er hätte schreien können.

»Barkasse los.«

Als sie ablief, mußte er sich zusammenreißen, um zu begreifen, was geschehen war. Noch immer lag das Wachboot auf derselben Stelle. Das Licht wurde heller. Die Barkasse, mit zwei oder drei Italienern, steuerte auf den Hafen zu. Erst als er über das Schanzkleid schaute und etwas Helles langsam versinken sah, kehrte er in die Realität zurück.

Blythe sagte mit belegter Stimme: »Mr. Smith hat den Deutschen mit einem Stück Trosse beschwert, Sir. Das ging unglaublich schnell.«

Marshall hielt sich mit beiden Händen am kalten Stahl fest. »Halbe Fahrt voraus. Folgen Sie der Barkasse.«

Er wartete und wagte kaum, die Lider zu senken. Langsam und dann schneller werdend öffnete das Wachboot die Hafensperre und zog das Netz zur Seite.

Sie kamen näher und näher. Dann glitt das Wachboot am Bug vorüber, und ein Offizier trat auf die Brücke und salutierte, als *U-192* in den Hafen lief.

»Er schließt hinter uns die Sperre wieder, Sir!«

Doch Marshall hatte nur Augen für die Barkasse. Sie wurde schneller und lief in den verschlafenen Hafen hinein, auf das vertäute Frachtschiff zu.

*

»Barkasse längsseits am Frachter, Sir.«

»Beide Motoren langsame Fahrt voraus.«

Marshall beobachtete den Pier und versuchte, nicht an die Geschützstände auf den Flanken der Hügel zu denken. Er sah, wie Cain und seine Männer sehr umständlich die Leinen zum Festmachen bereitlegten. Auf der kleinen Pier sah er ein paar gähnende Italiener, vermutlich Matrosen vom Frachter, der ein Stück entfernt lag.

Heiser flüsterte Warwick: »Los, los.«

Marshall sagte: »Behalten Sie den Frachter im Auge. Sobald Simeon mit seinen Leuten losgeworfen hat, müssen wir uns beeilen.«

Er sah auf die Uhr. Nicht mehr lange würde es so friedlich bleiben. Alles war viel zu ruhig. Irgendwann mußten die doch etwas merken.

Warwick packte ihn am Arm. »Er bewegt sich, Sir. Der Mast ist jetzt auf gleicher Höhe wie der Pier.«

Marshall sprang an das Sprachrohr. »Volle Kraft voraus. Backbord zehn.«

Er spürte, wie der Rumpf vorwärtsruckte, die Bugwelle erhob sich groß und lief auf die völlig verblüfften Italiener zu.

»Kurs halten!« Er schlug mit der Faust auf das Schanzkleid. »Lieutenant Devereaux soll kommen. Wir müssen eine Schleppleine vom Frachter übernehmen und ihn freischleppen.«

Im Hafenrund führte er das Unterseeboot in einem großen Bogen. Am Bug des Frachters sah er Marinesoldaten, die eine Drahttrosse herunterließen. Andere hielten ihre Maschinenpistolen auf die Pier gerichtet.

Maschinengewehrfeuer ratterte plötzlich über das Wasser. Marshall sah, wie Spritzer neben der leeren Barkasse aufsprangen.

Irgendwo weit weg heulte eine Sirene auf. Binnen Sekunden fuhren Leuchtspurgeschosse über den Hafen, obwohl die Garnison offensichtlich vollständig überrascht worden war.

»Hart Backbord. Backbordmaschine stopp.«

Er preßte die Zähne aufeinander, als der Bug des Frachters über dem Turm erschien.

»Wahrschau an Deck!«

Es blieb keine Zeit, Fender auszubringen. Es blieb überhaupt keine Zeit mehr. Ein Geschoß traf den Turm und surrte über das Wasser weg. Weiteres Maschinengewehrfeuer jagte über das Hafenbecken.

Warwick rief: »Sollen wir feuern, Sir?«

»Ja.« Er schrie: »Steuerbordmaschine stopp.«

Von Steuerbord drehte der Bug des U-Bootes vibrierend unter dem großen Anker, und das Metall schrie, als die beiden Rümpfe aufeinanderstießen.

Hände packten Leinen und holten sie dicht. Er sah Devereaux ohne Mütze mit wilden Blicken schreien, die Trosse auf das Deck herabzulassen und die Poller vorn zu belegen.

Die Luft schien zu platzen, als Warwicks Mannschaften mit Flak und MG feuerten. Leuchtspurgeschosse fuhren auf die nächstgelegenen Bunker zu. Aus einem kam eine Salve als Antwort, und jemand auf dem Vordeck fiel und schlug in einer Lache von Blut um sich. Auf dem stumpfen Stahl sah das Blut pechschwarz aus.

»Festgemacht, Sir!«

»Sehr gut. Der Landungstrupp soll sofort wieder an Bord kommen, so schnell wie möglich.«

Marshall zuckte zusammen, als das Geschütz zum ersten Mal feuerte und der Schuß am Turm vorbeiging. Er traf einen der Unterstände, und das Feuern hörte sofort auf.

Dann war ein kurzes Pfeifen zu hören, dem eine heftige Explosion folgte. Zuerst dachte er, der Feind habe ein fahrbares Geschütz eingesetzt, aber Devereaux schrie: »Mörser! Über dem Bunker.«

Blythe rief: »Der Chief ist klar zum Schleppen, Sir!«

Die Diesel schwiegen, doch im Feuer war Marshall das gar nicht aufgefallen. Er dankte Gott, daß Frenzel, ohne auf die Gefahr zu achten und ohne sich um das zu kümmern, was über seinem Kopf geschah, seine Aufgabe erfüllt hatte.

Die Elektromotoren liefen sanft, und Marshall rief: »Langsame Fahrt achteraus.«

Er sah, wie die Schlepptrosse sich spannte, spürte, wie der hohe Rumpf plötzlich zitterte, als ihn irgendwo oben wieder eine Mörsergranate traf.

Doch der Frachter reagierte. Langsam und wie unter Schmerzen bewegte sich das Schiff von seinem Liegeplatz fort, gezogen von dem achteraus laufenden Unterseeboot. Wieder schlug eine Granate auf das Schiff, und Holz- und Eisensplitter spritzten in alle Richtungen.

»Fängt an zu sinken. Simeon hat die Seeventile geöffnet.«

Dem war so. Mit dem, was die Mörser anrichteten, würde der Frachter bald mitten im Hafen sinken. Eine Strickleiter wurde nach unten geworfen, und Marshall sah einen der Marineinfanteristen nach unten klettern. Man zog ihn aufs Vordeck.

Weiter weg, immer weiter weg. Jetzt wurde von allen Seiten geschossen. Doch bei dem vielen Rauch waren Freund und Feind schwer auseinanderzuhalten.

Eine wütende Salve von Land. Marshall duckte sich. Geschosse jagten wie Peitschenhiebe über die Brücke. Als er wieder aufsah, lagen einige Männer an Deck, andere zogen sich zum Turm hin. Devereaux hing an der niedrigen Reling und schrie auf einen Marineinfanteristen ein, der an der Strickleiter hing. Ein Geschoßhagel warf den Mann ins Wasser. Das Gewicht seiner Waffen zog ihn sofort nach unten.

Ein dumpfes Wummern lief wie ein Echo durch die Hügel, und Blythe rief: »Das ist die Arbeit von Captain Lambert, Sir!«

»Das wird die Kerle aus den Betten werfen!«

Der Ausguck, der das sagte, griff sich an die Brust und fiel mit erschrockenem Stöhnen gegen den MG-Schützen neben sich. Er war tot, noch ehe er auf Deck gesunken war.

»Klar für Leinen los. Beide Maschinen stopp.« Marshall rief, so laut er konnte. Er durfte nicht länger warten.

Das Feuern an Land wurde heftiger, und Blythe rief: »Da ist Lambert mit seinem Haufen!«

Die Marineinfanteristen nahmen hinter den Unterständen Deckung, und die Luft krachte unter den Schlägen ihrer Granaten. Für die Deutschen mußte es die Hölle sein. Sie waren ganz plötzlich erwacht. Und dann kam vom Binnenland Verstärkung. Dann Handgranaten, das tödliche Knattern von Maschinenpistolen. Aus.

Cain legte die Hände an den Mund und rief zur Brücke: »Noch zwei, Sir!«

Er bückte sich, als Leuchtspurgeschosse über ihn hinwegfegten.

Marshall beschattete mit der Hand die Augen und blickte auf den sinkenden Frachter. Einer der Ankommenden mußte Simeon sein. Unbedingt.

Dann sah er sie. Smith kletterte die Leiter herab, und Simeon klammerte sich an ihn wie ein Ertrinkender.

Warwick sagte atemlos: »Simeon hat's erwischt, Sir!«

Marshall schaute entsetzt auf die Toten und Verwundeten auf dem Deck.

»Vordere Luke öffnen.« Und dann rief er Cain zu: »Helfen Sie den beiden.«

Er sah, wie Buck und andere aus dem Luk krochen und die Verwundeten nach unten zogen. Ihre Gesichter waren erstarrt, während um sie herum geschossen wurde, und die Verwundeten schrien.

Jemand stöhnte, als Smith losließ und fiel. Als er wieder auftauchte, nahm ein MG-Schütze an Land ihn unter Feuer und ließ das Wasser um ihn herum aufspritzen. Smith warf die Arm hoch und verschwand, der Schaum zwischen den Rümpfen färbte sich rot.

Marshall sah, wie Simeon zum Luk gezogen wurde, und rief: »Leinen los!«

Als er wieder zum Bug blickte, war das Deck fast leer bis auf eine Gruppe toter Seeleute. Nur Devereaux kämpfte noch mit der schweren Bucht der Trosse. Und Cain half ihm. Einer seiner Arme hing blutend und nutzlos herunter.

Simeon war halb im Luk, seine Schulter war naß. Ein Splitter hatte ihn auf dem Deck des Frachters niedergestreckt. Er schob den Mann weg, der ihm nach unten helfen wollte, und schob sich zurück auf das Deck. Er schrie und schimpfte wie ein Verrückter, doch das metallische Maschinengewehrfeuer übertönte seine Worte. Als er bis zu den Pollern gekommen war, drehte Devereaux sich um und sah ihn. Und dann fiel auch er, rollte weg und zuckte noch einmal mit den Beinen. Seine Schreie verstummten, als er auf dem zerschossenen Deck starb.

Simeon schob Cain in das Luk und warf sich dann selber auf die schwere Trosse. Einmal, zweimal und dann kam sie frei und klatschte ins Wasser, in dem Smith und andere gestorben waren.

Er drehte sich um, blickte zur Brücke und versuchte zu

grinsen. Vielleicht war es auch eine Grimasse. Denn als er gerade Cain folgen wollte, sank er auf die Knie und rutschte dann langsam über die Seite ins Wasser.

Marshall sagte heiser: »Volle Kraft rückwärts. Wir nehmen Lamberts Leute jetzt auf.«

Er schaute immer noch auf das Vorschiff. Die Luke war geschlossen, nur die Toten lagen da.

Die atemlosen Marinesoldaten verschwendeten keine Zeit, während sie an Bord sprangen. Das Unterseeboot mußte kaum stoppen, als es achteraus an der kleinen Pier vorbeiglitt, an der während des Einlaufens die Italiener gestanden hatten. Lambert war da, aber nur die Hälfte seiner Männer war unverletzt.

Marshall stellte das bekümmert fest, aber gleichzeitig fühlte er sich seltsam distanziert. Wie ein Sterbender, der alles um sich wahrnimmt, aber nicht mehr in der Lage ist, mit jemandem zu reden.

Er zog Warwick an die Leiter. »Helfen Sie ihnen runter. Geschütz räumen.« Er mußte ihn regelrecht schütteln, damit er reagierte. »Wir müssen unseren Auftrag ausführen – und zwar korrekt.«

»Bei Ihnen alles in Ordnung, Sir?« Blythe lehnte neben ihm, sein Gesicht war im rauchigen Sonnenlicht aschfahl.

»Bleiben Sie hier, Blythe.« Er sah, wie das Heck weiter in den Hafen hinaus schwenkte. »Heckrohre klar!« Er lehnte den Kopf an den Peilrahmen und sah, wie das Wachboot wie in einem Traum fuhr. »Feuer mit drei Sekunden Abstand.«

Er zuckte, als Metall in den Rumpf schlug. Warwick zog einen verwundeten Marineinfanteristen wie einen Sack zum Luk.

»Jetzt!«

Der Rumpf bewegte sich nur leicht. Marshall zählte die Sekunden und spürte dann, wie der zweite Torpedo losschoß. Sie waren dem Wachboot jetzt so nahe, daß beide Explosionen wie eine einzige klangen. Als Schaum und Splitter niedersanken, lag das Boot in Rauch und Flammen auf der Seite. Es würde bald sinken – und mit ihm die Sperre.

Marshall fühlte sich wie der letzte Überlebende an Bord. Er wischte sich den Schweiß von der Stirn und sah das Ziel, das sie nach dieser elenden Fahrt zerstören sollten. Der Frachter lag in steilem Winkel auf der gegenüberliegenden Seite des Hafens. Die hohe Betonmauer und die schwarze gähnende Öffnung des Bunkers waren so deutlich zu erkennen wie auf Travis' Zeichnung.

»Alles klar, Sir. Eins bis sechs.«

Marshall konnte die Antwort nur flüstern, aber Blythe wiederholte sie laut. »Brücke an Zentrale. Ziel kommt auf!«

Marshall versuchte es noch einmal. Überall waberte Rauch wie Dampf. Er sah ein gepanzertes Fahrzeug die Straße an der Klippe entlangrasen. Es schien nicht größer als ein Kinderspielzeug. Selbst die kleinen Flammen, die aus seinem Turm spritzten, schienen ohne Bedeutung zu sein.

Marshall konzentrierte sich auf die Pier nächst dem Eingang zum Bunker. Ein kräftiger Fahrkran. In der Nähe schwere Metallkästen – Bomben, die am nächsten Tag wahrscheinlich in den Frachter verladen und zu einem deutschen Flughafen transportiert werden sollten.

»Feuer Rohr eins.«

Er hörte Bucks Stimme im Lautsprecher und stellte sich den Mann mit der Stoppuhr in der Hand vor.

»Weiter feuern. Immer drei Sekunden Abstand.«

Er schaute zum Heck, das in Richtung auf die Sperre lief. Vom Wachboot war nichts mehr zu sehen, nur eine Lache Öl und Treibgut.

Der vierte Torpedo verließ sein Rohr, als an der Pier der erste explodierte. Danach war es unmöglich, eins noch vom anderen zu unterscheiden – oder den Tag von der Nacht zu trennen.

Die Torpedos mußten einige der Bomben zur Explosion gebracht haben, denn ein gewaltiger Schlag ließ den Hafen erzittern. Eine kleine Flutwelle raste auf das U-Boot los, als suche sie Rache.

Die Explosionen hörten nicht auf, wurden nur einmal leiser, doch dann wieder sehr laut, als sie die Bomben im Bunker und im dahinter liegenden Hügel erreichten.

»Alle Torpedos laufen, Sir!«

Marshall nickte benommen. »Alle Mann von der Brücke.«

Er hustete im Rauch, der den Hafen fast verschwinden ließ. Im tobenden Wasser ruckte der Rumpf gewaltig hin und her. Doch Marshall wußte, daß er seine Aufgabe erfüllen mußte. Und handeln mußte – wie eine Maschine.

»Backbordmaschine stopp. Volle Kraft voraus Steuerbord. Ruder hart Steuerbord.«

Metall krachte in die Brücke, und er fand sich auf der Gräting wieder. Seine Seite schmerzte schrecklich. Er wollte schreien, aber der Schmerz war zu groß. Er spürte, wie Blythe ihn zum Luk zog, doch er nutzte ihn, um sich am Sprachrohr hochzuziehen. Der Bug schwang herum.

»Volle Kraft voraus Backbord. Ruder mittschiffs.« Er stöhnte, der Schmerz ließ ihn ohnmächtig werden.

Dann hörte er Gerrard, der sich neben ihm am Schanzkleid festhielt.

Blythe schrie: »Den Commander hat's erwischt.«

Aber Gerrard hielt ihn in den Armen. Er sagte: »Alles in Ordnung, Sir. Ich habe das Boot unter Kontrolle.«

Marshall starrte ihn an. »Tauchen Sie, und hauen Sie ab.«

Gerrard sah ihn traurig an. »Ich schaff' das schon. Sie müssen runter und Ihre Wunde versorgen lassen.« Er sah zu, wie Blythe und ein Ausguck Marshall zum Luk trugen.

Dann sah er in den Himmel. Die Wolken verzogen sich, wie Devereaux vorausgesagt hatte.

Er beugte sich über das Sprachrohr und rief nach unten: »Kurs eins-fünf-null. Höchste Umdrehungen.«

Er schaute nach achtern. Dort sah er nur Rauch. Und ab und an hörte er eine unterirdische Explosion.

Wir haben es geschafft. Wir haben es tatsächlich geschafft.

Er dachte an Marshall und was er ihn hatte tun sehen. Was er für sie alle getan hatte. Für die Sieger.

*

Drei Tage später lief *U-192* über Wasser mit defekten Dieseln, die kaum mehr zu reparieren waren, in Richtung Gibraltar. Marshall stand auf der zerschlagenen Brücke, schaute aufs Wasser und war zum ersten Mal zufrieden, daß andere jetzt das Kommando hatten.

U-192 hatte seinen Auftrag ausgeführt. Jetzt galt es nur noch, Gibraltar anzulaufen, ehe die Maschinen ganz zusammenbrachen und *U-192* hilflos einem Angriff ausgesetzt wäre.

Zwei Zerstörer fanden sie am Morgen des dritten Tages, und als sie auf das schleichende U-Boot mit hoher

Fahrt zuliefen, murmelte Blythe: »Ich hoffe, die wissen Bescheid.«

Sie wußten Bescheid.

Als die Signallampen klickerten, wollte Blythe wissen: »Der Commander drüben will wissen, ob Sie das Boot aufgeben wollen oder ob er uns auf den Haken nehmen soll?«

Marshall drehte sich um, schaute auf die Flagge. Diesmal war es die richtige. Dann dachte er an seine Einsätze zurück. Er hatte das Boot sechs Monate geführt, und nun war alles vorbei.

Buck folgte den Zerstörern mit den Blicken. Sie fuhren einen großen Kreis und warfen eine mächtige Welle auf, ehe sie neben dem Boot herliefen.

»Ganz schön frech.« Er sah Warwick an. »Typisch für diese Kerle.«

Marshall berührte die schmerzende Wunde an seiner Seite. Das war die Antwort, falls er nach dem Einsatz eine suchte.

Ruhig sagte er: »Sagen Sie ihm weder noch. *Seiner Majestät Unterseeboot* U-192 *stößt wieder zur Flotte.*« Er zögerte, dachte an die, die er hatte zurücklassen müssen. »Wir haben es so weit geschafft. Jetzt gebe ich nicht auf.«

»Signal von der Eskorte, Sir: *Glückwunsch.*«

Marshall lächelte. »Danke. Ich glaube, den haben wir verdient.«

»Cameron hatte sich, immer noch mit beschlagener Sehrohrlinse, ungefähr eine Stunde nach Place auf den Weg gemacht und war vor der Netzsperre aufgetaucht, um einem Küstenfahrer durch das geöffnete Tor in den Liegeplatz zu folgen. Es war 4.45 Uhr und heller Morgen, aber seine Kühnheit zahlte sich aus ...«

Peter Padfield legt die erste Gesamtdarstellung aller U-Boot-Operationen des Zweiten Weltkriegs vor: ein fachlich kompetentes, gründlich dokumentiertes und fesselnd geschriebenes Werk der Seekriegsgeschichte.

Peter Padfield

Der U-Boot-Krieg 1939 – 1945
ISBN 3-548-24766-0

Eines der lesenswertesten Bücher, die in den letzten Jahren zur Geschichte des Zweiten Weltkriegs erschienen sind: »Padfield ist der beste britische Marinehistoriker seiner Generation. Sein neues Buch wird das Standardwerk zu diesem Thema werden.«
John Keegan (brititscher Militärhistoriker)

Econ | Ullstein | List